国家出版基金项目
NATIONAL PUBLICATION FOUNDATION

人文雅鲁藏布大峡谷

莲花圣地

世界第一大峡谷人文风情解读

罗洪忠 著

电子科技大学出版社

图书在版编目（CIP）数据

莲花圣地 ： 世界第一大峡谷人文风情解读 / 罗洪忠著. —成都 ： 电子科技大学出版社， 2012.5（2016.7重印）
（人文雅鲁藏布大峡谷）
ISBN 978-7-5647-1154-2

Ⅰ. ①莲… Ⅱ. ①罗… Ⅲ. ①雅鲁藏布江—峡谷—概况 Ⅳ. ①P942.707.7

中国版本图书馆CIP数据核字(2012)第089891号

2012年度国家出版基金项目

莲花圣地

世界第一大峡谷人文风情解读

罗洪忠　著

出　　版：电子科技大学出版社（成都市一环路东一段159号电子信息产业大厦　邮编：610051）
出 版 人：郭蜀燕
特约编辑：张问渔
责任编辑：罗　雅
装帧设计：宁成春
封面题字：凌玉海（新西兰）
责任校对：晓　红
主　　页：www.uestcp.com.cn
电子邮箱：uestcp@uestcp.com.cn
发　　行：新华书店经销
印　　刷：北京海纳百川印刷有限公司
成品尺寸：170mm×234mm　印张 12　字数 243 千字
版　　次：2012年5月第一版
印　　次：2016年7月第三次印刷
书　　号：ISBN 978-7-5647-1154-2
定　　价：126.00元（共三册）

目　录

总　序

雅鲁藏布大峡谷区域生活着珞巴、门巴两个很有特色的民族，是个难得的颇具特色的文化圈。这里过去一直很贫穷，村落发育程度很低，那独特的具有原始特征的珞渝文化，很适合文化人类学家去研究。

早在1825年，一名探险家英军中尉R.威尔科克斯踏上了我们这片神圣国土。此后的100多年里，英国、印度的探险家与法国的传教士不断前来考察，他们不仅广为搜罗军事所需的地理资料，而且对这一地域众多山地部落的社会、政治、经济、文化和宗教所做的考察报告，大量发表及出版在国外的媒体上，并长期左右国际喜马拉雅山地部落研究的学术论坛。英印的殖民主义势力乘虚而入，先后占去中国珞巴族、门巴族、僜人居住的90%以上的土地。作为全国民族研究的最高学术机构——中国社会科学院民族研究所，由于历史的原因，在这一学术领域内长期处于落后状态。

1976年，机会终于盼到了。我和刘芳贤、姚兆麟、张江华、吴从众等同人，到雅鲁藏布大峡谷区域的米林、墨脱等地，对珞巴族、门巴族聚居区进行了首次考察。当我们的铅印调查报告初稿在学术界传阅后，立即引起了很大的反响：一些有名望的老一辈民族学家高兴地称，我们终于看到国人的报告了；珞巴族的家长奴隶制正同云南的佤族、凉山的彝族在社会形态上，构成了人类社会发展史上早期奴隶制的发展链条；珞巴族的神话故事又一次打破了国外学者声言中国没有系统神话的谬论……

珞渝是一处难得的文化人类学金矿，随着时代的发展，许多文化现象正发生变迁，我们这一批老人早已过了退休年龄，到野外考察已力不从心，可我又很少听到年轻学者深入这个地域搞研究，感到珞渝文化有面临断层的危险。这时，和我素昧平生的年轻人罗洪忠先生，一次次从外地打长途电话向我咨询有关珞渝方面的知识，而且是那样的执著，令我感动，所以我也乐意解答他提出的一个个问题。

罗洪忠作为一名军事记者、纪实文学作家，曾三次进入雅鲁藏布大峡谷区域作田野考察，采访曾在那里工作、生活与从事人文研究的地方群众、部队官兵、专家学者达120余人，整理口述资料150余万字，查阅文献资料220余万字，先后到北京、郑州、拉萨、成都等地向有关专家、学者请教，经过不间断地同国内知名人文专家学者的学习、交流、钻研，逐步完成从一名军事记者、军旅作家向人文学者的转变。

目前，我正在进行“中华大典·民俗典·地域民俗分典”的编辑工作，当收到罗洪忠的“人文雅鲁藏布大峡谷”丛书（三卷）书稿后，还是抽暇仔细地读了。我认为，该书不仅是罗列大量文化人类学调查资料，而且是在相关资料的搜集、整理中，经过核实而完成的。17年间，他先后采访了20余名首批进入墨脱县工作的老十八军战士，目前有的已去世，健在的都年过八旬，或已失忆。在采访中所捕捉到的一些细节，如十八军官兵同一名留下来的清军士兵对话、清军张贴的捉拿波密王布告、巧妙拿到西藏地方政府管理下珞渝的差户名单等，可谓弥足珍贵。

该书首次采用纪实文学笔调多角度展示雅鲁藏布大峡谷历史的田野考察成果，具有较高的学术价值，可谓是一本文学性很强的学术书。我认为在同类书中它具有以下特点：

一、该书紧紧抓住了现实生活中具有民族文化内涵的事象，分别细致描绘了珞巴族和门巴族的生产生活、社会交往、宗教信仰，并通过狩猎、农耕、建筑、饮食、服饰、交际、婚丧、伦理、信仰、宗教、文学、娱乐、礼仪等民俗事象，把这两个古老、勤劳、聪慧的少数民族形象地展现在读者面前。

二、该书专门记述了研究大峡谷有影响的国内外人文专家、学者的独特经历，探究珞渝文化的一些活动，并介绍了英国、法国、印度等文化学者和我国文化人类学专家的学术成就，以及他们所作的贡献，他们的研究成果，有的甚至走在了世界前沿。

三、该书大量鲜见的老照片是又一个亮点。过去到墨脱考察的人不多，留下的文字资料有限，图片资料更是稀缺。但罗洪忠想方设法，搜集了国内外不少珍贵的照片，画面中那独特而又具有原始特征的珞渝文化，为这部图文并茂的人文图书增色不少。

罗洪忠对珞渝雅鲁藏布大峡谷的人文倾注极大热情，在完成这三部书稿后，还将写作雅鲁藏布大峡谷人文探险解读、人文珞巴解读、人文门巴解读等三部书稿。随着“人文雅鲁藏布大峡谷”丛书（三卷）的问世，相信有更多热心雅鲁藏布大峡谷人类文化事业的人会投身到这个领域。

国家出版基金入选项目是国家急需、惠及当代、传之后世的精品力作。该书的出版，无疑是人们研究雅鲁藏布大峡谷历史、人文、风情等方面不可多得的宝贵资料，也是旅游爱好者、探险者的必备书。同时，它也将对雅鲁藏布大峡谷的旅游开发、景区景点的保护以及珞渝地区的经济发展起到积极的推动作用。

李坚尚

2012年1月20日于北京密云

（李坚尚，中国社会科学院民族研究所研究员，国务院特殊津贴获得者，文化人类学家，长期从事珞巴族和门巴族的民族学、人类学以及西藏的现状与发展的研究，个人专著、与人合著、译著达16部，目前担负《中华大典·民俗典·地域民俗分典》编辑工作。曾到美国东西方中心、荷兰皇家科学院等做访问学者。）

“孤岛”颂歌
（代序）

这是一本13年前就该出版的书，那时正值1998年雅鲁藏布大峡谷科学探险考察，加上有百多家新闻媒体的集中报道，位于雅鲁藏布大峡谷腹地的墨脱县自然成了社会关注的焦点。

罗洪忠当时是一名现役军人，按照出版图书的有关程序，先将书稿送交西藏自治区新闻出版局审查，随后出版局向部队发出藏新出字[1999]64号公函，称该书“没有发现违反党和国家民族、宗教政策的内容，也没有发现违反国家新闻出版署的有关规定，真实地描写了墨脱县的自然景观，客观公正地反映了门巴族、珞巴族人民在长期的历史过程中所形成的独特古朴的生活习俗”，但部队根据有关政策的规定，没能同意该书出版。

1996年底，罗洪忠来我家，说想写一本有关雅鲁藏布大峡谷的人文图书。事隔一年，当他交来厚厚的一摞书稿时，着实让我吃了一惊。作品用细腻笔调，娓娓叙述了素有“高原百慕大”之称、世界第一大峡谷腹地墨脱县秀美的自然风光与独特的人文风情及其魅力。

罗洪忠曾是一名记者，为了写好这本书，他多次利用休假，在雅鲁藏布大峡谷一带采风，还到墨脱县体验生活。墨脱是迄今为止我国唯一不通公路的县城，他在途中既有困在通麦大塌方时喝冰水、啃压缩干粮的遭遇，又有露宿崖穴、树洞时的困苦。功夫不负有心人，读着散发着泥土味的书稿，让人感受到了墨脱是那样的神秘……

雅鲁藏布大峡谷腹地墨脱如今已被列为中国最富魅力的旅游地，它不仅以山奇、河奇、湖奇著称，更以独特的人文风情闻名于世。这里除一面通向印占区外，其余三面大雪封山，一年中有8个月与世隔绝。封闭的自然环境，使这里至今仍保留有许多古老原始的习俗，如杀鸡看肝、生殖器崇拜、刀耕火种和狩猎习俗等。罗洪忠向我们展示了珞巴族、门巴族以物易物、图腾崇拜、人造石锅、原始巫术等生活状态，以及他们在与大自然抗争中创造的珞渝文化。

墨脱原生态的自然风光，独特的风土人情，悠久的历史画面，给这里蒙上了一层神秘的面纱。墨脱上空的“驼峰航线”，神秘的“喜马拉雅地结”，丛林深处的“野人”之谜，圣湖里的“河马”、“鳄鱼”，奇特的马蹄形大拐弯，更是令人神往。书中还记述了一些科学家、作家、冒险家、记者不惧千辛万苦，克服常人难以想象的行路难、语言不通、气候恶劣等困难深入墨脱考察、采风经历。我相信这本书的出版对于我们了解墨脱、建设墨脱、献身墨脱的各族各界朋友及读者有一定的帮助。

贺　中

2009年1月7日于拉萨

（贺中，西藏文化名人，《西藏旅游》杂志原主编，裕固族第一位出版诗集的著名诗人，年轻时崇拜李白，在八廓街的酒馆里以斗酒作诗、放浪形骸而出名，《人民日报》《诗刊》等近百家报纸杂志发表他的诗作，其诗作入选大学教材。中年时严肃认真，与人合编合著有《西藏旅游探险手册》等图书和电视片）

概　述

在我进入雅鲁藏布大峡谷腹地墨脱的路线中，既有坐船后再翻越雪山进入墨脱县起点米林县派镇的畅快，也有乘直升机沿雅鲁藏布大峡谷到达墨脱县的惬意，还有徒步翻越多雄拉山走出墨脱的煎熬和痛苦。每次到墨脱县，总让我想起四川的峨眉山、青城山和都江堰，让人感觉不到是身在西藏。

连绵的雪山，寸草不生的荒原，那是许多人脑海里的西藏。在西藏生活了20多年的我，在游历了林芝、米林、察隅、亚东和樟木等地后，才发现西藏不仅有原始森林、湿地，也有河谷平原，而且墨脱县还有亚热带气候。这独特的地理现象，归结于墨脱县的地理构造。

地球像小孩玩积木似的干着它想干的一切。在古岗瓦纳大陆与亚欧大陆碰撞以前，这里曾是古地中海，与现在的地中海处于同一纬度上。如果没有意外的话，现在的世界屋脊可能是另一种文明。但是，在3600万年前的新生代第三纪的始新世，这两块大陆互不相让地往一块挤，海水向外倾倒，慢慢隆起形成了陆地，并以每年2.7厘米的速度抬升，逐渐形成了现在的青藏高原。

1.8亿年前，印度次大陆再次脱离非洲古大陆辗转漂移，直插入欧亚板块之下，喜马拉雅山脉、唐古拉山脉相继横空出世，神山冈仁波齐如同磨盘石的把柄，称雄特提斯古海里的霸王鱼龙变成了化石。可是，古地中海升起造成的圣湖似乎存有早已绝迹的生物：墨脱布琼湖的鳄鱼、河马时常现身湖边，班公湖的大鱼能掀起一丈多高的波浪，奇林湖的羊悠悠钻进水里，措高湖有眼睛像铜盆那么大的怪物……

更令人不可思议的是，1989年3月，法国地球观测卫星“斯波特”号绕地球飞行的第四年，向外界发布了一条震惊世人的观测数据：世界第一高峰珠穆朗玛峰还在以每年近1厘米的速度升高，整个雪域高原还在以每年几厘米的速度向东北方向移动。西藏墨脱1950年8.6级、当雄1951年8.0

云雾缭绕的南迦巴瓦峰（税小洁摄）

级、四川汶川2008年8.0级大地震，都说明喜马拉雅山脉、唐古拉山脉及边缘地带的地震异常活跃。

独特的地理单元，形成了引人注目的世界第三极。然而，地球又别有用心地在西藏东南部留下一个小小的缺口，海拔从4000多米直落到几百米，整个高原就像一把坐北朝南的椅子，一些古海生物仓皇南撤，在藏东南雅鲁藏布大峡谷的珞渝（藏语意为“南方之地”）地区找到了栖身之所，林荫蔽日的南国风光与背后的雪山、荒漠形成鲜明的对照。若对照地图，墨脱所在的珞渝地势北高南低，逐级下降，接近平原地区，海拔仅为300米。海拔7787米的南迦巴瓦峰，高耸入云，终年白雪皑皑，蔚为壮观。在这块地域里，佳拉白垒、念金岗日、错嘎日等一座座充满奇异神话色彩的山峰，给这里披上一层神秘的面纱。

珞渝北依喜马拉雅山脉，南延至印度阿萨姆平原，东与察隅相连，西与门隅接壤，总面积约7万平方公里。除墨脱外，还涵盖了与墨脱县交界的米林、察隅、错那、隆子四县的部分区域。这里曾是土著珞巴人的聚居区，如今还生活着约30万珞巴人。

人们根据珞渝离藏区的远近，习惯将其分为上珞渝和下珞渝两个地域。墨脱位于珞渝的上部，旧时称上珞渝，而墨脱以南的雅鲁藏布江流域称下珞渝。如今的墨脱县行政区划图上，已将上下珞渝合为一体。据《墨脱县志》载，墨脱县总面积约3.4万平方公里，同海南省的面积相当。然而，一条非法的“麦克马洪线”无情地将墨脱县分为两半，我方实际控制面积一万平方公里，三分之二以上的国土却处在印控区。

墨脱县位于喜马拉雅山脉南坡，东部与察隅接壤，南部与下珞渝相

同南迦巴瓦峰遥遥相对的佳拉白垒峰（税小洁摄）

连，西部、北部与米林、林芝和波密县毗邻，中间被喜马拉雅山脉阻断，是全国唯一没有正式通公路的县，历来被称为“雪域孤岛”。这里海拔仅800米，在平均海拔4000米以上地球第三极的青藏高原，此地便是永远长不高的“矮子”，踮起脚尖不足高原的膝盖部位，本没有资格加入世界屋脊的行列，但它毕竟是高原上的一块血肉。

珞渝是一块让人做梦的地方，我们若仔细观察珞巴族后会发现，它分属于20多个不同的部落。在藏传佛教徒眼里，珞渝很像仰卧着的多吉帕姆（金刚亥母）女神化身。珞渝的头部是喜马拉雅山脉东端最高峰——南迦巴瓦，脖子在墨脱县至林芝县排龙乡之间的多吉央宗山，心脏在墨脱县的肯肯寺，左奶是珞渝有名的转经神山贡堆颇章，右奶是地处墨脱县东南方的白马希仁河，咆哮的河水是她的乳汁，横穿珞渝的雅鲁藏布江是她的肠子，条条溪流是她的血管，满山遍野的草木是她的头发，她的左手在波密县许木乡一带，右手在林芝县的布久乡一带，左脚伸到僜人居住的察隅，右脚插到印度控制的仰桑河，女阴在印占区下洛渝地区，肚脐在仁钦崩寺……

就拿多吉帕姆女神下身的仰桑河来说，它位于墨脱县的南部，是一条从东流向西，注入雅鲁藏布江的河流。珞巴族传说，河水是她的乳汁，水色特别美丽，清澈发蓝，兼带甜味，素有牛奶河之称。那里曾是波密土王时期嘎朗央宗（县）宗治所在地，专门管理珞巴族的行政事务。

在这条神秘河流的旁边，有一块像只威武雄鸡的被称为“甲穷”的巨石。据有的佛教徒讲，每当夜色降临，甲穷常常发出“喔喔”的啼叫；在这巨石周围的绿色林中，鸟儿的鸣唱格外悦耳动听；清脆婉转的鸟声，像在呼唤众神，召请神明的降临，为远道而来的朝圣者赐福。

正是这些美妙的传说，吸引着广

大藏区的信徒。这些虔诚的朝圣者认为，人若在有生之年到此朝圣一次，可保生前幸福平安，死后灵魂升入天堂。在朝圣的途中，一些信徒因经受不住长途艰辛，在体力耗尽的弥留之际，亦要面对仰桑河的方向，默默祈祷。由此可见，仰桑河维系着众多佛教信徒虔诚的心。

我曾到过珞渝的另一个著名圣地布拉切波，它坐落在气势磅礴的雪峰之中。雪峰四周有众多低矮的石山，状如排列有序的犬、马、牛、羊，或跪，或立，或坐，可其头均朝向神山，恰似供奉的祭品。在布拉切波雪山下面，还有一个巨大的溶洞，内有暗流，淙淙作响。暗流两岸，全是白色泥土，气味芬芳。

据说在这奇异的泥土上面，一些朝圣者或许有幸能见到无数仙童的脚印，有的甚至还能听到嬉闹声，但却寻觅不到仙童的影子。这时，你就要向河里投掷食物、钱币和装饰物，作为献祭，求神赐福。凡来这里的朝圣者，均要取一点暗流两岸的白泥土带回家乡，馈赠亲友，借以避邪消灾。

要想进入墨脱县并非易事，海拔5000多米的多雄拉、金珠拉、嘎隆拉等雪山，每年的7、8、9三个月可以通过山口的时候，还要留下一些人的性命。在这最温柔的季节，雪线抬升，“孤岛”内外的人在马行道上匆匆来去几遭，尔后印度洋湿热的空气与藏北冷空气酝酿成暴风雪，把通往墨脱的几条山口铺得严严实实。墨脱人只好在家里猛吃香蕉、橘子，喝鸡爪谷酒。

若人们顺着这些逶迤的群山往里走，小路似真似幻、轻柔灵秀，有时候看见它在云端深处戛然而止，但转过一个山头，云梯似的小路又像烟缕一样，在山那边蜿蜒起伏。

这是没有尽头的路，当人们没勇气走下去，要与这冤鬼般的小路分道扬镳时，便能听见前面传来一阵高亢激越的“嗬——嗬嗬——嗬嗬嗬”之声，群山震荡，万壑回应。顺着喊声看去，人们会发现，小路尽头有几双赤着的大脚，他们背上负着如小山似的重物，人们的目光随他们远去，直到消失在云端里。

墨脱县，年平均气温在20℃以上，年降雨量高达2000毫米，是我国降雨量最丰富的地区。由于特定的地理环境和主体气候，在不到40公里的水平距离内，从海拔600米的幽深河谷到7000多米的高山雪岭，垂直分布着热带至寒带8个自然植物带。凡到过墨脱的人无不赞叹这里是一处人间仙境。那雪山、洼地、深涧、石潭、幽谷，那洞壑、湖泊、奇花、异草、珍禽，自然成形，自然成趣。难怪我国著名地理探险家、雅鲁藏布大峡谷发现和论证者杨逸畴惊叹：这是世界第一流的风景！

墨脱县的自然风貌非常诱人，不仅有著名的南迦巴瓦峰、美丽的奇峰烟云、神奇的古怪崖洞，而且还有雄奇壮美的布琼湖以及众多的白化动

白马希仁河（杨西虎供图）

物，吸引着国内外众多科学工作者和游人。墨脱是一个巨大的天然宝库，这里自然资源丰富，珍禽异兽不计其数，加上那保护完整的综合自然生态系统，有如镶嵌在藏东南的一颗耀眼的绿色明珠。

墨脱县云谲波诡，风光万千，这里不仅有世界上最高的绿洲、葱郁的原始林海，还有金色的油菜地、绿油油的青稞田，以及独特的自然环境、丰富的生物多样性资源，门巴族、珞巴族的风情，大峡谷文化，古朴的寺庙……构成了墨脱多姿多彩又独一无二的景观。

每天清晨，当第一缕晨曦投射在雄伟的喜马拉雅山东南麓，居住在这块高原孤岛上的原住民——珞巴族和门巴族人，便沿袭着祖祖辈辈留下来的生存方式和生活习俗，开始了他们那亘古不变的一天的生活。

世代封闭，使珞巴族和门巴族人保留着许多人类童年时代的奇特习俗。他们信奉万物有灵，村庄分布多以血缘的氏族而聚集，居住的碉堡式竹木楼为绿树和香蕉林掩映，田间地头以及房舍中到处都供有插着1米多长的木质男性生殖器。他们喜欢用打制的石锅烧饭做菜，以鸡爪谷和玉米为主食。

这里仍保留着母系氏族外婚制的习俗，即男女到了十五六岁开始找朋友，以姑表亲男女为最好。另外，这里还存有千百年来留下的传统试婚制——青年男女从求婚到结婚要经过几个月甚至几年的试婚——这期间男方可住在一块，给女方父母砍柴种地、进山狩猎、下河捕鱼，每年还得负重翻越喜马拉雅山背运物资，是男方因对方嫁女的损失所给的一种劳动补偿。

珞巴人以善于在原始森林里狩猎而著称，他们头戴熊皮帽，肩挎竹箭筒，腰拴长刀，手挽强弓，短裤赤脚，行走如飞，一生中大半时间都在跟踪野兽。一旦有人捕获野猪、黄羊等猎物，全村人都可吃上香喷喷的肉食。

地处高山峡谷的珞巴人和门巴人都崇拜自然，对神山十分虔诚。进山狩猎前后要进行七次祭献，对山中的动物存有图腾崇拜，如有些部落视蛇和虎为图腾，严禁伤害。若有人被蛇咬伤，大家会主动停止劳动一天，并携酒提肉前往探视，同时禁止到有藤科植物生长的地方，禁吃藤科类的菜果和辛辣食物。

禁忌繁多的珞巴族和门巴族十分推崇巫术。无论婚丧嫁娶、造访外出、种地打猎等，都要请巫师。巫师在当地享有很高的威望，珞巴族著名的巫婆央乃从事巫术活动40多年，有一套拿手的杀鸡看肝卜卦的绝招，能从鸡肝的纹路上判断吉凶。巫师除为病人驱鬼治病，为死者祈祷外，还主持氏族和村寨的祭祀和神判等巫术活动。

树葬是珞巴人独有的一种丧葬方式，死者被捆成胎儿状装于藤筐中，挂在村庄周围的树杈上，上搭草棚防雨遮阳，据说这样死者可通极乐世界、早日投生。门巴人则常常对死去的亲人采取先土葬、后火葬，再水葬的具有强烈原始宗教意味的复合葬。家人为死者祭祀三天，每个亲朋向死者送一张有22种图案的路线图，让死者选一条通往天堂的路。

封闭的墨脱县地理环境，使得这里的社会形态呈现出原始社会与奴隶社会交替时期的许多特征。从文化人类学的角度来看，珞巴族、门巴族在有形文化、语言艺术、心理现象诸多方面不同于其他民族。难怪中国民俗学会会员冀文正结合50多年对墨脱县珞巴、门巴两个部落民族的考察后，激动地告诉同行："我从墨脱县的一些民俗现象中，看到了人类童年时代的生活，这里是人类文化学尚待开发的一块处女地。"

然而，当世界现代化的文化浪潮冲击着地球上的每个角落时，一些民族的古老文化已纷纷消失。100多年前，美国著名人类学家摩尔根在其名著《古代社会》序言中写道："印第安人的部落文化和民族文化在美国文明的影响下，正在日渐消颓，他们的语言和艺术正在消失，他们的制度正在解体，今天还可能容易搜集的事实，再过几年将无从发现。"摩尔根的预言早已在美国成为现实。

如今，珞渝地区64%的农户有收音机、收录机和电视机，还建起了电视接收站，与"孤岛"以外的世界接触越来越多。随着现代文明的冲击，珞渝文化正在逐渐消亡。也许再过数十年，珞渝的部落文化、民族文化就很难找了。值得庆幸的是，20世纪

50年代初，最早到达墨脱做珞巴族、门巴族启蒙工作的十八军文化干事冀文正带着历史的重托，开始搜集、记录珞巴族、门巴族的民俗、风情、歌谣，在珞渝地区的16年工作中，写下了84万字的日记和笔记。

冀文正离休后，又带着搜集珞渝文化资料的历史重任，先后6次徒步翻越喜马拉雅山，足迹遍及墨脱县三分之二的山山村村，搜集到了120余万字的民俗文化资料。每年还请2～4个墨脱来的人，讲述珞渝地区的风俗民情，前后录下了137盒磁带。冀文正经翻译后，再分类、整理，完成了《珞渝情歌》《珞渝民间故事》《珞巴族风情录》《门巴族风情录》《珞渝谚语歌谣》等20余部专著，填补了中国珞渝文化的空白。

随着对墨脱的深入考察和世人的广泛关注，这块土地上曾发生了一次次撼人心魄和令人振奋的历史事件。1991年9月，中日联合登山队首次登上喜马拉雅山脉东端最高峰南迦巴瓦，攀登过程中一名日本队员丧生，当地村民说是雪山发了怒。1994年4月，我国新华社向全世界宣告，雅鲁藏布大峡谷是世界第一大峡谷，比称为“世界之最”的秘鲁科尔卡大峡谷高出2365米。1996年9月，新华社、中国科学院组织人员将镜头对准雅鲁藏布大峡谷腹地墨脱县的自然风貌、人文景观和珞渝文化，拍摄大型电视系列片《神秘的处女地》。1998年4月，由科学家、新闻记者、登山运动员共30余人组成的中国雅鲁藏布大峡谷科学探险考察队，引起了世人对墨脱的广泛关注。2008年9月，国家正式立项修建117公里的扎墨公路，其中穿越嘎隆拉雪山的隧道全长3.3公里，计划用3年半的时间逐步贯通。

高山雪松（税小洁摄）

1 沧桑古道

本章介绍通往雅鲁藏布大峡谷腹地墨脱县古驿道的艰险、风光的优美、环境的独特；展示墨脱沧桑古道颇具旅游观光价值的“一山四季”、孟加拉虎“乐园”、蚂蟥山、派乡桃花园、老虎嘴栈道、雅鲁藏布江的钢索大桥、K形坐标、袖珍县城……

第一章

沧 桑 古 道

走路，我觉得对任何人来说都是件很容易的事情。当一个人脱离母亲的怀抱，迈出的第一步就是学走路。但当我进了墨脱，才知道走墨脱路，对进入墨脱的每一个人来说，是一次多么严峻的考验。

1962年5月，墨脱县进驻部队官兵后，经驻军和当地群众数十年修骡马道，在雅鲁藏布江及其支流上架设了一座座钢索吊桥，并在途中开设一个个季节性兵站后，已大大缩短了进墨脱的行程。

进入墨脱县城的路，从我方控制地域出发，有六条蜿蜒于山坳谷底的骡马道（墨脱县有三分之二以上的土地还处在印控区），其中的三条道路崎岖险陡，险象环生，成为科考和探险工作者冒险的选择。

第一条路，从米林县派镇出发，沿雅鲁藏布大峡谷入口处顺江而下，经大渡卡、格嘎到加拉，再继续往下便是无人区。到白马狗熊后翻越海拔4400米的西兴拉山口，沿一条支沟直下，抵雅鲁藏布江著名大拐弯后的江边鲁古村，过溜索至江东岸甘代，再顺江而下经加热萨、帮辛、达木后，直奔墨脱县城。这条路最险，少说也得走半个月。

第二条路，从川藏线上的林芝县排龙乡出发，沿帕隆藏布江下游河谷下行，经过3天行程可直达雅鲁藏布大峡谷顶端的扎曲村，再沿雅鲁藏布江而下，到大拐弯下方的巴玉村，然后往前，走一段翻越海拔3000米左右的果布拉山口至鲁古村，过溜索抵达江东岸甘代，最后顺江而下，经加热萨直奔墨脱县城。这条路也难走，少说也得走十来天。

第三条路，从波密县的古乡出发，渡帕隆藏布江后，经过一个湖，再翻越海拔4400米的随拉山口，继续向西南下行，穿越一条长长的“天梯”，直达雅鲁藏布大峡谷江边的加热萨，沿江而下进入墨脱县城。这条路少说也得走6天。

人们进入墨脱县城，常选择另外三条道路：一是从米林县的派镇出发，翻越海拔4221米的多雄拉山口，再沿拉格、汗密、背崩，进入墨脱县城，此乃“前门”，有4天路程；二是从波密县的扎木镇出发，乘车至扎（木）墨（脱）公路80K（K代表公里），途中翻越海拔4450米的嘎隆拉山口，沿嘎隆拉南边河流下到达卡布村，然后进入墨脱县城，此乃“中门”，有4天路程；三是从波密县达兴村出发，过帕隆藏布江沿达兴河上溯到源头，再翻越海拔4650米的金珠拉山口，沿金珠曲下行，经格当、达木直抵墨脱县城，此乃“后门”，有5天路程。

金珠古驿道

墨脱“后门”路全长约150公里，在20世纪50年代初，这是一条前往墨脱县城的重要通道。

1906年，不愿受苦的类乌齐、丁青、波密等地的藏人，为了寻找“佛乐胜境”，就是从这条道路进到墨脱县的，并在帮辛、格当等地定居下来。1911年，赵尔丰大军讨伐驻扎在波密的地方割据势力，也是从这条路去追赶败退到墨脱的波密土王军队。1959年，四川、青海、甘肃等地的叛匪胁迫一些不明真相的藏族群众，还是从这个山口进入墨脱格当乡的。

在所有进出墨脱的山口中，就数金珠拉山口最险恶，它海拔最高，犹如一条拦路虎，每年只有在温和的7～10月间才放行。那沿途的雪桥、陡坡，不时威胁行人，稍不留意就会葬身谷底。途中悬空搭建的栈道、湍急江上的独木桥、绝壁上的藤溜索也是一道又一道的生死考验。

墨脱的“前门”、“中门”两条路，经过部队官兵和地方群众的维修，相对于“后门”便捷得多。除墨脱县格当乡的部分藏族群众外，行人从山外进入县城，大都选择“前门”；走“中门”这条路的人较以前渐渐少得多了，即使一些到格当乡考察的专家，许多也不走这条路。

从“后门”到墨脱县城，大概需要五六天。第一天，从波密县达兴村出发，夜宿在金珠拉山下的一棵大松树下。达兴曾是珞巴族、门巴族走出墨脱和藏族群众以物易物的集聚地，每到开山季节，墨脱人将生产的大米、茜草、辣椒等背运出来，在这里同藏人交换所需要的食盐、砍刀等物资。

若你来到这里，会发现墨脱人随身少不了背篓、胶鞋、绑腿、倒马和腰刀。背篓是用当地的藤条编成，很精美，后边开口，能随背物的大小和多少而调节，背篓上除两条竖着的背带外，上边还有一根横着的带，可兜在前额上；倒马可做拐杖，休息时可用来支撑背篓；军用高筒胶鞋，既防滑又合脚；绑腿能防蚂蟥；腰刀用于防身和开路。穿越原始森林，不时会发现小径两旁有自然死亡且横七竖八的大树，上面留有用腰刀砍出的痕迹，这是背夫们所为，因为走在上边不至于滑倒。

在达兴村，当地人走墨脱路有他

们的诀窍：走路穿的鞋一定要比平时大一至两个码，因为走墨脱路，脚长时间浸泡在水里会肿胀变大，弄不好脚指甲就会被磨掉。

这些只有当你走上墨脱路时，才会体验到它的实用。出发时在袜子外还要再套上布袜子、打上绑腿，它不仅是便于走路，还可防蚂蟥。打好绑腿，在脚上、腿上擦些盐，并把衣服有缝隙的地方扎紧，以防止蚂蟥从地面和空中侵扰。开始时，脚还在鞋里晃荡，可走不到一个小时，经泥水、雪水把双脚一泡，鞋就会把脚包得紧紧的了。

上路不久，便同川藏公路分道扬镳，钻入一条狭窄山沟，沿着只能放下两只脚的羊肠小道穿林而行。这条路大多是石头，因走的人很少，石头

脚打绑腿、身背背篓的墨脱背夫（墨脱县交通局提供）

通往金珠拉的林间山道（墨脱县交通局提供）

上长满了绿色苔藓，走在上面比浇了油还滑，行人只能猫着腰缓缓而行。有些路段尽是稀泥，鞋和绑腿很快会湿透。原始森林里腐烂的树叶杂草散发着难闻的气味，寂静林海中不时还有野兽嗥叫，让人毛骨悚然。

尚未进入墨脱，赤脚或裸腿上有一些软乎乎的蚂蟥在蠕动，这样的体验是墨脱“前门”、“中门”山路所没有的。据介绍，蚂蟥是蛭纲动物的通称，环节动物门的一纲，本纲动物通称“蚂蟥”。如蚂蟥、水蛭、湖蛭、山蛭（旱蚂蟥）等。体形一般长而扁平，无刚毛，前后各有一个吸盘；身体由口前叶和33个体节组成，每个体节表面有体环；生活于淡水中或潮湿的陆地上，大多过着寄生生活。这里的蚂蟥属于旱蚂蟥，在没有人时，它潜伏于草丛根部或落叶中。一旦有人走近，它就伺机从落叶或灌木枝上，迅速爬上人的脚和小腿。旱蚂蟥每分钟可爬1～2米，在绵雨季节或空气温度大的时候可爬至较高的树枝上，从高处落到人的头部、颈部，不声不响地把头扎进皮肤里。

蚂蟥的穿透力较强，能从人的衣袜空隙中穿过吸血。开始时在腿上抹的盐，经过一段时间出汗，就不起作用了。此时，即使大汗淋漓，谁也不敢解开衣扣，稍不注意，蚂蟥就会乘虚而入。

金珠拉险峰

随着海拔的升高，空气也越来越稀薄，多数人会感到头昏、脑涨、恶心。天快黑时，只好选择金珠拉山脚一块巴掌大的平地，就寝于一棵大松树下。这里是来往路人的驿站，不管上山或下山的，都习惯在这儿过夜。虽时值盛夏，但金珠拉雪山下的夜晚仍寒气逼人。

这时的首要任务是生火取暖和做饭。进出墨脱的人都会遵守一条不成文的纪律，自愿多备一些柴火，储备在这里供后来人之用。不一会儿，只见一堆油松和碎柴被点燃，熊熊大火既驱赶了疲劳、寒冷，又给大家带来了欢声笑语。

第二天清晨，继续向金珠拉山口攀登，这里是银光闪耀的冰雪世界，举目远望，挺拔高峻的金珠拉巍然屹立，像一个戴着雪冠、披着大氅的白发苍苍的老人。

翻越金珠拉山，对人们最大的威胁莫过于发生冰崩和雪崩了。西藏著名军旅作家杨辉麟翻越金珠拉山进入墨脱时，目睹了冰川崩塌的情景：我们蹒跚而行，突然脚下不断发出震耳欲聋的声响，似乎地动山也摇起来。不知是谁大喊了一声：“快看，冰崩！”只见谷坡烟雾弥漫，飞雪冰块腾空而起。瞬息之间，冰块混合着山石，形成了一股巨大的冰流，顺着山坡，稀里哗啦地倾泻下来，其势犹如一条咆哮着的巨龙，喷云吐雾，发出震撼山谷的吼叫……

雪崩的惊心动魄，杨辉麟同样有过令人心悸的描述：我们翻越金

金珠拉山上飘扬的经幡（墨脱县交通局提供）

珠拉山到波密，刚过山口时，天空特别晴朗，蒸腾的水汽急剧上升……突然，天昏地暗，冰冷刺骨的寒风卷着飞雪，冰块混合着山石，宛若台风掀起巨浪，形成一股巨大的雪流，顺着山坡倾泻下来。腾起的雪雾高达数百米，像蘑菇云似的上升扩散，许久才逐渐消失。

越接近山顶，坡度越陡，人们只好走“之”字形。阳坡处地表裸露，阴坡处雪深及膝，强烈的雪光反射，耀得人睁不开眼。这里空气中氧气含量仅为内地的五分之一，连火柴也划不着。此时，会胸闷气短、头晕发烧、恶心呕吐、鼻孔出血、肺好似要爆炸，挪步艰难，每走20米就得停下来喘口气。有人作了估算，在这里每迈一步比在拉萨走50米付出的代价还要大。

我曾为一名军事记者，到过海拔5380多米的查果拉哨所，比起金珠拉山口还要高700多米。但是在那里步行，远没有爬这个山口那么大的反应。快到山口时，积雪更厚，好似筑成的一道道雪桥，人在上面要爬着才能通过，否则一失足就会掉进万丈深渊。穿着胶鞋在冰雪上行走，往往爬上去又会滑下来，要经过几次反复才能上去。

这里是印度洋暖湿气流和喜马拉雅寒流的交汇处，老天的脸说变就变，一时刮起狂风，一时下起鹅毛大雪，能见度不足5米。你要通向山口，还得鼓足勇气翻越大大小小9个山头，爬过无数雪桥与陡壁。

金珠拉山口，西牵南迦巴瓦峰，东挽横断山脉，体态娉婷，婀娜多姿。站在山口极目南望，无数雪峰组成一个个起伏的环，俯身鸟瞰，雪环翠岭如簇，郁郁葱葱，宛若一朵硕大的莲花。这时会发现，向阳处片雪皆无，地上满是紫黑色地衣，还有生长在冰岩石缝中的株株雪莲，细细的绒毛、紫红的花瓣、雀翎般的绿叶、长串的花絮，令人流连。

然而，金珠拉山口是南北气流的主要通道，经常在午后形成浓浓的大雾和能吹倒人的飓风，必须在中午12点以前通过山口，才算安全。珞巴人和门巴人世代都以为大风雪是山神发怒而作祟，行走时都不说话，更不会高声喊叫，悄悄地快速过山，生怕惊醒了山神和天龙。

上山容易下山难。从南坡下山，稍不留神，就有可能滑出几十米远。有经验的人在上路前准备了拐杖，一则补充脚力的不足，二则可以拄着它向下滑行。当东山头被晚霞映红时，也许就到达了这一天的目的地提琴。

提琴原是个牧场，后因兽害严重而荒芜。这里有猎人搭建的简易窝棚，能容纳5人。有经验的墨脱人往往住在路边的一个岩洞里，洞中8平方米的地上铺有树枝，墨脱人大都和衣睡在上面。

一山呈四季

第三天从提琴出发，沿金珠曲而行，到达格当宿营。这一天，你会明显感觉到大自然的神奇：山上是雪花飘飞的世界，山下是烈日炎炎的亚热带林区。

小路两侧浓密的原始森林，连绵不断地向前延伸，满眼是醉人的浓绿。林间不时传来鸟儿的啁啾，杜鹃花遍山开放，暗流的雪水咕噜作响。

墨脱雪山下的彩色草甸（龙君摄）

独木桥下是泥石流，通行时让人心惊胆战（墨脱县交通局提供）

阳光透过浓密的枝叶，恣意地挥洒无数的光斑，树叶上的露珠在阳光的反射下，使小路变得五彩斑斓，又有几分神秘、几分浪漫，还有几分恐怖。

越往下走，“后门”越险峻。直线距离不到百公里的地段，可见到寒带到热带所有自然景观，高山草甸、灌木林、针叶林、针阔混交林、阔叶林、热带季风雨林。河谷宽的地方上百米，窄的仅有20多米。海拔高低形成的巨大落差，只见飞流而下的河水在河床的巨石上飞溅、咆哮着，轰隆隆、哗啦啦的水声，宛如寂静的山林里奏起了别样的旋律。

在金珠曲两岸的高山峭壁上可见到不少瀑布，大的像哈达从空中飘下，小的如同银色链条，丝丝不断。路两边满是草丛和灌木、野芭蕉林，而路的外侧，稍不注意，一脚踏空，将不堪设想。

沿着溪涧峡谷继续向前走，有几处是悬空搭建的栈道，宽不足两尺，像一根飘带缠绕在悬崖绝壁间。小心翼翼过了这些栈道后，又是几处独木桥，距水面有二三十米高，脚踩上去晃得十分厉害。走这种桥，胆要大，心要细，不能只看河水，否则会有掉进激流之险。

过了危险路段，便会看见一片野芭蕉林，熟透的芭蕉散发出扑鼻的清香，间或有丛丛楠竹，发出沙沙的竹韵。俯视河谷口，宽敞的平坝，金色的田野，竹楼民居掩映在桃树和香蕉树间。

这就是墨脱“后门”路上的第一个藏族聚居的兴凯村。这条东西走向的金珠山谷，大约80公里长，其中30公里范围散布着16个藏族村庄、1200多人。这里的藏族同胞是1906年从四川、甘肃等地弃乡背井来到这里的，现已繁衍了五代人。

据新华社记者的一篇报道，他采访了居住在这里的藏民扎西达吉。扎西达吉原是西藏八宿县人，当年进入墨脱，他是被心中的理想天国所吸引。1906年，他们举家向墨脱迁移，走了整整一年。他说："墨脱在我们心中，一是代表圣洁，二是在那里死了可以直接转世成人，三是那里有一道彩虹直通天堂。这是个'不种田有糌粑吃，不养牛有鲜奶喝，不盖房子有住处'的好地方，所以路上把能吃的吃光，能用的也丢弃了。"

沿金珠曲继续西行，会看见稀疏的村落，藏式"人"字形木楼房顶飘动着风马旗，村口经幡摇曳。大约步行4个多小时，便可抵达布隆村。

从布隆村继续向西就进入沟壑纵横的峡谷，沿途尽是由高大乔木和藤蔓组成的林冠，柠檬、柑橘和野芭蕉挡住了人们的去路。这天的路程被称为绝路，1950年8月墨脱大地震时，多处地方断裂达百米，如张开血口要吞噬过往的行人。后来人们边走边修，可多处仍是悬崖绝壁，只好在两边拴上藤条，向里斜着身子攀爬。

经过一天的攀爬，终于来到格当乡，在这里便会被充满神秘的孟加拉虎的逸闻所吸引。（"格当"是藏语"古当"的变音，"格"意为"九"、"当"意为"捆绑"。"格当"，就是"九个人捆绑一个人"的意思。）

虎踪频现

20世纪90年代，美国动物学家夏勒博士被格当乡的孟加拉虎所吸引，曾来到这里考察，对此，他曾有过精彩的描述：

我个人对此地野生老虎的状况特别感兴趣，在一个半世纪以前，老虎在中国分布得很多很广，以至被当作一种对人有害的动物来猎杀。但现在这个象征力量与勇气的符号在中国处于濒临灭绝的边缘。

西藏的老虎在白马岗（即墨脱县）是否还有能够继续繁衍的种群？我们听说，在1980年左右时，老虎在这里的分布还很广，但是现在变得很稀少。然而还是有当地的农民向政府报告他们的家畜被老虎捕杀。

我们向村民询问是否看到了老虎，他们说老虎有时偶然在村子周围出没。于是我们决定前往高山上的仁钦崩，勇敢地踏上可能有各种危险和恶魔的路。

经过数天艰苦跋涉，终于到达在金珠峡谷的行政机构所在地格当乡，这是曾经报告有老虎袭击过很多家畜的地方。在这里，乡长张秋生给了我们很多有用的信息。他估计，在这个峡谷算上母老虎和幼虎有4～5只。全乡有11个村和126户藏族家庭，共879头黄牛和牦牛、437匹马、570头猪。老虎对家畜的侵袭在20世纪90年代有所增加，1995年时竟达到顶点，有140头牛和27匹马被老虎掠食。

在这里，一头牛大概值370美元（相当于当时的3000元人民币），一匹马是一头牛的两倍。此地每户人家的平均年收入约800美元（相当于当时的6500元人民币），所以损失一头家畜，对他们的经济来说是很严重的。

究其原因，过去作为老虎食物的野生动物被猎人大批猎杀；另外，牛马在森林里放养，处于完全没人保护的状态。

夏勒博士考察墨脱格当老虎已过去多年了，在这片神圣的隐修地，是否保护住了西藏最后的老虎？2003年7月，世界各大媒体都详细报道了墨脱县一个关于保护老虎的项目。当地政府投资近40万元，在虎群集中的中心区域建立了一个养猪场，将适合老虎口味的藏香猪养到一定程度，赶上山为虎充饥。在采取这些措施后，当地农民的家畜被老虎袭击的数量明显下降，这也许能了却夏勒博士的一桩心事吧。

格当乡地理环境非常封闭，当地群众一向敬畏自然，平等看待生命，因而这里一直是野生动物黑熊的天堂。进入秋季后，黑熊“闹秋”现象频频发生。格当乡所辖的12个行政村，绝大多数农户家的玉米地被黑熊光顾过，而且晚上还要到农户家偷粮食吃。它们不仅偷盗，还很霸道，在农户家吃饱喝足后，多数还要将尿撒在吃不完的食品上，不准别的黑熊再动。有一次，一只黑熊在群众家偷吃完后，懒得走路，就一路打滚滚下山坡，压倒一片即将成熟的庄稼。据乡政府领导介绍，现在他们正组织群众晚上放火、敲鼓驱熊。

孟加拉虎（墨脱县旅游局提供）

第四天从格当乡出发，翻越东久拉等山口后，夜宿达木珞巴族民族自治乡。东久拉山上有一大一小两个岩洞，来到这里得顺着一个大而深的新跨沟向上爬，坡度常在90°左右，两人行走，前边人的脚能碰到后边人的头。东久拉山顶西坡有条小河，是卡布村和金珠区的界河，西山腰尽是绝壁，人既无法越过山顶，也无法下到河底，必须从岩石腰间通过。

珞巴族群众把能平行前进的地方砸出石窝，便于放脚，有些地段竖木为梯，一些地段则放藤下滑，独木桥、栈道比比皆是。两个多小时的险路，必须手拉藤条，小心翼翼地扶崖而过，稍有不慎就会掉入万丈深渊。穿过东久拉，西欧拉又近在眼前。虽无悬崖，但人全在荆棘、灌木丛中穿行，边走边开道，要扒开带刺枝条才能迈步。

野猪追人（墨脱县交通局提供）

谈蚂蟥色变

墨脱立体型的植被，一点也没有给过路行人的空间。最让人永生难忘的，莫过于穿越这段路必须经过墨脱人闻之色变的蚂蟥山。

这里的蚂蟥像变色龙一样，随植物的色彩不同而变换着自身的颜色，驻扎在这里的官兵们称为迷彩蚂蟥。这些身着迷彩保护色的蚂蟥，布满了沿途灌木上的枝叶，它们那像针尖一样细小的双眼，一旦发现猎物，把头和脚并拢，会飞似的来个立定跳远，真可谓防不胜防。据说一匹白马从蚂蟥山走出来，就变成了浑身是血的红马；一条狗走出来，很快就因流血过多倒地死去；一个过路人晕倒后，被蚂蟥活活吸尽了血……

过了蚂蟥山，继续向下行，便来到达木珞巴民族自治乡，这是雅鲁藏布大峡谷里唯一的以珞巴族为主的村庄。他们以部落氏族为单位聚居，一般住在上靠山顶下临河流，同外界联系不易的险峻山崖上，依旧保留着许多远祖先民的生活习俗。

第五天从达木出发，沿着金珠曲继续往西，来到与雅鲁藏布江的交汇处，这里便是墨脱的要塞卡布村。在这个方圆约两平方公里的平坝里，整齐地排列着一块块农田，十多幢竹楼掩映在香蕉树和翠竹之中。

站在卡布村村口远眺，咆哮的江

墨脱丛林树叶上的蚂蟥（墨脱县旅游局提供）

墨脱行军途中，看是否有蚂蟥躲藏在身体的隐蔽处（罗际明提供）

在南迦巴瓦雪峰掩映下的派镇桃花林（杨西虎供图）

水奔腾而去，江面浓雾飘浮。珞巴村寨修在山尖上，进入村子的路只有一条，并要通过森林和石墙，实际的村庄却建在较空旷的地方。村子后面紧靠着一小块林地，以供安全撤退。进入村子的小道十分难走，一般是夹在两山之间陡峭的羊肠小道上。这样的村庄布局可谓独具匠心，令人惊叹。

从卡布下山后来到冷多，即进入扎墨公路113公里的地方，同“中门”路线重叠。经过5天艰苦的跋涉，终于来到墨脱县城。

派镇桃花源

世上原本没有墨脱“前门”这个名字，地图上也无从查找，它是人们习惯对从米林县派镇出发，翻越多雄拉山口进入墨脱县城道路的简称。

从“前门”到墨脱县城，米林县派镇是必须经过的第一站。派镇地处雅鲁藏布大峡谷入口处，犹如藏在深闺里的少女。在这里可欣赏中国最美山峰——南迦巴瓦的一条腿多雄拉。

派镇的春天是桃花的世界，阳春三月，沿雅鲁藏布江两岸，在田野里，山坡上，小村旁，尽是粉红色的桃花，大风一起，花瓣如同雪片满天飞舞，四处飘落。夏季来临，派镇是绿色的海洋，各种果树披上了绿装，与碧蓝的雅鲁藏布江水相呼应，南迦巴瓦雪山下的针阔叶林带也渐渐苏醒。秋天的派镇更是灿烂，雪山上层林尽染，落叶松、白桦林金黄一片，田野中的枫树火红耀眼，沉睡的小村庄被浓郁的秋色包围。

派镇江边的小村庄，住有一户户

淳朴的藏民。清晨炊烟袅袅，牛羊在四周隐隐约约；傍晚夕阳将南迦巴瓦雪峰照得通红，远远传来撩动心弦的牧歌……

派镇地理位置十分偏僻，一条弯曲瘦削的公路极不情愿地延伸到那里。派镇南靠多雄拉山，北临宽阔舒缓的雅鲁藏布江，平时冷冷清清，可一到夏季，随着大队人马从四面八方涌入，会发现满世界的麻袋、纸箱、铁桶和陌生的面孔。由于多雄拉山除夏季外，其他季节大雪封山，居住在墨脱的珞巴人、门巴人不得不集中在这段时间出来与外界交流。墨脱人用藤竹编制品、木耳、辣椒之类的土特产换取食盐、酥油和布匹，作为大雪封山后的日常所需，派镇自然就成了名副其实的商业贸易中心。

在这里，也许会发现，那些驮运物资的马进去时身体健壮、毛色油亮，出来时却瘦骨嶙峋、疤痕累累，而那些民工却恰恰相反，他们进去时带着倦容，出来时却喜形于色。

在派镇，会看到墨脱县公职人员进去时，差不多都是脚上穿着一双黄军鞋，小腿上缠着“人”字形绑腿，背上都背着一个藤筐，里面大多装着一套换洗衣服、一双布鞋、一支手电筒、一个铝制饭盒，以及最低要求量的食品。随身携带的东西必须严加筛选和控制，不仅品种要少，数量也要少，筐子的总重量一般在10公斤左右。有的人手里还要拄根拐杖，以弥补脚力不足并帮助在崎岖不平的山路上保持平衡。

从派镇到墨脱县城，要经过4日行程。第一天从派镇出发，若运气好的话，还可以坐一段10公里路的车到达松林口，这里便是公路的终点。一路上古木参天，遮天蔽日，其间飞

派镇通往多雄拉的马队（罗洪忠摄）

多雄拉山上的“旗树”（罗洪忠摄）

泉流瀑，鸟语花香。若是第一次来这里，那新奇，那神秘，那欢愉，简直令人难以形容。

松林口有一块两米见方的平地，簇生着几棵形状萎落的冷杉树。这种奇特的现象，是由于多雄拉山口附近风大，且常年从南吹向北所形成的，山口附近的冷杉树，只有北侧生长树叶，好像一面面旗帜，人们称为“旗树”。之所以管这个地方叫松林口，是因为每次从墨脱出来，只有过了这里，才觉得生命是宝贵的。真正的墨脱之行从这里开始，它是两种不同世界的分界线。

行至这里，走出原始森林，眼前豁然开朗：一片冰雪世界。雪线以上，寸草不生，被积雪覆盖的山道盘旋曲折，隐隐约约消失在多雄拉雪山的垭口处，这就是墨脱的“前门”了。只见两座端庄秀丽的雪峰峭立于垭口两侧，在晴空艳阳下熠熠生辉，光彩照人。

多雄拉“死人山”

多雄拉山口海拔4221米，是墨脱与外界的一道天然屏障，常年都被云雾笼罩。有经验的人说，山口一红很难有晴天，不是下雨就是落雪，必须在中午1点钟以前翻过山口；否则，那里就会浓雾弥漫，大雨滂沱，叫人辨不清东西南北，分不清道路。这种气候特征，在整个大雪融化后的开山季节经常遇到。

若遇上难得的晴天，大家忙着照相，也许有人会兴奋不停地叫喊。这时可要当心，弄不好会引起空气振动，四周会传来轰隆隆雪崩声。在这个时候，必须停止喊叫！抓紧下山！

在进出墨脱的山口中，多雄拉

海拔4221米的多雄拉山口（杨西虎供图）

汗密的热带原始密林（税小洁摄）

山口算不上最高最险，可因这条路走的人最多，死的人也最多。1982年6月10日，某部副排长廖文强，班长邹永发，藏族战士索姆扎西，战士祝国成、吴文贤，首批背运积压的家信报刊和给养物资过山。中午12时，他们刚好翻过多雄拉山口，突然，铺天盖地的暴风雪袭来，他们手挽着手，在没膝深的雪地里探路前进。突然，特大雪崩发生了，他们被巨大的雪崩推下冰湖。3天后，同志们在冰湖里找到了他们，五人还肩背物资，抱成一团，站立在冰湖里。多雄拉在每年的7月中旬开山，10月中旬封山，一年中仅有3个月可以通行。谁若违背了这一自然规律，遇上极端恶劣天气，都有可能付出生命的代价，这或许就是多雄拉给人的警告。

翻过多雄拉山以后，只见墨脱路像白云一样缠绕在山腰，路的两侧一边是峭壁，一边是令人眩晕的深深河谷，从谷中升起的云雾，又使人飘飘欲仙。小路随着多雄河谷伸向远方，多雄河在热带雨林中时隐时现。

绝壁下的多雄河峡谷起始像条裂缝，仅几十米宽，而最开阔处可达上千米。急速奔腾的河水虽漂浮着杂草树叶，却清澈透亮。脚下是一条风化岩石与鹅卵石铺就的小路，山上流下的溪水沿着小路流淌，使双脚在近百公里路上一直浸泡水里，而且还不时有蚂蟥、毒蜂、虫蛇等出没。

最初有人为了避免鞋被雪水浸湿，只选择露在水面的石头上行走，好像少林武术中的练梅花桩。可一会儿是水，一会儿是稀泥，过不了多久，就再也不管泥里水里了。

第一天，大多数人住宿在叫拉格的一微型小村落。尽管这里有小旅店，但门巴背夫为了节省住宿费，却在店旁大树下自搭简易帐篷露宿。尽管是盛夏季节，可到了晚上，这里仍然寒冷难挡，有些急性的运输队民工往往会再向前几公里，来到海拔约2400米的“大岩洞”里躲风避寒。

第二天黎明，有经验的人便上路了。在墨脱4日行程中，这一段最长也最艰难，即使久经锻炼的墨脱人也得走十来个小时，必须两头摸黑才能赶往汗密兵站宿营。这一天几乎是沿溪而行，虽无翻山越岭那种大起大落，但走在由一层层溜圆光滑、翻滚不定的卵石或沙石铺成的“打脚路”上，真可谓举步维艰。

从拉格到汗密，除了途中两座山之外，几乎一直是下坡路。这段路也叫马行道，实际上就是疏导山洪的人造河床，路面上布满了拳头大小的鹅卵石，整天朝下走，远比往上爬还累人，那些在路面上凸起的鹅卵石，不久便弄得行人双脚红肿，疼痛难忍。途中还要穿过几片原始森林，茂密处光线幽暗，猛地走进去，令人毛骨悚然。

抵达汗密时，你会发现多雄河峡谷又豁然开阔，眼前是几座离地1米多高的吊脚楼，汗密兵站到了。

兵站坐落在一个宽窄不过300米的峡谷中，吃的水是通过几截劈开的中间开槽的木头引来的山泉。兵站厨房里的“菜谱”让人纳闷：滑溜白云、清炖冰雪、素炝清风。一副楹联也出手不凡：“有烟抽烟没烟卷绿树叶；有酒喝酒没酒灌白开水。”

这里的官兵很诙谐：“我们这儿大雪封山后，每年有7个月不见外来人，不过也有乐趣，冬天在河边下个套子，没准就能套到山羊；夏天就到深山中找兰花……”

悬空豁口老虎嘴

第三天一早，从汗密东南行，踏上去背崩的行程。道路沿着奔腾咆哮的多雄河（当地人称“白马希仁

悬崖上炸出的老虎嘴（杨西虎供图）

行进在墨脱山道上的马帮（墨脱县交通局提供）

墨脱山道艰险，时常有马摔下山崖。图为摔断腿的马，尚未断气头向上昂的情景（罗洪忠摄）

河”）蜿蜒而下，经阿尼吊桥过“喀秋莎”，来到工布拉山间悬空搭建的栈道上。好不容易晃晃荡荡走过去后，便抵达一处人工开凿的豁口——老虎嘴。

站在怪石悬空的老虎嘴里，只见弯曲的悬崖怪石嶙峋，欲坠而未掉；往下看，绝壁缺口下是湍急怒吼的多雄河。马行到这里往往就不敢走了，需有经验的赶马人拉着它走。据说，每年夏季运送物资的马匹在这里相遇，都停止不前，除非有一方退回原路，否则谁也不会靠边让路，就这样每年还是有马匹摔下去。

过去的老虎嘴，远比现在的难走。20世纪80年代初，我服役过的工兵某团曾派出官兵加以整治。1982年8月11日，战士刘忠伦所在的施工段正在施工，头顶上是悬崖峭壁，雪水不断从岩石上冲刷而下，风化石不时从上面滚落，下面是翻腾的多雄河。为了战友的安全，刘忠伦主动站在老虎嘴最危险的地方，不停地给副排长李得华递木方。没有料到在钉最后几块木方时，一堆泥石流突然从老虎嘴上滑落下来，将拿着木方的刘忠伦打进多雄河的激流……牺牲时年仅19岁。

刚过老虎嘴，接着就是“一线天”。这是在陡立石壁上凿开的一条窄缝，许多路段都是依靠垫木的支撑才能行走。路后侧是奔腾呼啸的多雄河，河岸边躺着几具马尸。据冀文正介绍，过去从这里进墨脱，还得翻高耸入云的工布拉山，过往的门巴人、珞巴人在光秃而陡峭的悬崖上，用火烧，用石砸，掏空岩石，弄出一个个小坑，开凿出一条悬空搭起的仅能放下半只脚的栈道，在山坡一边拴着藤条，供人们拉着藤条而行。

钻过原始森林险陡的山路，继续往前便是一个接一个的塌方区。山道越来越窄，只能一人沿路爬行，经过满是山石和荆棘路段，来到阿尼桥。阿尼桥是一座铁索桥，横跨马尼翁河，桥身不长，上面稳稳当当地铺着木板，尽管河风时常将桥身吹得晃晃悠悠，但不会担心掉进河里。阿尼桥边设有兵站，它是沿途唯一有可能向行人提供午饭的中间站。这种“可能”是赶巧他们正在做饭，并有多余的库存菜。

解放大桥

出阿尼桥不远，绕过一很小的山弯，气候便发生了明显变化。这里天气晴朗，阵阵热浪扑面，空气中充斥着成熟的瓜果香味。继续往前，就到了热带气候十分明显的马尼翁了。这里曾是墨脱县政府和驻军所在地，直到1975年军地分家时，墨脱县政府才迁到今墨脱县城。再继续往前走，来到多雄河峡谷口，直抵新的解放大桥北桥头堡。

1963年7月，上级党委作出决定：在墨脱雅鲁藏布江上架设一座钢索大桥。墨脱某部第一任部队长李春被任命为架桥总指挥。他带人在雅鲁藏布江边攀绝壁，闯险滩，在江面跨度为230米的地方选定桥址。施工时，李春却为难了：8根长250米、直径10厘米的主钢绳，怎样才能背进山？背进来的钢绳靠什么从此岸送到彼岸？于是，墨脱路上出现了当地人从未见过的壮观：50名战士间隔5米立在铺满鹅卵石的羊肠路边，一声“上肩”的号子，50副肩膀同时扛起250米长的钢绳。从清晨走到黄昏，从开山走到封山，这支扛钢绳的长龙上多雄拉、下绝壁、钻原始森林、闯老虎嘴，整整走了近百天，终于将8根主钢绳扛进墨脱。

如何将钢绳拉到对岸？墨脱军人想了一个办法，将一门六〇迫击炮架起来，摘去引信的弹头上牵引着钢绳，随着李春一声“放”的口令，迫击炮一声巨响，弹头牵引着钢绳，准确地落在彼岸，将一根钢绳送过天堑。1964年国庆那天，墨脱为第一座

原有的墨脱解放大桥（土登摄）

钢索大桥举行隆重的落成典礼。在行人驮马通过的欢腾声中，石匠工人把由李春写就的“解放大桥”四个大字镌刻在了桥头堡上。

2000年6月，易贡湖在遭受罕见泥石流侵袭3个多月后突然溃决，解放大桥被毁。灾情发生后，上级多次派出专家和工作组爬雪山，攀绝壁，与工程技术专家一道深入现场进行实地勘察。施工中，林芝、米林、墨脱、日喀则等地群众近4000人，赶着1200多匹骡马日夜抢运建桥物资。经过墨脱戍边模范营官兵和广大施工人员1年多的努力，大桥终于在第二年9月竣工，将其命名为“新解放大桥”。

背崩乡东南部的布琼湖，是一片热带雨林景观和珍稀动物保护点。由于山高林密，加之“怪兽”的种种传说，给布琼湖抹上一层神秘色彩。

第四天从背崩乡到墨脱县城，顺着雅鲁藏布江逆流而行，江水似野马一般奔腾汹涌，翻滚的白浪冲撞着光滑的崖壁，迸出的水花瞬间被旋涡吞没。走在这条通往县城的山路上，可以欣赏到成群结队的长尾灰叶猴在树梢上跳来跳去。

途中的德兴，有一处闻名遐迩的德兴藤网桥，它曾是最重要的过江大桥。藤网桥体现了珞巴人的聪明才智，它是用生长在森林里一种韧性极强，茎长达数十米的数根白藤，绞制成手腕粗的两根藤索，用射箭方式引牵过江，再用无数的藤条把几十个藤圈连成一体并形成一道藤笼管道，悬挂于雅鲁藏布江。行人和马匹在藤网桥管道中，随着摇摆和荡动行走，有惊无险，饶有风趣。目前该桥已遭破坏，有关部门正考虑修缮。

从德兴继续向前行，经过1个多小时的爬坡，便来到墨脱县城。

墨脱德兴乡藤索桥（冯治平摄）

扎墨公路

“中门”，是人们习惯将从波密县扎木镇出发，翻越嘎隆拉山进入墨脱道路的简称。这条路全长141.7公里，原是国家重点建设工程扎（木）墨（脱）公路。因墨脱县地质结构复杂、地壳活动频繁，多处路段经暴雨、泥石流、雪崩的袭击，被切割得七零八落，形成了沿途多处高达近千米的绝壁，道路奇险无比、险象环生。在三条通往墨脱的道路中，“中门”是最难走的。

“中门”和“前门”一样，每年的7月中旬，死死关住的“大门”只露出一条“缝”，人们可以小心翼翼地通过，但是还不到10月底，它就把“门”关得严严实实。若要行走其间，狂风、雪崩就会施淫威，难免不留下人畜尸骸。

从“中门”进墨脱，同样4天行程。第一天从波密县城出发，乘汽车沿扎（木）墨（脱）公路到80K宿营。在“0公里大桥”北岸，有一块于1994年2月1日西藏林芝地区交通局所立的纪念碑，碑两侧刻有汉藏两种文字的“前言”：

墨脱县是全国唯一不通公路的县，它的修通结束了中国最后一个县不通公路的历史。自1975年在中央的关怀下，修建墨脱公路，中途停建，又于1988年、1990年批准延伸至今修通。在政治上、经济上意义重大。

墨脱县公路北起波密县扎木镇，南至墨脱县城，全长142公里，翻越嘎隆拉山，穿越地质复杂的嘎隆藏布、金珠藏布河谷，沿线山高沟深，年降雨量2500毫米，泥石流、山洪滑坡、雪崩等自然灾害特重。

1990年延伸墨脱公路，各级政府有关单位都高度重视和大力支持。施工和指挥人员、工程技术人员，不畏艰险努力筑路。墨脱县广大群众都感激地说：只有共产党才能把公路修到墨脱。修通公路是墨脱各族人民第二次解放。它标志着墨脱县生产力发展进入了一个新时期。

“墨脱公路粗通纪念碑”在官方所立的纪念碑中，可谓是最简陋的了。那毫无设计意味的造型，不能再普通的建筑材料，不到8个月油漆就已经斑剥，手书碑文歪歪扭扭……这一切都好像在诉说着许多无奈。

关于“墨脱公路粗通”的情形，我的一位朋友向我这样描述道：“1993年9月29日，两辆越野车和五台卡车从80K往下开时，基本是边修路，边开车，并且经常需要人力推拉汽车。途中一辆越野车被滚石击中，幸运的是没有人员伤亡。为把汽车推过县城边的一段800米的沼泽地，县机关的人员几乎全部出动。汽车进了县城，县里男女老少都涌过来，好像是看怪物，一个从未见过汽车的孩子吓得哇哇大哭。”

公路是墨脱人的梦。1966年，声势浩大的施工队伍开赴迫龙，大干苦战，最后以修了8000米、花了800万

施工中的墨脱公路嘎隆拉隧道入口（墨脱县交通局提供）

元、死了8个人而告终。70年代又上马，花了几千万元修了几十公里，修好的路面又被雪崩、泥石流、洪水摧毁，施工人员死亡多人，不得不撤下工地，功亏一篑。墨脱人盼望的公路就这样只修了半截。

1987年，国家再次批准墨脱公路上马，西藏自治区从六个方案中选定了从扎木到墨脱的路线，长141.7公里，有涵洞350座、2500米，总投资1.2亿元。1989年，墨脱公路第四次上马，施工队伍利用10年前残存的老路基开山劈坡，可是当修通到县城，又因暴雨后洪水肆虐，花费数千万元的公路坍塌得面目全非。我目睹了墨脱人翻雪山、过冰川、涉沼泽、穿密林背运物资的情景，墨脱人因交通的困扰，生活在落后和贫困之中：路啊路，墨脱人的梦！

当乘坐的汽车沿着这条公路艰难前行，爬到海拔3750米的嘎隆寺时，嘎隆拉山便开始露出狰狞面目。脚下是汹涌的雅鲁藏布江急流，前面道路如同通往云端的天梯。有人说川藏、新藏公路最险最差，可比起这条公路不知要好多少倍。

嘎隆寺是一座藏传佛教红教寺院，已有300多年的历史。据说有资深喇嘛5人、小喇嘛数十人。原始的古寺在1950年8月的大地震中有不同程度的损坏，后来有人出资新建了一座大殿和一些禅房。嘎隆寺附近有巨大的冰川奇观。据专家介绍，嘎隆寺东侧冰川最高海拔5500米，冰川末端海拔3650米，直抵嘎隆寺东侧下方，长约5.5公里，其冰舌平均宽400米左右。每年7～9月，冰舌下滑到4000米处渐渐消融，形成嘎隆寺冰积湖和冰水溪流。寺西侧的冰川最高海拔5520米，末端海拔3600米，长约5公里，自西向东或北东流。冰舌平均宽约80米。20世纪90年代以来，嘎隆寺西冰川的冰舌及冰碛物从北东方向下滑，数千万立方米的岩块掩埋了一片森林。

这条路的路基外缘，大多用风化的褐色岩石垒砌，且常达数十米高。但只有一车宽的路面，多处都向外侧倾斜，加上弯道太急，汽车常常迫不得已要打几个倒车才能转过身。

汽车慢慢驶向雪山深处，映入视野的是一望无际的冰雪世界。在太阳的照耀下，粉红色变成了玫瑰红，显得格外耀眼。人们的精神和肉体备受折磨后，总算熬到了海拔4400米的多热拉山口，这里是波密县与墨脱县的分界线。在尚未修筑扎墨公路以前，从波密县扎木镇到墨脱必须翻越海拔4450米的嘎隆拉山口，这两山口的水平距离仅50米左右。但修筑公路时则选择从多热拉山口通过，扎墨公路至今只通行到84公里的兴乃物资转运站——当地人习惯称兴乃为“80K”。这些年，因多热拉山口道路宽阔，大多行人都选择走这条路，嘎隆拉山口已日渐荒芜。

来到多热拉山南坡，迎接人们的却是云雨莫辨的浓重水汽。多热拉山口处于南北气候分界线，当来自南坡的印度洋暖湿气流占优势时，团团白雾向北涌来，山口两侧天气多阴雨，天空灰暗潮湿；当来自北坡高原干冷气流占优势时，带来一股股冷气，山口两侧多晴朗，天空蔚蓝干爽。春夏季节，北来干冷气流与南来的暖湿气流强弱处于不断转换的位置，气象景观令人称奇。

当暖湿气流强劲北移时，可将南下的干冷气团向北推，山口处狂风大作，雷雨交加，霹雳闪电不时划破山口的天空，瞬间又风平浪静。当干冷气流南下强劲时，暖湿气流被推下山口，暴风雪从天而降，山峰一片白茫茫。如果冷气流特别强，一遇暖湿气流则猛然旋转下沉，会将天空中的飞鸟击落于地。

K字坐标

下山的途中，虽然没有了上山的“之”字形山道，但路更长也更陡了。在这险恶的山途中，没有几个司机再敢玩“飙”，一路小心翼翼地前行，一直到公路的终点80K物资转运站。所谓80K，意为从波密开始算起的80公里处，这是一处可供徒步旅行者歇脚的驿站。

这条线路中最有趣的现象，恐怕是当地人用公里数加K来表示所有地点的方位，为墨脱生命线立下了一个个K字坐标。

这些好似军事暗语的符号早已为当地百姓和有经验的徒步者所熟知：24K是过去行车进墨脱的终点，表示以后的路都要靠步行；24K和52K是计划建设的隧道出入口；52K、80K、113K都是沿途提供膳食住宿的驿站，80K是进入蚂蟥区的标志；128K是为当地农牧民新建的安居房所在地；85K、103K、110K、126K则是途中较为危险的路段。

这条路的保通队员还临时用K来表示遭受泥石流破坏的路段方位，以便迅速定位，展开抢修。墨脱县的领导介绍，一条141公里长的道路放在内地，开车一两个小时就能轻松走完，但在墨脱要走上整整4天。沿途有泥石流、山体滑坡的危险，还有蚂蟥的侵扰，变数太大。这些K既指示方位，也标示了墨脱路上不同的艰苦程度。

"中门"的沿途还支起不少简陋的木板牌子，上面标明了公里数。"这些K的牌子清楚地告诉我们走了多少路，同时更激励我们在这条艰苦的路上继续往前走。"一位来自陕西的徒步旅行者说，"我们最向往看到的是141K，也就是墨脱县城——我们的目的地。"

可从嘎隆拉山口到80K，沿途没有一户民居，这里的原始林木永远是湿漉漉的，衰老死亡的大树，满地的落叶，在长年的雨水浸泡中，散发着腐败霉烂的气味，让人有种回到远古洪荒时代的感觉。

到了80K物资转运站，任何车辆都要从这里返回。每年的开山季节，从波密转运到这里的物资车辆约有数百台次，卸下的生活物资数千吨，于是墨脱县政府在这里专门设有一个简易仓库。从这里运往墨脱的物资都得靠人背，也许一瓶啤酒在波密卖3元，背到县城后，价格就要翻四五倍以上。

80K周围是深山密林，在这块数百平方米的小坝上，生长着棕榈、芭蕉等许多热带植物。几户珞巴族在这里开有小商店，与其说是供应往返游客，还不如说是自用和满足当地住户需要。这里有几家招待所，其实就是两间木屋，自己住一间，其余供游客住宿。我在2005年看《瞭望东方周刊》，记者这样写道：

过去8个月，西藏东南部的嘎隆拉山已经收纳了11位亡魂，他们都是在进出墨脱的路上遭遇雪崩而遇难的……

两个星期前，记者见证了墨脱历史上的第一次：车队全程行车抵达墨脱县城，随车人员没有徒步走一步山路，从而改写了从前进墨脱必须步行的历史，首次实现了全程行车进墨脱。这标志着进入墨脱的简易公路已经初步贯通，最终建成等级公路已是指日可待。

7月初，记者随一路车队从波密出发，沿着这条无等级的简易公路颠簸前行。全程141公里，这点路途在一般人的概念中只是一两个小时的车程，车队却走了两天，每天连续行车15小时，才最终到达目的地。车队在墨脱县保通队的保障下，边修路边行车。在途中的一处水毁路段，刚修完的山路屡次遭遇滚石，随时可能有巨石劈头落下，保通队用TNT炸药爆破7次，在山坡上炸出一片抵挡滚石的缓冲区，车辆这才勉强通过……

"墨脱处于喜马拉雅断裂带和墨脱断裂带上，地质活动频繁，是地震、塌方、泥石流的多发地带。”广东核力工程勘察院的副总工程师郭显成说，“可以说在墨脱建公路的难度绝对不亚于浩大的青藏铁路工程。”据专家估算，在墨脱建一条单车道三级沥青公路或者四级沙石公路，所需资金超过7亿元。

更有一些热衷于探险的人反对在墨脱修建公路。他们认为墨脱作为中国最后一个难以抵达的地方，建了公路就会减少它的独特魅力。墨脱人究竟能否盼来他们渴望了生生世世的公路呢？

读到这段文字，我为墨脱人感到欣慰。可我打电话到墨脱问一些朋友，他们却说：“墨脱通公路不假，可那是在什么样的条件下通的车，是花了多少人力和炸药给硬弄进去的……”这意味着，墨脱要完全结束人背马驮的历史，也许还需要耐心等待。

泥石流多发区

第二天从80K出发，继续沿扎墨公路来到88K。正是这个地方，1980年9月11日夜，新华社驻拉萨摄影记者顾绶康、才龙和《民族画报》记者刘鸿孝目睹了泥石流摧毁扎墨公路的全过程。

顾授康一行沿新修的扎墨公路前往波密，当行至88K处，在一个临时仓库过夜时，因连日大雨，当晚暴发了可怕的特大泥石流。据才龙讲，这次泥石流发生在黎明时分，人们熟睡之际，那时正巧他起夜，打开电筒，发现床边放在地上的半盆水微微晃动。他异常警觉，随即来到仓库下方的河岸，亮起手电观察河水。他发现

塌方不断的墨脱公路（墨脱县交通局提供）

昨夜消退了的河水一夜滴雨未下反而变得浑浊并且还上涨了。他立即想起在拉萨时，听有关专家讲述泥石流发生前的两大征兆。进墨脱时，他深知这里是泥石流多发区，眼下出现盆水晃动和河水变浊的现象，说明住地地表积存大量水分后变得稀松，向下滑动，致使盆水微微震动，预示灾难即将发生。他来不及怀疑自己的判断是否正确，就急忙叫醒大家带着随身物品，向高处爬去。

当他们背起相机，插上闪光灯时，地表已大量下滑，堵塞河床，河床水位上涨，并淹到居住的仓库帐篷跟前，一场可怕的泥石流就在他们眼前暴发了！此时河岸的前头，好像潜藏着一个巨大无比的搅拌机，吐出无数黏稠的泥浆、滚圆的巨石，缓缓地顺着河岸向下流淌，好似威力无比的推土机，所过之处，巨树倒地，山坡夷平，全被向前蠕动的浆泥、巨石淹没，连十余吨级的大型推土机和近百桶汽油、柴油也被冲得无影无踪。他们不顾双脚被泥浆漫过，边拍照边向高处撤退……

如今走到这里，仍不免心生畏惧。80K至100K间的原始森林里，遍布着密密麻麻的热带植物，遮天蔽日。高大的铁杉树，大片的杜鹃林以及高挂于顶的丝状寄生物，藤萝交错牵连。林中热气蒸腾，云雾缭绕，时常下雨。人们为防蚂蟥大都将绑腿扎牢，雨衣将身体捂得严严实实，在气温高达30°以上的林中行走，身体就像在蒸笼里。正如许多去过墨脱的人所说：“外面下大雨，里面下小雨。”

这热带雨林正是蚂蟥活动猖狂的区域。这些同腐殖质泥土颜色极其相似的蚂蟥，就像“海陆空”联

墨脱公路塌方不断，山上的滚石对行人、车辆构成严重威胁（龙君摄）

合兵种，从水洼里、草丛中、树叶上悄悄袭来，神不知鬼不觉钻进人们的头发、领子、袖口和裤脚。它钻入人的皮肤，会释放出一种麻醉和破坏血小板的溶血蛋白，使人既不感到疼，又流血不止。当人们发现叮咬时，它往往已经吸饱鲜血，呈一圆滚滚的黑亮状，令人作呕。许多人总是疑神疑鬼，觉得裤裆里也出了问题。于是众人纷纷点起香烟，用烟头烧蚂蟥的屁股；不抽烟的拿出清凉油抹蚂蟥的尾巴。可是，蚂蟥是顽强的，数量是巨大的，一批败下阵来，另一批又冲上来。

在经历一场场似乎漫长的人蟥大战后，人们渐渐对蚂蟥有了“虱多不痒”的承受力。据说蚂蟥适当叮咬对人也有好处。冀文正介绍当年他在墨脱县德尔工寺，发现该寺住持竟将一些蚂蟥放在大腿上任其叮咬，当问其缘故时，他竟说蚂蟥可以治病。我想，现在人们时兴将身上的淤血放一些，可以增强血的活力。我也从没听说有人到墨脱被蚂蟥咬死过，这也许是进墨脱的人所没想到的。

途中休息的墨脱背夫（冯治平摄）

在热带雨林行走，要尽可能避免鞋袜过早潮湿，不然鞋子湿透收缩，脚很容易打水泡。进出墨脱前，有经验的人会穿一双比平时大一码的鞋，以防止对双脚的挤压，否则走一趟墨脱路，双脚指甲全都有可能被“吃”掉。在墨脱某边防营营长文豪的寝室里，会发现一个特殊的酒瓶，里面装有36枚指甲盖。1993年11月19日，文豪来到墨脱某营担任一连排长。墨脱路上石子太多，太硌脚，偏偏第一次走这条路没经验，他穿了一双刚好合脚的鞋，结果脚被水泡涨了，下多雄拉山没多远，大脚趾的指甲盖就走掉了，鲜血染红了胶鞋，痛得他上下牙齿直打战。1994年5月，他带队前往某山口巡逻，在暴风骤雨中跋涉了3天，衣服被枝条撕成了布条，身上被蚂蟥咬出了道道伤口，鲜血染红了迷彩服。可回到营区休息时，文豪好不容

大火烧荒后留下的场景（杨西虎供图）

易脱下大两码的胶鞋，才发现左脚的小指甲盖不知何时被走掉了。正是这一次次经历，他将一枚枚指甲盖用酒泡起来永久收藏。

沿着扎墨公路继续往前，许多路段的情形越来越惨烈。一路望去，山的凹部几乎所有路基已被泥石流冲得面目全非，人们不得不在乱石滩中上下穿行。好不容易苦熬到100K，夜宿东仁村，总算告一段落；可辛勤的背夫们却为了节约开支，纷纷到山崖下的石洞里过夜。

第三天行程是继续穿越热带雨林，从100K到113K仅有13公里，但走过墨脱路的人都知道，这只是公路的直线距离。随着海拔高度的急剧降低，扎墨公路越来越狭窄，路边的植物也越来越茂密。疯长的乔木及芭蕉、灌木常常把道路上方遮掩，形成一段段低矮幽深的绿色隧道，使人心情十分压抑。

在107K的江边，望见那直插江中的峭壁，奔腾咆哮的嘎隆河水，没有一个人不感到紧张。这时发现，在石壁半腰上的原有公路，因巨大的塌方和湍急江水的冲刷，踪迹全无。当你紧贴石壁来到一根木头旁，只见那足有几十米长的木头上端，被藤条绑在一株裸露的大树树根上，木头上有用腰刀砍出的一溜缺口，宛如天梯。这时，须先用双手抱住木头，两脚蹬着木头上的缺口像蚂蚁一样往下移动，然后在伸手可及的地方抓住树根、藤条、灌木，一切可以揽到手里的东西都得抓过来，因为听着下边惊涛撞击山崖的轰鸣，谁都会想到万一脚下一滑或手中藤条折断的后果。爬完那十几米长的木头，可以在一个小小平台上喘息片刻，又要趴着裂隙像壁虎一样，顺一条石缝攀登而上。

快到113K时，可以望见从山顶直至江边的一处塌方。来到这里后，会听到沉闷激荡的轰鸣声从深不可测的谷底传来，此时的雅鲁藏布江好似那挣脱了羁绊的狂龙，奔腾在这巨大落差的深谷之中。此刻的墨脱背夫会突然朝着上方高声呐喊。原来，如果上边有将要滚落的土方和石头，就会在喊声的震动下跌落。等了一会儿仍不见动静，便可放心向前走。

来到一面绝壁前，开始时还能撑着走，逐渐坡度会越来越大，就只能坐下，两手扶着慢慢地蹭。脚下是深渊，那闷雷似的涛声，再加上那不时滚落的碎石和土块，谁的心里都会骤然紧缩，两条腿禁不住瑟瑟发抖。这里是泥石流多发段，若遇上下雨，就会更糟。我在墨脱亲眼看到，村民可以到自己的刀耕火种地里放火烧荒，一烧就是三五天，烟火冲天，烟雾笼罩。就这样，一代代给子孙留下一片秃岭，子孙又继续掠夺自己后代的绿荫，泥石流就此产生，把灾难一代代传承下去。

冷多风景

经过整整一天的徒步行军，终于到了113K冷多招待所。这是为方便进出县城的人们，墨脱县政府于1988年建立的客栈。这个招待所里外只有两个房间，除了一个火塘、两个大通铺，别无他物。

冷多附近有一条高70多米呈三级落差的大瀑布，瀑布轰鸣从天而降，流水击石飞溅，宛如冰花碎玉，每下一梯增加三分声势，水量骤增四分，重重落入潭底，滚滚的雷鸣声回响峡谷。万点飞扬的水花在阳光下形成彩虹，宏伟秀丽。

是夜，人们围在火塘边，烘烤湿透的鞋袜和衣服，处理脚掌上打起的水泡。这时，成群的蚊子会趁势袭来，为了驱蚊，大家还得忍受烟熏火燎。

第四天从113K出发，夜宿墨脱县城。这天的路约29公里，比起前三天好走多了。清晨，只见淡淡云岚笼罩着山腰，飘拂不定，犹如洁白绸纱飘逸于大峡谷半空，宛如一幅巨大中国山水画。一会儿，片片的雾形成了一丝雾线；一会儿，强劲的气流将雾气托上蓝天成为云海。随着太阳的升起，浓雾色彩不断更新，橘红绛紫，云开雾散，霞光万道。

墨脱山涧瀑布（龙君摄）

雾气笼罩的米日村落，大多为茅草顶木板房，门巴族村民古朴原始，常年赤脚，习惯用头顶东西，是一种典型的原始村落。

离开米日不远，抬头便可望见高山上的墨脱县城。

2 莲 花 圣 地

本章介绍雅鲁藏布大峡谷独具特色的“中国最美的峡谷、中国最美的山峰、中国最美的瀑布”，这里有最富魅力的高山峡谷、密如蛛网的河流、世上罕见的瀑布群等自然景观，历史上一直被藏人誉为“莲花圣地”……

第二章

莲花圣地

20世纪20年代末，英国作家詹姆斯·希尔顿穿行于喜马拉雅山南麓的深山峡谷，苦苦寻觅着香格里拉的踪影。几年后希尔顿返回英国，声称自己已找到了传说中的香格里拉，并于1933年出版了一部纪实小说《消失的地平线》。

詹姆斯·希尔顿用他优美的文笔，向世人描绘了一个隐藏在喜马拉雅山深处、充满神奇美丽的香格里拉。那神秘的峡谷、巍峨的雪峰、美丽的湖泊、茂密的森林、散落在山间的木屋、房前屋后盛开的桃花以及与自然和谐相处与世无争的居民，深深吸引了大萧条时期生活艰难而精神空虚的西方人。

《消失的地平线》一书出版后，受到广大读者的青睐，半个世纪以来畅销不衰。1944年，好莱坞将小说改编后搬上银幕，主题歌《美丽的香格里拉》从此传唱世界各地。第二次世界大战结束后，面对战争带来的废墟，西方人对人类的前景和现代文明深为怀疑。一时之间，西方世界刮起了一股寻找精神家园的热潮。他们到远在东方的神秘国家和地区，先后到印度、尼泊尔和我国西藏，去寻找古老的信仰和人类已经遗失的精神家园。

顺应这股潮流，印度、尼泊尔、不丹等国的旅游业开始兴旺起来。1956年，印度国家旅游局宣布喜马拉雅山雪峰上的小镇巴帝斯旦为詹姆斯·希尔顿笔下的香格里拉；1992年，尼泊尔不甘示弱，称本国喜马拉雅山南麓的莫斯唐小镇才是正宗的香格里拉。

有更多的学者却认为，香格里拉真正的故乡应在中国西南。1997年9月，云南省向外界正式宣布，香格里拉在迪庆藏族自治州中甸；接着，云南怒江、丽江以及四川稻城都认为自己才是名副其实的香格里拉，纷纷展开类似宣传。

我们不能忽视的一点，詹姆斯·希尔顿笔下的香格里拉应在“西藏蛮荒之地”，根据佛教典籍记载或民间传说，香格里拉与荒漠寒冷的西

鸟瞰墨脱新县城（墨脱县交通局提供）

墨脱县城旧貌（张江华摄）

藏高原紧密相接。也正因为如此，香格里拉才会被饱受高原严酷寒冷气候折磨的雪域居民视为人间乐土。

这样的地方，西藏乃至整个藏区只有一处。它位于喜马拉雅山南麓、雅鲁藏布大峡谷深处，传说是观世音菩萨的一滴眼泪，绿度母幻化的一朵白色莲花——佛之净土白马岗（莲花蕊），今称墨脱（鲜花）县。

袖珍县城

在墨脱土著珞巴人的词汇里，虽然没有“城”这个词，但墨脱县城却存在着。正如《墨脱县志》所说，墨脱县城高踞在一个山包之上，山下是奔流不息的雅鲁藏布江。县城四周是大大小小的高山谷地，散居着门巴族、珞巴族群众。墨脱县委、县政府等机关，坐落在山包的最高端，没有院墙，依次是医院、商店、银行、电信局、学校、电影院等。严格说，这个县城只是一座山包上修建起来的一个大院落。

墨脱县城只有几百人，规模相当于内地的一个自然村落，以门巴人为主，其次是汉族，还有少量的藏族、珞巴族和回族。这里的房屋基本

墨脱县委、县政府大门（杨西虎供图）

上都是铺着白铁皮的木板房，最高建筑是一幢三层木结构的房子。县委、县政府、县人大、县政协等领导机关都集中在三栋平房里办公。我曾于世纪之交到过这里，粗略浏览了一下，看见工会、妇联等团体均挤在一间办公室，公检法等部门也是合署办公，至于工商、财税、文教、卫生等局机关，更是一人兼多职，一间办公室几家合用。

墨脱县城虽小，可提起它的变迁，还有一段饶有趣味的故事。1881年，波密土王统一珞渝地区后，在今墨脱县背崩乡地东村建立“地东宗”（县）。地东在藏语中是“矿藏”的意思，即这里金银铜铁矿藏丰富，故波密王朝将宗政府地址选在了地东村的一座山坡上。整座县城就三排房子，城内不足50人，真算得上中国的袖珍县城。

1933年，旧西藏地方政府彻底剿灭了波密王朝，将宗政府由地东村迁往墨脱村，并易名“墨脱宗”。“墨脱”是藏语“鲜花”的意思，说明这里的物产丰富，处处好风光。墨脱村附近当时分布着四个小村庄，于是这里成了与外界交往、物品交换的中心。整座县城不过30多间房屋，人口不足百人，没有一所学校，更无一家医疗诊所等机构。

1952年7月，解放军首次进驻墨脱县做珞巴族、门巴族、藏族群众的启蒙工作，1957年7月，因西藏三年政策不变的指示，又撤回米林县。1959年9月，经中央批准成立墨脱县，由于叛匪活动十分猖獗，就将县政府临时设在米林县的派村，这里便成为墨脱县的“流动县城”。当时墨脱建县，只有18名干部，整个县城就1个小院、6间房子。

1962年6月，我军第二次进驻墨脱，8月，将县委、县政府从米林县派村搬到墨脱县马尼翁，在一块有六七千平方米的小坝子上盖了一排12间的竹房，一个用竹子盖的大仓库，中间设了一个会议室。当时没现成的办公桌、凳子及床，他们就砍来树、竹子，自己动手。进去的12名干部，因后方供应困难，他们就靠自力更生，种庄稼养活自己，县委书记鲁之东、县长旺扎照样参加劳动。

1973年8月，墨脱县委、县政府从马尼翁迁到原墨脱县政府旧址墨脱村，周围居民因大量搬迁，由原来的88户减少到40多户。那时这里的一根针、一尺布、一条线、一张纸都要从山外背运进来，还要走上百公里山路，运一公斤货物到墨脱的价格，需高达20多元的运费。有一年国庆节，给干部每人发一条“大前门”香烟、一公斤香肠、一公斤猪肉、一瓶江津白酒，就已够丰盛了。

墨脱县委、县政府位于县城西端的一个大院内，呈四方形，一色木板平房，白铁皮屋顶，每间房门口都挂有一个小木牌，标示着财政、民政等局机构的名称。院内长着数不清的仙人掌，将庭院切割成不同面积的几部分，仙人掌墙内，长着桃树、橘树，开着玫瑰花、兰花。在县城南面的山坡上，有一根碗口粗的黑色胶管，引来了南山的流水，算是县委的供水设施。中途由于常有牛马践踏，水中常伴有牲畜粪便，稀释后成了淡黄色渣子，人们照样在此担水做饭。

县城唯一的娱乐设施是影剧院，宽大的木板房中放着极窄的木条椅，木条大门上吊有醒目的牌子。只要机器一响，县城里所有的人都听得见，自然来此汇集，不用买门票。

这里没有汽车的喧闹，也没有小商小贩的吆喝，整座县城仅有一家国营商店，商店商品极其简单：账簿、铁质农具、纸和墨水。营业没有定准的时间，若急需采购商品，可以到营业员那里去订购。有一位甘肃人到此做服装生意，很快就卖掉了所带衣物，有位年轻顾客连他身穿的一条牛仔裤，也不放过，硬缠着以30元买下来，而他购买时才9元。他虽然赚了钱，但到这里因水土不服，患疟疾病差点丧命。

让人难以想象的是，这里没有一家饭店、没有一家招待所……房子大都是用木头、竹子、石头搭砌起来的，与本地群众的吊脚楼无多大区别。难怪西藏农牧学院一位女大学生长途跋涉到达墨脱后，还以为这不过是一个转运站，满以为“过几天进城就好了”。

墨脱县城以袖珍出名，而政府机关更是以精简著称。墨脱县面积3万多平方公里，相当于海南省的面积，可整个墨脱县的干部仅有116人，干部编制在我国所有县级中是最少的了。一个民政局仅4人：1个局长、1个副局长、两个办事员；1个公安局仅6人：1个局长、1个副局长、1个教导员、3个办事员；一个计财局便把其他地方的计经委、审计局、财政局、地税局、工商局全包括了，人员也不过5个。

墨脱县城虽小，但自有它的优势。这里不用骑自行车，也不用借助电话，出门就可知道全城党政群机关，以及工农商学兵等各行业的最新动态，若要办事不会有拉萨那么多的麻烦，反正领导不在办公室办公或开会，准在群众家聊天了解情况，闯上去就成。

墨脱县城过去有300多人，没有一个闲散人员，仅有的20多个儿童成了大家的宝贝和玩物。这里单身职工居多，两三人共住一间小屋。为此，小城人团结和睦，大家处处感受到一种暖融融的气氛。哪位战士立了功，某位售货员获了奖，小伙子姑娘们结婚，哪家妻子添了小孩，很快便在全城人中传开了。不仅如此，连谁家吃什么饭菜，通过做饭时飘出的香味，就能猜出个八九不离十。

墨脱县城的一处菜市场（张江华摄）

在墨脱工作生活了16年的冀文正，在回忆那段日子时谈道："我与全城居民，从县委书记到发电工人，都是好朋友。食堂饭菜单调，若有人从山外背来青椒、西红柿，或哪个家里发了一盆豆芽，或在假日里谁家蒸了一锅包子，常常忘不了邀我去改善生活。"

当历史进入21世纪，尤其是近年来扎墨公路实现分季分段通车后，墨脱城面貌发生了翻天覆地的变化。座座现代化楼房拔地而起，县城的环城路、东布路、扶贫路、莲花广场、墨脱新村等道路已成呈网状铺开，墨脱结束了有县无城的历史。墨脱县郊的亚东村、墨脱村的吊脚楼不见了，映入人们眼帘的是一座座规划有序、建设一流、民族特色浓郁的农牧民新居。漫步墨脱街头，商店、餐厅、鱼庄、酒吧、网吧、服装店、火锅城、招待所、理发店、健身房、农贸市场等，一一呈现在人们眼前。夜幕降临，条条街道灯火通明。墨脱今非昔比了！在外面能看到的，如今在县城基本能买到。农贸市场虽然不大，但鸡、鸭、鱼、肉、蛋、蔬菜、瓜果等，品种齐全。现在，县里有了希望小学，孩子们穿的衣服不比内地其他城里的孩子差，耐克、阿迪达斯、李宁等名牌应有尽有。在一个刷着黄色油漆的大木板房门头，挂着红色油漆写的"歌舞厅"三个大字，特别醒目。县城不仅能看到电视，国内外电话也能直拨。

墨脱空中信息金桥的畅通，更是缩短了墨脱与外界的距离。墨脱县城和县城周边区域，以及背崩乡、德兴乡、扎墨公路80K都相继开通了移动手机、好易通业务，同时有29个行政村通了电话，结束了墨脱“传递信息基本靠吼”的历史。县城还开通了宽带信息业务和墨脱网站，干部职工和城镇居民不仅可以从电视上看到外面的世界，还可以在互联网上获得大山外面更多的信息。

2008年10月，国务院批准了重建扎墨公路的可行性研究报告，墨脱公路全额投资9.5亿元，在未来3年半的时间里也将逐步贯通。尽管如此，墨脱县要摘掉袖珍县城的帽子，也许还需要很长的时间。但我们相信，墨脱正式通公路后，将迎来改革开放和经济发展的新高潮，“墨脱步伐”定会告别“总是慢一拍”的尴尬。

中国最美峡谷

1903年，美国总统罗斯福来到科罗拉多大峡谷游览，曾感叹地说：“大峡谷使我充满了敬畏，它无可比拟，无法形容，在这辽阔的世界上，绝无仅有。”可他仍感到意犹未尽，又补充道：“没到过科罗拉多大峡谷，就等于没来到美国。”罗斯福总统以其出口不凡的评价，将科罗拉多大峡谷推上了世界第一大峡谷的宝座，成为当时地球上最美的风景之一，每年吸引着不少游客前去观光游览，带来数百亿美元的旅游收入。

科罗拉多大峡谷长440公里、深2133米，位于美国亚利桑那州西北部的科罗拉多河中游、科罗拉多高原的西南部，峡谷两岸北高南低，平均谷深1600米，谷底宽762米，犹如一条桀骜不驯的巨蟒，匍匐于凯巴布高原之上。从谷底至顶部崖壁露出从前寒武纪到新生代各期的系列岩系，水平层次清晰，岩层色调各异，并含有各地质时期代表性的生物化石，故有“活的地质史教科书”之称。

91年后，科罗拉多大峡谷的崇高地位面临着挑战，挑战者就是深藏在雪山云雾中的中国西藏雅鲁藏布大峡谷。雅鲁藏布大峡谷为世人所知，缘起于1994年4月17日，中国新华通讯社向世界发布的一条爆炸性消息：

我国科学家首次确认，雅鲁藏布大峡谷为世界第一大峡谷。壮美的祖国山河又被我国科学家首次确认的一项世界之最，深达5382米（注：1998年重新测量后确定为6009米）的雅鲁藏布大峡谷是地球上最深的峡谷。从此，过去曾先后被称为世界第一大峡谷的深达2133米的美国科罗拉多大峡谷，深达3200米的秘鲁科尔卡大峡谷将退居次位。这项重大成果是中国科学院地理学家杨逸畴，大气物理学家高登义，植物学家李渤生日前一致推出的……

在交通、通信乃至卫星技术空前发达的今天，我们小小的地球上似乎不再有重大的隐秘可言。为时数百年的地理大发现时代，也似乎在1910年岁末，以挪威人阿蒙森的双脚踏上南极点的那一刻宣告终结，尤其当神秘的西藏也被猎奇者所涉足，整个世界仿佛就此一目了然。那么，雅鲁藏布大峡谷何以具有如此魅力？

雅鲁藏布江全长2057公里，居西藏河流第一位，全国排名第七位，是世界上海拔最高的河流，有“极地天河”之称。同所有的河流源头一样，雅鲁藏布江的源头是杰马央宗冰川一条细细的溪流。她轻声地冲出山脉，流到东经95°米林县派镇附近，接着猛然纵身劈开两座直插云天的大山，扭头向北、向东又向南，环绕喜马拉雅山脉，甩出一个举世闻名的大拐弯，孕育了世界上最大的峡谷——雅鲁藏布大峡谷。

雅鲁藏布大峡谷从米林县的派镇开始，由西折向偏东北，绕南迦巴瓦峰奔流而去，止于墨脱县的巴昔卡村，开阔的河谷急骤收缩，形成360°的大拐弯，构成了世界第一大峡谷，举世闻名的马蹄U形大河湾段。

中国科学探险家协会发表的《世界最大峡谷及其命名》一文说：“（雅鲁藏布大峡谷）到墨脱县我国国境线上的巴昔卡……自古以来，作为我国神圣领土国境线的划分，通过墨脱县巴昔卡的地方……”长久以来，西藏人称雅鲁藏布大峡谷为“隐藏在云雾雪山密林中的人间绝域”，既言其人的足迹难以到达，也言其“未知”的诱惑。正是在这样人迹罕至、蛮荒封闭、玄机四伏、奥妙无穷的地方，让无数科学家、探险家、民俗学家心驰神往。

雅鲁藏布大峡谷腹地，两岸形成很窄空间（龙君摄）

雅鲁藏布大峡谷墨脱段（冀文正摄）

雅鲁藏布大峡谷水流湍急，两岸峭壁如削，江面一般宽度为80～200米，最窄处仅35米，水流如万马奔腾，急泻直下。这里的江面海拔不足2800米，而内侧的南迦巴瓦峰海拔竟高达7787米，形成了高差近5000米的巨大岩石崖壁，可与世界上著名的古特兰·焦拉斯北壁、埃格尔峰北壁和玛达霍隆峰北壁三大壁媲美。

雅鲁藏布江从米林县的玉松村至墨脱县的鲁古村，一改上中游温顺驯服，疯狂地冲向下游，咆哮声5000米外震耳欲聋，一泻千里。两岸悬崖绝壁有如刀劈斧砍，江东是南迦巴瓦峰，江西是海拔7294多米的佳拉白垒峰，像两把利剑直插云霄。

这段江面宽不足百米，水流量速度达23米/秒，为世界之最。万个流量的江水疯狂地沿岩石峭壁向下倾泻，远眺江水像一条白色的飘带在"一线天"的大峡谷中奔腾。

墨脱县的鲁古村是个大切口，雅江从南奔泻而来，将喜马拉雅山一分为二，波密县境内的帕隆藏布江从西奔涌至此，在林芝县鲁古村口交汇处形成一个大缺口。雅鲁藏布江南岸是南迦巴瓦峰山腿，同样重峦叠嶂，怪石嶙峋，人迹罕至。这一段江水流速21米/秒，江面宽百米左右，人们可从上面拴有的三处藤溜索滑过对岸。

雅鲁藏布大峡谷地理构造非常独特，高耸入云的喜马拉雅山系挡住了藏北寒流的南下，孟加拉湾的暖流通过大峡谷通道向北而去，使这里年平均气温在14℃以上，年降雨量超过3000毫米，热带植被可沿大峡谷伸展到北纬30°的大拐弯地段，海拔600米以下生长着龙脑香等热带雨林树木；海拔600～100米是山地季雨林，有干果榄仁、天料木等大乔木分布，盛产香蕉、槟榔、柠檬、野广柑、水稻，一派热带风光。

这里从海拔四五千米的寒带到不足1000米的热带、亚热带是原始森林区，是目前世界上罕见和我国少有的植物群落多样、植被结构复杂、垂直带状分布明显的特殊林区。有人认为，我国横断山区一山有四季、十里不同天，自然垂直带生态景观发育最好，以四川海拔7756米的贡嘎山最为壮观，它西连青藏高原，东濒大渡河谷，西坡有5个带，东坡有7个带。而雅鲁藏布大峡谷的南迦巴瓦峰的海拔高达7787米，北坡5个带，东南坡竟有热带季雨林、亚热带常绿阔叶林、山地暖温带常绿阔叶林、山地寒温带针叶林、亚高山寒带杜鹃灌丛草甸、高山寒冻垫状植被、高山永久积雪冰川等8个垂直带，堪称中国一绝。

雅鲁藏布大峡谷地带植物资源分布十分特别，这里有药用植物千余种，如医治心脏病特效药物五眼果、提炼抗癌药物的名贵粗榧、预防疟疾的三台花和能延年益寿的延龄草等；国内极缺的名贵药如杜仲、灵芝草、金毛狗、胖大海等信手可采；可食用的野生油料植物达16种之多，油瓜含油量高达70%以上。这里还有200多种食用大型真菌及银耳、竹笋、香菇、胡椒等。

有植物就有动物，在这片浩瀚的林海中，栖息着数百种野生动物，目前被列为国家保护对象的就有42种，占全国保护动物的四分之一。其中长尾灰叶猴、云豹、盘羊、大犀鸟、野羚牛、虎等珍稀动物，数量之大，分布之广，实属罕见。

这里交通不便，人迹罕至，生态平衡，仍处于原始状态，属于国家级自然保护区，而大峡谷中段和下段又是自然保护区中的保护区，严禁狩猎和伐木。因此被人们视为西藏的西双版纳、天然植物园、昆虫王国、动物博物馆……

雅鲁藏布大峡谷是地质地貌上独有的强褶皱、大断裂、深切割地段，形成了雅鲁藏布江由西向东又拐弯，又由东向西向南一泻千里的大峡谷。这60公里内，最高处海拔2800米，最低处海拔700米，垂直落差2100米，正是这巨大落差的流量，蕴藏了世界上独一无二的水能资源。

20世纪70年代，中国水利部门一些专家学者来大峡谷实地考察并得出结论：若在大峡谷河段最窄处构筑大坝，建坝高100米，其发电量可达3800万千瓦小时，等于有400多个西藏最大电站——羊湖电站发出的电量，不仅彻底解决西藏的能源短缺，而且可供相邻国家一些大城市如加尔各答、加德满都等的用电。除此以外，大坝还能蓄水、养殖、灌溉、通航、开发旅游业，综合效益相当大。每到夏秋季节，雅鲁藏布江下游的印度、孟加拉国沿岸居民经常遭水灾，奔腾不息的江水没能给他们带来幸福，反而成为一条“害江”。若建电站，可大大减轻下游河流的压力，根除下游沿岸居民的水患。

雅鲁藏布大峡谷云谲波诡，风光

万千，不仅隐藏着无数的自然之谜，而且也是一条有着厚重的历史文化长廊。大峡谷是世界上最高的绿洲，这里不仅有原始林海、金色的油菜地、绿油油的青稞田，还有门巴族、珞巴族奇异风情和独特的大峡谷文化。8世纪时，莲花生大师受藏王赤松德赞的委派，前来墨脱寻找名山圣地。他历经千难万险来到这里，弘法加持数月后，称其为“白隅钦波白马岗”，即“隐秘的刻画成的莲花蕊”。“莲花圣地”的美名由此而来。

1998年10月，由地理、地质、大气、动物、植物、冰川、测绘、新闻等57名学科专家和新闻记者组成的科学探险考察队，历经艰辛，出生入死的考验，实现了人类首次全程徒步穿越雅鲁藏布大峡谷派镇至希让核心地段的壮举。此次科考中，中国国家测绘局首次派人，采用当今世界上最先进的测绘仪器和技术手段，对雅鲁藏布大峡谷进行了精确测量：

雅鲁藏布大峡谷全长504.6公里，入口处在米林县派镇物资转运站，出口处在印占区的墨脱县巴昔卡村；峡谷最深处为6009米，位于南迦巴瓦峰和里勒峰与雅鲁藏布江交汇的宗容村；单侧峡谷最深处在得哥村附近，谷深7057米；大峡谷平均深度为2268米，核心地段平均深度为2673米；大峡谷江面从入口处的宽660米，逐渐收敛至最窄处的35米，江面最大坡降（河段高程差与距离之比）为75.35‰。

从西兴拉往下的白马狗熊到帕隆藏布江入口的扎曲，短短的20余公里大峡谷核心无人区内，河床特别陡急，平均每公里下降22米之多。科学家首次提出了“河床瀑布群”的概念，并证实和发现这个河段有四大河床瀑布群。中国测绘专家还精确测定了四组河床瀑布群的宽度和落差，其中最宽的巴东瀑布宽为117.7米，落差最大的扎旦姆瀑布群竟高达55.96米，

墨脱峡谷隐藏在神山圣水之中,诞生许多神话传说（龙君摄）

墨脱高山滚石不断。图为掉入江心的巨石（龙君摄）

其落差比号称世界最大的尼亚加拉大瀑布还高0.96米。

长440公里、深2133米的美国科罗拉多大峡谷和长90公里、深3200米的秘鲁科尔卡大峡谷，曾一度被称为世界第一大峡谷。可对比中国测绘专家测得的这一组组科学数据，雅鲁藏布大峡谷无论其长度还是深度，都是这两条大峡谷所无法比拟的。

2005年初夏，《中国国家地理》杂志社发起了一项评选“中国最美地方”的活动。半年来，经过专家组的层层筛选，在众人的翘首期盼中，一份包括了山峰、湖泊、草原、森林、瀑布、沙漠、雅丹、冰川、湿地、峡谷、洞穴、岛屿、海岸、城市、村镇15个中国最美的美景类型新鲜出炉，雅鲁藏布大峡谷景区就获得了三个“最”：中国最美的山峰——南迦巴瓦峰；中国最美的峡谷——雅鲁藏布大峡谷；中国最美的瀑布——雅鲁藏布大峡谷巴东瀑布。

蜘蛛网般的河流

行走在墨脱，不难发现，除了过河就是翻山，难以看到一块平地。多雄河、金珠河和细姆河以及大小数十条支流密如蛛网，江河两岸皆是耸入云天的雪山。居民在半山腰上隔江相望，可以举着竹筒互相对话，比做手势，但来往一次都必须大半天。

墨脱境内河流多为南北纵贯，两岸陡峻，水流湍急，河床比较大，险滩叠水多是这里的特点。雅鲁藏布江在藏区自西向东流经千里后，至墨脱东北端急折向南，一改前端的温驯，犹如脱缰的野马，纵贯珞渝全境，在巴昔卡（现被印度侵占）附近流入印度。其他河流如丹龙河、仰桑河、西巴霞河和锡约尔河滩多流急，不宜涉渡。

现在，走进大山，亲近大自然已是城市人的一种必需品。而来墨脱县体验它的江河，不仅可以荡涤心灵，而且也是人生一大享受。

徜徉在弥漫松香气息的密林或长满龙胆的草地上，穿行金珠拉灌木丛，拨开缀满鲜花、香气袭人的枝蔓，沿着溪流走到它的源泉，去感受大地母亲的神经；从一块岩石跳到另一块岩石，去感觉它的生命、聆听它的歌声；再气喘吁吁攀爬南迦巴瓦峰，在纯净的天地间做深呼吸，让身心通泰。

德尔工河在墨脱算不上大河，可两岸独特的人文历史、民族风情、神奇的自然环境和亚热带雨林风光，使这里最具魅力。曾在墨脱考察的西藏军旅作家杨辉麟动情地说："德尔工河流域神话传说浩如烟海，贯穿着整个历史长河，是墨脱社会生活、风土人情、人文历史的多棱镜。"

200年前，生活在不丹、西藏达旺的门巴人迁居德尔工河两岸，后来众人皆知的传说便在这片土地上传开：整个大地最初是干枯的，一切都被火烧焦了，只剩下一对兄妹。他俩看到藤子上挂着一个果子，便用箭射下来，各吃了一半。天神看到了人间的惨状，就洒一些圣水变成大海，大海中有块石头，石头缝里长出草变成陆地，也有了山、有了庄稼、有了牛羊，但就是没有人。于是，天神让他们兄妹俩结合，生了个一尺高的小人，天神觉得人太小了，又洒下圣水使人长得高大无比，力大无穷。从那以后，门巴人就成了今天这个样子。

传说归传说，但德尔工河畔神奇的自然环境是令人称奇的。据说德尔工河里的无鳞鱼肉质细嫩味道鲜美、营养丰富，能使人耳聪目明；德尔工河畔的门巴人有一个属于他们的山里世界，他们按照先祖的习俗在这里耕耘、娱乐、喜庆、狩猎、繁衍生息；德尔工河畔的门巴人是被酒浸泡过的，只要经过木楼，必嗅到飘逸的米酒香，热情好客的门巴人便捧起米酒边劝边灌，让客人一醉方休。德尔工河畔以水清、山奇、瀑布多、树古、林美而闻名，那群峰耸立，峻岩如削，陡崖悬壁气势峥嵘，与德尔工河柔美缠绵构成了大反差的景象。特别是挂在沿河两岸的素雅端庄、错落有致的木质结构竹楼，古老的人字形屋顶门巴建筑造型，令人赞叹。

若德尔工河以其独特自然环境、热带雨林风光美不胜收，那金珠曲（河）则以美丽而富饶让人目不暇接。金珠曲发源于喜马拉雅山余脉的金珠山南麓，它先以脱缰野马般的声势冲出峡谷，继而娴静，以潺湲的姿态淌入雅鲁藏布江。

金珠曲清波粼粼、风景如画，两岸群峰簇拥，山涧流水不绝。夏天冰封雪岭玉镂银雕，薄雾轻云缭绕缥缈，森林密布蜂蝶飞舞百鸟争鸣。金珠曲沿江两岸林木遮天蔽日，这里有冷杉、樟、楠、栲、木莲等，有高等植物1500多种，珍稀植物20多种，药用植物100多种，兰科植物80多种。它不仅是一座硕大的木材宝库，更是一个野生动植物的王国。山谷中，偶尔还可见到长尾叶猴、金钱豹、印度虎、小灵猫、太阳鸟、蟒蛇等，穿来游去，嬉戏打闹。

在金珠拉山顶有一个百花湖，湖畔绿树环合，碧水涟涟，雪峰倒映，景色宜人。传说，湖泊是百花仙子的洗澡地，每年夏天，她们翩翩而来，入湖洗浴。此时的湖边花儿竞相开放。如谁不开放，百花仙子就要惩罚，甚至打入冷宫。

聂拉藏布江流域位于南迦巴瓦峰的东端，是墨脱自然保护区的主体，东以雅鲁藏布江为界，西至那木拉山口，南起“比扭”山脊，北至那木拉山。它不仅是西藏以热带植被为基点的综合性自然保护区，也是有众多生物类型以及特殊的地质构造和古冰川遗迹。在南迦巴瓦峰的东侧，曾是墨脱邦英乡所在地，其沟深20余公里，有6个村庄，居住着154户人家，大多以门巴族为主，还有少部分珞巴族。以前群众从海拔5200余米的一条纳拉山口，通向米林县芝伯村以物易物、走亲串友。后来，国家在这里建自然保护区，将该乡群众迁往墨脱县城附近，取名为亚东村。

有关聂拉藏布江的来历，其传说甚是悲壮：很久以前，藏王年过半百时，身边只有一个女儿与他相伴，视为掌上明珠的公主年轻貌美，能歌

聂拉藏布流域的门巴族村寨（墨脱县交通局提供）

善舞，众多王公贵族都前来以重金相聘，但均被藏王拒之门外。有一天，公主外出与猎人班角相遇，便一见钟情，互相倾吐衷肠，山盟海誓。公主回营后，猎手去求婚，藏王不同意，可又怕女儿伤心，就心生一计，猎人架通雅鲁藏布江上的过桥，方能迎娶。班角回家后便在江边日夜伐木运树，当运到999根树时，不幸坠入江中身亡。消息传到王宫，公主痛不欲生，来到江边抱尸痛哭，泪水浸透了大地，化成了滚滚的聂拉藏布江。一遇刮风下雨，门巴老人就说，公主又在聂拉藏布江里哭开了。

目前，聂拉藏布江流域发现有高等植物3000多种，占西藏植物总数的一半以上，因而被誉为“自然的绿色基因库”。这里原始森林极为茂密，荆棘野藤缠绕，杂草丛生，各种针叶、阔叶树和灌木犬牙交错，形成道道天然的绿色屏障。进入林区，绿荫蔽日，满目皆是粗大的古树，并生长着许多珍树佳木：有古老植物铁杉、云杉、冷杉、红松、香樟、木兰、含笑；有香料植物苍术、艾叶、菖蒲、芸香、润楠、油丹；有药用植物假人参、石斛、当归、黑节草、贝母、黄连；有淀粉植物黄独、树蕨、山慎榔、鱼尾葵等。

聂拉藏布江流域的植物号称“五绝”：大、稀、多、古、弱。大，是绝对保护的面积大、单珠树木大、代表性广；稀，是有许多稀有动植物形成的一个天然生态环境，举世无双；多，是指生态类型、动植物种类多；弱，是这里的雨林和高山针叶林生态系统非常脆弱，一旦破坏很难恢复；古，是这里有许多历史悠久的古老动物和植物。

这里不仅是天然的自然博物馆，也是不可多得的天然动物园。这里随时能发现身体灵巧且羽色艳丽的太阳鸟、画眉鸟、杜鹃鸟，还能见到三五成群的獐子，或到林中散步，或到溪旁饮水。有时不经意间，还会遇到呆头呆脑或行动迟缓的黑熊，以及偷偷摸摸或虎视眈眈的金钱豹。至于岩羊、小熊猫、猞猁、水獭、血雉、红嘴相思鸟等飞禽走兽，在这里一点也不鲜见。

聂拉藏布江流域风光旖旎，景色迷人。春夏季节，渐雨渐晴，阳光照射所蒸发的大量水汽，一丝丝一缕缕，似万家炊烟袅袅升腾在森林上空，远远看去虚无缥缈。树下，皎皎白雪的山梨、白里透红的木兰、如烟似紫的海棠、娇艳娟丽的玫瑰、素净雅致的丁香、叶绿花紫的鸢尾、五彩缤纷的杜鹃，千姿百态，争芳斗艳。入秋，林中红彤彤的枫叶如火焰燃烧，累累果实挂满枝梢，大串的山葡萄、小串的五味子、棕绿的猕猴桃、嫩红的木瓜、诱人的山桃，数不胜数。冬天，莽莽群山，银装素裹，轻风吹来万树摇曳，低沉浑厚的涛声昼夜不息，宛如一曲美妙动听的古林交响曲。而流传在古林的传说，更是给这绮丽风光涂上了一层神秘色彩！

神鬼出没的沟谷

来到墨脱，不是翻山，就是过沟。而众多的沟，如神鬼沟、老虎沟、杜鹃沟、德阳沟……这些独特的地理环境，也孕育了它奇异的风土人情。

世上本没有神和鬼，可在墨脱却有一个令当地人生畏的神鬼沟。神鬼沟坐落在墨脱的玛依之地，又名“玛依沟”。据说，每当夜幕降临，这条沟便会狂风呼啸，飞沙走石中会有众多奇异的神鬼，顶天立地，摇头晃脑，不时发出种种似鬼哭狼嚎、马嘶犬吠之声，又仿佛战鼓雷鸣、刀舞剑击之音。即使大胆的猎人也不敢进玛依沟，更不敢夜间住宿。

给玛依沟涂上神秘色彩的是一位猎人的奇遇：那是一个傍晚，我和另外两个猎人一起到玛依沟打猎，一个猎人到崖边解手，骤然间浑身乱抖，哼哼不止。我急忙给他按穴位、喷冷水，半天才缓过气来。“你刚才看见人没有？”我摇摇头。“一位白盔白甲跨枣红马的人飞骑而来，抽了我一鞭子，哎哟，好痛呀……”他摸着痛处说：“往那边跑了。”我们惊慌四顾，心神不宁，提心吊胆地离开了。

诸如此类令人闻之胆寒的传说，使这里人迹罕至。可在有一年的深夜，墨脱营的官兵巡逻来到这里，并住在玛依沟闹鬼神的地方。铅灰色夜幕笼罩着神秘山沟，没有月光，只见森林、山峰、河流混沌一片，西北风越刮越猛，长一声短一声、高一声低一声、粗一声细一声，官兵面听着这凄厉的呼号感到很恐怖，一夜难以合眼。虽然没有一个官兵看见“神鬼”，却让他们经历了一人难忘不眠的夜晚。

神秘的玛依沟（墨脱县交通局提供）

神鬼沟没有神鬼，老虎沟却真有老虎。墨脱的老虎沟生活着一种中印虎，又称“孟加拉虎”，头圆、耳短、性情孤僻，雌雄平时分居。它不仅凶猛，而且狡猾，不在住处附近排泄粪便，进“家”后要弄掉自己的足迹，每次还将吃剩的东西全部埋掉。杨辉麟曾担任林芝军分区副参谋长，有一次随墨脱营的官兵来到边境线巡逻，便在这条沟里遇上了老虎：

我们一行返回时，已近黄昏。当走到一绝壁前，向导突然大惊失色："不好，我们走进老虎沟了。"心情沉重的我们忙用报话机向单位报告，却联系不上，大家索性燃起一堆火，围篝火搭帐篷。奇迹出现了，叽里呱啦的声音从四面八方传来，环顾四周，渺无人影。战士小周抓起木棒向后扔，顿时寂静无声。少顷，噪声又起，大家只好轮流扔柴棒、石头。渐渐地，人们还是抵抗不住倦意，全睡着了。深夜，下起了瓢泼大雨。突然，轰隆隆……咔嚓嚓……呼啦啦……一阵巨响，将我们从梦中惊醒，并先后钻出帐篷。好悬，一块上千斤重的石头横在帐篷附近，而在石头旁发现有两束绿色的光。我们用长筒手电一照，只见一个有着黑色横纹的动物躬腰一窜，闪进了密林，向导紧张地说："中印虎！"

神鬼沟、老虎沟虽然令人恐惧，可当你进入墨脱的杜鹃沟、德阳沟时，那却是另一番心情。

一跨入杜鹃沟，浓郁的香气扑面而来，环顾四周，满眼的杜鹃花点缀在岸上、峭壁间、溪流旁，花朵特别大，种类也特别多。千姿百态的杜鹃树，有的高达数丈，有的矮不盈尺；高的虎踞山脊，低的俯卧沟壑；有的迎风摇曳，有的亭亭玉立……杜鹃花一团团一簇簇，红、黄、蓝、白、紫，五颜六色，给杜鹃沟增添了无尽的妩媚。

提起杜鹃沟的来历，还有一个有趣的故事。相传，在很久以前，墨脱有一位聪明美丽的姑娘，她与同村的一个猎人相爱并要结婚时，却被狠心的波恩抢去，将她霸占为妻。姑娘宁死不屈，在与波恩的搏斗中逃脱，当她来到雅鲁藏布江畔，不幸中箭身

相传这是一条老虎经常出没的沟谷（墨脱县交通局提供）

亡。从此，在姑娘洒下一片片殷红鲜血的地方，冬去春来，都会长出一朵朵一丛丛的杜鹃花。

杜鹃因海拔不同，生长特点也不同。在海拔1000米以上的坡地，浓荫蔽日，古木参天，荆藤飞舞，常绿阔叶林郁郁葱葱。这里生长着美艳杜鹃、长蕊杜鹃、波叶杜鹃、苞叶杜鹃等，特别是美艳杜鹃，它从山麓的丘陵一直分布到雅鲁藏布江流域。每当初夏，鲜花盛开，杜鹃沟被映得一片通红，好似披上了节日盛装。

在海拔1600～2400米的半山峡谷坡，是亚热带常绿阔叶林，大钟杜鹃满树的红花，大白杜鹃纯白的色调，十分令人喜爱，再加上黄花杜鹃、芽鳞杜鹃的点缀，更显得色彩斑斓。由于山中空气湿度大，常在高大的冷杉树干上，还能看见许多附生的树生杜鹃和宝兴杜鹃。

在海拔300～2500米之间，夏季云雾浓密，林间非常潮湿，这更是杜鹃的世界，有红色的美容杜鹃、惟丽杜鹃，黄色的问客杜鹃，白色的海绵杜鹃、山光杜鹃……其树的形状也各异，矮小的匍地而生，高大的展如巨树，有的叶片大似枇杷叶长达半米，有的叶小如碎米、密如毛茸。

海拔3000米以上是浩瀚的冷杉林，地势逐渐开阔平缓。因气候寒冷，这里的多雄杜鹃只有在山下的杜鹃花都盛开后，即6月中旬以后才轮到它粉墨登场。大崖洞的皱皮杜鹃，叶片布满皱纹；那格的芒刺杜鹃，花梗及叶片长满硬刺。此地杜鹃盛花开时，与白雪相辉映，别有一番风韵。因杜鹃沟的杜鹃花绝大部分为这里所独有，所以吸引着无数游人及大批科学工作者。

杜鹃沟名不虚传，来到了德阳沟，却是另外一番景象。东西两面以山脊外侧的绝壁为界，河岸从海拔500米迅速上升到3000米以上，地势逐渐变缓。每年冬季海拔4000米以上地带被大雪覆盖，东西两侧因山上的冰雪下滑形成厚厚的冰墙，东南部呈漏斗状，从而形成了这里独特的自然景观。德阳沟雪峰林立，森林莽莽，沟壑纵横，飞瀑流泉，一幅奇特的大自然美景。

在亿万年前，德阳沟一带曾是一片汪洋大海。后因地壳的运动、流水的切割和大自然的雕塑，构成了这海市蜃楼般的奇异雪峰、神秘莫测的云迷雾罩，这里的每座雪峰似乎都具有灵气和生命。夫妻峰犹如一对夫妻相倚相偎，罗汉峰酷似罗汉攀缘憨态可掬，金鸡峰居高临下气势磅礴，玉猴峰群山环抱粗犷雄峻……还有骏马奔腾、猴子捞月、金牛喝水等，气势恢弘，千姿百态。

德阳沟的水，气势磅礴，姿态万千，纤尘不染，每一滴水都具有灵性。清澈见底的卢公河由上而下，形成一条条小溪飞瀑，时而直挂沟岸似白练一样飞扬，时而钻进草丛如青蛇一般游动，时而像透明的琴弦奏出悦耳的乐曲，时而像晶莹的玉笛吹出美

令人心悸的雅鲁藏布大峡谷河床大瀑布——绒扎瀑布（税小洁摄）

妙的情歌。据植物学家研究并发现，在两亿年前，地球上主要的生物是恐龙和蕨类植物桫椤，而恐龙已变成了化石，但在这里还有植物中不可多得的“活化石”桫椤。举目望去，沟壑中的桫椤如美丽的大伞，随风摇曳，树干上黑褐色的鳞片，宛如古代勇士身上的铠甲。

中国最美瀑布

20世纪初，英国地理学家记下了他在大峡谷中看到的十分壮观的虹霞瀑布。但墨脱大地震后，人们很难再看到它那美丽的彩虹了。1950年8月15日这一天，在大拐弯峡谷里，大地突然颤动起来，随着是震撼山谷的巨大呼啸声，顿时山崩地裂，大大小小的石块连同被击倒的树木从陡崖上倾泻下来，寂静的群山一片恐怖。一些珞巴人、门巴人世代居住的村寨，瞬间从高山峡谷中消失，来不及逃生的人葬身峡谷。峡谷向下延伸，山径向下悬挂，好像没有底，一直通向深渊。西藏军旅作家杨辉麟叙述的大拐弯峡谷瀑布：

第二天清晨，我们舍车从米林县大渡村出发，沿着一条“青蔓拂衣行”的山径，把我们引向幽深、险峻、秀丽的大拐弯。越往前走，山势越险要，但见江两岸群峰对峙，南岸南迦巴瓦峰雄踞，北岸加拉白垒峰耸立，直插云天。山道紧靠石壁，道路狭窄，仅能单人行走。仰头望天，天成一线，人似陷入地层深处；俯视脚下，便是激流飞湍的雅鲁藏布江，令人不寒而栗。蓦然间，我惊呆了：那铺天盖地而来的滚滚江流，分明是千万条张牙舞爪的巨龙，齐刷刷地跌下深渊，难道这就是大拐弯峡谷瀑布！

大拐弯瀑布震耳欲聋的雷声还在轰响，紧接着是撼天动地的霹雳又已炸响。跌进深渊的巨龙拼命挣扎着蜿蜒向前，跟踪而至的后来者又以泰山压顶之势猛冲下来。在山呼海啸的轰鸣声中，无数的断鳞残甲化作“腥风雪雨”，从深渊中升腾，如同一股强劲的龙卷风冲天而起，扶摇直上。唯有这时，我才体会到“雅鲁藏布江水天上来”的境界。江水泻来，骤然落下，轰轰如雷。水是皑皑雪白，又有阳光的照耀，又有蓝天的云作背景，更显得格外炫目。飞流冲下的瀑布，凌空飘落，宛如飞花碎玉，纷纷扬扬，似雪似霜，重重落进江中，激起一堆白雪，万点飞花。它像一条永恒的闪电，变幻无穷，似一条扬起的白练，翩翩起舞。有时瀑布激起的飞沫烟雾高达数百米，漫天浮游，竟使周围一带常处于纷飞的瀑雨之中，成为别致的“水云”。此时，我想站在崖边留一个影，不意被溅起的飞沫打得衣襟尽湿，不得不向后退了几步，忽听有人叫：“彩虹！彩虹！”我仰头一望，果见头顶蒸腾的白雾中挂着一弯伸手可触的七色彩虹。其上有惊涛凌空而不见其状，下有深渊雷鸣也不见其形，一切都为白皑皑雾蒙蒙所掩盖，只觉山摇地撼，夺人心魄。

中国最美的瀑布是墨脱县境内的雅鲁藏布大峡谷巴东瀑布，中国科学院植物学家李渤生对它的壮观，有过精彩的描述：

1998年11月16日，当我们大队人马翻过了西兴拉山口，从3000米的高处俯瞰雅鲁藏布江时，一幅极为壮丽的画面突然出现在众人眼前：雅鲁藏布江在此北折后，其200余米宽的江面骤然紧缩至100余米，咆哮的江水翻着白色的浪花奔入多吉帕姆峡谷，然而此时在江中一道30余米的基岩陡坎挡住了江水的去路，每秒数千吨的江水奔涌而至，像一匹发狂的野马，奔腾、嘶鸣着从阶坎上飞身跃下，顿时砸落在岩崖下方，浪花飞迸，江中腾起一团团浓浓的白雾，沿谷地缓缓升

雅鲁藏布江陡然直落，构成了雄奇的巴东瀑布（税小洁摄）

墨脱的山多，瀑布也多，一条瀑布，就如一位仙女，让人思绪万千（龙君摄）

至我们的眼前。从数公里的高山上向下俯瞰，整个江流成了一条白练，使人感觉到两岸的危岩即将塌落。

当江水继续下行时，在前方又撞上了一道陡壁，她不得不返身左转，又从陡壁两侧一道更窄的狭隙中夺路下行，然后消失在山崖的背后，这就是藏布巴东瀑布群。藏布巴东瀑布群由三个瀑布组成，其中处在最上游的一个瀑布为藏布巴东瀑布，宽117.7米，落差33米，第二个瀑布为白浪瀑布，宽62米，落差35米，是现知雅鲁藏布江干流落差最大的瀑布，第三个是落差和宽度相对较小的藏布巴东三号瀑布。

我站在光滑如镜的岩石河床上，听着江水的轰鸣，嗅着空气中弥漫着的江水气味，身体与峡谷、江流在一起震动。此时我才深深领悟到什么样的瀑布最美，我认为一条具有雷霆万钧之力、狂野奔腾的瀑布最美，因为她真实体现了大自然的威力，令人景仰与叹服，更使人类变得理智。

世上罕有的瀑布群

墨脱的山多、水多，瀑布也多，一条瀑布就是一条洁白的哈达，从山顶直挂沟谷。有的瀑布细弱如几缕轻纱，缓缓地从石壁上飘落下来，水珠被岩石碰撞得四分五裂，化作蒙蒙雾气，飘拂在山腰；有的瀑布水流洪大，其声悦耳，十分壮观。在这些瀑布中，除四处大峡谷河床瀑布外，还有高达400米的汗密瀑布、从悬崖绝壁倒挂的老虎嘴瀑布、云崖飞泻的地东瀑布、云雾缭绕的背崩瀑布、银丝彩带般飞舞的拉格瀑布……

从多雄拉山到墨脱县背崩乡之间，是一条U形峡谷，谷底是水流湍急的多雄河，两岸岩壁陡立，高达百米以上。这一带可谓瀑布的家乡，其量多达数百，享有“千瀑峡谷”的美誉，吸引着人们来观奇探秘；而这一带的背崩瀑布则以“瀑布冠人寰，无处不画屏”，引来了无数的探险家、科学家、电影工作者、地质工作者和归国藏胞……

背崩瀑布的盛夏，奇胜不可名

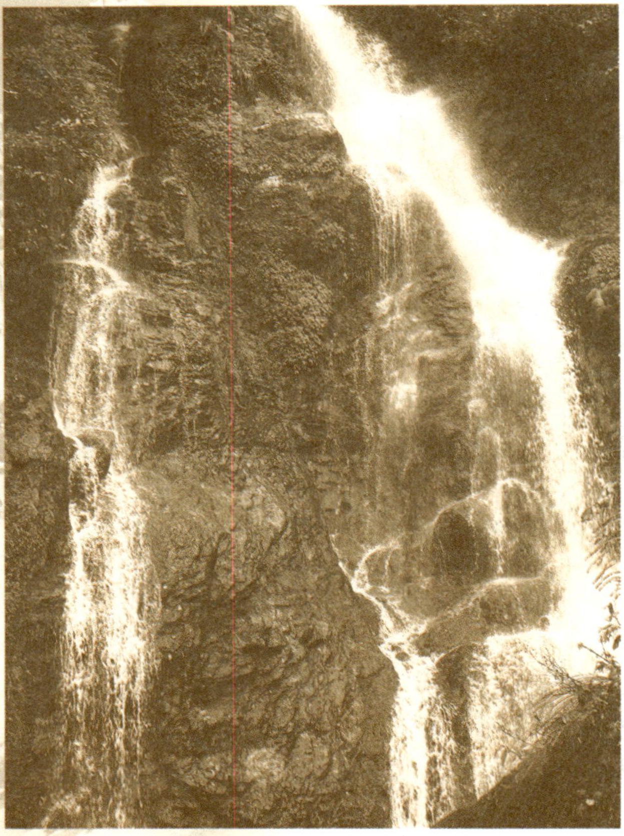

墨脱瀑布以数量多而著称，素有“千瀑之乡”的美誉（墨脱县交通局提供）

状。每当一阵狂风暴雨，只见一瀑飞悬，犹如一条发怒的银龙出山，从半空中猛扑下来，气势磅礴，直捣雅鲁藏布江。其水声，或淙淙，或潺潺，或喧嚣，或隆隆，仿佛弦、管、鼓、钹并作，激荡起阵阵狂风，喷出如雹的急雨，封锁了整个山谷。夏秋两季，在背崩瀑布之上，晴天的清晨，景色更是神奇，只见山谷腾起股股乳色水汽，连片如絮，聚集为云。当朝霞初露时，云如海潮涌进山峦谷底，高耸山峰宛如大海中的岛屿。微风吹来，山顶忽隐忽现，茫茫云海随着朝阳的上升，逐渐收缩，有的变成了奇形怪状的云朵，有的变成了长长的白带……

冬日，背崩瀑布别有一番风韵。在阳光的照耀下，珠飞玉溅，晶莹闪亮，当夕阳西下，阳光从西面山巅松柏的缝隙射来，给白练镀上一道绚丽的彩虹。暮春，背崩瀑布虽然没有狂怒的白龙，也没有散碎的珠帘，却见它从山顶飘下来，轻飏而舒缓，团团乳色雾霭渐升渐浓，升到了山顶相接处，便凝聚不动；它飘飘摇摇往下坠，最初像乳白色的纱绉，随后又变成淡青色的烟雾。

墨脱瀑布以数量多而著称，在扎（木）墨（脱）公路80 K到113 K的30多公里内，竟有瀑布40多处，落差最大的近1000米，最小的也有20多米。据有关部门称，墨脱县目前已发现的瀑布大约400多处，这仅是对公路两旁的瀑布所进行的统计，在人迹罕至的地方却无法计算。数年前，曾有科考队统计过，仅在嘎隆拉雪山就有62处瀑布。

地理学专家杨逸畴认为，由于墨脱县地处雅鲁藏布大峡谷，是热带性质的生态系统分布在地球的北界和纬度高的一个特殊地区，高山峡谷相对高差达7000米，加上又处在喜马拉雅山脉的迎风坡，面向西南季风，孟加拉湾的湿润气流沿雅鲁藏布江河谷溯江而上，使这里每年的降水量达2000毫米以上，这就为墨脱瀑布的形成创造了条件。

3 神山圣湖

本章介绍被藏人赋予神的力量的雅鲁藏布大峡谷腹地的圣湖——布琼湖被誉为“白度母的一滴眼泪”、南迦巴瓦峰被称为“通天之路”，这里是朝圣者理想的天国、科考探险者的乐园……

第三章

神山圣湖

中国最美山峰

墨脱县的东部、西部和北部，雪山起伏，雾罩云遮，许多冰峰直插云天，形成了阻隔与外界交往的屏障。坐落在墨脱县北部的南迦巴瓦是喜马拉雅山脉东段的最高峰。海拔6000米以上的地带，群峰接天，终年银装素裹；海拔4000米左右则是一片森林，好像进入温带；再往下却是四季鲜花常开，这里是目前世界上所罕见，我国少有的植物群落多样、植被结构复杂、垂直带状分布明显的林区。

2005年初夏，《中国国家地理》杂志发起了一项评选“中国最美地方”的活动。担任评委的成员中，既有中国著名的作家、登山家，也有中国科学院、中国社会科学院的地理学家、人文学家，还有在国内外获大奖的摄影师。这次评选的标准也有别于往届，诸如要有独特的观赏价值、科学价值、人文价值，海拔高度相对超过1000米，垂直分布的自然带数量和特征突出，最重要的一条是没有被人类过度开发。令人意想不到的结果是，一些曾经的名山，诸如黄山、泰山、峨眉山等都退居在南迦巴瓦峰身后。

喜马拉雅山被誉为“地球第三极”。在它的东西两端，各有一座很有名气的雪山：西端起点的冈仁波齐峰，东端尾部的南迦巴瓦峰。据珞巴人讲，这两座山峰本是一对心地善良的恩爱夫妻，从不杀生害命，在他们的怀抱里依偎着香獐、白鹿、野羚牛等，可狠心的罗刹王看中这片净土后，派遣差使下凡，并施展魔力，将“冰山之父”南迦巴瓦峰强行搬到

摄于1956年的南迦巴瓦峰（冀文正摄）

东端，使得这对夫妻各居东西而不能团圆。每次震耳欲聋的雪崩、泥石流是他们在发怒，“银河落千丈”的瀑布是他们在流泪。至今，他们还没消气，仍在咒骂罗刹王。在珞巴人心目中，南迦巴瓦峰是一座神山，葬身于它的怀抱被视为幸福。

藏族人历来都将南迦巴瓦视为通天之路，神灵的居所，是凡人断然不可打扰的圣地。他们不仅给它取“雷电如火燃烧”、“直刺蓝天的长矛”这样惊心动魄的名字，还为它虚构了很多不同凡响的身份：受“英雄之神”念青唐古拉娇纵的拥有非凡俊美和英武的爱子，争斗中砍下了亲人头颅的暴虐的兄长，不许他人旁观自己分离痛苦的拥有极强自尊心的丈夫。对南迦巴瓦来说，我们只能从这些信息中得到一点关于它的提示：孤傲，勇猛，神秘，不可接近，难以捉摸。

藏族人对南迦巴瓦峰的比喻，来源于我们永远无法证实的冥冥中的神迹；可科学家们对南迦巴瓦的比喻，则为它旷世的传奇增添了浓墨重彩的一笔。地质学家将南迦巴瓦比喻为一根锁定乾坤的神针。青藏高原和喜马拉雅被慨叹为人类拥有的最后一块秘境，更被认为是打开地球之门的“金钥匙”。

当你站在拉萨和林芝交界的米拉山顶向东南眺望时，可以清晰地看到六座雪山钻入云端，其中五座位于喜马拉雅山脊上，南迦巴瓦峰居中，左右各两座好似保镖，其高度均比南迦巴瓦峰低数百米，而且座座看似距离相等，犹如座座佛塔立于地球之巅，甚为壮观。然而，令人费解的是，与南迦巴瓦峰对峙，且位于雅鲁藏布江北岸的佳拉白垒峰却是个平顶，方圆约5000平方公里，俨然为一大自然景观。

南迦巴瓦峰由于垂直高度超过7000米，中日登山健儿经多次探险攀登却未能如愿，直到1993年10月才首次登顶成功。

科考探险的乐园

从1982年起，国家登山队开展了攀登南迦巴瓦峰的活动，中国科学院也组织了综合性的科学考察队伍，对南迦巴瓦峰地区进行了大规模的综合科学考察。在不到3年时间，他们就组织了全国有关科研部门和大专院校20余个单位，有地质学、生物学等20余个专业，先后对南迦巴瓦峰地区进行了三次综合科学考察，获得了丰富的资料和一大批珍贵的标本，并拍摄了科教影片和电视录像片。

多年来的野外考察表明：南迦巴瓦峰地区地质构造复杂，地质活动强烈，是一处研究喜马拉雅地质历史，探讨板块构造运动力学机制的极好地方。南迦巴瓦峰地处东西向、北东向、北北西向和北西西向等多组构造系统的复合部位，构造应力特别集中，多次的区域变质形成了南迦巴瓦峰地区一系列中深成变质的变质岩系；以北东方向的强烈挤压为主，

昆虫专家姚建招蜂引蝶（杨西虎供图）

导致南迦巴瓦峰作强烈的断块上升，形成了屹立在藏东南群山之上的喜马拉雅山东端的最高峰，同时形成了围绕南迦巴瓦峰的紧密而复杂的大弧拐弯。

南迦巴瓦峰的形成和耸峙，构成了地形上的巨大屏障，导致了喜马拉雅山南北坡自然景观的巨大差异，形成了齐全而丰富的垂直自然带，蕴藏着特别丰富的森林资源。

南迦巴瓦峰地区地震频繁，地热活动多，是个强烈上升的中心，其上升速率和幅度为青藏高原其他地方所不及。在强烈上升的山体中，以强烈雪崩补给为主发育了一些特殊类型的冰川，强烈上升的南迦巴瓦峰还是泥石流发育的中心，这里的泥石流发育成冰川型、崩塌型和暴雨型三种。

南迦巴瓦峰东西宽约80公里，南北长约120公里，实地观察为马蹄形，这里地形复杂，气候千差万别，自然环境独特，资源极为丰富。在夏季时节，可领略它那一山呈四季的景致。海拔4700米以上属永久冰雪带，那里白雪皑皑，偶有嶙峋怪石裸露其间，在此穿上皮大衣仍冷得发抖，有如进入严冬；海拔4000～4700米的寒带灌丛草甸带，此处既有冷杉、云杉、红松等，还有争奇斗艳的各种杜鹃；海拔2800～4000米之间为寒温带暗针叶林带，阔叶林树冠交错，遮天蔽日，腐烂的林木发出难闻的腥臭味，到此地，有如进入阳春三月；海拔2400米以下是山地亚热常绿阔叶林带，分布着几乎热带所有的植被类型，到此地穿衬衣也觉得热，如同到了烈日炎炎的海南。

在南迦巴瓦峰北坡，海拔高，降水少，除近临水汽通道的通麦、易贡外，所有山地，均被另一类较为干旱条件下发育的山地垂直带谱取代，生物区系较简单。

从海拔4000米的温带到不足1000米的亚热带，属原始森林区，几乎分布着热带、温带和寒带所有动植物类型，是世界上罕见和我国少有的植物群落多样和植被结构复杂的特殊林区，也是我国珍稀动物遍布的“翡翠宫”。雅鲁藏布江下游的峡谷水汽通道，还造成了本区植物许多奇特的地理分布现象。在喜马拉雅北坡的易贡、通麦等通道附近地区，有许多南坡的姜花、通麦栎、西藏柏木、水青树、铁杉等植物分布，而在南坡一些地区，则出现了仅在北坡生长的高山松、高山栎等。

南迦巴瓦峰地区群山叠嶂，高低悬殊，湿润多雨，植被类型多样，森林结构复杂。在莽莽林海中，树木交横，枯枝落叶成层，腐殖质肥厚，是繁殖生长蘑菇等得天独厚的好地方。这里主要有乃菌、多孔菌、复菌、银耳、木耳、子囊菌、大型真菌，约50科、80属、400多种，在食用、药用到筛选栽种新的医药用菌等方面有很大的潜力。

南迦巴瓦峰地区由于受地形、气候和植被等自然条件的影响，不同地带生活着不同动物，其动物区系也很有特色。在海拔700～1700米的地区，蕉叶掩映的村庄，流水潺潺的稻田以及藤葛交缠的茂密丛林，一派南国风光。在林中小路上不时出现有爬行类中常见的锡金滑蜥和长肢尤蜥，鸟类中吃果实和花蜜的种类很多，黑卷尾是丛林中的优势种，常成群在林中噪鸣。兽类中白天常见的是一些树栖的松鼠科动物，尤以蓝腹松鼠、红腹松鼠、橙腹长嘴松鼠及明纹松鼠等，在树冠中攀爬跳跃为多。

雅鲁藏布大峡谷山崖上的蛤蚧（龙君摄）

朝圣者的“山国”

墨脱县位于喜马拉雅山东段的主脉南侧，分布在西藏东南部，东起察隅，西至门隅，南达中印边界传统习惯线，北至雅鲁藏布江大拐弯以南的广大地区。整个境内山脉呈南北走向，地势北高南低，逐级下降。这里平均海拔3000米左右，接近平原地区的海拔仅为300米。

墨脱冰峰林立，峰高路险。这里有喜马拉雅山东端最高峰南迦巴瓦，藏族朝圣者心目中的圣山贡堆颇章，以及银蛇般的崩崩山，宝石般的达帕山，兼具泰山、武夷山、华山、黄山等特点的更邦拉山……形成了墨脱山的世界。

崩崩山无数山峰雪裹冰封，像舞动的银龙，可称得上墨脱的一大景致：有的山峰头顶积雪，像头戴白帽的少女，亭亭玉立；有的山峰像一匹骏马奔腾；有的山峰像一把利剑直插苍穹。走在弯弯曲曲的林间小路上，满山遍野的野花一簇簇，一片片，一坡坡，火红、雪白、橙黄、天蓝的花朵，姹紫嫣红，笑靥迎人。

进入崩崩山原始森林，巨树擎天，古藤缠绕，数人合围的古树随处可见。这些大树顶上，寄生着兰科植物，芳香扑鼻，有如树上的空中花园。上了崩崩山口，极目下望，可见一条似火龙的溪流，周围的河水却是一片蔚蓝，色彩竟如此反差！

提起这溪流，还有一段饶有趣味的故事。以前，这里碧水如翠，生活在这里的珞巴人安居乐业。后来山外的魔鬼王带领人马来这里掠夺牛羊，残害人民。当地一个珞巴青年武艺高强，他带领珞巴人攻打魔鬼王，收复了大片失地。就在这个青年追击魔鬼王时，不幸中埋伏，被魔鬼王抓了去。魔鬼王要这位青年归顺他，可青年宁死不屈。魔鬼王最后下令砍掉了他的头，血流三天三夜，这条溪流由此被染红了。

崩崩山以其雄峻美妙称奇，而达帕山则以山清水秀令人叫绝。远眺达帕山，一个个圆球状和伞形的树冠，明暗相间，层层相叠；潺潺的林间溪流蜿蜒于沟谷，映照着姿影清丽的

山峰林立（墨脱县交通局提供）

龙胆、花团锦簇的报春以及艳丽夺目的野牡丹。每当黎明，这里还能见到绿林歌手画眉鸟，活蹦灵敏的猴群，上蹿下跳的松鼠。另外，不时还有老虎、蟒蛇、野猪、羚羊、羚牛出没。这里有沟壑深切的老鹰岩，山如刀削的猴子沟。

达帕山雨量充沛，瀑布流泉，格林河似银河飞瀑，奔腾直泻；德尔工河蜿蜒幽谷，清澈见底；尼勒河盘旋山谷，势如巨蟒窜涧；峭壁凌空的滴水岩，薄雾笼罩，积如堆雪。而达帕山上的云也奇特瑰丽：宿雨初晴，碧空如洗，巨河深谷，烟云弥漫，宛如波涛起伏的大海，远近峰峦像岛屿一样隐现在虚无缥缈的云海中。黎明的曙色，先是看到乌云镶边的衣裙姗姗而至，旭日小小的一角辉映着朝霞，后突然上升，五彩纷披。山风吹来云烟似散，峰壑松石在彩色的云海中时隐时现，瞬息万变。

辽东半岛渤海湾中有一个让世人赞叹的蛇岛；而在墨脱有一个称奇的蛇山，却鲜为人知。据国家科学考察队考察，发现这里有数万条蛇。来蛇山，很容易见到巨石上盘着的大蟒蛇，枯树上悬挂着的乌梢蛇，杂草丛中的竹叶青，枯枝落叶上的眼镜蛇，以及银环蛇、脆蛇、花蛇、黄蛇……蛇山气候温暖，雨量适宜，是蛇最理想的生活环境。蛇全身是宝，它的皮、肉、胆、骨、粪便，都具有较高的药用价值，可治疗神经痛、癌症、血栓等难治之症。蛇山可谓是西藏一大天然的医药宝库。

更邦拉山，因一条非法的“麦克马洪线”而出名，它的北面是巡逻的中国军队，而南面却有印军的一个哨所。西藏军旅作家杨辉麟曾随部队巡逻官兵到达更邦拉山，在他的笔下，更邦拉山兼有泰山的瑰伟、武夷山的秀逸、华山的峭峻、黄山的飞瀑腾空、衡山的云烟叠翠、雁荡山的丛石嶙峋。若不是交通不便，人迹罕至，也许它早已挤入名山之列。

沿卢公河向更邦拉山攀登，河流像飘带一样，忽而落进谷底，忽而飘上山腰。没走多远，便来到一条叫枭朗的险道。“枭”在门巴话里是“脚”的敬语，“朗”是“道路”，“枭朗”即尊贵的脚踩出来的道路。据说，很早以前，有一个寻找太阳的英雄琼衮，带领大家来到这里，便踩出了这条险道。之所以称其险，是因为路的右侧有一条铁链，从百多米高的悬崖陡壁上吊下来，旁边有一串脚印。上去或下来的人，必须左脚踩左脚印、右脚踩右脚印，如果踩错了，就很难调换过来。有的地方只有半个脚印，弄不好，还有可能摔下悬崖。

过了枭朗险道，沿着山脊往上攀，路随溪转，悬崖陡峭，巨石参差，形态各异。有的如飞禽走兽，有的如亭台楼阁……那望夫峰、猴子岭、雄鸡鸣，更是惟妙惟肖。松林郁郁，古树参天，遮得天空只剩一条长带。“一线天”两壁夹立，高达数十丈，抬头望去，阴森逼仄，头

像士兵列阵一样的山峰（税小洁摄）

晕目眩，向下俯视，脚下的溪流时隐时现。过了“一线天”，山势更加陡峭，一边悬崖峭壁，一边万丈深渊。

更邦拉山四季常青，林内阴暗潮湿，在冷杉的枝干上附生着一种奇异的低等植物松萝，垂悬而下，犹如空中飞舞的黄绿色飘带。更帮三岛是矗立在峰下的三座参差不齐的山峰，松树随风摇曳，婀娜多姿，枝叶掩映在浮云浓雾间，好似可望而不可即的海上仙山。这里的兰花有的高挂空中，有的插入石缝，有的攀缘树上，还有的点缀草丛，五颜六色。

更邦拉山腰有一眼“珍珠泉”，带着串串水花自地下涌出，一串串一缕缕，晶莹透亮，有的像包银的玉珠，有的像无瑕的翡翠。泉水清澈如镜，散乱的水珠跃进水窝叮当作响，无数的细流汇成小溪，左冲右突奔入更帮河。入夏，泉水潺潺，凉爽宜人；入冬，雾气徐徐，如入仙境。泉旁古柏翠松参天，垂柳拂地，青山、古树、蓝天倒映泉中，五彩缤纷，景色奇丽。

迷幻的神湖

墨脱县境内的湖泊碧波绿水，神奇灵幻，可谓人间仙境。

布琼湖位于背崩乡境内，距墨脱县聂拉藏布江流域自然保护区以南约30公里，属墨脱自然保护区的一个风景点，面积约580公顷，湖面上百公顷。湖水清澈，群山环抱，北面有一个不被人注意的缺口，湖水流出，形成瀑布注入西工河。周围山势较缓，湖面有如碧绿的明镜嵌入热带常绿阔叶林海中。蓝绿的湖水与“热带雨林”倒挂于水中的大型木质藤木、拔地而起的大型乔木及绿色群山交相辉映。

虽然布琼湖海拔约1600米，但受湖水的影响，地形的作用，干温季节时较为潮湿。山坡上长着茂密的石栎、青冈、栲树、罗汉松、鱼尾葵等。这里一年四季花果满山，野生动物活动频繁，鸟类众多。高高的丛林之中，树干上挂满了花朵，藤蔓垂下了无数枝条，藤蔓和灌木丛长得格外稠密，处处黑洞洞的。

走进布琼湖森林深处，古木参天，层层叠叠的林木，绿得发黑。空隙里，形形色色的藤蔓羊齿、野蕉短棕以及奇花异葩，你挤我压，极力把叶子向上升，争着吸取空气和养分，到处是那么潮湿、拥挤、闷热。

来到湖边，那碧波、绿树、青山，水天相接，湖里的水鸟、天鹅、黄鸭游来荡去，平静的水面如同绿绸抖动，给幽深的湖面增添了一种神奇和恬静。这些鸟类中，最为有趣的要数“滑行机”的犀鸟了。为了避免天敌猴子、松鼠、蛇的袭击，雄鸟把雌鸟藏在自己筑的洞巢里，到处寻觅食物喂养妻儿，以尽它“金屋藏娇”的责任。当地人无法理解，于是编撰了一个又一个有趣的传说。

布琼湖（墨脱县旅游局提供）

古时候，有一对非常恩爱的夫妇，丈夫是猎人，身强体壮，对自己漂亮的妻子过于钟爱，不愿她与外人接触，每次外出打猎时总把妻子关在屋里，直到回来时才打开门让妻子户外活动。有一次，丈夫外出打猎遇到一只美丽的小獐子，他想抓住它带回来，送给心爱的妻子，可当他追了七天七夜抓到獐子时，方才想起妻子。他一口气跑回家，开门一看，妻子已饿死家中。失去了心爱的妻子，他无心活在人间，于是自己也绝食而亡。死后他们俩变成了犀鸟，成双成对，如果一只死去，另一只也会绝食而死。

保护区内有一座西工古寺，至今香火不断，信徒们既是到西工寺来朝拜，也冲湖边的“仙境”而来。

贡堆神湖，位于海拔5700米贡堆颇章神山的一冰峰下。贡堆颇章神山不仅自然风光雄奇美丽，而且充满神奇灵幻，是墨脱有名的神山。每年从青海，甘肃，四川甘孜，西藏昌都、波密以及印度，尼泊尔等地来的香客不少，山上的路被朝圣者踩踏后，可通小汽车。相传贡堆神湖是佛家留给凡人的神物。

原来，很早以前，西藏有个佛法无边的大喇嘛，带着弟子到白马岗（墨脱）传教，行至贡堆颇章神山下，大喇嘛要沐浴，命弟子架火烧水。弟子一看，远不见溪流，近不见滴水，水在哪里呢？弟子们犯愁，只见大喇嘛盘膝坐地，闭目诵经后，将五指插进土地，顿时涌出几眼清泉泛着水花，贡堆神湖便由此而来。

除贡堆神湖的形成外，这里还有关于神湖的幻影的传说。相传有一个尼姑到贡堆神湖还愿，看见明镜般的湖面忽然翻腾起来，好似有头巨猪在浮动，她激动不已跃入湖中。不一会儿，在湖边朝拜的香客看到她的尸首浮上了水面，可当香客们转湖一周返回时，她的尸首不见了，在湖中的幻影里，却看见她不慌不忙转着嘛呢轮。除此而外，这湖里还传说有湖怪出没，当地人叫“措狼”，形似黄牛。佛教徒认为，贡堆神湖里的圣水，不仅能清除肌肤上的污垢，还可以洗涤人们的心灵。在此沐浴净身，灵魂既可以得到洗礼，还能延年益寿。因此每到夏秋季节，许多虔诚的信徒要来贡堆神湖沐浴，并在返回时带一些湖水回家乡，作为送给亲友的最好礼物。

贡堆神湖的山水风光也是令人心驰神往的。在湖边纵目望去，贡堆神湖酷似一面镶嵌在贡堆神山中的宝镜。蔚蓝的天，洁白的云，皑皑的神山，峰影、树木倒映在湖中。神湖水面泛着涟漪，清澈见底，水中游鱼时分时聚，或浮出水面，或沉入水底，荡起一圈圈涟漪，湖中的天色、云彩、雪峰、森林也荡漾起来，远处的水鸟在湖中游弋，如仙境般迷人。

西工湖，位于墨脱自然保护区布琼湖风景保护点内，面积约100多公顷。青山夹峙中的西工湖，四周环以茂密的青冈、栲、翅子、罗汉松、干果榄仁、鱼尾葵、露兜等热带亚热带植物。湖水清澈透明，犹如碧绿的明镜嵌入“热带”常绿阔叶林海中。凌晨，湖面雾霭茫茫若明若暗，四周群山若隐若现；太阳升起，云消雾散霞光飞逸，湖上腾红跃紫泛红漾绿；旭日当空，湖水碧绿，山色湖光相映成趣；傍晚，整个湖面像铜浇金铸，煞是壮观；夜幕降临，月上林梢，湖水一片墨绿，身临其境，仿佛进入了神话世界。

西工湖不仅风景优美，还是一个天然动物乐园。自早到晚，鸟语声声，鸟儿时而直冲云端，时而落向树梢。湖面常有野鸭、天鹅、水鸟戏水，湖畔常见猕猴、松鼠在枝头嬉戏，出没林中的大犀鸟、血雉、小熊猫、羚牛、狗熊和谐相处，给西工湖添了不少情趣。

西工湖最具神秘色彩的恐怕要算“野人”传闻了。1950年墨脱大地震后，住在这一带附近的益西平措（西藏自治区政协委员）的弟弟昌巴丹增同“野人”遭遇过。据目击者说，这里的“野人”身体高大，超过了当地高个子男人，除脸部外，全身披毛，发长过肩，长者可达小腿，面孔长得像猴子，又类似狗熊，眼嘴发红，两脚直立行走，脚是人脚，会拍掌，还会甩石头。

西工湖一带山高林密，气候温和，至今仍保持着原始状态的热带自然景观，几乎同外界完全隔绝的环

美若天仙的墨脱天湖（龙君摄）

境，具备了热带鸟兽生活的条件，也许有生活着的大猩猩和类人猿，而被当地人误为“野人”？

另外，西工湖还出现过鳄鱼。1968年5月，猎人江措和扎西去西工湖打猎，在湖边捕捉猴子时，看见湖里有条曲遂（鳄鱼）张着大嘴在水面游动，时而钻入水中，时而浮出水面。

动植物的和谐家园

墨脱在藏语中意为“鲜花”，为一处巨大的天然宝库。这里自然条件十分优越，森林资源极为丰富，生息着许多为外界所不知的珍稀动植物，是以保护完整的综合自然生态系统为目的墨脱自然保护区，保护区由南迦巴瓦峰东坡的聂拉藏布江流域自然保护区、布琼湖风景保护点和德阳沟野羚牛保护点组成。

墨脱的野生动物十分丰富，在区系成分中，有从南到北的动物代表种，也有距今约300万年更新世中期西南地区的古老动物群“盐井沟动物群”和“资阳猛犸象动物群”的动物子孙，实为我国少有，举世罕见；野生动物种类更是多得出奇，在这里，许多地名都是根据动物的分布来取名的："档木龙"为狗熊出没的山谷；"阿格"是猴子玩耍的坝子；"京朱"是围猎野兽唾手可得的地方；"格当"是野牛的家乡……

莽莽的墨脱原始森林中，活跃着众多的珍稀野生动物。每到清晨，穿梭在林中的画眉鸟，用那银铃般的歌喉拉开了晨曦的帷幕。体巧的杜鹃鸟和体重约数十斤的大犀鸟，也不甘寂寞，与之相附和，一群群大绯胸鹦鹉，伴着曲子在林海上空展翅。活泼好动的叶猴，经常几十只成群的在大树和粗藤上荡秋千，嬉戏打闹。此外还有野牛、山獐、黑熊、巨蟒、苏门羚、猞猁等不时出没，鹦鹉、孔雀、食蜂鸟等在林间来回盘旋。目前，这里被列为国家保护对象的有42种，占全国保护动物种类的四分之一，其中以长尾叶猴、云豹、盘羊、大犀鸟等最为珍稀。

墨脱优越的生存环境，为各类昆虫创造了生存条件，这里有极具研究价值的原始木白蚁科、鼻白蚁科、白蚁科等，还有亚洲第一次记载的黄腹蜂花天牛，累计达300多种，被誉为昆虫博物馆。

在这些珍稀动物中，最有意思的恐怕要数白猴了。墨脱白猴全身纯白，胡须也是白的，极个别是黑眼圈。像人脸，额头稍微凸出，腿较其他猴类短些，个体相似，尾巴有1米长。白猴不进村，也不进庄稼地。据报载，世界上仅我国的云南省、台湾省各发现一只白猴，可在墨脱县却栖息着一定数量的白猴。而墨脱白猴生活在南迦巴瓦峰下，这是一片地广人稀的原始森林，地势险峻，人迹罕至。可在雅鲁藏布江东岸，因人烟稠密，一只白猴也没有。

据曾经打死过白猴的猎人讲，死后发现白猴肚中有很多青冈子、树的果实、草根。白猴栖息林中，多在数人抱不住的古树上，且喜欢在树与树之间来回跳跃，不易被捕捉，这也许就是白猴用来防敌的办法。白猴每胎只生一崽，小猴即使能单独生活了仍跟着母猴。白猴比黑猴聪明，不成群活动，不去人所到的地方，活动范围仅在高山密林中，这也是白猴难捉的原因。若白猴与成群的黑猴斗架，见不到白猴的尸体，失败的尽是黑猴。

门巴族猎人顿珠目睹过一次白猴与成群黑猴斗架的精彩场面：白猴爬到树上，利用他的长尾缠住树，脸朝天，而黑猴只会爬树，白猴伺机而动，见上来一只就抱住，使命往树下扔，这一绝招果然厉害，杀伤和杀死了许多黑猴。1988年猎人江措用箭射死一只母白猴，刚生下5天的小猴却抱住母猴尸体不放，不吃也不喝。江措将小白猴和母猴的尸体带回农牧局，3天后小白猴就夭折了。

墨脱自然保护区以聂拉藏布江流域为主体，东以雅鲁藏布江为界，西至那木拉山口，南起"比扭"山脊，北至那木拉山口顺着山脊直抵南迦巴瓦峰，是西藏自治区以热带植被为基点的综合性自然保护区。这里有众多的生物类型，特殊的地质构造和古冰川遗迹，具有原始状态完整的天然植被。

巍巍群峰，茫茫林海。这里林相茂密而整齐，树冠密闭，林下湿润阴凉，数百年老树铁干虬枝，遮天蔽日，红椿、青冈、木兰、栎等大树干穿破林层，昂首林冠之上，格外引人注目，树的板状根像翅膀一样向四周伸展。墨脱县70%以上的地面为森林覆盖，随着山势起伏与高度的变化，植物分布呈现明显的差异。在墨脱方圆上百公里的原始森林里，奇花异木，令人眼花缭乱，应接不暇，像进入了一个广袤的动植物王国，这里也是国家级自然保护区。雪线上面寒带生长的地衣、雪莲花，温带的雪松、云杉、冷杉到热带盛产的香蕉、棕榈，这里几乎应有尽有。

林中主要有榕、樟、楠、马蹄荷、光叶木兰、红花木莲、水青树、曼青冈、含笑、肉桂、鹅掌紫、红豆杉以及乔松。有些"大柱上"盘绕的木质藤木一个劲地向上爬，有的粗达1米，好像蛟龙盘柱，直达树顶，令人惊叹；附生的兰花把乔木树干打扮得奇姿异态；苔藓密布……特别有趣的是那一窝窝搁在枝杈间的鸟巢蕨，乍一看，真像一个个的鸟窝，更妙的是鸟巢蕨中间长出的一丛丛气生兰，底部飘动着一把把柔软的书带蕨，犹如树林中挂着的精美花篮。有一种灌木叫青菜叶，结的果不在枝顶，也不在叶腋，一对红色而油亮的果实却长到叶面上。光叶木兰（学名：Magnoliadawsoniana），为木兰科木兰属的植物，为中国的特有植物，目前尚未由人工引种栽培。

这里的森林景观非常迷人，春天一来，只见那皎洁如雪的山梨，白里透红的木兰，如烟似脂的海棠，娇艳绢丽的玫瑰，清淡典雅的丁香，叶绿花篮的鸢尾，五彩缤纷的杜鹃及千姿百态的山花，争芳斗艳。微风习习，送来清新的气息和野花的芳香，令人心醉。秋天来临，满眼是累累硕果：那大串的山葡萄，小串的五味子，棕绿的猕猴桃，嫩黄略红的木瓜，似鸡嗉子的山茱萸，诱人的山桃野果挂满枝头，木耳、香菇俯拾即是。

这里气候宜人，夏无酷暑，冬无霜冻，它不仅自然景观迷人，物产也异常丰富。原始森林方圆数十公里，宛如一个广袤的植物王国，奇花异木，比比皆是。植被分布随山势起伏和高度变化，也呈明显差异，从雪线上面生长的地衣、雪莲到热带盛产的香蕉、棕榈，寒、温、热三带植物应有尽有。山顶上长满了枝叶蓬松的杉树，主干粗大。

在2000米以下的河谷地区，交错地长着珍贵的樟树、漆树、楠木、桂树等，以及国内首次发现世界珍稀的麻楝树种；野生水果柑橘、菠萝、柠檬、香蕉、柚子、蜜桃等在此可以任意摘取；这里有一种韧性很强的白藤，可以长达200米，竹子、棕榈、野薯、木耳随处可见。潘多是门巴人称为的“榕耙树”，它是一种多年生植物，根茎含有丰富的淀粉。盘根错节的千年古树布满了苔藓，寄生着一串串蜘蛛网一样的绿色植物——梦魂草，从高大树椏上倒挂下来，像丝一般柔软像纱一样透明，随风飘曳，不时牵扯着行人的衣裙。这里的药用植物上千种，人参、常参、黄连、灵芝、贝母、虎骨、麝香、五味子、红豆杉、虫草等名贵药材也时有发现，仅这里的高等植物就占全国的种类三分之一强。

在珍稀植物中，濒于绝迹的观赏木本植物树蕨——桫椤尤其珍贵。据资料介绍，桫椤是世界上最早的植物，距今已有1.5亿年了。沧海桑田，桫椤本已属于灭绝了的植物种类，属于一种冰川时期遗留下来的原始植物，被列为国家保护的珍稀植物。它与其他植物不同，既不开花，也不结果，不靠根生靠叶生，靠树叶背面的孢子来繁殖后代，属典型的孢子植物。由于它淀粉含量较多，墨脱的珞巴人和门巴人在歉收年，常以它代食度日，或用来酿造白酒。桫椤茎内一层是木质，一层是淀粉，约有8～10层，层层交错，花纹细腻，很像天然的胶合板，经稍事加工，便可成为一件古朴的艺术品。亚让村村南头有一棵树干直径为35厘米的桫椤，由于生长速度相当缓慢，过了70多年，树围生长不到1厘米。因此，木质坚硬的桫椤，也有“铁树”的美称。

植物“活化石”桫椤（冀文正摄）

可提炼抗癌药物的红豆杉（杨西虎供图）

4 珞巴部落文化

本章介绍雅鲁藏布大峡谷土著珞巴族曾有过的刀耕火种、原始狩猎、吊脚竹楼、以物易物、生殖器崇拜、藤竹饰物等习俗，展示这块土地神秘的人文景观……

第四章

珞巴部落文化

墨脱沟壑纵横、冰川矗立、雨林密集，一山有四季，十里不同天。雅鲁藏布大峡谷纵贯其境，散布其间的10多个珞巴族部落，怡然自得地在这里生活着。

2008年岁末，中国国务院通过了投资9.5亿元修建扎墨公路的计划。待到2012年时，高大的雪山不再是阻隔，它将被3.3公里的嘎隆拉隧道替代。

现代文明的滚滚激流，撞开了一堵堵厚墙般的冰雪，改变着珞巴人的生活。可他们在接受现代文明的同时，依旧保留有许多人类童年的记忆，在这里依旧能看到不同于内地人的生活习俗。

珞巴族部落文化遗迹

墨脱县达木是一个目前尚保留有珞巴族文化遗风的民族乡，这里看不到飞机、车船、高楼，甚至带轮子的东西也见不到；这里没有烟尘弥漫的天空、荒凉的山头、灰蒙蒙的大地、脏臭的河流；这里听不到尖厉的汽笛、震耳欲聋的轰鸣。而雅鲁藏布江时常涌动的变幻无常的云雾，将这里变成了一处若隐若现的佛国仙境，有的背包客称其为真正的“世外桃源”。

在达木珞巴民族乡政府的南边，有一个叫卡布的珞巴村庄，这里较完整地保留了珞巴族先民文化的遗风。村口有几块巨石，在巨石旁有许多有刻痕的木条竹棍，经常留有未完全燃烧的灰烬。一些上了年纪的珞巴族老

长满兰草的神树。为了保留这棵树，墨脱县城通往德兴乡的公路只好绕道（墨脱县交通局提供）

珞巴族灶屋，不能放脏东西，灶神非常讲卫生（税小洁摄）

人会说，这是一块“野人”神石，他们极其崇拜的神物。

在卡布村的西北角，还有一棵枯死的大树，树呈灰色，显然被火烧过，看上去狰狞可怖。尤其在月光朦胧的夜晚，那黑黝黝的树影像晃荡的幽灵一样，令人毛骨悚然。这棵树原来枝繁叶茂，是珞巴族的神树，不想遭到雷击烧成了“鬼树”，从而给珞巴人带来了不安和恐惧，于是他们把生活中遇到的各种不幸都归于这棵“鬼树”，请门巴族喇嘛来念经禳灾。

珞巴人的生活，非常有趣。每天早晨鸡叫头遍时，先起床的家中长辈，会不紧不慢地将房屋中间火塘中的热灰拨出、吹燃。这是家庭权力与地位象征，只有家中的男主人才能点燃它。

家中长辈首先煮的是猪食。猪是珞巴人当家的创收主要来源，每当猪生崽，主人在门口要插象征闲人免进的忌讳树，三天内禁止生人，免得将鬼灵带入，危及母猪和猪崽的生命。待猪食煮好后，便烧热头一天晚上留下的稀饭。拂晓时，家人起来，围在火塘旁喝粥，以垫垫肚皮（充充饥）后再出去干早活。每个人都井井有条地干着自己的活儿，互不干扰，他们按照千百年来传下的模式，祖辈怎么做的，现在仍然那样做。

农活一般分早活和白昼活，早活是指早晨在村庄附近旱地里松土、拔草和收获；白昼活是早饭后带足饭食、甜酒到距村落较远的刀耕火种地里干活，天黑才归。农忙季节一日四餐，早晚饭都在家里，两顿午餐在地头。珞巴族农活劳动强度大，体力消耗多，一日四顿不仅吃干饭，而且还格外注意营养。主食以大米和玉米混合焖蒸，副食以瓜、茄、辣椒、野羚牛肉、鼠肉为主，再配以营养丰富的鸡爪谷甜酒和热带雨林中的各类浆果。

生活要得到改善，必须祭祀祖先——饭菜置于客房里或放于坟地。

在家就餐时，大家围火塘而坐，由老翁掌勺，分饭分菜，人均一份。饭前，人们嘴里都喃喃自语，右手抓点饭菜扔于火塘以祭祀灶神。饭后或早饭饮甜酒，由主妇斟酒。

珞巴人大都居住吊脚竹楼，火塘位于主室内，紧靠墙处直立三块一尺长、三指宽的木板，正面刻有几何图案的花纹，那是灶神的化身。木板背面是用刀刻的斜纹，那是灶神栖身之所。三块木板是家中具有神圣和至高无上的权威，不得轻易地移动或抚摸。在灶的面前要摆上鼠肉、酒、饭、香蕉和甘蔗，一样都不能缺。

在珞巴人心里，灶神是全家的守护神，若得罪了它，灾难会临头的。珞巴人对灶神既有崇拜，也有许多禁忌。不准往灶里吐痰和烧病死了的牲畜，灶旁不准烤鞋、袜、裤；灶石上不准抹鼻涕；扫地忌讳朝灶台方向；不能拿皮毛之物从灶前走过；阉猪人、背尸人不准靠近灶台；吵架时，严禁当事人翻动烧着的木柴或炭火。

走进珞巴人家里，你会发现灶台左右及后面的墙上挂满了野兽的部分骨骼、角、獠牙等，这些不仅显示了主人家的富裕，射箭技巧超人，还预示进山狩猎兽神群聚，福气盈门。

猎人狩猎的前一晚，要杀鸡祭祀兽神和灶神，鸡血、鸡毛涂于灶石和兽角上，并祝愿：“请灶神、兽神保佑兽肉成堆，平安返回。”

这里山高林密，狩猎自然成了男人的一项主要活动。一年四季，几乎都是狩猎的好季节。上山时，猎人们从家中带来公鸡，巫师盘坐在地上，抓住公鸡用锋利的刀子剖开鸡腹，取出鸡肝，查看鸡肝纹路：若肝纹清晰表示吉利；如果纹路不对，就要杀更多的鸡，直到将鬼魔喂饱为止。

如果狩猎扑了空，返回后还要向灶神、兽神祭祀，祈愿下次满载而归。兽角是兽神的化身，不同兽角代表不同兽神，人们不得触摸。猎人视弓箭如命，弓箭和腰刀要挂在门口的墙上，不得带入房内，陌生人和妇女是万万摸不得的。不过，现在禁止狩

珞巴族男人编织竹器（李坚尚摄）

珞巴族的体育活动——拔河（冀文正摄）

猎，他们手中的弓箭已成了珞历新年表演的项目。

珞巴山村的夜是寂静的。入夜，在竹林或松明下，妇女绣花织布，编织各色图案的腰带，男人削竹剥藤，编制竹藤器皿和工艺品。逢每月的初五、初十、十五、二十和二十五的几天是禁止下地劳动的，白天在家搞副业生产，晚上，年轻人聚在一块，而老人们到公房里谈古论今，小孩则围坐一旁听老人讲故事。据说珞巴族浩如烟海的民间文学就是这样传下来的。

目前，珞巴族人口近30万，仅次于藏族位居西藏自治区第二位，但我方实际人口不到3000人，其余都在印占区。珞巴族集中分布在西藏的察隅和门隅之间的珞渝地区，从察隅、米林、墨脱、隆子、朗县和错那一线以南，直至中印边界传统习惯线，都分布有珞巴人的村庄。珞巴族内部的部落较多，有义都、博嘎尔、达额木、希蒙、巴达姆、民荣等数十个部落，各具特色。

珞渝地区地域辽阔，数十个珞巴族部落星罗棋布地分布在30多条山沟里。珞巴族有自己的民族语言，却没有文字，虽然珞巴族语言属汉藏语系藏缅语族珞语支，但各地语言差异很大，方言很多。分布在米林县、隆子县和墨脱县的一部分珞巴族，使用基本特点相同的一种语言，而墨脱县境内靠近藏区的部分珞巴族已改用藏语。有的部落说的是同一种语言，仅有方言之差，有的部落说的全是土著人语，互相难以听懂。就拿“冬天”一词来说，博嘎尔叫“麦冬”，达额木米新人则叫“达仁阿木”。

珞巴族社会分工比较原始，靠以物易物进行交换，所以过去的词汇不丰富。在120个词汇中借词就超过30%，主要为藏语和门巴语两种借词；以藏语借词为主的约20%以上，遍及各种词类，尤其是宗教术语全是藏语借词。

珞巴族没有文字，不识字，便刻木记事，一事一木，一事一绳，刻的道数代表数字。他们运算时，仍以手指和脚趾作为算数的主要方法。算数除用手指和脚趾外，还用木棍、竹棍、豆粒、石子和串珠。在珞巴族的数观念中，大多数部落以十为一个基本单位，称作“波乃”。有的珞巴人一直可以算到几百甚至上千，但这样的人为数极少。

珞巴人关于社会和历史，仅靠老年人的讲述来认识、传播，大多数老年人都能说一些，有的甚至可连续讲述几天。对于天文历法知识的积累，有年月的概念，有简单的四季区分，但无专用名词。他们是以月亮的盈亏一周为1个月，一个月30天，一年有12个月。类似汉族的阴历记月法，即初二初三娥眉月，初七初八半边月，十五十六团圆月。他们称一月为鲁雪，二月为杀包，三月为拉腊，四月为门雪，五月为鱼乐……十二月为孙伯。

珞巴族自母系氏族社会崩溃后，目前仍保留有父系氏族的残余。如在氏族范围以外通报自己的名字时，一般都在名字前冠以氏族的名称，以表明自己与氏族的隶属关系。珞巴人有名无姓，其取名实行父子连名，如祖父叫蒙希，父亲的名字叫希都，本人的名字叫都里。近年来，人们习惯略去父名，若是男子，在前面加“达”字，如达乃、达穷、达亚，凡带有“达”字者皆为男性；若是女子，在本人名前加“亚”字，如亚乃、亚姆、亚嘎，凡带有“亚”字的皆为女性。

在当今珞巴族的亲属称谓上，仍残留有血缘婚的痕迹。如：公公、岳父均叫阿爹；外祖父、爷爷均叫阿普；祖母、外祖母均叫阿比；叔父、姨父均叫巴依；侄儿、内侄均叫阿爱。这些称呼表明，他们曾是兄弟姐妹互为夫妻所留下的印记。

提起每个氏族的来历，老人们会讲起一个个动人的传说。达木珞巴民族乡米古氏族，属于达额木部落迁徙“麦克马洪线”以南后留下来的后裔，是从波密迁来的。珞巴族米古人在他们的传说中讲道：

大约在许多年以前，波密住着俩兄弟，哥哥叫央色，弟弟叫嘎嘎，他们种地、放牛、狩猎，过着无忧无虑的生活。村里有一个头人叫央格扎瓦，想霸占另一个头人奥登色列的土地和牛羊。一天，央格扎瓦要央色兄弟去杀掉奥登色列，并答应奥登色列死后的土地将归属他们。受了央格扎瓦的诱惑，央色和嘎嘎就去杀了奥登色列。可奥登色列死后，土地和牛羊却被央格扎瓦霸占了。央色兄弟要求央格扎瓦履行诺言，央格扎瓦却说："你们要把这里的熊杀死，土地和牛羊才归你们。"

央色兄弟十分气愤，他们杀死了央格扎瓦的牦牛，把牦牛耳朵割下交给他，告诉他杀死了熊。央格扎瓦恼羞成怒，说："你们杀死的是我的牦牛，你们赶快离开这里，不然我要杀掉你们。"央色兄弟只好背起弓箭，挎上砍刀离开了家乡，漂泊流浪。

他俩向南翻过嘎隆拉山后，看到面前是崇山峻岭和一望无际的大森林，这时不知该往哪里走，最后，决定以射箭来选择各自的定居位置。结果，央色的箭射到了卡布，掉在地上后变成了一块大石头，他就在卡布定居，他的子孙就是后来的波觉氏族；弟弟嘎嘎的箭落在达木变成一片竹林，他的子孙就是后来的嘎窝氏族。

据传，珞巴族米古人的祖先原生活在岩洞里，有一次，一个老人带了一葫芦瓢的水从岩洞里出来，不慎摔了一跤，水泼在了地上，便形成了今天的浪错湖。虽然是传说，但我们从珞巴族家庭的摆设、墙体绘画及原始宗教信仰中，多多少少能感受到远古历史留下的痕迹。

珞巴人主室的木架上，大都有他们自己画的各种图案，其图形有人物、动物和植物，多以简练的粗线条构成，显得十分粗糙、笨拙。严格说来，这些似牛非马的图画应是符号，粗线条像是一些野生动物，这似乎和珞巴族以狩猎来维持生存是紧紧连在一起的。

在偏房的木墙上，壁画更多，其中仅用两笔就构成了一幅美妙的图画。两笔从上往下交叉而成，使人很难领会其意。主人解释，那是猎获野兽后猎人们的狂欢情景。这些粗犷的绘画手法和珞巴人的生产生活息息相关，也和珞巴人勇敢豪放的性格相一致。

藤竹饰物挂满全身

随着雅鲁藏布大峡谷的开发，地处腹心的墨脱县即将正式通公路，寻找精神家园的现代人会大量涌入这块人间仙境。在都市中人追求时尚饰物的今天，再看看珞巴人身上的穿戴，不会不感叹：珞巴人的服饰，那才是真正美的享受。

珞巴族服饰文化的形成，经历了一个从无到有、由简单到复杂的过程。1956年转札日神山时，我部队派出工作组给珞巴人发放物资、银圆和球鞋，还派医生给群众治病。军医巩增均就接待了这样一对父女，女孩没穿衣服，由于长年不穿鞋，脚上裂了许多大口子，都是老皮，根本无法缝合，只好将胶布贴在其裂口上。

珞巴族先民最初是赤身裸体，不

穿衣服的，逐渐才采集树叶、野草以遮羞，后来才从其他民族那里学会纺织，穿上衣服。这正如他们的《创世歌》所唱："达尼请示太阳月亮说，人口已发展，但人人都赤身裸体，怎么办？太阳、月亮说，纺织创始人亚麦公基一天能织六七块布，叫他去人间向人类传授织布。达尼和亚麦公基一到人间，人类才穿上了纺织衣服。"

20世纪50年代，珞巴族社会尚处于原始社会父系氏族阶段，勇敢和力量是珞巴人财富的源泉，其诸多部落的服饰无不与狩猎生产有关。在长期与大自然的斗争中，珞巴人为了防御严寒、抵抗自然界敌人，有意模仿生物毛皮和飞鸟的羽毛，以摆脱超自然力的影响，显示自身的等级、财富和魅力，便出现了综合诱惑、遮盖、展示等一物多功能的服饰。

珞巴族崩尼部落妇女装饰（李坚尚摄）

珞巴人的服饰大体分三大类，即用来遮盖身体的衣饰类，用来增加个人外表魅力的首饰类，用来美化人的文身、化妆等的装饰类。由于珞巴人容质美丽，年轻男子身材魁梧，姑娘长相秀丽，性情又活泼，衣饰无疑为他们增添了美丽和端庄，而珞巴妇女穿的彩色裙子和配有很多饰物的上衣，也显得格外漂亮。

珞巴族的衣着原料大多是利用野生植物纤维、棉花和羊毛，而各个部落因地域差异、制作技术发展的不平衡，加上接受外来影响不同，在衣着形式上也有所不同。珞渝腹心地带和西部，接受外来影响比较少，衣着仍然比较古老，无论男女都用一块窄幅拼成毯状的布，围在上身，长及膝盖，袒露一臂（男左女右），接口处的上端用竹签别牢。在节庆、走亲访友中，一些男女还外加一件斗篷，少数妇女也穿对襟、无领、无扣、有袖或无袖的短上衣。

珞渝的东南部，男女的上衣有别。妇女上身用自织带红、蓝色条纹的土布围裹，在胸前用竹签别牢；男性则穿无襟无领短袖短上衣。由于受物质条件限制和天气炎热等因素，珞渝大部分地区的衣服还十分简陋，人们裸露着大部分身躯。

珞渝北部靠近藏区，海拔较高，冬天时有霜雪，人们穿着相对来说比较繁杂。男子上身，内穿自制的野牛

佩戴一新的珞巴族服饰（龙君摄）

皮、山羊皮或氆氇袍，外罩山羊毛编织的黑色套头大坎肩，用长条窄幅氆氇拼成长方形，中间留一缝口套头，前后一般宽；妇女则穿对襟，有袖或无袖、无领、有扣的短上衣。

不论男女，珞巴族装饰物多得让人眼花缭乱。男人的脖子上落落大方地挂着串珠，一直伸到腹部，男人也一样戴小圆筒形耳环，其材质有银的、木的或竹的。他们还用十分精致的藤编织宽带把脚脖子紧紧裹着，在由淡蓝色所组成的吊环、脚环上挂着铃铛，把十分粗壮的光腿装饰起来。珞巴人从头到脚，都佩戴着各式各样的饰物，别有风采。

男子服装的腰布主要由树皮纤维织成，它有垫坐和遮盖两个用途。腰布绑在腰间，后背面耷拉着，长出约38厘米，好像一条毛茸茸的白色尾巴，晚上作为枕垫使用。现代珞巴人的盛装很有派头，普通人一般穿带色的无袖外衣，大多由他们自己制作，或从其他民族输入；有些人穿藏袍，自己种棉花来织布，再用像一条长围巾的布，做成暖和的短上衣。

普通妇女服装即用两块布拼成，上有红蓝两色的宽边条纹，穿时绕过腰际，成为一条长仅及膝的裙子，然后用藤带子结牢，其余部分则在胸部折叠起来。但多数妇女是让腰际以上的身体部位明显露出来。

珞巴族不分男女都戴一个青铜手镯，系当地铁匠打造，其宽约2.5厘米之上有一些几何图案。巴达姆男子戴的一种手镯，外层有柱突，颇为奇异。阿兴人有一种辫状的藤腰带，上面镶有白石片或骨片，像皮带那样系在衣服外面。在希蒙、卡可、民荣、巴达姆、潘奇人中，妇女也戴两种与上述式样相似的腰带，上面镶以直径为3.8厘米的青铜圆片，或用藤条交错编织成的“之”字形花纹。这种腰带由圆形的青铜片组成。青铜片直径约5厘米，上面有密集而又凸起的花纹，前面正中的铜片最大，上有交叉的十字花纹，较小的铜片依次放在两侧。圆形铜片不论大小，上面都有孔，与另一个铜片接在一起。

戴耳饰是妇女的专利，有一种耳饰是很厚的金属柱，看上去很像一个银质小花瓶。所有女人，不论年龄大

腰佩战刀的珞巴族武士（龙君摄）

小都要戴金属手镯。男子手腕通常不戴任何金属手镯，但右手戴有一个藤手镯，有时候在手镯上要缠一些野生动物毛。妇女在腰间套一些圈，有些男子亦如此。

珞巴人对腰饰十分重视和考究，博嘎尔部落男女腰部均佩饰带。饰带用兽皮制作，带面上缀满了一排排兽牙或海贝，两端各缀接一块磨制近似方形的大螺壳。系戴时，把两端扣拢于脐部正中。饰带下悬吊数根金属链条，每根链条的一端系结于脐部正中，另一端分别系结在腰部两侧，正面看去，为若干个左右对称的悬于两腿前的半圆弧，显得飘逸潇洒。妇女在饰带上还要佩挂若干小铜铃、红石串珠和大铜勺状饰物。男子腰间则斜插长刀，肩挎长弓和箭筒，走起路来叮当作响，英姿飒爽。

腕饰也是珞巴族各部落喜爱的。腕饰以戴手镯为主，质地不一，有藤、银、铜、铁等。博嘎尔部落的腕饰很有特点，多用猛兽（如老虎、豹子等）的牙齿嵌在湿皮上，干后紧嵌其间而制成。有的人佩戴腕饰从腕部排到肘部，成为护肘。过去，大多戴藤镯和一种用得令树皮制成的手镯，现在则多改用银、铜等质料的了。

珞巴族妇女的脚饰是藤环或藤编织物。博嘎尔妇女的每只脚上戴两个脚环，由一种叫颜巴的藤条做成，名叫颜巴勒令；阿巴达能人亦戴藤编脚环；珞渝南部的珞巴人，则用十分精致的藤编宽带把脚脖子紧紧裹着，在由淡蓝色的串珠组成的脚环上挂着铃铛。

从前，珞巴人大多喜欢文身。目前，那些与平原接触较多的地区已日渐减少。文身在珞巴族各部落中尽管不普遍，但现在仍有一部分人对此情有独钟。巴达姆人不文身，而民荣、希蒙、卡可和潘奇等部落妇女，文身仍在流行。据推测，出现文身的潜在原因，最大的可能是美感，可以借助文身来装饰和改善自己的仪容。

珞渝地区越往北部走，那里的文身习俗越普遍。珞巴男子的文身，主要在前额、下颌和小肩，其下颌标准的饰纹，几乎全是三组垂直的点和线。而妇女的文身主要在大腿、小腿和胸部。敦巴尔写道：“据估计，民荣人的男孩10岁开始文身。潘奇人的姑娘到青春期才进行文身。”

竹林掩映的吊脚竹楼

来到珞巴族村庄，映入眼帘的宛如一幅恬静的山水画，蜿蜒的河水从村前流过，闪着粼粼波光，那股股泉水穿过葱茏的树林，长长的引水竹管将它从村后引向各个竹楼。

一幢幢吊脚竹楼点缀在珞巴山寨，四周丛丛翠竹掩映，让人顿生联想。吊脚竹楼像珞巴妹子，亭亭玉立；吊脚竹楼虽然饱经风霜，却依旧典雅古朴。

珞巴族祖先曾有过巢居、穴居的历史，随着生产力的不断提高，走出了山洞、树巢，建起了本民族独具特色的吊脚竹楼，并逐步发展建起了吊脚木楼。每当来到村头，会看见下首的山泉从山涧流出，山涧的一旁是一个平坝，散落着幢幢“人”字形竹楼或木楼。

吊脚楼系竹木结构，离地约两米高，数十根圆木桩做底架，分三层，下层堆放柴火圈牲畜，中层住人，上层堆放辣椒、工具等杂物。屋顶有的用竹席，更多的是用草、稻秸、棕叶覆盖，墙壁、地板用竹席，或小竹、竹片、木板编排而成。

村旁，用竹子破开的引水槽架在空中，弯弯拐拐，给每家输送着泉水。

珞巴族家家户户均有桤木做的男性生殖器，大多1米多长，有碗口粗，龟头上还涂上红色，天花板上也有木制男性生殖器。在珞巴人眼里，它一

珞巴族吊脚竹楼（冀文正摄）

来可以避邪，二来也表示人丁兴旺。

进入主室，楼门正对的右边是男主人席，左边是女主人席，右侧是客人席，左侧是陪客席，背向楼门为晚辈席，其座位有严格区分，不得乱坐。

在珞巴族的吊脚楼中，尤以竹楼风格独特。珞巴族居住区盛产数十种竹子，韧性好，粗的直径达30多厘米，结实耐用。建筑竹楼前，先要选宅基地，再杀鸡占卜，确定动工日期。施工前，预选三个建房宅地，将基地平整砸实一尺见方，上放一组谷粒。放谷粒多少根据家庭人口来定，假如有5个人，再加牛、猪、鸡，就得拿出8粒稻谷。三个地址就得要三组谷粒，共计24颗。谷粒放好后，上放一把鲜树枝，压一块石头。放谷粒要选在太阳落山时，第二天太阳出来前察看。若8粒稻谷中有散开在外的，说明宅地不好，入住后要死人；若谷粒仍聚在一堆又无虫子，说明宅地地气好，适宜建筑房屋。选好宅基地后，再杀鸡占卜，确定修房日期。

建房时，全氏族都来向新宅基地洒甜酒、牛奶，祈求地神、龙王庇护新房主人平安祥和。施工后，妇女挖地基，男人上山砍竹子，老人在家劈竹。吊脚楼为长方形，长约9米，宽约6米，用石头做基脚，外墙比内墙稍高，墙厚半米，上放又宽又厚的横木，横木接连处有凹凸衔接，相当牢固。每隔两米立一木柱，柱高2.5米，其间用双层竹板当墙。木柱上架有横梁，屋顶呈“人”字形，并用双层竹板代瓦。整座竹楼，除地板、横木、天花板、横梁和门窗外，其余全部为竹子。房屋只有一个门，进门对面留有两扇大窗户，利于空气对流，室内设有灶台，旁边要修一个用三块皂石支灶脚的火塘，靠南墙修两个大竹床，每床可睡三人。

竹板的制作要有相当的手艺，根据需要的长度，留够中间的尺寸，砍去竹子的两头，用锋利的腰刀顺着竹子的纹路从上往下直砍，一刀只能砍一筷子长，不能横砍，也不能一刀砍到底。这样，一根竹竿要砍上百刀，然后从上往下一刀直劈下去，便成了有几厘米的竹板。挡墙的竹板是竹面朝外，房顶的竹板是竹面朝下，相互叠成一条条槽沟，雨水顺瓦而下。一座竹楼不用一根铁钉，实属罕见。

珞巴人竹楼的墙壁上，总是挂满形形色色的野兽头骨。有野猪的头骨，有熊的头骨，也有野牛和喜马拉雅山巨型扭角羚牛的头骨，甚至还有森林之王——虎的头骨。珞巴人不是将整个头骨挂在墙上，长犄角的野兽，只留下犄角和额骨；有獠牙的野兽，只悬挂带獠牙的下颌骨。

现在，有的人习惯在客厅或其他房屋内悬挂野兽头骨，视为一种装饰。珞巴人也是这样，不过它还具有猎物博物馆的意思，既是陈列了竹楼主人狩猎的全部光荣，也是展示全家和猛兽之间充满冒险精神的历史。有时猎人会指点着每一块头骨，绘声绘

珞巴族象征勇武的弓箭、腰刀和野兽头骨（李坚尚摄）

色地向来人讲述猎获它的过程。

珞巴人置放头骨是有一定规矩的。假如一家三代，祖父猎获的挂在第一排，父亲的挂在第二排，儿子的挂在第三排，每一辈人的战绩都在墙上记得清清楚楚。珞巴人用这样的形式，教育自己的后代，儿子要超过父亲，一代要胜过一代。当头骨越来越多，墙上已无法容纳时，老祖宗的战利品，便要被儿孙们请出竹楼，但不能随意处置，要藏进高山险峰那些神秘的岩洞，或者用竹筐装好，挂在很难攀缘的大树顶端。

这种用野兽头骨装饰竹楼的习俗，来自古老的传说。珞巴人有位祖先，名叫米古麦得，他要求所有的珞巴人，不管是猎获了一头大野兽，还是宰杀了一只小牲口，都得将大部分给同村寨或同氏族的人，自己只能留下少量作为纪念品，有犄角的留犄角，没有犄角的留下颌骨。米古麦得死后，成了珞巴人掌管财产和命运的祖先神。他的眼睛盯着珞巴人的每一座竹楼，假如有人不按老规矩办事，上山将猎不到野兽，饲养牲畜也会遇到瘟疫和兽害。因此珞巴人狩猎之后，总是把野兽的角或下颌骨挂在墙上。

飞跨两岸的藤索桥

“山顶在云端，下山到河滩，两岸能听见，走路得一天。”墨脱地区山高水深，沟壑纵横，来这里不是过河就是爬山。多雄河、金珠河、细姆河以及大小数十条支流密如蜘蛛网，江河两岸是耸入云天的雪山。

珞渝地处山高林茂、冈峦起伏的高山深谷地带，谷地内溪河交错。因此珞巴人出门须跋山涉水，且全靠两条腿，与外界联系十分艰难，那时，车马舟船等交通工具还没有出现，人们在半山腰隔江相望，往往走到对岸得大半天或一天。于是墨脱人在两山的半山腰之间架起了世上罕有的藤溜索和藤索网，作为过岸的桥。

珞渝地区人烟稀疏，村落相距较远，加上村与村之间往来又较少，人们所走的山路，即分为经常行走和季节性行走两种。经常性行走的路是村旁到附近耕地的常用小道，季节性行走的路又分村与村，或对外交换以及上山狩猎的小道，这种小道不太固定，常为荒草树丛所封闭。

物资交换是珞巴人一年一度获取生活必需品的重要手段，人们沿着小路身负重物，往返一次就要十来天。到了交换季节，或狩猎，或村与村之间的交往，大家就成群结队，边走边砍草木，以辟通道。但凡遇险道或悬崖时，要么绕道而行，要么架设栈道或天梯。简单的栈道是把一棵长度相当的横木架在险道上，人们沿木而过。天梯是指一种放在悬崖峭壁旁边的独木刻阶，为安全着想，人们还利用峭壁上的灌木或藤蔓作为扶手，一些经常有人行走的地方还悬挂藤条。这些小道的险峻，是难以想象的。

珞巴族不使用畜力，不养马驴，

珞巴族博嘎尔部落藤索桥（刘芳贤摄）

爬溜索过江（杨西虎供图）

即使有牛也不负载，其运输物品全靠人力背负。运输工具主要是用竹或藤蔑编制而成的背篓。背篓上有条约6.6厘米宽的细藤编织带，两条分别套在双肩，一条套在前额。背负重物时，手持T形拐杖。这种手杖，除助人步态稳健外，更重要的是当人站立歇息时，用它支撑背篓，以减轻负载，可得到短暂喘息。拉运东西时用前额，如运输竹子、树木等，让其一端着地，另一端系上绳子，套在头上，用头部的力量拉拽滑行。

墨脱山路崎岖，河水湍急，珞巴族的交通工具主要是藤条、独木桥、行木结构桥、溜索和藤网桥，个别地区还有独木舟和竹筏。藤条或独木桥一般是横渡峡谷或小河的最原始工具，藤条绑在峡谷或河旁的高树上，人拽下端，一荡而过。近村要道的较大河流上，一般架设桥面较宽的竹木桥。而在河面宽、水流急的两岸，即架设溜索。所谓藤溜索，就是将当地特产的藤竹一劈两半，一根根对接起来拉到对岸，拴在两边的树上，滑行过江的人把自己倒吊在藤溜索上滑过江去。

相传，藤溜索是雅鲁藏布江两岸一对相恋男女发明的，男的叫达东，女的叫亚乃，他俩经常在岸边对唱情歌，可苦于山下汹涌的河流，两人成不了亲。有一天，达东和亚乃两人用竹箭同时射中了江心的一条鱼。他俩大受启发，何不都在箭尾拴一根细藤绳，同时射向江心的鱼？随后，在两岸村民的帮助下，他俩沿用同样的办法射中了鱼，亚乃便把达东对岸的细藤绳拉了过来。就这样两岸村民用这根细藤绳把一根藤溜索拉到对岸，然后拴在两岸的树上，成了今天的藤溜索。

藤溜索下面大都是上万个流量的墨脱江河，翻卷的浪花有10多米高，

珞渝河上的藤网桥（冀文正摄）

咆哮声震耳欲聋。藤溜索拴在两岸的大树上，宛如半边彩虹倒挂在江上。从藤溜索上滑过江去，不亚于长江两岸溜钢绳。滑藤溜索时，先钻进一根硬藤圈，人面仰天，将人倒吊在藤溜索上，同时硬藤圈上拴一根宽藤条，把人的头固定在一定位置，不至于下垂或脱落。硬藤圈上拴有两根藤绳，一头拉一根，对面缓慢地拉藤绳，滑行的人手脚并用地滑过去。开始时是下坡，接绳人比较轻松，当到达江心，溜索成弓形，再往上拉就比较吃力，面对轰响震天的雅鲁藏布江水，头昏眼花。此时过江的人要沉着，手脚配合，拉绳的人慢慢拉，一个多小时才能拉过岸去。

藤网桥可以说是珞巴人的骄傲，它没有桥墩，不用木板，也找不到一根铁钉，整座桥用的全是墨脱盛产的藤子。墨脱浩瀚的林海中，生长着几十种藤本植物，茎蔓细长，寄生并攀于乔木树上，5年可达40米以上，柔软而坚韧，是藤索网的唯一原料。藤网桥是用若干根粗藤作桥体的经线和若干藤圈、藤篾作纬线而编织成网状的悬空桥，大多架设在水深流急，水面又较宽阔的重要交通河段上。在桥的一头，由藤子组成悬空桥的主体，一部分由坚固的木头三脚架支撑，一部分捆紧绑牢在适当位置的数棵树上。主体藤桥的另一端悬空穿过河面，亦用同样的方法固定在对岸。

架设藤索网时，年轻人干重活和粗活，有经验的老人削藤，先将藤子一劈两半，既便于将两根藤子对接，也不易折断，再削去藤子的节疤，一根根对接起来，拉到对岸。架设藤索网桥一般共需35根藤条，再将25个硬藤圈做得比人略高，均匀地放置在藤条上，藤条在外，藤圈在内，一般10米左右放一个，其作用是支撑索桥圆形，便于人从中钻过。35根藤条的分布：桥两边各10根，底部15根，上部是空的。在这些藤条上，每隔几码的地方缠上椭圆形的藤圈，以进一步加固桥身。硬藤圈固定好后，用细藤条串联起来，再纵横交叉固定，底部行人放脚处，用细藤编成50厘米宽、连脚都漏不下的编织带。远眺藤网桥，它像是一个网状的圆筒。

每当藤网桥竣工，两岸的部落首领都会分别站在桥的一头，各自杀一只鸡，将鸡血、鸡毛涂于挂藤条的大树上，将整鸡和一碗白酒扔于江中，并祈祷："请树神、藤神和河神保佑藤索网坚固耐用，保佑行人平安过往。"说毕，第一个向对岸走去。

过藤网桥若方法不对，摇摆会十分厉害，无法越步。有经验的人会掌握其特性，随着藤索网弹性的起落而迈步。它弹起时，一只脚得因势抬起，它跌落时，再踏步向前，就这样一高一低，一起一落地缓慢前进。此时的人行走桥上，像钻进了一道弯形的管子，每动一步，整个桥身都跟着颤动，有种颤颤悠悠，煞是有趣。西藏和平解放前，整个墨脱仅有3座藤网桥。

1964年国庆节，墨脱第一座钢索大桥建成，取名"解放大桥"。之后，部队官兵又在地东阿尼、月尔冬等地建起了12座钢索桥，还架设了86座小木桥，使急流险阻变成了通途。

说不尽的刀耕火种

刀耕火种是珞巴人无法割舍的一种耕作方式，望着一片片森林瞬间变成火海，谁都会为之心痛，无论你说它有多么原始落后，损耗多少木材，破坏多少生态环境，但它确实存在了几千年，珞巴人离开刀耕火种就难以生存。

人类初始的采集时代，祖先们在美丽富饶的大自然餐桌上，随意就可以找到食物。人口的不断增加和自然界供给的无规律性，迫使人们在更加可靠的基础上，与自然界建立更加稳定的关系。这样就导致了人们开始对植物和动物的控制，因而出现了对植物的培育和对动物的驯化。

传说，珞巴人的先民曾过着"不耕不织，穴处巢居，冬衣兽皮，夏衣木叶"的游猎生活。约10代人以前，他们使用鹿角、扭角羚等兽骨、石器工具农耕，并采集各种野果和狩猎。

后来，农业是主要的谋生手段，在一些地区，特别是边缘地区，人们便用剩余的农产品交换生活必需品，但其生活还处在仅能糊口的水平。而铁器的输入，也不过三四代人的时间，却使珞巴族的生产生活发生了重大变化。

珞渝地区有水田、旱地和园圃三种耕地。水田约占12%。园圃地约占

30%，一般离家较近，既可施肥也便于精耕细作，四周架有篱笆，以种蔬菜为主，边缘地栽香蕉、甘蔗等经济作物。旱地占耕地面积的50%，却远离村庄，以刀耕火种为主。

珞巴人的耕作方式，人们称为轮耕或刀耕火种。这种耕作，首先要在森林里清理出一块地，割去地上杂草，砍倒树木晒干，然后把地里的木、草燃烧，将灰烬留在地里作为天然肥料，其后在上面戳洞放入种子，过几个月就可收获粮食。每年的农历十一月和第二年的二月之间为铲除杂草季节，若是新开垦地，在秋冬之交砍伐；若是轮休地，也就拿一部分地休耕，以待长出更多的树木杂草恢复肥力，过年后砍伐。腰粗的树木要砍成数截，弃置暴晒。每年的三月至五月为旱季，也是点火季节。在方圆需走两三天路程的范围内统一点火，由氏族或部落首领下令点火，砍倒的树木和杂草，经过几个月的曝晒，一触火就噼里啪啦地燃烧起来，火舌高达10多米。在烧火的日子里，到处烟火缭绕，一块地往往要烧四五天。

大火烧后的刀耕火种地（张江华摄）

树木化为灰烬，其厚一般达10～20厘米，含氮、磷、钾等较高

珞巴族村民在刀耕火种地用木棒戳穴下种（刘芳贤摄）

的复合肥。烧得越透，肥力越高，杂草少，庄稼长得越好。经过一周后，将未烧尽的残枝堆于一处，便开始下种。高秆作物如玉米、小麦用木棒戳洞点播，小粒种子则撒播，并松土覆盖，农作物在抽穗扬花前拔草一次。土地肥力高的，可连续二三年耕种，而一般旱地种植一年就得休耕，5年后再耕作。刀耕火种地省工、产量高，胜于村庄附近的耕地，因村庄地肥力不足产量自然就低。因此珞巴人很喜欢这种叫刀耕火种的耕作方式。这种地一般经过3年后，又让其长草、长树，这叫休耕。其后再将地里的树木杂草砍倒晒干焚烧，进行第二次耕作，这叫轮耕。凡是在村子的周围，总有刀耕火种地、休耕地和轮耕地轮换，以形成独特的耕作周期。

珞渝地区土地贫瘠，由多雨的低地和亚热带、温带的高地组成，加上其他因素，形成了导致土地耕作周期的出现。山脚的低地和河谷平地多少有些冲积土；山上的则属壤土和沙土一类，间或混有石子；山坡的土壤为含有上等腐殖质的标准沙土，清除森林后开垦的新土地，带有大量的落叶腐土，含有丰富的有机质。

要扩大适宜的土壤，使之能长期耕种并获得高产而又较宽阔的平地并不容易，只有山坡地才适宜耕作。雨水经常把地里有用的矿物质冲走，使地力很快耗尽；另一方面，雨水冲走了山坡地的表层沃土，却又带来山顶的新鲜表土。这种冲刷即使对种地的人有所帮助，但不可避免地会使土地变得贫瘠。因此，地力的迅速枯竭和藤蔓丛林的快速生长，迫使人们在这些地区游耕。山坡地自动排水，容易清理，气候适宜，维护方便，使珞巴人宁愿选择在那里耕种，而放弃山脚下狭小的平坦地块。

土地是珞巴人赖以生存的基础，使用权为男系继承，所有儿子可平均分享父亲的土地。只有在休耕期间，个人的占有权才暂时放弃，用作全村牲畜的放牧地，此时任何人不得反对他人的牲畜进入。土地从不出租，但可以出卖、出借和交换等。偶然也有因土地所有权而引起的争端，一般的惯例是劝说当事人同意服从调解人裁决。如调解不成，就要实行严格的神判。神判断定双方均有错误的话，土地则由双方均分；如果一方不愿接受神判，调解人即作出有利于另一方的决定。

珞巴人的土地大体分三类，即居住地，留作狩猎的荒地和农耕地。三种土地没有专门的划分标准，用作哪一种土地是以便利与否为前提。耕地没有确切的肥瘠标准，只有他们在长期的耕作中，才有所体验。

珞巴人把所有农业用地按休耕的一定年限，分成若干块，一般划成11块。头一年开A块作耕地，第二年又开B块作耕地，A块继续耕种；第三年开C块作耕地，A和B两块耕地继续种植；到第四年时开D块作耕地，A块休耕，B和C块地继续耕作；

第五年时开E块地耕种，A和B块地休耕，C和D块地继续耕作。依此类推，每年耕种一块新地，就有3块地仍可继续耕作，让其他几块地休耕，以确保土地有足够的肥力。

珞巴人不断轮耕，就要求人们重新选择新耕地。人必须依靠土地来供给所需的一切，因而，每年选择耕地是珞巴人的头等任务。耕种哪块土地一般由村里的头人决定，但头人也经常与村中的老人们商量，并用占卜的办法征询精灵的意见。不管怎样，珞巴人每个种植季节只耕种两3块地，尽可能开垦大块的地，为他们选择耕地的主要特点。

珞巴人将一年分成12个月，但分得不甚明确，且分法随地而异。有时候，即使是同一个月也有不同的名称，这是由于他们按照农事活动来计算季节的结果。他们常把播种作为一年之始。按民荣部落划分月份的规定：一月为特耶木，与罗马历法的一月相对应，二月为布依新，三月为科木崩，四月为加宁，五月为基皮尔，六月为迪金，七月为洛波，八月为耶罗，九月为坦诺，十月为依若，十一月为衣特，十二月为迪桑。而巴音部落则将民荣部落的二月布依新为岁首，与英国历法的一月相对应，二月以后月份为吉特木尔、科木崩、加宁、基吉尔、洛波、依奥洛、吞洛、依若、依特、迪桑和特耶木。

一旦土地选定，并得到精灵的认可，便决定开垦。在确定开垦那天，除了病弱者外，全村人以家庭为单位都来到选定地点。在开垦新土地的同时，也在旧土地上除草，妇女在有农作物的旧土地上除草，男子负担在新土地上砍倒莽林和草丛等大量的艰苦劳动。砍伐莽林草丛大约要花一个月，收集枝叶晒干要花两个星期。第一次砍伐莽林草丛在三四月份，开出的地用来种植春季作物，第二次砍伐在七八月，开出的地栽冬季作物。五月和九月焚烧砍下的枝叶，若没烧尽，收集起来再烧一次。

开荒活动结束，全村人停止田间劳动5天，在房柱上挂上生姜、肉和大米，作为给家内精灵的祭品。这时，成年人前往莽林树丛采集竹子，在男子宿舍附近搭建一座平台，在平台中间插一些竹竿、树枝，围成一个圈，杀一头猪或一只鸡献祭，口念咒语：“噢，东尼金京啊，保护我们所有的人吧！我们全都尊敬你！我们也邀请田野的神灵参加这节日的盛宴。我们向你供奉波比木阿让的祭品，以后我们还要以你的名义举行塔普恩仪式。噢，健康之神和田野之神，请接受我们善意的殷切的奉献！”

用作祭品的猪是勒死的，鸡是割断气管。他们将献祭的鸡血和一些大米粉调成糊状，洒在平台上，把肉和米饭分给村中老人吃，并为他们专门酿造了大米酒。这些节庆活动的举行是为了向精灵赎罪，活动结束后播种开始。三月和四月开始种蔬菜、棉花、玉米，五月种早稻、狗尾粟、鸡爪谷和红薯。冬季的蔬菜要在九月、十月或十一月播种。

播种时，人们站成一排，从挂在左肩下的一个小篮里取出种子，右手拿着一把刀或掘穴的木棍，沿着缓坡慢慢地向上走。每当一定距离时停下，躬作腰用右手的工具往地上一戳，挖出一个小穴。每穴相距约一步半，再用左手从竹篮里取出种子放入穴内。在较大的地块上，如果播种的队列一次播不完，就只有播到上面时再下来播种。这时第二拨人随即撒播另一类种子，然后用扫帚把地面扫平盖上。

下种时，旱稻、玉米实行点播，鸡爪谷、狗尾粟在作物间撒播。播种完毕，为防止家畜进入，地边要围上栅栏。有些围栏架设得很长，围满整个山坡，有的围栏设有梯子，以供人进出。工作完毕，休息一日，接着向主管动物的精灵“阿甘木”供奉祭品，均由饲养大额牛的主人捐赠。

播种后，家家户户要在刀耕火种地举行祈丰收的祭礼。每户要做十升大米饭和一石锅菜，盛入竹皿和木碗中，放在地边，对地神说：“请保佑丰收，不遭兽害。”秋收前也要进行这样的仪式，在村内的公房旁摆上各种粮食，敬献酒肉，祈求“年年丰收，人丁兴旺”。然后用大石锅煮肉，湿竹筒做米饭，人均一份，连续欢庆5天。

种子发芽后约1个月，庄稼禾苗长到45厘米左右，就开始第一次除草。除草的农具很奇特，大都是马掌形的篾制刮具，即将竹篾的两端弯成马掌形，用马掌的前端刮土。除草时，为了恐吓乌鸦，在竹竿上做一些稻草人。第一次除草后，村里的妇女要在各自的屋里举行“达库宾耶尔”，这种仪式不仅要将两块姜片贴在一把弓上，还把庆祝时使用的所有东西放在屋外。接着在仓库附近杀一只小鸡献祭，鸡血洒在仓库周围，拔下的鸡毛撒在仓库附近的地上，将鸡身存放于仓库一整夜。

待庄稼收割时，即进行第二次除草，也是最后一次除草。除草之前，为了向主管动物的精灵“图固若木”和“阿甘木”赎罪，珞巴人要举行“鲁托梭隆”仪式，以求得牲畜兴旺。有大额牛的人家，都将牛从丛林中赶回来，绑在房屋前面庭院的木桩上，各家门口挂一把弓和若干支箭。届时，家家户户按照自己的财力，杀猪宰鸡，将肉类和姜片一起向精灵献祭。到了晚上，各家都把自己的大额牛集中在一个地方，举行一次喝米酒、吃大米饭的宴席，有时候这种宴席要延续四五天。最后，大家在男子宿舍跳舞，巫师唱着有关庄稼和大额牛起源的歌，姑娘也随声附和，并一起跳舞。

收获的季节最繁忙。夏收的七八月份，主要收获青稞、小麦、早熟玉米、小米等。十一月份是秋收，主要收获稻谷、晚玉米、鸡爪谷、豆类等。然而每当庄稼成熟时，野猪、猴

门巴族同珞巴族一样收获时用脚脱粒（冀文正摄）

子和熊糟蹋庄稼的现象十分严重，这对本来就粗放耕作的农作物收成更是不小的威胁。

收割季节，大都在临时搭建放谷物的房里过夜，谷物放在筐箩里，用光脚脱粒，再用簸箕扬净，最后送到仓库储存。有些村子谷类入库要举行祭神仪式，仪式由各家单独举行。如事先准备好糌粑，在仓库附近杀只小鸡，将血洒在仓库四周，糌粑和米酒当即吃掉。日常所需的粮食，每日从仓库里取出。

仓库里取出脱过壳的大米无须清洗，可直接放入当地制造的陶锅或者铜锅里，置于由三块圆锥形石头组成支架的火塘上，等到锅内快沸腾时，用一片大树叶盖上，然后撤离支锅石，放在火塘边慢慢加热，使米汤不致溢出。当米饭煮熟，冒着腾腾热气时，全家人围坐火塘，一起就餐。

珞巴人烧菜，方法很简单，开水煮熟后，一般加入食盐及用以调味的辣椒粉。肉和鱼是难得的佳肴，鱼是靠集体捕获，还常有得食，可肉却只能在村里人举行祭祀或宴请时才能吃到。鱼和肉的煮法很简单，一是煮熟后加上盐和辣椒，二是用烟熏的办法保存，以便在缺肉或盛大宴请时食用。因而，珞巴人除农忙季节外，一日三餐没有什么变化，早餐、午餐是他们的正餐，带到庄稼地里吃。

珞巴人的农作物以谷类、玉米、芝麻为主，谷类主要分为稻谷、薏苡、鸡爪谷、狗尾粟。旱稻大都种植在一等地，薏苡种植在贫瘠地，鸡爪谷种植在二三等的地上，狗尾粟远不如鸡爪谷那样重要，只是在稻谷未成熟前供人食用，也种植在二三等土地上。玉米是珞巴人的重要作物，种植数量可观，大都与其他作物混种在一二类地中。作为油类植物的芝麻，一般种植在四等土地，但珞巴人的芝

峡谷深处的珞巴人自古以打猎为生，现在也过上了半农半牧的生活，这是他们在山坡上建起的家园，还有那天梯般的梯田（龙君摄）

麻不是用来榨油，而是将它压碎后食用。

珞巴人种植的蔬菜，冬季有芹菜、蚕豆、南瓜、白葫芦、洋葱、大豆和扁豆，夏天蔬菜有茄子、苦瓜、菜豆、芥菜等。竹笋对珞巴人来说，无须种植，需要时直接去竹林中采取。而马铃薯、西红柿等却要从内地输入，不过如今已经有了大面积栽种。

吃水果对珞巴人而言，那可是得天独厚，想吃的时候就到森林中去摘取。同时他们还在村子里种植菠萝蜜、柠檬和橘子，后来引进了木瓜、香蕉、菠萝等，并逐渐发展成为商品生产，是他们一笔很好的副业收入。

珞巴族猎人猎获香獐归来（刘芳贤摄）

狩猎闻名于世的民族

在墨脱，只要看见头戴熊皮帽，肩挎毒箭筒，腰拴长刀，手持弓箭，短裤赤脚装束的，那就是珞巴族猎人。对珞巴人来说，狩猎是家庭食物获取的一个来源，它同搜集野果、块根同样重要。现在，随着饲养业的发展，狩猎已从谋生的手段渐渐变成一种娱乐。

一望无际的大森林，众多的野生动物，为珞巴人提供了丰富的狩猎资源。他们制作各种自动套索，用以捕捉鸟类和一些小型动物如野兔、松鼠、豪猪；也使用当地制造的随身武器如弓、箭和刀，猎取大型的动物如鹿、野猪、豹子和老虎。刀既是狩猎的工具，也是武器，而弓箭却是最重要的武器。

不仅如此，弓箭还是珞巴人的防身器，每个成年男子出门时，都会弓箭不离身。传说珞巴族的先民在20代人以前，狩猎方法是围捕。后来珞巴人受绳子甩石头的启示，创造了弓箭，直到300年前的铁器输入，才安上了铁箭头，从此他们的弓箭制作技艺便更加娴熟。

制作弓箭少不了竹子。珞巴人在墨脱遍山的竹林中，砍下一种叫“达帕”的翠竹，将其削成所需要的长度、厚度和宽度，再放在文火上慢慢烘烤，边烤边修理，成形后用绳将弯度固定下来。弓绳是用一种比铁丝还结实的瑞香树皮纤维搓成的，拇指粗的一根细绳6个人也拉不断。为了使野兽不致将箭弄落，猎人在箭头处砍一缺口，这样箭会牢牢钉在猎物身上。给箭头涂毒是他们的一道绝活，也是一件非常危险的工作，因此忌讳特别多。

在海拔5000米以上的墨脱高山上，生长着开白花的一枝蒿植物，它每年九月开花，十一月块茎生成。挖取一枝蒿时，得先祭祀山神。挖回一枝蒿后，还必须掺和过江龙果。过江龙果属豆科植物，扁状，黏性大，呈红色，也是一种剧毒物。

制毒时，先把两种毒物分别放在石板上，用圆石将它们挤压成细粉，再混合一起。毒粉磨好后要先试验，将大公鸡的腿砍一刀，撒一点粉末在腿上，再用劲将大公鸡向空中抛去，若落地扇动几下翅膀就死去，说明毒效达到了要求。然后，用自己口水将粉末调制均匀涂在箭头上，即大功告成。制毒时要顺风而坐，用衣或布蒙住嘴巴，防止刮风将毒粉吹进口里。制毒时手不能有伤口、裂痕，否则手摸到毒粉，会将人毒死。而且严禁在庄稼地附近制作，不然禾苗会枯死。直到毒箭干透后才能回家。

狩猎是珞巴人重要的生计，他们从儿时起就开始学习，儿童也跟大人一样经常随身携带弓箭，儿童一有机会就跟随成年人出猎。珞巴人行猎分个人和集体两类，通常可允许儿童到森林里参加集体行猎。

狩猎时，珞巴人行动敏捷，技巧娴熟。发现猎物时，直着身子拿弓，左手紧握弓背，弓弦朝向身体正面，右手拿箭，放在弓背的一侧。箭的前部用左手的食指按压，弓弦压在箭尾末端的缺口上，右手大拇指和食指捏着箭的末端，左手撑弓，右手用力向身后拉，瞄准目标后，突然一放，箭速极快。一个珞巴好射手，可以射中180米或更远的目标。

除弓箭外，珞巴人还使用多种套索和陷阱，捕捉各种小动物及飞鸟。最简单的陷阱是在野生果树附近、野兽足迹很多的地方挖一个洞，把涂有毒药的竹签插在洞里，洞口盖上草和小枝叶，上面放些饵料。若要捕捉大的动物，陷阱必须挖得宽大一些。

珞巴人捕鸟，多采用弓形的套索，弓的一头是用藤或篾做成的小三角形，另一端绑上一根绳，带着一个长木钉。当安放这个套索时，绑着的那个长木钉稍微把弓撑紧。在三角形的内部设个套索，上放诱饵，小鸟若啄食诱饵，站到那套索上，重量就自然压在那长木钉上，弓弹紧，小鸟即被夹在弓弦和那三角形的一边之间。这种装置在很短的时间内就能捕捉到小鸟，它通常安置在庄稼地附近，或小鸟经常成群地啄食果子的树上。

捕捉刺猬和野兔，用杠杆原理做成套索，安放在动物居住的洞口。动物出洞，必然发现外边的诱饵，除了穿过套索外，没有别的路。用绳套将一个长木钉一起固定在弯曲的树枝上，动物一旦触碰，会嘣地一下弹起，动物即被吊死。

珞巴人喜食鼠，捕鼠的装置既普通又特别。其装置如同一个笼子的四方盒子，两边用铁钉钉紧，底座为木头。用两条竹棍支起盒子及其上面的石头，竹棍正对着盒内的诱饵，当老鼠从入口进到盒内而触动诱饵时，竹棍支撑的沉重石头便压下来，把老鼠压在盒子里。

除个人外，集体出猎都是每年定期的。出措前，村寨首领和村民要一起举行村落议事会。每年的二月和三月，村落议事会将青年男子集中起来外出打猎，并决定集体行猎日期。

一旦村议事会决定了出猎日期，头一天晚上就发出通知，要求所有年轻人和健壮的男子，在第二天早晨带着弓、箭和狗，到男子宿舍集合。然后在村中老猎手带领下，猎人们牵着高大的猎狗，背着弓箭和自制的土枪，悄悄地出发了。来到山脚下，他们为表达对山鬼的感激，高声呼喊山鬼的名字。狩猎是一项需要胆量、智慧和体力的活动，只有年轻体壮的男人才能胜任。一次狩猎需要连续在山上度过三至五天，有时甚至十天半月。这段时间，对于家中的妇女来说是最难熬的，她们虔诚地祈祷，盼望自己的男人能平安归来。

猎人上山的头一晚，得将一只鸡的头对准挂在堂屋墙上的兽头、兽骨和兽角，祝愿："我们现在祭献你，请帮忙获得更多的野兽。"随即将鸡杀掉，鸡血洒在兽头、兽角、兽骨及弓箭和箭筒上，并粘上一些鸡毛，接着说："请保佑猎人平安往返，帮助他背回满筐兽肉。"鸡肉由家人共食。晚上猎人可以与妻子同居，但不得说与狩猎有关的话。

进山临行前，猎人还得将一把松柏枝蘸酥油及少量食物，倒一些白酒，燃烧一会儿，说："咱们一道进山，背回更多肉食。"然后点着松柏扔于屋外。下楼时，猎人还一一叫出所有的野兽名字，高声喊："统统赶来，让我猎取。"

猎人离家后，家人在门口木梯左侧插两根竹子，并在交叉处横放一把鲜树枝，3天内禁止生人入内。外村亲朋前来，要在门口征得主人同意，届时主人拿着一根燃着的木柴，在门口摇晃几次，连说三声"鬼怪不要入内"后将其扔掉，主人在前，将客人引进屋。

狩猎进山第一天住在岩洞里。在洞外草坪上先要举行祭山神仪式：砍来四根木棍，两面削平，刻上斜纹，并排插入地里，前面铺上香蕉叶，上放五小堆大米，大米前面再放一个鸡蛋，将鸡杀掉，鸡血涂于鸡蛋、鸡毛粘在木棍上，面对木棍对大山说："请山神将你的野牛、野猪、扭角羚、香獐赠给我，保我平安，兽肉成堆。"祭仪完后，首先看鸡的肝脏，若肝有横纹，说明可得收获；其次看鸡嘴，若嘴里有草、树叶等，说明大有收获；再次看小肠，若肠满实，说明这趟狩猎可满载而归。

珞巴人猎到野物时，要举行一定仪式。捕获野物的猎人要搜集两种草木叶子，把其中的芦苇叶挂在屋内的墙上，另一种叶子与芦苇叶一起夹在一种竹编里，还要放上一小块猎物的耳朵、舌头和姜片，旁边再放上狩猎的武器，然后洒上水，杀鸡致祭，口念咒语，求得猎物的宽恕。

进山狩猎，每人都要牵二至三只猎狗，因为珞巴人行猎，万万不能缺少猎狗的。在年长者主持仪式迎请山神、猎神时。猎狗列队趴在山洞外，每只狗的面前栽一个削平的木棍，年长者抽出腰刀，砍掉鸡的脑袋，将血和毛分别涂、粘在每个木棍上，每个木棍上放巴掌大的一块鲜肉，年长者喃喃几句后拍一下巴掌，猎狗很快地吃掉自己面前木棍上的那块肉。

在浩瀚的原始森林以及山头如林的高山，人的活动能力是有限的。而训练有素的猎狗，凭它超人的嗅觉，能够跟踪当日或不久前经过的野兽。猎人一旦发现猎物，就放狗尾追，直至把猎物赶到自己射程的控制范围，在树后举箭射击。另外，捕猎时猎人使劲敲打着树木，让训练有素的猎狗狂吠不止，威吓猎物，直到群狗将野兽追赶至悬崖，猎人可以在百米内射击，百发百中。有时，野兽中箭疯狂奔跑，猎狗尾随其后，要不了多久便会发现野兽的尸体。

珞巴猎人和狗有着不解之缘。猎狗若掉崖摔死或被野兽角顶死，猎人万分难过，并且还要进行祭奠：在猎狗的死亡原地挖掘深埋，并割断它脖子上的藤条，让它投胎转世。祭奠时坑里要投一块肉、一包饭食。主人说：“你遭意外而不幸谢世，你伤心，我难过，我会经常祭祀你的，安心地走吧！”

鹿有贪吃丛林野果迷路的情形，猎手往往藏在一棵树的高处监视。鹿通常在黄昏时出来，当猎手看到鹿靠近时，便用毒箭瞄准射去。大多受伤的鹿会带着断竿的箭头逃跑，途中会留下脚印和血迹。黑夜里猎人没法寻找，到家之后，他要禁吃米饭，忌饮米酒，第二天必须把鹿受伤情况告诉同胞兄弟和同族弟兄，大家一起去寻找。中箭的鹿被大伙抬到事先预备好火堆的地方，拔毛宰杀，并切成若干份，分给同去的人。

虎是兽中之王，猎虎更具有冒险性和刺激性。猎虎时，将猎人分成两拨，一部分弄清老虎藏身之所，另一部分在树上找好藏身地，即老虎跳不上来的高度。前一部分人发现老虎藏身的地方后，立即包围起来，再逐步缩小包围圈，并发出可怕的声音，老虎一听到这种声音就退避，朝相反方向逃走，被驱赶到埋伏猎手的地方。

如果猎人们驱虎顺利，老虎就向前走，当到达有效射程时，隐藏在树上的猎手们用毒箭射击，不死即伤。如果受伤的老虎逃跑，猎人们会耐心地等待，直到箭毒发作为止。过了一

珞巴族博嘎尔部落猎人英姿（刘芳贤摄）

段时间，从树上下来的人和驱赶老虎的人会合，寻找死虎。当抬着死虎凯旋回村时，村里还要举行一定仪式。

先射中老虎的人，在一定时间内不准回家，直到规定的仪式结束时为止。

集体行猎还有许多不成文的规定，每猎到一个动物，第一个用弓箭射死或射伤猎物的人，得到较大一份，其中包括作为胜利品的头角。如果猎获者愿意的话，可以把所得的头、角送给男子宿舍，其余的肉分给参加这次捕猎的人。有些部落将所有的猎物直接送到男子宿舍，全村人聚在那里，虽然老弱病残者不能同去打猎，但他们为出猎的人要准备米饭。

归来的打猎人把所有猎物交给老人，老人取出一部分肉煮熟，与米饭一起招待猎人。除留下一部分供他们今后食用外，其余的平均分给出猎人。作为胜利品的角、牙之类，属猎中者所有，猎中者将这些胜利品带回家，不过集体狩猎的胜利品，大都存放在男子宿舍。

有时候，出猎的人在猎获地点，会当场把猎物的心和肝取出来，用棍子串着烤熟吃掉，其余的肉带回男子宿舍，分给村中的老人和病人。珞巴人不吃虎肉、豺狗肉、野狗肉、野猫肉和蛇肉，也不吃鸢、鹰和蝙蝠，因为有些动物是他们的图腾，还有这些动物大多吃家禽和家畜。可猎人们喜欢吃麂子、獐子、野猪、梅花鹿、松鼠和各种鸟类。当他们用毒箭猎到动物时，通常是把中箭的那块肉割下来扔掉，其余的肉被认为是无毒的。尽管如此，为预防残存的毒素，他们在煮肉的锅里还是要放大量的姜片，以把毒药除去。

每次行猎，猎人都把所得的动物头盖骨，挂在自己门廊前面作为纪念品，其中最好的头盖骨，在主人和妻子去世时，就平均分开，送到他们的坟前。猎物的头骨只要送到男子宿舍，就不能再要回来随主人埋葬，而作为男子宿舍的公共财产，由大家小心看管保存。马嘴、羽毛、野猪和老虎的下颌骨，有时用来装饰战盔和长刀的带子。珞巴人视猴子的头盖骨为吉祥物，因而挂在正门上方。

5 门巴民俗文化

本章介绍门巴族迁徙到雅鲁藏布大峡谷腹地后，在这里修建了仁钦崩、德尔工、格林、罗帮藏传佛教寺庙，影响着信鬼不信神的珞巴族的生产和生活；展示了门巴族独特的吊脚木楼、酿酒技术、农耕文明，以及门巴族、珞巴族民俗文化相互渗透的独特文化现象……

第五章

门巴民俗文化

在墨脱县我方控制区，你会发现一个非常奇特的现象，墨脱的土著珞巴人很少，而门巴族人口最多。墨脱的门巴人有的从不丹迁来，有的从六世达赖仓央嘉措的家乡门隅迁来，他们虽然说着同一种语言，但是从方言中，研究语言的专家却能将他们分辨出来。

20世纪50年代，门巴族大约有4万多人，绝大部分居住在“麦克马洪线”以南，我国错那县邦迪拉、德让宗、达旺和墨脱县都登等地，只有约五分之一的人口在我方控制区。随着人口的自然增长，如今生活在我方的人口约1万人，而生活在印占区的门巴族同胞到底有多少，至今很难有个准确的数据。

门巴族聚居区地处喜马拉雅山南坡，海拔由7750米逐渐降至600米。由于印度洋季风气候的影响，随着地势由南向北急剧升高，气温也有亚热带、温带和寒带的阶梯式变化。海拔5000米以上终年积雪，白雪皑皑的群峰屹立。亚热带和温带地区古木参天，绿荫蔽日。独特的地理位置和奇特的自然地貌，孕育了门巴族独具特色的风土人情，成为文化人类学研究不可多得的宝贵财富。

门巴人的一日

墨脱县作为我方控制区门巴族人口最多的地方，早在1954年就来到墨脱做门巴族启蒙工作的冀文正，介绍他们过去的生活时说，门巴人的一天是繁忙而单调的。也正如他们自己的俗语：“干不完的活，受不尽的罪。”

墨脱县的夏天，日长夜短。门巴族的活又特别多，这些活有内活和外

带柄石水壶、干鱼和小弯刀（税小洁摄）

活之分。在过去，内活主要是农业生产和狩猎，还要给宗本、措本支差干活；外活主要是外出交换物品和翻雪山为藏区官员背运物资。每户至少有一人长期干外活。

夏季，一般是鸡叫两遍父亲先起来，首先洗手，然后腋下夹个竹筒，手上倒一些草木灰水，反复搓，再用清水冲洗，接着用清水洗脸，洗牙漱口（即用三个手指在嘴里来回搓动），最后再用手腕上戴的竹镯刮舌头。洗脸时没有手巾，让其自然风干。早晨起来后，切忌乱摸乱拿东西，更不能触动灶脚石，门巴族认为，手最脏，灶神最讲卫生，惹怒了它，结果会火不旺、饭不熟、菜不香，还会失火的。

洗过手脸后，拨出火塘里热灰埋着的火炭，用它来引燃干柴。门巴人煮食用石锅，先煮猪食，然后做早饭。喂了猪，放了鸡，家人起来洗脸后，留一人在家料理家务，其他成员出去干活。多数情况下父亲早上不下地，由母亲带领家人去干活。太阳升到一竿高时回家吃早饭。一般早饭是每人一碗菜、一竹盒饭，各吃各的。米饭大都是大米和玉米各半，菜以瓜果为主，少有肉食。

早饭后，由父亲带家人下地劳动，母亲留在家中料理家务。刀耕火种地离家大都有一两个小时的路程，一人背一个藤编的扁背筐，长宽各一尺，靠背的一面要低一些，雨水淋不进。扁背筐里装竹盒米饭，菜放中

门巴族装物品的“斯贡”方形竹盒（龚文正摄）

间。竹盒分两片，一大一小，合得很严，小的一片拴有皮绳，一拉皮绳即开。另外，还带一竹筒黄酒或酸奶水。这就是午饭。

下午3时许，大家坐在一起吃午饭，有竹房的在竹房里围坐，无竹房的搭一草棚就餐。长辈为大家斟酒，可第一口饭和酒要洒在地里，祭祀地神和庄稼神。门巴人说，地神比庄稼神权力大，地神要管地，地神可长出庄稼神、树神、水神和石神。地神最善良，从来不与下属诸神争高低，因此天天要祭祀他们，保佑生产丰收。

门巴男人都吸旱烟，多数烟斗是用竹根精制而成，也有铁制的。男人下地干活、狩猎或外出，都随身带取火的火镰。火镰上用的火引子叫达扎，是选用棕树或乌木树干中部的内层黄色树皮制成，它发火率高，火星一触即燃。树皮太黑太白都不宜做达扎。制作达扎，先用小刀将黄色树皮刮得薄薄的，晒干木屑，用文火干炒到冒烟为止，再用手搓成棉花状，装入火镰小皮袋里备用。火镰用带毛的野牛皮遮挡，以防水潮湿。午饭后，

长辈抽旱烟，一袋接一袋地抽个不停，其他人则要去准备一筐干柴，或去采集蘑菇、木耳或野菜，待收工时背回家中，没有空手而归的。

夏季多雨，到远处劳动要带雨具。门巴人喜欢一种既可挡雨又可遮日的圆形藤帽。它上下两层，呈网状，用藤子编制，放三层矮蕉叶，再放20多片鸡蛋大的云母，藤网将其裹得紧紧的，再用细藤将藤网拴牢。若近处劳动，人人身披一个可遮雨护身，形状似贝壳的“布古仁”。在蚊虫多的季节，人人背后拴一把草，点燃后形成烟雾，减少蚊虫的叮咬。墨脱蚊虫上百种，大有一指长，小如针尖，有黑色、黄色、花色。疟蚊占的比例很大，呈黄色，翅膀中间有黑点，飞时有响声，是传播疟疾病的中介。

门巴人的劳动强度大，出汗多，除了过年去温泉或江边烧石烫火沐浴外，夏季天天洗澡：有的利用地里劳动的间隙，更多的在返回途中遇水顺便就洗；妇女大多在晚上，约同伴一起去取水处。洗澡时，男人用草木灰水或土碱水，妇女多用捣碎如浆且含碱性很高的树皮糊，很柔滑，据说有白发、黄发变成黑发的功能，深受妇女的喜爱。

天黑，人们收工回家，一家人围坐火塘边，由在家的主妇向每人斟两瓢甜酒，然后吃晚餐。农忙季节的晚餐不能缺少肉食，鱼肉、鼠肉、猪肉、野牛肉、熊肉等隔天调剂。每人一碗肉菜，并加一勺肉汤。门巴族长辈们讲，夏季体力消耗大，特别辛劳，如果晚饭吃不好，不能坚持繁重劳动。因此，家家户户平时都注重积存各种肉食。

夏季晚上和冬季早晚，主要从事副业。男人一手持锋利的小刀，一手横拿藤条，小刀从藤条身上滑过，削去一条条木屑，直把木质部削完，仅剩薄薄一层皮，才算削成一藤片。

门巴族人野外午餐（杨西虎供图）

门巴族男人擅长编织藤竹手工艺品（杨西虎供图）

墨脱门巴男人擅长竹编和藤编，尤以“帮穷”享有盛名。帮穷即一底一盖的扁圆状盒子，直径25厘米左右，多作饭盒之用，也有装零碎东西的。帮穷大多用175根分别染有红、黄、蓝、黑诸色薄薄的细竹篾编成，合拢底盖，成为一个盒子。盒子上一组组绚丽的几何图案，用各色细篾相间编织而成，深受藏族和珞巴族的欢迎。

门巴人编制的藤竹器品种繁多，从普通的生产工具到日常生活器皿，几乎应有尽有。负有盛名的是，有藤编制的筐、篓、席、筛、盒子、斗笠，以及藤拐杖、藤软垫和藤鞭，其他如竹筒、酥油筒和竹编的碗、瓢、勺等更为常见。

妇女晚上主要做棉花脱粒、纺线和织布一类，有的妇女也帮助丈夫干藤篾活。门巴族妇女特别擅长纺花织布，她们用自己种植的棉花、麻，织成土布，又厚又结实，不仅解决了自己穿衣问题，剩余部分还销往藏区。

门巴族的手工业品，主要有藤竹器、金属器、石器以及造纸等。木碗制造是门巴族的传统，历史悠久，深受藏族群众喜爱。木碗是选用木质坚硬细密、自然花纹美观的桦树根或树榴制作的，生产工序复杂，产量不高。

石锅是门巴族古老的手工产品，有多种类型。大型的有65厘米，高约40厘米，直壁平底，壁体轻薄，光滑匀称。接近口沿部位一边留有一个突出的石锅把手，便于端锅。烧菜优于金属锅，是销往藏区的主要产品。

造纸历史比较悠久，门巴族地区原料充足，有20余种造纸原料，产量高而质软的“达血布”、“果欣”等造出的土纸薄而软，不易撕烂，是藏族印刷经书的主要用纸。

晚活干到深夜，要吃一顿上等的夜餐，其质量等同招待喇嘛、砍林地和水田犁手的饭菜。入睡前，将灶里的炭火和燃着的木柴埋于热灰中，便于翌晨引火做饭。入睡前不洗脸也不洗脚。但妇女往往要梳头打扮一阵子，即把头发梳成两条辫子，用头绳拴紧，头发垂于肩后。紧张的一天，只有在这个时候才有时间去料理。门巴族妇女认为，头发梳好了，更能增加几分美丽，让人爱慕。

嗜酒如命的民族

藏族人离不开茶，门巴人离不开酒。聚居在墨脱县的门巴人，通常喝三种酒：一是玉米酒，二是鸡爪谷酒（藏语叫“曼加”），三是大米酒。

门巴人的大小葫芦里，都装满了发酵的酒，大人小孩饮酒如喝水。门巴人制作酒的方法同珞巴人十分相似，先把粮食煮熟，掺进酒曲，放在竹筐箩内发酵。门巴族有黄酒、米酒和白酒三种，一般用玉米、鸡爪谷发酵制成：直接用温水从发酵的酒精中沥出的酒称为黄酒，可健脾止渴；经蒸馏析出的酒称为白酒，度数较高；用大米发酵成后酿成醪糟，也叫米酒。

饮用时，门巴人取出若干酒酿，装进一个下部有塞子的竹筒内，兑上凉水。少顷，拔开竹塞，凉水通过酒酿滤出，就成了清凉可口的玉米酒或曼加酒。如有喜庆活动或遇尊贵客人，酒里掺酥油、鸡蛋，在酥油筒内加以搅拌，清香甜美。若到门巴人家中做客，好客的主人拿出好酒来，男的陪客，女的敬酒，客人喝一点，女主人添一点，直到一瓢酒喝完。客人喝醉了，主人会认为看得起他，很高兴。

门巴人离不开酒，既是习俗，

门巴族灶屋挂满用于做青稞酒的酒曲（税小洁摄）

也有地理因素。墨脱地处热带，气候酷热，喝酒可以消暑止渴。这里雨量较多，住地大多低洼潮湿，喝酒可防治关节炎和风湿病。墨脱地方山高水远、交通不便，亲戚朋友相聚一次颇不容易，加之物质和文化生活十分贫乏，围坐一起饮用几碗家制淡酒，度过那些漫长而炎热的日子，也是一种人生乐趣。

据说，背崩村人每天喝三顿酒，马迪村人每天喝两顿酒，墨脱村的人只有晚上喝酒，但星期天是成天喝。县里不少干部也养成了这个习惯，称星期天为喝酒日。背崩村有对老年门巴族夫妇，无儿无女，每年收获粮食3000余斤，每天要喝1～3竹筒酒，一竹筒酒用粮食3斤。他俩一天吃饭才用粮两斤，而喝酒用粮食6斤，全年的粮食大部分花在饮酒上了。

门巴人酿的酒，无论是玉米酒、大米酒还是曼加酒，度数都不高，类似青稞酒或啤酒。初喝起来有点苦涩，喝惯了倒也清凉甘美、提神解渴。每走进一个村寨，话匣子还没有打开，热情好客的门巴人，都会从各自的木楼竹屋里跑出来邀请你喝酒，甚至会因此而争执起来。

客人被迎进门，按规矩坐好，男主人坐在火塘的右边，女主人坐在左边，客人坐在里面，正对大门。那些皮肤白皙、个儿高挑的门巴女，从竹筒中滤出酒，斟在铜瓢或竹制容器里，先倒一点在自己的手心，送到嘴边吸吮，一是尝尝酒味的浓淡，二是向客人表示酒里无毒。然后依座次，一人一瓢地轮流喝着转，轮到谁，谁就得喝光。

有时候，客人实在不胜酒力，斟酒女子不管这些，一直举起酒瓢，半跪，微笑着，在一旁无言地等待。等客人回过身来，才把酒送过来，使人无法推托。

20世纪50年代进墨脱工作的冀文正告诉："当时门巴人饮酒的器皿，是用芭蕉树皮做成的槽子，长长的，将酒灌进客人的嘴里。而且槽数的多少有严格规定，县长敬四槽，科长敬三槽，普通工作人员只能喝两槽。"他还说："拒绝喝酒的人，将受到特殊惩处。别人喝多少，就往他头上浇多少，弄得满头满身透湿。"

过去，凡去墨脱的人，都会有好心朋友警告："那里喝酒时，千万要小心，有酒里掺毒的习俗。他们这样做，并非出于民族仇恨或阶级报复，而是受一种迷信观念的驱使。"一位研究民俗的人讲，这是古代巫术的残留。放毒者认为，毒死富裕的人，自己就能招来财运；毒死体格健壮的人，自己就会健康长寿；而那些命运多舛的人，就可以通过毒死生活处处如意者而获得好运。放的毒有热毒和凉毒两种。中热毒之人，很快就会倒毙；而中凉毒的人，则慢慢黑瘦，最后死去。

过去，门巴女人使用的毒品，一般用毒果或毒树根晾干磨成粉末，也有将毒蛇胆汁滴进鸡蛋里，窖入粪堆使之发酵制成毒粉。放毒人将毒粉藏在自己长长的指甲内，倒酒时不知不觉地顺手掺了进去。因此，当人们走进深山峡谷那些陌生的人家，看见她或他的神色有点异样，或者指甲过长而且浸泡在酒里，心里就七上八下，胆战心惊，怀着一种牺牲精神硬着头皮将它喝下。因为不喝酒，在那里就难以接近群众。

不少村寨都视这些在酒里放毒的为毒玛（放毒之家），人们将他们当做魔鬼，凡经过他家门口，必加快步伐。后来随着社会的发展、人们思想的进步，放毒者越来越少了。

墨脱地区气候炎热，食物极易腐烂，突发性的疾病甚多，有的人由于食物中毒或急症死去，若他恰恰在某家喝了酒，这家人就被怀疑为放毒者，一下子在全村甚至整个地区被孤立起来，没有人再敢去他的木楼喝酒聊天，也没有人再敢与他们家结亲交友，甚至被驱赶出村。有的放毒者还被全村人用牛皮包裹，扔进江河急流之中。

冀文正先后在墨脱县工作了16年，接到不少投毒方面的报案，可他带着医生去解剖尸体后，发现这些所谓中毒离奇死亡者，都是因为吃不洁食品，或因为其他疾病而死。他甚至这样说："所谓的放毒习俗，实际上是一种莫须有的，它根本就不存在。在门巴人的心目中，我的福气最好，我喝了那么多门巴人家的酒，可没见谁在我的酒里下毒。随着科技的发展，这些迷信的放毒说法，现在已没人相信了。"

门巴民居吊脚楼

走进门巴族村寨，映入眼帘的是一幢幢吊脚竹楼或木楼。这些房屋大多建在开阔而背山面水的坡地上，果树掩映，翠竹环抱。掩映在摇曳香蕉林中的民居，炊烟缭绕，别有情趣。

吊脚楼多为干栏式结构，因此也被称为干栏式吊脚竹楼。吊脚楼距地面两米左右，垒砌的石墙，四面或三面敞开，8根或10根木柱将吊脚楼高高擎起，木板与木板连接处不用铁钉，而用榫。楼房成长方形，大多为长15米、宽8米，四壁用双层竹板间隔，主室后面有火塘，正面开窗，阳光从窗户射入，与室内灶火辉映。

吊脚楼呈"人"字形屋顶，上面覆盖木板、芭蕉叶、茅草和竹编，并加压石头。有的吊脚竹楼除门窗、地板用木料外，其余用竹篾做墙，竹子代瓦作盖，甚至主柱也用粗竹，相当轻盈和雅致。这种楼房既经济又实用，楼下圈猪喂牛，楼上住人，最上层堆放农具和杂物。走廊外是一个20平方米的竹架阳台，立木柱或竹柱12根，上铺竹篾或乌木板，既可晒粮食，也可供人们夏天乘凉。阳台靠山坡处竖一独木梯，便于上下。不管什么样结构的民居，一般的门都是朝东或朝南，这样太阳一出来就射进屋里，能给主人带来福气和财运。

吊脚竹楼或木楼的一幢大都为

四间，各有用途。进门左侧为一小间，供堆放灶具和农具，室内支三块皂石，专为做酒时用。进门直走是主室，是门巴人一天活动的主要场所，也是家人食宿会客之地，火塘设在左侧靠板墙处，火塘支有三块皂石以放锅，三个灶洞前一后二，灶上多架皂石锅。火塘的右侧是男主人做饭菜和坐卧的地方，右侧靠板壁处有一个置放灶具、碗具的木架；进门后对面有两扇窗户，利于空气对流。入夜，长辈睡卧火塘左侧，其他成员围火塘而卧，窗下是客人就寝之地。进门的右侧是一间偏房，也叫客房，有一门相接。这间房有多种用途：一是家中举行法事的地方；二是至亲密友夜宿的地方；三是成年未婚男女谈恋爱的地方。门巴人没有床，也没有床上用品，一般睡在地板上，铺的盖的都很简单，有时甚至不铺不盖，和衣而卧。

门巴族村庄一般有20多户人家，也有80多户的大村，幢幢竹楼或木楼相隔不远，菜园子紧靠楼房一侧，没有院坝，房前屋后栽有香蕉树、水蜜桃、柑橘和丛丛竹林。

门巴人信奉原始宗教，他们说“一尺一个鬼”，鬼主宰一切，人的祸福源于鬼神的作祟或恩赐。因此选择吉祥宅地是一件严肃又隆重的事情。

择宅地时，先要请喇嘛占卜。如房主选择几块宅地，就要采集几把土，用蕉叶包严，呈递喇嘛。占卜一般有以下三种办法：一是将几把土并列摆放，喇嘛甩三次骰子，数点若是13，算最佳方案，若数点是11、9或7，也属好宅地，如果数点是其他数字，说明不宜盖房，否则地神不愿借地，盖房也不牢，人住不安；二是喇嘛用口尝土来辨别味道，大多土有苦、咸、甜味，如果土味发甜，属上等宅地；三是观看地形，若土质坚硬，宅地朝阳，前后左右无险情鬼地即为上等宅地。昔日的富裕户和今日的大多数农户，都是三种办法一并采用。

宅地选好后，村人携酒前来祝贺。房主在宅地上燃烧柏枝，举行煨桑仪式，将大米、肉菜、水果和白酒撒向火堆，男主人说：“请地神借块宝地筑物建房。”

动工挖土时，由喇嘛焚烧9种香草，撒入9种粮食，边撒边对天说：“请天神和地神保佑顺利施工，房牢如山，人畜平安。”然后，在宅地中心处深埋一个避邪镇妖的盘羊角。在宅地的四角处插上四根小经幡，上挂五色布，另加五个棉花团。插经幡时，喇嘛说：“东方神主、西方神主、南方神主和北方神主，今日动工开始盖房，请保佑盖房成功，请不准外边的鬼怪带病进来，请不要允许家里的财气外流。”祭祀完毕，喇嘛在前，房主尾随，围绕新宅地转一周，边走边撒9种粮食，喃喃自语：“平安！康泰！”接着，房主对村神进行祈祷，向天洒酒，说：“我的救命恩人，旧房已经拆除，请保佑新房如愿建成。”

挖地基时，房主要给掌尺人、木匠和帮手赏钱，给每人喝一碗定槽酒。定槽时，要在一人深的地槽里和木柱底部，均匀地撒上3升9种混合粮，意为“圆满如意，粮食满仓”。在墙的四个角上，埋入一个两个拳头大的土罐，里面放入金银米、松耳石、念珠、玛瑙、名贵藏药、白线圈、绸缎布条、神柏木块，塞得满满的。土罐上满是藏文和图案花纹，含意是祈求龙王保佑新房坚实耐用，永不倾斜，人畜平安。埋罐时，在罐口放一块白石板，意为主人家的财源永流不断。埋罐后，男主人向天空抛洒两瓢甜酒，每个墙角倒入两瓢龙王爱喝的鲜牛奶。石墙垒至一人高时，铺完地板即休息一天，村人携酒前来祝贺，主人以酒肉热情相待，通宵达旦地欢乐。

竖架立柱和上梁极为重要，必须选择在吉日。上梁时间宜双日忌单日，而且最好在上午10点左右。架立柱时，将主柱、门框和窗框竖起，在门窗里边钉一个竹钉，拿一束白线圈拉在木柱上，并刻上五色的吉祥图案，含意是柱子牢、房屋坚、家人安。门框两边各挂一个小的木制男性生殖器，用来守家防鬼。

上梁时间确定后，房主随即告知亲朋好友，届时前来参加上梁仪式。上梁时，房主的亲戚将自织的一人长半尺宽的白粗布和一个白线圈，亲自挂在大梁上。房主将9种混合粮食撒向大梁，并在梁上刻画吉祥图案，梁木两端漆成门巴人崇尚的白色，喇嘛坐在一旁念经祈祷。之后，木匠和帮工们一齐动手拉梁上架，房主面对大梁，说：“大梁已经安放完毕，请梁神光临，今天给你敬献酒肉和供品，请收下吧，保佑梁平衡和人丁兴旺。”木匠也附和着说：“今日上大梁，上有吉祥，下有福气，人畜兴旺，村民安康。”然后开始饮酒，一人一瓢，互相谦让，先喝甜酒，一直闹到深夜。

房屋框架搭成后，房主用桤木做成一人高、大腿粗的男性生殖器，插在门口木梯左边。门巴人认为，盖房时天神在天界看得清清楚楚，听到许多凡人的闲言碎语：他的房子质量不高、他家吝啬、房子盖在鬼地上……天神为了消除这些闲言，特派“赛保”下凡相助。房主还备三个木质男性生殖器，一短两长，短的代表父亲，长的代表仆臣，它们分别来自天界、地界和龙宫。

每个木质男性生殖器上拴有一条长藤绳，两个人各拉一端，边拉边喊。一个男人身披白大褂，头戴熊皮帽，闭眼坐在木质男性生殖器跟前，他首先代表天神，说：“我是天神，听到人间布满闲言。听喇嘛说莲花大师的闲话，所有王后说空行母闲话，所有国王说赤松德赞的闲话，所有村人说房主的闲话，所有这些闲话由我来消除。”其后再相继代表龙神、地神讲同样的话。

接着，喇嘛代表神的使者、房主、匠人及前来祝贺的人们，手持木质男性生殖器，围绕新房从左至右转三圈，并将小木质男性生殖器插在大男性生殖器的旁边，最后将一些饭菜和酒倒在木质男性生殖器上，人们尽情畅饮。

盖房顶前，须请喇嘛念经做供品，举行祭祀活动。门巴人认为，旧房拆除了，人寿命缩短了，家里的运气也吓跑了。新房落成前进行这些活动，是为了延长人的寿限，收回失去的财气运气。祭祀时，喇嘛捏20个玉米团，并在供品前置放5碗白酒，香蕉、柑橘、蜜桃和甘蔗及各种粮食不能缺。房顶盖好后，村人和好友欢庆一天，人人喝得烂醉如泥，才更显诚意。

盖一幢吊脚楼需做700公斤甜酒、420公斤白酒，分四批酿造，历时需1个月。每日酒肉招待20多个帮工。大量的粮食、肉食和钱需积攒好几年，可一旦盖成，便可住几代人。

幢幢吊脚竹楼或木楼大都位于阳坡平坝的中央，在距竹楼10多米远处，往往有一个干式结构用于装各种粮食的仓库。珞渝处于亚热带地区，炎热酷暑，极易发生火灾。为了防火，房屋与粮食仓库分开搭建。仓库用4～6根粗竹或木柱支撑，竹柱与仓库连接处，安有一个直径30多厘米的光滑圆木盘，与仓房地板相隔，既可防鼠，又可防潮，再放一个活动竹梯供人上下。

粮仓四壁多用木板隔挡，也有用竹篾做的。仓房顶部为“人”字形，也有用两层竹编当盖的，仓内分四小间，不同粮食分别储藏。进门的右侧壁板上平放一块木板，上面置放象征

门巴族存放粮食的吊脚木楼仓库（税小洁摄）

门巴族吊脚木楼下的一根根圆形立柱，用于防鼠防潮（税小洁摄）

全家财气运气的宝罐，宝罐内装有世上许多珍稀财物，如金、银、铜、锡等的细末，以及各种珍贵藏药、珍珠玛瑙碎片……每年除夕之夜，将其请到家里供奉，大年初一拿出来，祭祀后再送回仓内。

门巴族还有一种装粮仓库，更显独特。墨脱有三分之二的耕地实行刀耕火种，大多以种植高产的玉米和旱稻，赖以生存的大部分粮食来自这些刀耕火种地，然而这些旱地离家远，林中的熊、野猪、猴子……兽害极为严重。于是，门巴人在一大块林地上盖一简单吊脚草棚或竹棚。修建吊脚竹木棚比较简单，用四根粗竹当柱，距地两米左右，四壁竹篾作墙，竹篾当地板，“人”字形屋顶蕉叶作盖，安放三石当灶。在庄稼成熟季节，男人带上弓箭和腰刀，日夜看守。每天吃住在地里，地的下方左右两侧立柱，两根藤绳拴其上，绳头挂一两片竹板，守护人坐在简易竹棚里，同时拉动两根藤绳，竹板相击，发现“哗哗哗”的响声，吓唬野兽。

秋季收获时，粮食全部堆放在这间简易仓库里，藤绳闩门，随用随取。尽管门巴人把许多值钱的东西放在粮仓里，又不上锁，冀文正在墨脱从事民政工作10多年，从没接到一次偷盗方面的报案，也没听说谁家丢粮

墨脱背崩村民犁水田（冀文正摄）

丢物之事。原来门巴人认为，偷盗是族里最可耻的行为，是许多禁忌中最禁忌的。因此，门巴族被誉为“无锁的民族”。

岁令时节话耕作

门巴人都有一套自己独特的生产习俗。这些古老的习俗表现为各种习惯性节日，而多数围绕农事活动举行，生动活泼，沿袭至今。

门巴族通用藏历，一年要过三个新年。藏历十二月、二月为小年，休息5天，正月为大年，休息10天。人们身着盛装，载歌载舞，共享佳肴，欢度佳节。

门巴人围绕生产活动的习俗，主要为正月下旬祭祀地神；二月刀耕火种节、烧林季节到祈求晴天；干旱时节祈求下雨；还有望果节、寻找神门节、祭祀兽神、祭祀稻神和收获祭仪等。

每年的正月下旬，在村庄土地多的地方举行祭祀地神仪式，由喇嘛主持。开始时，先在地里栽3根木柱，距地面3米之上拴3根横木，将牛拉到横梁上勒死；然后割牛舌，牛血装在葫芦里，并将牛舌用竹签穿起，插在旁边；最后面对土地多的方向，劈竹铺地，上放9片蕉叶、大米饭两碗、两个过江龙果、两块黄姜及两个水果，姜水洒遍所有供品。

在村口周围栽40根削尖的竹桩，要排列整齐，在前面用竹子搭筑一个两层的粮仓，每层铺上蕉叶，层层装得满满的，预示当年丰收。喇嘛手持竹勺，口诵经，将牛血洒向天空，使其落在粮仓、竹签和蕉叶上，并说：“请地神享用，保佑人丁兴旺、粮食满仓。”

然后，村人将牛所有部位的肉、内脏割下一点，砸成肉酱，用蕉叶包严，面朝土地多的方向说：“今天，我们敬奉你的肉背也背不动，供奉你的血流成河。我们心实，对你百依百顺，没有一点外心，请地神保佑禾苗长好根，虫不吃，不遭兽害，没有旱涝灾害，丰产丰收，装满粮仓，人畜安康。”祭毕，开始分肉，牛头归主持者，其余的按户均分。

第二天为忌讳日，村人不得下地劳动，外村人不得通过村庄。村庄两头路口用木头架设篱笆，两人把守，并将一片牛耳、一截牛尾、血葫芦、二坨肉以及削尖的木刀、木枪及9个红辣椒挂在篱笆上。它表示任何人不得入内，哪怕是官员、喇嘛违忌进了村，也要被脱光衣服和罚1头牛。

门巴族聚居地，大都地无三尺平，水田也少，土地离村庄远，没有马驮、畜拉，全靠人背肩扛，无法施肥，刀耕火种便是最好的一种耕作方式。刀耕火种地，一般选择朝阳、坡度小、土质较好、土层较厚而没有塌方的热带雨林处。砍伐一次大都只种一季，收获后遗弃5年以上，让树与草高大后再砍伐耕种一次，再遗弃5年以上，再进行耕种，人们也称刀耕火种地为轮休地。

砍林当天，门巴人在林地中央平整5平方米，先盖一个长宽各1.5米的两层竹楼仓库，下层装满带穗的粮食，如鸡爪谷、玉米、小米等，上层装满带秆的稻穗。然后杀一只雄鸡，鸡血洒在粮仓上，将鸡挂在粮仓上，最后向粮仓洒一瓢白酒和净水，并说：“请你们美美地享用吧！”门巴人认为，人靠嘴吃喝，神鬼靠鼻闻，而它们最爱闻肉味、酒味和水味，一年多次向它们供奉这些，以祈求仓满粮丰。

烧林季节一般阴天多，砍伐的树草燃不了，影响播种，便要祭祀天

门巴族用二牛抬杠犁地（墨脱县交通局提供）

神，祈求出太阳。这种祭祀全村人统一行动，请喇嘛来主持。祭祀开始，在喇嘛面前的长条桌上，摆有9碗饭、菜、白酒、甜酒、净水、牛奶、红糖、香蕉和甘蔗等供品，另外一个宝塔形供品，得耗费140公斤玉米面粉。这时喇嘛闭目，口念经，手击鼓，不时向空中撒9种混合粮。就这样每天午时集体祭祀一次，一连进行7天。祭祀期间，每家每户在日出前往火塘里投放食盐，让发出的爆炸声能惊醒熟睡的天神，命令太阳神出来。

每当久旱无雨，禾苗干枯时，当地群众便祈神下雨，求得风调雨顺。求雨的方式不下10种，每种都很独特。其中一种在夜间，村里人暗地派一名睿智的老人携带一只野牛角，将9块一枝蒿、人屎、狗粪、猪粪、鸡屎、月经血块等包在芭蕉叶里，諳自到村头的泉水旁挖个坑，连同野牛角一起埋入坑里，老人嘴里念叨：“去年龙王帮了大忙，风调雨顺，人民获得了丰收，平民百姓都感谢你，敬奉你。现在大旱，禾苗在盼雨，平民在求雨，水田在等雨，敬请诸神龙王醒来，降下甘霖，滋润农田，救活禾苗，催子发芽，粮食丰收。”

另外一种，村里每户派一名男人于上午辰时，来到有水源的地方，挖掘个1米见方的水坑，投入月经血块及各种屎粪，每人手持荆条用力拍打水坑：“快快醒来！快快醒来！快快降雨！快快降雨！若再不降雨，我们不分白天黑夜抽打你，把你打痛！把你打醒！”拍打完后，除一人继续抽打外，其余人围着水坑或水池从左向右转三圈。

门巴人对祈雨极为虔诚，渴望降雨的他们显得极其慷慨，舍得将龙王最爱“吃”的牛奶拿来敬献。

除此以外，祈求下雨的方法还有很多，当然奏效的却很少。

原始拜物教的兴盛

过去，人类对周围世界的无法理解，对大自然不可思议的巨大力量感到提心吊胆乃至恐惧，于是便产生渺小、卑微和无助感。人们不得不与周围的神秘世界建立一种相互理解和相互妥协的关系，所以，人类总是力图使自己的心理适应周围的环境，以使自己的行为得到改变和调整，从而产生了一系列的信仰。

人类早期的信仰，可上溯到文明曙光初露之时，离开大地母亲的襁褓，人类迈开了自己独立生活的步伐。但家族的联系纽带是强大的、有力的，人们很难摆脱对家庭的依赖，他们感到自己与所有的家庭成员都是亲密的。对他们来说，周围的所有物体都与自己一样是有生命的，存在于自己身上的灵魂，也存在于它们之中。因此在他们居住的这个世界里，任何一件东西都是活着的，所有的生物和物体本身存在着能够看得见的灵魂，他们不仅在能力上，而且在理解上也不及它们，因而自然对它们带有畏惧和无限崇敬的情感。

历史把门巴人推向了这个世界最艰苦的地域，在这块土地上，使门巴人逐渐形成了崇尚跳神送鬼的固有宗教。门巴人认为，人的衣食住行、生老病死、生产的丰歉和畜禽的兴衰都与鬼神有密切联系，众多的鬼神都在影响他们的生产和生活，为寻求鬼的宽恕、神的赐福，而使自己消灾免祸，因而出现了神山、巫术、忌讳树、宝罐、“鬼人”等独特习俗。

巫术对于信仰和崇拜万物有灵，灵魂不死的门巴族来说，具有迷人的魅力，并在生活中占有重要位置。门巴人认为，人的病痛是鬼怪把病人的灵魂抓走而引起的，因此在为病人送鬼时，要杀鸡或猪作祭。杀牲畜之前，要将禽畜给病人过目，表示是病人送的。祭祀时，将煮熟的肉、米饭、煎鸡蛋连同嘛呢轮、佛珠、长刀、衣物等一起，用芭蕉叶包好。

门巴族舞蹈中的鬼灵形象（陈立明供图）

巫师双肩披红布，于胸前打结，头戴纸糊的高帽，颈挂银链条，或系珍珠、贝壳、海螺等。巫师坐在病人面前，用蕉叶蘸酒洒向空中及地上，所剩之酒一半洒于病人身上，一半自己喝掉。片刻，巫师闭目，双手搓脸捂面，手持芭蕉叶、孔雀翎编制的长扇子，摇头晃身，边扇边发抖，大声喝道：“阿麦！阿麦！拉斯！拉斯！”好像得了疯病。接着，巫师用唱诵方式来请她主神，仅唱词就占了半天时间，并要重复三遍，才算虔诚和奏效。

唱词的大意：“几个姐姐都不告诉××××的灵魂被谁抓走了，我飞到了白度母的宫殿，我母亲也参加了寿宴，护法师也在场，还有成百成千的神灵。我说明来意后，母亲告诉我是白度母的一个佣人抓走了灵魂，我令他们快快送还了灵魂，他们饭饱酒足后返回神域了，我也飞回来了。”唱毕，她喃喃地说：“今天把诸神集中到这里，这么丰盛的食物，是××××的心意，你们放回了灵魂也就对了。”之后，巫师以神的口吻说：

"放魂要付命价的。"经过讨价还价，要杀一头大猪或几只鸡，语音刚落，主人将早准备好的猪肉或鸡肉分成9份，分别送给神、巫师和陪伴者。

这时，主人砍回三个粗树枝，在簸箕里抖动，若出现了白蜘蛛，说明魂已招回并附病体，将很快痊愈的；若没有，要连续再砍两次树枝，直到找到蜘蛛为止。于是，巫师手捧肉对天说："这是你要的命价，灵魂已经回来了。"整个过程，边说边舞，边撒粮食边发抖，累得满身大汗，还不时往病人口中滴冷水。巫师向病者提了许多隐私问题，这时的病者都得如实回答。最后，主人献给神的一份礼物归巫师所有，另外还要给巫师一份肉食和10斤大米作为报酬。

门巴人信仰原始宗教，认为天有天神，地有地神，山有山神，水有水神，青蛙、蛇类、昆虫、奇树怪石也是神，神灵无所不在，把所有病痛及灾祸都归为鬼神对人的怪罪，所以门巴人对巫师格外敬重。男巫，叫登龙坎、把窝、本波，主要是送鬼；女巫，叫觉母、把莫，专事请神。

登龙坎，意为将鬼送走，后来习惯称从事送鬼的巫师为登龙坎。他将煮熟的肉、米饭、煎鸡蛋用芭蕉叶包好，指着地上的佛珠、长刀、衣物等，说："我们为你准备了这么多东西供你享用，望你释放病人的灵魂。"边说边将事先捉到的蜘蛛包好，放在病人耳后，表示被"鬼"掏去的病人的"魂"找回来了。

把窝，藏语意为英雄。巫师头缠红布，胸部挂串珠，斜披白布带，屋里摆神案供大米、鸡蛋、酒和清水，用玉米面做偶像，以法器为鼓。巫师击鼓，全身颤抖，好似疯癫病人，嘴里叨念："请坎主、松马、把窝和把莫诸神将病人的枷锁去掉，把他的灵魂放回来。"然后将烧红的石块投进开水锅中，用树枝蘸沸水洒在自己和病人身上，表示将病人身上的"鬼"驱走。

本波，汉语称为本教。这种巫师除有一般巫师的本领外，还会念咒语驱鬼。传说这咒语能置人于死地，如果他与人有隙，就设法弄对方的一点毛发，塞进牛角，再埋入土中，他念咒经，被咒的人就会生疮流脓而死亡。他为病人驱鬼时，亲自动手杀鸡、猪或牛，把肉和心脏的各个部位取一点煮熟，放上佐料，端来米饭，送到有鬼的地方给鬼吃，然后祈求鬼"不要让人生病了，吃了这些食物就离开这里"。

觉母，称为女神的化身，传说有9姐妹，还有母亲。她能到神的境界里去询问病因和治病的方法，在众神帮助下找到病人的灵魂，把灵魂还给病人。觉母进行巫术活动时，双肩披红布，额前戴圆形银饰物，屋中铺竹席，席上摆9个竹盒和9个小锅，盛满大米、荞麦、生姜、香蕉、桃、野花等。请神时，觉母双手抹脸，全身颤抖，用拖长的声调唱："阿麦……阿麦……"然后自问自答，有如梦呓。

把莫，自称是坎主神的化身。传说有5姐妹，即5个坎主：多吉坎主、仁钦坎主、白玛坎主、勤客坎主和肯达坎主。她们是本教主神的女儿，母亲叫仁艾杰姆。把莫请神时，裹红、白头布，戴扇形纸帽，屋里供食物和用具，并在五指上控红、黄、白、蓝、黑五色线，分别代表一个坎主神，然后用火烧断，看线断处是否整齐，若不整齐，视为坎主神在发怒而致使人生病的。为此，把莫手摇小鼓和铃铛，全身颤抖，在屋内转圈，请众坎主神“赴宴”，让病人恢复健康。

除此以外，门巴人还有许多禁忌和崇拜，诸如，人生病要在门口插忌讳树，不能与“鬼人”来往，对宝罐极其崇拜等。

忌讳树是敬畏鬼神的产物，也是门巴人长期承袭下来的一种习俗。每逢家人生病，常请巫师来家中送鬼请神，祈求病人平安。巫师走后，门巴人便从山上砍来一把一人高的鲜树枝，栽插在门口，象征闲人免进，生人3天不得入内。若有生人进屋，就会将鬼怪随人带进家中，既加重病人病情，还将病人魂带走，致病人不幸。若要进主人家的门，事先应与主人约好，待主人做好各项驱鬼请神准备后，进入屋内才没有事。

在门巴人的传说中，朱隅王有饲养马和牦牛的三个佣人，分别叫昂旺良吉、桑吉拉姆和拉巴雍明，后来他们因不堪忍受朱隅王的奴役，均上吊死了，变成了“鬼”，从此朱隅王领地就有了“鬼人”。民间认为，“鬼人”是以人的形象在人间行“鬼事”，进行害人的活动。谁家人生了病，就是“鬼”在作怪，那么就必须去“鬼人”的房屋撒饭送鬼，若病人好不了，再送第二次，若还是未好，第三次就要在“鬼人”房前用棍猛击饭菜，以示惩罚。假若“鬼人”家中人病了，那就是“鬼”来吃饭时挨打而病的。

门巴人对于“鬼人”，不论贫富都敬而远之，既不能与其通婚，也不能同桌吃饭，更不能同住一个村寨，害怕被鬼缠身。“鬼人”要结婚是困难的，有女不嫁“鬼人”家，有子不娶“鬼人”女，“鬼人”只能与“鬼人”联姻。被称为“鬼人”的人精神上受到很大压抑，无法摆脱被他人的污蔑。直到新中国成立后，“鬼人”才获得了新生。

门巴人的宝罐，是由手巧的喇嘛用一种黄色黏土制作而成，在门巴人眼里，它是福运、财运的象征物。宝罐高一尺，上下小，中间大，直径20厘米，很像四川的泡菜坛子。因为它是一家吉祥的象征，其内要装诸如耕种林土及常耕田地的土、村内能说会道长辈所用碗的碎片、秤上的污垢、富户牲畜的毛、名贵藏药、各种如珍珠贝壳等装饰品、高山的土和深湖泥沙、各种粮食与水果及其子粒等，上百种东西，分类用藏纸包住，再放在粮仓右边的木架上。平时不得移动或启封，手不得抚摸，否则罐神生气会带走财运的。

藏历每年的十月十五日是贝壳和昴宿相会的日子，门巴人称这天最有福气，命运最佳。这一天，喇嘛们盘腿坐在村中央，击鼓念经，村人用20升玉米面，捏成50个宝塔形的供品，用来专门招请福神运神。喇嘛祈祷后，男主人将宝罐从仓库里取出，放在客房木架正中央，下面铺绸缎，四周摆满各种食物、水果和名贵中草药，宝罐前面置放3～5块酥油。

宝罐在家停放3天，每天换一次饭食、酒和水，小孩不得入内，不准宿客，也不得堆放衣物以及洒水和扫地，客房天天紧闭，3天供奉完后放回仓库。送宝罐入仓库时要选在早晨，还要请喇嘛念经，村里的亲朋好友都来祝贺，客人携带一竹筒白酒、一葫芦甜酒，向宝罐献上一个藏币加上一束白线，双手合十地说："请罐神庇护家人平安，人丁兴旺，财产富足，粮食满仓，时来运转，福气长存，祈祷吉祥，永世不败。"

正午时分，宝罐由男主人护送，若无男主人，女主人也可护送，但属猴的人绝对禁止护送宝罐。门巴人认为猴子虽聪明，但它心不诚和行为劣，只会坏了好事，属相为猴的人接近宝罐会撵跑罐神，福气会走掉，财产会失掉，家庭要破落的。属相是蛇和羊的人接近宝罐最为理想。蛇和羊在门巴人眼里是一对吉祥物。蛇吃饱后可以很长时间不食，它节俭和会过日子；羊性情温和，什么杂草都吃，从不挑三拣四，不吃粮食也可膘肥体壮，还能一胎生二三只羔羊。最后，仓库门口烧煨桑，男主人护送宝罐进仓安放。

藏传佛教的传入

门巴族既信仰原始宗教，也信仰藏传佛教。佛教一直受官方支持，占统治地位；原始宗教流行于民间，是门巴族固有的信仰，后来与传入较晚的佛教并存。

仁钦崩寺是由达赖干布寺的活佛甘布（又叫"甘布巴"）所修建的，为当地最为宏伟的寺庙建筑。寺庙是三层楼的结构，据说有12个屋檐角，住在寺庙的喇嘛有4～5名藏族。寺内30人的嘎扎（喇嘛的佣人）大多为两种人：一是丧失父母、家里又无土地的门巴族，负担做饭、打扫卫生、背水、拾柴等杂役，由寺庙供其吃穿；二是从藏区来的藏族，后发展到6户人家。仁钦崩寺向米日滚村购买了一大片土地，6户藏族在这些土地上种植玉米、小米、鸡爪谷、茴香等作物。收获后与寺庙分成，寺庙对他们也给予适当的照顾。住仁钦崩寺的差巴户是墨脱、巴日两个村的住户，差巴户每年每户出1人到寺庙干杂活12～20天，诸如砍柴火、制作竹皮坐垫等，但不干寺庙土地经营的劳务。

罗帮寺是由甘布活佛之子德金宁巴所建。据说他随父亲甘布和另一名喇嘛受达赖干布寺派遣进入墨脱，他们分别创建了墨脱的仁钦崩、罗帮和马日邦三个寺。罗帮寺为一层结构的建筑，最后一位住在寺庙的喇嘛是格色仁布切格西（学者）。寺内打杂者有五六人，差巴户为易工白村的住户。马日邦寺与罗帮寺一样，是达赖干布寺的甘布等三名喇嘛中的一人所建，但至今无法考究创建者的姓名。马日邦寺与纳尔燕寺为一条小河沟所隔，喇嘛均住在马日邦寺内。寺庙有差巴户20人，最后一位寺庙住持喇嘛是乌浪村人的央泽，他要求长子君马央泽去罗帮寺接格色仁布切的班，三子尼玛央泽去月尔冬寺接巴桑的班，可两子未听从父亲的安排，一个上山狩猎，一个去了拉萨。

引发门珞两族之争的仁钦崩寺（潘慧敏摄）

德尔工寺的母寺为色拉寺，由喇嘛罗布修建。罗布是藏族的大喇嘛，他与帮辛区的一位门巴族姑娘结婚，生儿子敦江，后来成为敦江直姑喇嘛（活佛），其儿子顿卓木活佛又继任，顿卓木死后，由其子益西多吉继任，不久又改其子德久继任，一直到1962年为止。德尔工寺属宁玛派，有50多个喇嘛、20个尼姑。地震前的寺庙系石块建筑，地震后改为木质结构。德尔工寺所辖土地有13片，每片都可设一村庄，当时的德尔工寺共有98户，其中17户是顿卓木母亲的打杂人，其他12户为该寺的差巴户。按当时规定，凡是18～60岁的男女劳力，每年给寺庙干12天的劳役，全村每人交给寺庙15升青稞或玉米。

格林寺是门巴人扎西罗布和格力旺秋俩兄弟，从不丹来到墨脱后创建的。该寺为两层楼的建筑结构，有50多个喇嘛，没有打杂人，其差巴户为格林村的住户。据说，该寺曾得到阿沛第巴的支持与保护，自扎西罗布后，传其子达娃罗布，又传其孙允登，历经三代。建格林寺后，格力旺秋的儿子东昂之子白玛如登还建了西工寺。

巴日寺是活佛南开罗布从朱隅迁来墨脱定居后兴建的。巴日滚地方原无村寨，南开罗布等一批人到此地后，先建立了村寨，然后再创建巴日寺。后来，这个村发展到100多户人家。巴日寺的建筑规模较大，寺庙是三层楼的建筑结构，每层长20米、宽15米，每层均置有许多泥木雕塑的佛像。寺庙有土地6.67公顷，但常耕地少，多数是刀耕火种地。寺庙将地分给各户耕种，耕种者成为该庙的差巴户。喇嘛均系门巴族，开初是不许结婚的，可到了寺庙住持次仁后，因其

仁钦崩寺的佛像（墨脱县交通提供）

病而无人照料，临死前嘱咐“下代喇嘛可以结婚”。由此，该寺喇嘛可以结婚生子，繁衍后代。

藏传佛教是由藏族地区传到门巴族地区的。长期以来，门巴族就和藏族在政治、经济和文化上有着密切关系。13世纪，藏传佛教中的噶举派（白教）帕竹噶举支系之一主巴噶举，在不丹一带传教建寺，并成为今不丹一带门巴族的主要宗教。可西藏波密、工布一带的藏族普遍信奉藏传佛教中的宁玛派（红教），迁往墨脱的门巴族在政治上受波密土王的统治，宗教上则受宁玛派的影响，所建寺均属宁玛派。藏波战争以后，尽管墨脱宗已成为格鲁派（黄教）色拉寺的领地，但执掌墨脱宗政权的格鲁派与宁玛派之间并未发生教派纷争。

寺庙僧人中，根据地位和职位的不同，分为五种：“执固”是寺庙的最高领导者，主持寺中一切事务，他通晓经书，宗教知识丰富；“帕久”地位仅次于执固，通经书，宗教知识也比较丰富，能为人治丧，如选择丧葬日期、确定出殡的方位和葬地、为死者念经等，凡过藏历年杀猪，亦须请帕久念经，并将猪头和一只猪腿及内脏带走；“涅巴”属寺庙管家，寺庙经济收支概由涅巴过问；“果聂”专门看管寺庙、打扫经堂、擦洗法器、倒水供佛；“扎巴”是地位低下的普通僧人，新入寺者必须先当扎巴。凡属宁玛派的各寺僧人，可以参加劳动、娶妻生子。除执固外，可以住在家中，遇有念经集会才去寺庙。

扎巴以外的其余喇嘛，主要任务是从事频繁的念经活动。一月念嘎措经，祈祷事事如意；十五日至十六日念朵措经，十五日这天不吃饭，不说话，以超度门巴、珞巴战争中被杀死的门巴人。二月念荣尼经。三月十八日念嘎桑经，祈求人们不患眼病，以防眼瞎。四月念觉莫经（八月还得重复进行一次），防止患麻风病。七月念穷莫下巴经，祝愿家家吉祥平安。八月念砍朱下巴经，向砍朱神赎罪。九月至十月念帕久经，杀牲敬神，祈求全家不生病。十月念泽朱和洋朱经，祈求生活一天比一天好。十一月到十二月念朱巴经7～10天，祈求生活富裕，一切皆好。十二月十日至元月五日，念古朵经，祈求来年丰收。此外，还不定期念达夺目经，祈求粮食丰收；生病时念贵荣经、卡久经；纪念古如仁波钦神的生日念才久经；念干久经，祈求死后早升天堂，不入地狱。

门巴人所念的经，大多数祈求身体健康、诸事顺利、粮食丰收、生活富裕。他们把实现这些美好的愿望都寄托在神佛的保佑上，家里即使再穷，也要想尽办法请喇嘛念经。每念一次经要花费大量钱财，消耗大量社会财富，浪费大量劳动力。以念才久经为例，富裕户两年左右念一次，一次两天。主人家中要点酥油灯，做若干个米面团，请全村人来参加，凡来者每人发米团两个、酒一瓢。村边立高杆，挂长条白旗，旗上用藏文写上这次念经的规模，做了多少米团、多少酒，点了多少酥油灯。这些往往是一般家庭难以承受的。

藏传佛教的宁玛派、噶举派和格鲁派在门巴族中都有影响，但以宁玛派和格鲁派传播更广。11～12世纪时，宁玛派由“三素尔”的素尔家族的三个西藏僧人，前来建立寺院。宁玛派很早就传到门隅，发展门徒，建立寺院，影响广泛。如德顿然那灵巴到门隅传播宁玛派所倡导的跳神活动，至今仍在崩饶晓参店流行。门隅铁孜寺的活佛，即宁玛派敏珠林寺派出的活佛之一。因此，铁孜寺常派喇嘛到敏珠林寺学经。

宁玛派是一个组织涣散，教法不统一，教徒可以娶妻、居家参加劳动，教律松弛的教派。由于它吸收了一部分原始宗教的内容，与分散在民间本教活动的某些方面较接近，没有什么根本性的矛盾，易为信仰原始宗

仁钦崩寺的佛像（杨西虎供图）

教的门巴族接受，所以在门巴族的许多村寨中，都有一个宁玛派小庙，常有一两个喇嘛管理小庙，为群众所信赖。

17世纪中叶，格鲁派在全藏占据统治地位，于1680年五世达赖派梅惹·洛卓嘉措喇嘛到门隅管理政教事务，相继扩建改建了原属旧派的达旺寺，成为格鲁派寺院。格鲁派势力在门隅各地大为发展，达旺寺下属的就有打陇寺、沙丁寺、多烈寺等10多个大小寺庙，大的宗教活动仍在达旺寺这个中心举行。每年藏历十月二十四日纪念慈尊佛圆寂灯节、十月二十五日宗喀巴圆寂灯节、十一月的送鬼活动等，都是参照拉萨的大祈愿会（传大召）形式进行的。

日常小规模的宗教活动以村为单位，在各村的小庙举行。一年中各季节都有念经活动，春播时，喇嘛为全村念经祈求庄稼茁壮成长。收割前，喇嘛念经预祝丰收，然后村民跟随喇嘛绕庄稼地游行，类似藏族的望果节。收割后，喇嘛再为全村念经庆祝丰收，人畜两旺。生病时，请喇嘛念经送鬼，但念经的内容和形式有异。如念多加经时，喇嘛要在用糌粑做的“鬼怪”身上扎入带刺的树枝，抛进火堆将鬼怪烧死；念叫习经时，要做众多的小面人抛向四方，意为借众人之力驱鬼。也有的是由家属或病人自己去敬奉神山、神树或神水，甚至把病人背到大寺院去转经，索要一点活佛给的信物，以求得神佛的保佑。

门巴族寺庙（冀文正摄）

6 鬼灵游荡的世界

本章介绍珞巴、门巴两个部落民族万物有灵、灵魂不死的观念，鬼魂和神灵渗透到日常生产生活并约束着他们的行动；展示了两个民族对鬼神文化的信仰，以及独特的祭鬼仪式……

第六章

鬼灵游荡的世界

恶精灵布满三界

据说，早在100万年以前，灵魂观念就已产生。这种观念来源于“梦”，人们称梦见的死人为鬼魂，是离开身体的灵魂活动。在珞巴族社会里，人们对周围世界无法理解，感到迷茫，对其不可思议的巨大力量感到恐惧，从而深信万物有灵、灵魂不死，有形无形地约束着人们的行为。

墨脱的珞巴人对鬼魔的存在是深信不疑的。他们相信，山中有山鬼，路上有路鬼，水里有水鬼，到处都充满了鬼的精灵，而鬼的力量是强大无比的，因此他们不得不怀着恐惧和虔诚之心，向鬼神奉献好的食物。巫师作为鬼神与人类之间的联系人，通过杀鸡看肝的形式，向人们传达鬼神的意旨。

珞巴人将鬼神分为两种，一种是做善事的鬼，称为善鬼；另一种是专做坏事的鬼，称为恶鬼。鬼神布满了三界（欲界、色界、无色界）。俗话说“一尺一个鬼，一尺一个神”，“占卜一次见个鬼”。他们认为，无所不在的精灵、神灵、鬼魂、妖魔等，给他们的生产、生活带来重大的影响。于是便出现了图腾、自然和鬼魂（祖先）崇拜。

珞巴族先民认为，他们与自然界中的某些动物、植物、无生物和使用工具有着神秘的关系，并把它们视作是自己的祖先。苏龙是珞巴族经济发展非常缓慢的部落，长期以来过着采集和狩猎生活，由于处在比较孤立的状态，所以保留的图腾崇拜也较为典型。在这个部落里，存在一些以图腾信仰相联系的氏族组。

苏龙部落每个氏族组由两个氏族构成，分别以性质相近的动物、植物、无生物等作为自己的图腾和氏族名称。如石鲫和石脚是一个氏族组，他们分别以哈意树花萼和竹屑作为自己的图腾，而这两种图腾属植物类；嘎根和嘎得也构成一个氏族组，他们分别以灶炭和灶灰作为自己的图腾，这两个图腾属于无生物类；布根和布耶同样构成一个氏族组，他们分别以鸡和青蛙作为自己的图腾，这两个图腾属于动物类。

珞巴族其他部落的情况虽然有所不同，但同样也能发现各种图腾崇拜的痕迹。据文化人类学家对崩尼、崩如、博嘎尔、米古巴和苏龙部落的统计，其崇拜的图腾有虎、豹、野牛、熊、猴、水獭、猪、牛、羊、狗、老鹰、乌鸦、布谷鸟、鸽子、蛇、太阳、月亮、刀等，这些图腾分属动物、植物、无生物、自然现象和工具，都与珞巴族的生产和生活有着密切的联系。

这些图腾崇拜，大都同珞巴族的图腾神话结合在一起的。《尼英姐妹寻配偶》就是源于崩尼人关于虎、刀图腾的神话。传说尼英、尼略两姐妹居住在全是女性的村寨里，她们为传宗接代到处寻找配偶。姐姐尼英遇见一只老虎，这只老虎经常为她送肉，随后他们有了感情结为夫妻；妹妹尼略也与刀子变成的男青年结为夫妻。他们结婚后生儿育女，分别繁殖成为后来的巴得（虎）、育唧（刀）氏族。

珞巴族对图腾物有一系列的崇拜仪式和禁忌，仅以虎为例：人们不能直称虎，只能称它为哥哥、叔叔或爷爷。因无意中打死老虎，就要像埋葬长辈一样举行隆重的丧葬仪式，猎

珞巴族举行祭虎仪式的祭虎灵堂（刘芳贤摄）

获者家里要设虎灵堂，供献祭品。出殡时，全家人列队守灵治丧，猎获者头戴孝帽，腰系孝绳，背虎头骨和竹编虎身前行，巫师和本氏族的男性成员随后，边舞刀边呐喊，将虎的灵魂护送到设置在村外的乌佑（精灵、神灵、鬼魂、妖魔等的统称）住房，以示送还。仪式活动一般进行3～9天，这期间需大量杀牲，以酒肉待客。

随着历史的发展，时代的进步，珞巴族各部落的氏族图腾绝大多数已被遗忘，与这相关的崇拜仪式和禁忌亦已消失。但我们从上面残留的现象中可以看到，在珞巴族的历史上，曾有过图腾崇拜盛行的时代。

珞巴族地处高山峡谷，十分崇拜山神。在他们的观念中，高山峻岭、悬崖峭壁，都是乌佑隐居的处所。山上生长的植物，栖息于林间的动物，都由乌佑管辖。因此，每当人们出猎、出征或外出进行交换等活动时，均需杀牲祭献山神。

在每年进行集体行猎时，人们进入猎区，面对大山，要给乌佑奉献猪、鸡、米、酒。崩尼人虔诚地崇拜“达尼车塔”神山，至今人们不敢猎取该山的动物，也不敢砍伐山上的树木，常向该山神祭祀，以求平安。博嘎尔人在出征前后，都要到氏族的“格拉另东”神石处集体宣誓，绕石转圈、祭祀。阿帕塔尼人崇拜突兀而起的大石，认为它是主要精灵的聚集地，每逢莫朗节或其他季节性的仪式活动，必须献祭这些精灵。

珞巴族崇拜的神石（墨脱县交通局提供）

珞巴人每年在村内要设置集体祭祀天神的灶，把供物点燃后成其烟雾，供奉天神。在珞巴人的观念中，太阳神是女神，在一些隆重的仪式里，需要选择硕大强壮的牛，由主妇象征性地宰杀，以向太阳供奉。人们还崇拜雨、风、雷、电、冰雹等自然现象。阿帕塔尼人在每年三月的科尔兰仪式中，以鸡来祭祀冰雹神，保佑人们免遭雹灾；祈求雷神和雨神，保佑人们免遭雷击和霪雨。崩尼人则以猪、鸡作祭，祈求雨神，使人们免遭淫雨之害，以利庄稼丰收。

祭祀土地、森林，是珞巴族进入原始农耕阶段自然崇拜的主要内容。博嘎尔人称大地为“石金地母”，崩尼人认为土地、庄稼由“弱德育洛布”等乌佑统管。珞巴族凡是砍伐、翻土、播种、除草、收割、开仓等活动，都要择吉日杀牲祭祀。达木珞巴民族乡的米古人，每年二月集体举行祭地仪式，在村外朝庄稼地多的方向搭建一草棚，杀牲祭祀乌佑，祈求丰收。翌日禁止村人进入庄稼地，第三天开始新的一年农业生产。

在多数部落里，祭地仪式已逐渐变成各户分别进行。博嘎尔人祈求丰收的“德耐另达”仪式，是在种植主要作物的地中央搭一祭台，供以粮、酒、肉祭品。崩尼人遇上自然灾害时，举行“荣鄂乌佑麦”仪式，在庄稼地里搭起的祭台上杀羊或猪，祭祀“黑基得乃”等女性乌佑，祈求保收。在砍树时或开荒后，出现生病、死亡等不幸事故，认为是树神在作祟，须终止该地的开垦或请巫师杀牲禳灾。

原始宗教的一种普遍现象是将动物神化并加以崇拜。渔猎是原始人主要的生产活动，而渔猎活动又具有极大的不稳定性，常使人们处于饥饿状态。所以人们就将渔猎活动中获得猎物的多寡，看做是各种动物神灵恩赐的结果，于是产生了各种祭祀仪式。

崩尼、苏龙、崩如的珞巴族人，祭祀悬挂在居室墙上的野兽头骨“耶布卑”仪式，就是其中的一种。祭祀时，巫师在头骨前搭的祭台上，祭献猪、鸡、饭、酒等供品，祈求管理野兽的乌佑赐以猎物丰收。村内的同氏族男子亦站立于祭台前，以示对兽灵的虔诚敬畏。

珞巴人维持生存离不开动物，但有些动物却又与人处于相对立的状态，如虎、狮、豹、狼、野牛、毒蛇、毒虫等，具有吃人、伤人的自然属性，直接威胁人的安全，引起人们的恐惧，因此人们对毒蛇和猛兽的祭祀与禁忌就更加纷繁复杂。如蛇咬伤人消息传开后，不分远近亲疏，知道的人都要停止劳动一天，并禁止到有藤料植物生长的地段，禁吃类似藤科的菜果、辛辣食物及部分肉类。被蛇咬伤的人，须请巫师杀牲祭祀蛇神。人们对蛇神除有恐惧的一面外，还有依赖的一面，有些人运用它的无限威力制服、震慑其他危害人类安全的神鬼。如人们在神判时，往往把蛇头作为神物，用以判断是非；在一些宗教仪式中，主人在门旁设置蛇的偶像，以防害人的乌佑进入室内。

珞巴人还认为，寓于活人肉体上的灵魂和人死后脱离而继续存在的灵魂是不同的。一个人正常死亡后，他的灵魂进入天上鬼域得到承认，便顺着“天梯”住在鬼域里，这时的灵魂已变成了鬼魂，它专门报复和害人，在灵魂不死观念的基础上便出现了祖先（鬼魂）崇拜。

在珞巴人的观念中，灵魂平常是寓于肉体的，只有在做梦、生病或死亡时才离开肉体。灵魂本身不像鬼魂那样能保护或危害活人，不过如果人被鬼神作祟，把灵魂丢失，就会带来不幸与灾难，甚至死亡。

珞巴人在对待恶鬼厉鬼时，要通过特殊的尸体处理，举行特殊的宗教仪式加以驱赶或镇压，以防止其报复。他们认为，尸体与灵魂有着密切的关系，毁坏尸体上的某些重要器官，就会使鬼魂失去某种活动能力，不能进行报复，残害活人。

珞巴人在进行血族复仇时，凡被杀的仇人，都要将其手、眼或舌等重要器官作为战利品带回，待举行有关仪式后，作出特殊处置。谋杀某些被认为是“吃人的活鬼”时，除将其全身肢解外，还要采用独特的葬式。人们相信，只有这样，其鬼魂才无法进行报复。

珞巴人还认为，鬼魂有不同的生活领域，地下的鬼域与人间一样，人间有什么，那里就有什么；人间怎么生活，那里就怎么生活。但天上的鬼域则不同，那里是个女性王国，那里有美女陪伴，整天吃喝玩乐。

珞巴人对已故亲人的丧事办得十分隆重、虔诚，并形成一套丧葬仪式。珞巴族实行土葬，个别地区实行树葬和火葬。但无论哪种葬法，停尸期间需全村停止劳动，向死者祭祀，唱哭丧歌，择出殡吉日；葬礼中，死者亲属需送葬致哀，死者生前的生产工具和装饰品要随葬；此后还要举行月祭和周年祭。被神化了的那些有过贡献的首领、能人和英雄，珞巴族把他们当做祖先神，在举行较大的宗教活动时，都须特设祭台，另行献祭。

珞巴人多数住的是竹楼，居室大门外有一个竹架，一个木梯竖于竹架旁方便上下。木梯的左边斜插一个1米多长的木制男性生殖器，每年换一次新的。据说，这样一可避邪，二可人丁兴旺。

珞巴人做男性生殖器的树叫“卡拉果巴”，燃烧时它会发出劈里啪啦的响声。这种树生长快，5年便能长到成人腰粗。用这种树做男性生殖器，有多生、快生和吉祥的含意。每年九月二十九日，家家户户就请氏族内威望高的人来制作。制作时，先将树皮剥得光光的，不留一点节疤，再将它

珞巴族巫师书写神秘的宗教符号（李坚尚摄）

珞巴族受门巴族文化影响，将木质男性生殖器插在门口以保佑家人平安（冀文正摄）

的一头削成男性生殖器。

木质男性生殖器做成后，放在干净的簸箕里，将稻谷、玉米、鸡爪谷、小米、黄豆、芝麻、荞麦、青稞和小麦等9种粮食，一把把地撒在上面，边撒边说："祈求保佑家人平安、人丁兴旺。"这样反复说三遍后，将它斜插于木梯的左边，对天连喊三声："请害妇女的恶魔走远点！"

对男性生殖器的崇拜，一方面说明原始社会是高出生率、高死亡率和极低的增长率特点，只能以增加出生率来求得扩大人类自身的再生产；另一方面说明在珞巴族父系氏族社会里，栽插木质男性生殖器，更显示男性的高贵，整个社会都以男性为中心。如今，在珞巴族的生活习俗中，男性生殖器崇拜已基本消失了，仅在极个别家中还隐隐约约可以见到。

禁忌繁多鸡"倒霉王"

珞巴人认为世上任何东西都是有生命的，都受众多的鬼灵和神灵支配，人们若得罪了它，就会遭受灾难和遇到不幸的事。神鬼给他们的思维、生产和生活带来了重大的影响，因而便产生了繁多的禁忌，以约束行为。

珞巴人的禁忌，大到生老病死，小到猪、牛、狗生息。

珞巴人视猪为六畜之首，也是祭祀的主要牲畜，特别厚待它们，严禁在猪槽里小便。野牛肉的汤不能倒在猪粪上，否则猪神要惩罚主人，猪崽会死。珞巴人视狗如子，严禁打狗。猎狗为他们立了汗马功劳，许多部落家家都有几条甚至几十条狗，若打了狗，有被部落驱赶之险。

珞巴族村村都有神石、神树，不得手摸、搬动和砍伐，每年要从左向右绕树、石转三圈，并且酒肉祭祀，每年还要进行三次巫术活动，杀猪和鸡来祭祀。

人分娩，猪、狗、牛生崽，人生病，猎人进山，都要在门口斜插两根竹子，交叉处放一把树枝，3天内禁止生人进入。若来了客人，征得主人同意后，主人拿一根燃着的木柴，在竹楼门口晃动几次，连说三声"鬼怪不得入内"，方陪客人进入主室。珞巴人严禁客人走错门，不然的话，鬼怪会使主人家的人生病而死，那么客人要赔主人一头猪，当场杀掉，血涂大门上，借以驱邪。

珞巴族也有忌属相的习惯，十二生肖代表十二年，鼠和马、狗和龙、猪和蛇、鸡和兔、猴和虎是相克的，不能婚配；否则，要将属相相克的新郎新娘杀掉或驱逐。

珞巴族的梦也有忌讳，梦见杀牛、宰猪、太阳下山、娶媳妇、掉入水中、落下悬崖等，预示家里要死人，梦后第二天不下地、不出门……珞巴族的禁忌还有很多，若谁违背，谁就要遭到神的惩罚或氏族内部的处置。

珞巴人信仰"万物有灵、灵魂不死"的原始宗教，对于人的吉凶福祸和生产的丰歉等，认为都是鬼神所致，例如婚丧嫁娶、建房打猎、种地出外、病情加重、身遭不幸等，都要请巫师杀鸡看肝，或请他们念经算卦，驱鬼消灾。

巫师分男巫和女巫，女巫只能卜卦，从事杀鸡看肝的职业；男巫均能念咒和算卦，为他人驱鬼消灾。巫师没有祖传和世袭制，多数是"自学成才"的，一般是曾经患过疯癫后痊愈者，或裸体跑过村寨的人，向老巫师学卜卦、跳鬼。人们说这种人神已附其身了，可为巫师的接班人。

巫师虽从事农副业生产和狩猎，但更多的时间是进行巫术活动。对患者，他们先是算鸡肝卦，以判明是什么鬼，鬼在什么地方，需要杀什么样的牲畜，举行什么样的仪式，而后按卦办理。

一般杀鸡看肝时，女巫头戴纸糊的高帽，帽上画有非人非鬼的八大怪，帽的两侧是两只纸做的大耳朵，帽檐垂吊3～5条及腰部的五色树子做的串珠。卜卦时，杀一只鸡，取出鸡肝。鸡肝有大小两片，看纹路走向和清晰度。如出远门，纹路透明才算吉利；若狩猎，纹路要从左弯向右，方能收获。若肝纹不清，只有血圈，则事事不会如意。

巫师跳鬼时，身穿土布长褂，底部边缘有许多絮子，左手拿一个铜铃，右手握一个鼓槌，面前放一个小鼓，摇铃击鼓念咒经，咒词随念随编，没有固定的，念一会，起来跳一会，手持砍刀，在病人上方挥刀砍鬼，向病人吹气，撒玉米粒，杀只鸡放在病人耳旁。念咒跳鬼完毕，把鸡扔出屋外，说病鬼已随鸡走了，病人的魂已经招回来了，病人很快会转危为安。

央乃是一位珞巴族有名的女巫，从事这种活动已40多年，有一套拿手的巫术，威信较高，受人尊敬，她有自己的一套巫术程序。

开始时，央乃将三根小木棍插在地上，在上边撒几粒玉米，手拿着鸡，口中喃喃自语："哪个鬼使人生病，请来肝上吧。"接着，央乃让病人把鸡杀死，将鸡在小木棍上绕三圈，然后开膛取肝，用一木棍插入肝中，清水冲洗，巫师和家人观看肝上的纹路，若肝有右直纹或横纹，就表

珞巴族博嘎尔部落巫师杀鸡取肝占卜（刘芳贤摄）

示不吉利，还要继续杀鸡，直到肝上没有纹路才算如意。

央乃将这只没有纹路的鸡拿到病人面前连吹三下，把鸡收藏起来，不停地与“鬼”对话，问鬼是要猪，还是要牛。如说要猪，待第二天病情好转了，杀猪祭祀。若病情仍无好转，巫师就再看鸡肝，断定是几个鬼，就杀几头牛。一个穷苦家庭有人生病，往往因此负债累累，不堪其苦。

在珞巴人的信仰里，一旦遇上生病或灾害，最多的是杀鸡看肝。据冀文正对卡布村民的调查，1968年一共杀了327只鸡占卜。每当杀鸡占卜时，巫师披头散发，额头抹三道酥油，腰拴宝刀，左手持鸡，右手拿小刀，口中念念有词，左手上下摆动，然后将鸡杀掉，用清水冲洗，察看肝纹。

珞巴族重视和相信杀鸡看肝，这多少同杀鸡占卜的传说有关。据传珞巴族祖先达尼很聪明，长有三只眼睛，两个在前，一个在后，后边的眼睛能看到诸鬼神，吃人的白奶鬼很害怕他，想把他的后眼挖掉。达尼得知后，从白奶鬼里娶了一个老婆，老婆教了他对付白奶鬼的办法：如果滚石，你就把箱子里的东西取出来，上面压上大石头，这样就砸不死也烧不死你。有一次，白奶鬼推下许多滚石，又放大火想砸死、烧死达尼，达尼却毫发未损。后来白奶鬼心生一计，终于吃掉了他的后眼。达尼失去后眼后，晚上看不见人，便上天祈求太阳神，太阳神送了一只鸡给达尼，教他对付白奶鬼的办法，从此便有了杀鸡看肝的习俗。

除此而外，巫师更多的是使用驱赶巫术和模拟巫术，这两种巫术常常用在特定的送魂仪式上。在珞巴族中，凡家人被杀或杀害他人，以及无意猎杀了虎、豹、野牛、水獭、蛇等图腾动物，都要举行相应的送魂仪式，巫师要施以巫术将其驱逐，或者制作偶像施以巫术，以求镇压。珞巴人相信，通过这些巫术，家人才能平安，不然就会遭到人和图腾动物的鬼魂报复。

在珞巴人观念里，有种专勾人灵魂的鬼，这个鬼叫白木。如果白木把人的灵魂勾走了，就会带来不幸和灾难。珞巴人认为，灵魂是决定一切的：如果人的灵魂附其身，会平安康泰，反之，人会生病或死亡。既然患病是鬼怪勾走灵魂所致，那么就用祭祀鬼神来治疗人的病。人病后，首先祭祀家神，其次祭祀山神，若病情未

珞巴族博嘎尔部落纽布跳神驱鬼（刘芳贤摄）

减轻，在门口插忌讳树，最后是请巫师降神驱鬼招魂。

巫师驱鬼招魂的另一办法是将炒熟的玉米花、黄豆撒在病人身上，连转三圈，再将一支箭及小刀扔出屋外，若尖的一方朝外，表示鬼怪已被驱走，病很快康复。对久病不愈的病人，巫师认为是灵魂没有牢固附其身，即将一根羊毛线串联三颗串珠戴在病人颈项上，在屋内一边撒粮食一边大喊大叫，把灵魂稳住，免遭鬼怪勾走。

珞巴人对伤痛疾病起因的观念，虽然带有浓厚的迷信色彩，但在同疾病长期的斗争中，也积累了很多生活经验，认识到一些治疗病症的药物和方法。珞巴人认为蛇是龙王的臣民，被毒蛇咬伤，是得罪了龙王。他们一般先采取火烧伤口，割除毒肉，用麝香水冲洗，再用绳紧拴伤口上部，防止毒液扩散，最后请巫师杀牲祭祀龙王蛇神。

村内如发生了流行性传染病，在村中央要插两个木桩，将一只木制犀鸟立于柱头，一人拉动，仿佛它在觅食，意为吞食了鬼怪，然后采取硬性的隔离手段。一旦麻疹、猩红热、天花、霍乱、鼠疫等病发生，以村为单位隔离预防，严禁外村的人来住。

对于麻风患者，将其送到偏僻的山洞饿死，放火焚尸，唯恐传染。对于能治疗的病，他们采取积极药物疗法，如中蛇毒、一枝蒿毒，除清除伤口毒肉外，还要用麝香粉、蛇胆粉及三种香草涂于患处；内伤则服熊胆、黄连和虎骨黄连水。口服与外涂相结合，疗效极佳。感冒时喝麝香、花椒和姜的混合水，食物中毒喝黄连水，得肝病口服熊胆，肚痛腹泻、肠炎痢疾喝三棵针水等，疗效也不错。

出门远行禁忌多

门巴人出远门，如翻山去工布、波密、错那藏区以物易物，或支差，或去拉萨朝圣，或去印度经商，或进山狩猎，或串远方亲戚家都有不少禁忌，其意是祈求往返平安，办事顺利。

启程前得先择吉日。远行的头一天，请喇嘛念经祈祷，祝福平安。择吉日方法很多，除喇嘛掐算的凶日不宜离家外，古藏历中的每月初一、十一、二十一是万万不能离家的，每月的初三、初六和初九是启程的吉日，农谚说“三六九，往外走”。其他日子均可动身启程。

远行头天晚上要给外出者灌得醉醉的，传说鬼怪怕酒味，不会随人去；猎人进山的头天晚上不能与妻子行房事，不然野兽闻到味后会逃跑。

临行前，长辈用三个手指将锅烟子涂于远行者的胸前或小孩的鼻梁上，祝福途中平安，与人为善。远行者在自己门口树枝上立一木棍，上系五色棉花或五色彩线，洒上一点白酒和几粒米饭，其后在村头插一桩，系上五色彩线，说：“我出远门，请诸神庇佑平安，往返顺利。”远行者离家前，家人不能扫地，离家后再洒水扫地。

家人要送出远行人一站地，在休息点放背篓休息，家人还要给远行者斟酒，再吃顿有肉的饭食。另派一人护送1～2天路程，到汗密、波堆、希让一带。远行者若在途中遇到异常的环境或现象，需砍9棵带刺的树枝压于路上，以阻挡鬼怪跟随。远行者随身还得备一斤多大米、鸡爪谷、玉米、黄豆等9种混合粮，见有古树、怪石、山涧、深涧、黑水、沼泽处，都要扔几粒粮食，祭神庇安。若带小孩头一次出门，在路边大石上要放几粒粮食，请鬼神让路，以求路上平安。若猎人进山狩猎，天不明即启程，3天内门口插忌讳树，禁止生人入内，若有人问及猎人去向，要回答“劳动去了”，不能回答“上山了”，否则兽神听到后，会赶走它的野兽。

出远门一般是数人同行，在中途，大家选一名勤快和心正的人当伙夫。当大家抵达山洞住下，点燃火后，伙夫将一个锅放在中间，说“拿酒来”，每个人将自己带的一竹筒白酒递给他。伙夫将白酒烧开后，每人凑一个鸡蛋、一点酥油投入锅里，然后围坐一圈，每人先斟一碗，喝完再添。一般情况是每人喝三碗即喝得醉醺醺的，晚上和衣烤火过夜。门巴人善良的品德体现在出远门中，大家途中相互照料，强者帮助弱者背物，遇险搀扶。

远行者返回时，当抵达村头的山上，即高处或肉眼能看到村里的地方，远行者全部放下背筐，一个年长者将大家砍来的9根荆条捆成一把，作避邪用。年长者用荆条在每个人身上从上到下轻轻扑打三下，再扑打背筐三下，并说：“我们同行几个，一路上有好话，也有不少闲言。今天我们回到家，要消除闲言，一切鬼怪不要再跟随我们了，各回各的家，你们回地宫去吧！”说完后，他在自己身上、背筐上扑打三次，又在路中间用力摔打三下，说：“我也有闲言，好话也好，坏话也好，我到了家里，爱多嘴的闲话请快快滚开吧，不要尾随我们进村入家。”然后将荆把放在路中间，荆梢朝来的方向，上压土块石头，说：“这是说闲话鬼的界线，不得往前越过一步。”远行者舒心地打

一珞巴族少女背运柴火进门（刘芳贤摄）

口哨，以此通知家人。

当家人得知远行者回来后，加紧做迎接的各项工作。小孩自然蜂拥而至，远行者将途中摘的水果，带的奶渣、干肉分给他们，小孩如获至宝，飞快跑回告诉家人。远行者若没带吃的回来，小孩会很生气，会哭着抱怨，因此远行者大都在抵家前两三天，编一具小竹篮，并装满吃的。

迎接礼不能怠慢。按照离家时约定的返回日期，家里要派人到路上迎接，带去两竹筒白酒及肉食。若家里派来迎接的人没有按时到达预定地点，远行者会生气发怒的，抵家后甚至会打骂妻子。

远行者到达家门口，在木梯跟前，女主人或家人将竹筒水洒一些在远行者的头上、身上、背筐上，洗掉他带回来的臭味邪气，并在地上烧柏枝煨桑，投入一些玉米面和香树叶，远行者从火上迈过去，尾随来的鬼怪闻到香味后会自动返回各自的领地。

远行者进屋，将背筐放客房，取出背回的衣物及其他生活必需品，分别给家里人。远行者进主室，坐在平时客人坐的窗户下，女主人先让远行者喝两碗加了鸡蛋、酥油的浓烈白酒，其后的晚餐是肉丁稀饭。第二天早晨，远行者要喝有四个鸡蛋的白酒，从这天起，伙伴们相邀，痛饮饱餐两三天，唱歌、跳舞、玩骰子、跳石子，也有讲故事的，耍得舒心。这几天，家人也陪着大家痛饮、娱乐，不下地劳动。

人生终点的葬礼

珞巴人很重视寿终正寝，亡人弥留时刻，所有亲属日夜守护。这时要常给病人喂饭饮酒，沐浴更衣。人死后，将死者头朝外，以示他已经走了，并忌说“死”字，一般称“走了”、“老了”。洗澡时用艾叶和桂叶的热水，从头往下洗。洗完后，穿的衣裤忌单喜双，一般是两件上衣、四条裤裙，大多以棉布的为主。寿衣忌穿皮毛和绸缎，唯恐来生变为兽类。穿完后，将尸体弯曲成胎儿状，装入藤筐。

人死后，给死者换上新衣服，捆缚以后再别上竹签，将其坐放在屋内的“光东”位置，面向西方，意为跟着太阳走了。在死者的周围放上衣饰、工具、弓箭等物，祭以酒肉饭菜。尸体一般停放3天。如村中一人亡故，全村人都要停工，送一些酒和粮食到丧家吊唁，妇女陪伴丧家女性唱哭丧歌。

珞巴人的葬法，主要有土葬、水葬和树葬三种。三种葬法的背尸人均由亲属充当，父亲死，由儿子料理背尸，妻子死，由丈夫背尸。家无合适的人即由亲朋背尸，背尸者属相与死者相克的，不准背尸。如无合适人选，选出的背尸者必须右脸涂白，左脸抹黑，要挂上女人的项链，左边裤腿挽到大腿，右腿不挽，才准背尸。背尸边走边扑打，以免鬼怪跟随。

土葬俗称“金葬”。土葬时，

挖个长方形基坑，一人深，两人长，宽1米多。先用三背干柴烧坑，清扫墓坑，用石砸实，不留足迹，然后放入死者生前铺垫的藤席和方块木枕。出殡的日子由米剂（卜师）杀鸡卜卦择定。出殡这天，全村人停止劳动前来送葬。背尸人抵达墓地后，解开绳带，拉直死者身体置于坑内，头朝西，随葬品全是他生前用过的东西，如弓箭、装饰品、用具等。安置妥当后，在横穴口竖插一排木桩以挡土，然后填土，压实，高出地面形成墓冢。在坟头立一根带叉的木桩，上面挂放丧葬过程中所杀牛的牛角、死者的弓箭及一个竹篮，篮里盛放祭奠的酒饭。墓地周围架木篱笆，上盖草棚，每晚烧堆篝火。早晚各送一次饭酒，一般得7天。

树葬俗称“天葬”。根据死者遗愿，背尸人将成胎儿状的尸体置于死者曾经用过的藤筐里，并悬于指定的树杈上。珞巴人认为，世上万事万物都有灵魂的，人虽死了，尸体也腐烂了，却变成了虫子这样有灵魂的东西去了极乐世界。变成了另一种有灵魂的东西，就能使死者早投生，快投身，来世变富人。

树葬时，过去多是选一株枝繁叶茂的大树，在树上挖一个槽，以放下尸体为限；现在常见的是找一棵分杈的树，以搁置藤筐和木箱，如果树杈放不下，就在树上用两根木头绑一个架子，将盛放尸体的木箱和藤筐放在尸架上。安放毕，在树上搭一个简易棚子，以遮阳挡雨。

树葬地一般是在村庄的西面。珞巴族认为，东面是“肉路”，尸体葬于东面会得罪山神，从此猎获不到动物；南方是“福路”，葬于该方位会阻断福泽；北方是“仇敌路”；西方是“死人路”。北和西可以葬尸，尤以西为好。有的人生前就选定了自己安葬的大树，家人会遵嘱而行。

水葬又称“穷人葬”。这仅为墨脱县珞巴人过去极少数贫困人家所采用，即先将死者平直放于一块木板上，再给死者盛饭、酒各一碗，分别置于死者头部两侧。接着，背尸人脱光死者衣裤，给死者边洗澡边说：“请你走吧，到印度圣地多尔登吧。”最后，将其衣物、碗具连同整个尸体推入河中。

隆子县斗玉一带流行石冢葬；而崖洞葬是隆子斗玉珞巴族的另一种葬式，安葬前后的程序同石冢葬相似，只是对尸体的处理方式不同。它将尸体放入崖洞中，尸体呈蹲式，外用石块砌墙，封住洞口即成。

背尸人返回后，主人在门口烧

珞巴族的石冢葬（陈立明提供）

一堆火，先用树枝蘸一些玉米粉和白酒，再用火烤一会，在背尸人身上扑打3次。接着，背尸人洗手洗脸，并从火堆上跨进屋。晚上只能睡死人的铺，3天内不准说“少、无、死”的话。1年内，背尸人不得吃土豆、豌豆、水蜜桃、核桃和牲畜的蹄子，不许走大道，路遇行人要让路回避，不能笑，也不能看别人的脸。

葬后1个月，嫁出的女儿、分家的儿子和亲戚，要携带鸡、酒和肉到死者家里慰问。1年整，死者嫁出或分家的子女赶一头牛，死者家中出两头牛，村里每一户要携带一葫芦白酒、甜酒，大家共饮共食。牛角送到坟地，以示哀悼。若死者有儿女，其子女1年内不得结婚、戴耳环和佩戴其他装饰品。若死者有妻子，1年内不得改嫁、剪发和头上插花，额前必须系一条红线，以示对丈夫的哀思。

葬后的习俗中，珞巴族的月祭和周年祭比较隆重，以墨脱县马尼岗、梅楚卡一带的博嘎尔部落最为突出。安葬满月时，丧家的亲朋、外嫁的女儿和已分家另过的儿子，带来酒、饭、菜、鸡等齐聚丧家，在死者坟前供上祭品，献上酒饭，祭毕共食。

满周年时，全村人停工来到丧家进行隆重的周年祭。各自带来一些酒肉饭食，死者离家的子女需带回猪、牛等大牲，丧家请巫师念咒作法，宰杀大量的牛、猪和鸡，祭毕由村人共同分享，并将牛角挂到死者的坟头。周年祭后，整个丧葬仪式才告结束。

罕有的复合葬

丧葬是人们对死者尸体的处理，也是人一生礼仪中最后一桩大事，是人类社会一种特有的精神文化现象。深居喜马拉雅山区门巴人的复合葬，是世界上罕有的丧葬习俗。

门巴人称复合葬为“都松”：先土葬，后火葬，再水葬。其葬俗的观念殊异，内涵深奥。

在安葬死者前，首先要选好收尸和背尸人。死者亲属请来喇嘛掐算收尸和背尸人的属相，属相相同的人是最理想的。若与死者属相相克，是严禁收尸和背尸的。

收尸时，收尸人将死者铺的兽皮垫子、盖的毛织氆氇、穿的皮毛衣服取掉，避免死者来世变为兽类；用带香味的艾叶、桂叶洗尸，避免死者身上不干净而阎王不收；拿出红糖、酥油和一个藏币塞满死者口腔，让死者升入天堂后，有吃又有钱花。

门巴人崇尚白色，因此要用白布裹尸，裹好后将尸体弯成蹲坐状，双膝并拢，细心捆绑，双手交叉于胸前，男性左手在上，女性右手在上，状似母腹中的胎儿，这和转世观念有关。

裹好的尸体置于藤筐中，死者头部用白布遮盖，戴上一副木面具，面前摆满各种食物和水果，并用玉米面做成7个面人、7个面虎置于藤筐前。然后，收尸人手持葫芦瓢，反手反复倒水，喇嘛念经超度亡灵。

家人要为死者祭奠3天，每个亲

朋向死者送一张有22种图案的路线图，并说："经过再三抢救，也没能救活你，你一人走，别伤心难过。你要选好路，一直走到天堂，你走吧，别伤心！"

门巴人对鬼魂非常恐惧，生怕灵魂返回作祟遭祸，可以说，对死者灵魂的防备贯穿于丧葬的始终。门巴人做玉米面虎扔于林中，向村外投扔粮食，在三岔路上撒小石子，门口昼夜烧火，门前栽插忌讳树，背靠背地背尸，送葬不言语，尸体从窗口出户，埋葬尸体后不回头，给死者倒酒盛饭用左手……这些别出心裁的举动，都是企图震慑死者的灵魂，并阻止死者灵魂的回归，以消除对活人可能产生的危害。

土葬是复合葬的第一步。人死后，在家停尸3天，亲属日夜守护，敬酒献饭。村里停工1天，全村人前来吊唁，且每户送来一竹盒米饭和一竹筒甜酒，并放上一个藏币。

停尸期间，请喇嘛念经超度亡灵，并根据死者的生辰属相，决定安葬日期和方位。同时在死后第二天下午，喇嘛将各种鬼怪的名字写在纸上，念咒十遍后烧掉，将纸灰调和饭中埋在死者家的楼梯下。这时，掐算属相的喇嘛相当认真，假若他将坟地和属相算错了，家里还要死3～9人。

背尸人大都是收尸人，一般不另选。选定的背尸人，左脸抹黑灰，象征魔鬼，右脸涂白灰，象征神王。出殡前，家人要给死者敬献离别酒，左手倒酒并说些安慰话。背尸人右腿穿裤子，左腿要一丝不挂，袒胸露臂。背尸时，死者面部朝后，出门时任何人不能讲话，家人不哭泣，背尸人不能回头看。装尸的背筐两边各插一把长刀，以防尸体复活。

送葬时，送葬人要单数，喇嘛在前，手持一法器，以示他可以在魔群中用法器劈开一条通道，也能阻止魔鬼跟随。紧随其后是4个吹人骨法号的。然后是背尸人，接着是死者亲属。若是夫妻，活着的一方是绝对不能前往的。再后是村人。

尸体送走后，家人在死者睡处，先用开水冲洗，再用斧头或铁锤猛击地板三下，以吓走鬼魂莫在此停留。

背尸人到了坟地，从右向左围绕坟地转三圈，以避免坟地缠住鬼魂不放。死者面部朝西，三个人看守尸体，防止被看热闹的鬼魔们夺走死者的灵魂。

村人帮助挖坑时，家人可以哭号。坑是一个一人深的圆坑，待踩实坑底后，用荆棘打扫，以免留下人的脚印。坑内铺上厚厚的干草，中央安放三块石头，背尸人将拴尸体的所有绳索解开，取掉衣服上串的竹签，藤筐安放在三块石头之上，死者的右手腕上放一根细藤，另一端由人拉着，坑里插一根长木棒。随葬品有死者喜爱的饰物、用具等。坑顶盖三层木块，最后堆土压石。

埋坑完毕，拉藤绳的人对死者说："你有9个灵魂，8个都已经走了，小灵魂还在，没有埋入地下。今天你可以走了，去那人人都向往的极乐世界。”说完拉出藤绳，放在坟堆上，同时，背尸人和另外两个人用力拔出木棒，意思是尸体与我无缘。

坟地周围用木头架起篱笆，防止牲畜践踏。送葬人返回时不得回头观望，在距坟堆不远处的路上，放一把荆条，上压大中小三块石头。送葬人返回后得洗手、洗脸和洗脚。死者亲属除热情招待客人外，还付给背尸人一些费用。

门巴族吊丧（冀文正摄）

土葬1年后，要选择每月初十、十五、二十或三十的吉日，取尸焚烧，举行火葬仪式。挖坟取尸仍为原来的背尸人，若此人因故不在，要请喇嘛再次掐算属相不相克的人担当。

挖坟取尸时，人们绝对不能讲话，否则惊醒了鬼魂而附身生病。取出尸骨后，面向西置放，蹲坐坑边，面前摆饭、酒和水，背尸人高喊三声死者的名字，并说：“你死了灵魂还在，今日最后供你饭酒，还有你心爱的物品和10尺长的经幡。请接受吧，不要思念和来危害家人，不要再回来了，走吧，快快去天堂吧。”

烧尸地点仍在原坟地，不得移动，否则还得向地神“借地”。此时，有些死者仅剩骨头，或尸身已看不出完好。取出尸骨后，填平土，打扫干净，就在上面架柴焚尸。焚烧的柴男为9背、女为7背。柴交叉堆放坟地上，还要加进崖边和江边的艾蒿、桂树和松柏等带香味的树叶，杂木是不准焚烧尸骨的。

尸骨面向西置于柴堆中央，上放三大块酥油，每块约4公斤。死者长辈舀一瓢清水洒在柴堆上说：“你生前喝这种水，你虽然走了仍请饮用这种水。”

若死者系有妻子儿女兄弟，其妻从东边点火，兄弟从西边点火，大儿（女）从南边点火，小儿（女）从北边点火，儿女共同说：“父亲，你不要难过，也不要伤心，你总归是走了，安心去你的归宿。你不要牵挂，我们已经尽了孝心，给你供奉了上等饭食和你喜爱的一切，请你别到处游荡，去那幸福的天堂。”说完，死者妻子从柴堆顶部倒入一瓢化开的酥油，亲人也跟着倒一瓢，最后由喇嘛将剩余酥油倒入柴堆。

焚尸时，要将9种白粮食、甘草、檀香树叶投入柴堆，黑色粮食是严禁的。待尸骨焚烧一半时，再将随葬品和供奉死者饭酒、水果及死者衣物等投入火中。

焚尸过程中，送葬人坐地，双手合十默哀，以示祭奠，喇嘛在一旁念经，并不时地说："愿你的福运像熊熊烈火一样兴旺。"背尸人边烧边加柴，嘴里不停地说些祝愿的话，一直要到大骨头都烧至能砸碎为止，一般得花半天时间。

尸骨一经烧尽，灵魂即已升天，家人才算松了一口气。返回时人们不能说话，也不能回头观望。抵家后还得洗脸洗手洗脚，才准进屋和进食。

水葬是门巴族复合葬的最后一道程序。火葬第二天，所有的送葬人一个不少地来到坟地，每个人都拿起荆条扫地，将骨灰、柴火、炭渣等扫拢一堆，装入白口袋里。仍然还是那个背尸人背着白口袋走在前，后边跟着家人、亲朋等。假若家人与死者感情深笃，可以用香蕉叶包一块骨片、头盖骨或牙齿，放入仓库的宝罐里，以示纪念。

水葬时，送葬人同样要单数，途中不准说话或回头看，否则鬼神会顺原路回村返家的。到了江边，白口袋前面摆上大米饭、菜、酒各一碗，三个香蕉、三个甘蔗，背尸人开口说："×××，你死后，我们按祖传规矩为你搞了多次祭奠，请喇嘛三次为你超度亡灵，已给你许多食物、用具和藏币，够你在那个世界用了。你死后，先埋入土中，土中有营养，土中有金子。土中的营养你吸收了，土中的金宝贝你得到了。之后焚骨烧尸，你来世的命运像火那样旺盛。现在将你的骨灰撒入江中，你的寿命像水那样流长。你已经得到土命、火命和水命，你来世一定会幸福长寿。"

接着，参加祭奠的喇嘛说："你死后，多次为你超度，为你找到了通往天堂的路，你要沿着这条路走下去，不要被欺骗。你去了那个世界，和阎王鬼要相处和睦，不要到处游荡，更不要返回家来。你愉快地走吧！"水葬时，也有喇嘛不前往的，由送葬人中的长者代说这些话。最后，将白口袋连同送葬食物一并扔于江中。送葬人返回时可以讲话，但不得回头看，抵家后照例洗手、洗脸和洗脚，经煨桑熏后，才准进屋。

复合葬祭奠频繁且法事不断，如土葬3天后，在坟地和村口各立一根经幡，头七、二七、三七、七七、周年都要请喇嘛祈祷念经，让亡灵早日升天。1年内丧家不娱乐、不杀生、不婚娶，连打猎都免了，家人处于痛苦之中。

现在这种葬俗在一些门巴族聚居的地方逐渐改变，有的地方被新的葬俗代替。

门巴族超度死者亡灵（冀文正摄）

7

两性间的话题

本章介绍雅鲁藏布大峡谷土著珞巴族未婚男女的婚前预备学校——他们分别在男女集体宿舍接受传统生活教育和学习人生哲理、寻求性的奥秘；珞巴族有不同于当代青年的“试婚”、门巴族有不同于时下流行的情人观、私生子不受歧视……

第七章

两性间的话题

未婚男女的人生学校

珞巴族诸多部落历史上有一个奇特的创造，即许多氏族村寨里都有一个单身男子集体宿舍“莫休普”、一个未婚女子集体宿舍“雅胜”。珞巴族没有自己的学校，但是男女青年可以在这样的环境里，接受传统生活方式教育，学习人生哲理，寻求两性的奥秘，所以它成为未婚男女婚前的预备学校。

男子宿舍，通常由村里人修建在村子中心，从这里可以观察和守卫通往村内的各条道路，它与一般的住房相似，不同的是比较长，没有间隔。男子宿舍只有后面才铺有木板，以抵御寒风，其余三面敞开；有些村子的集体宿舍四面都铺上了木板，但留了多个出入口，并设在低矮的一边，较高的那边有几排猪圈。如果男子宿舍有墙、地板和隔板的话，一般都是粗略砍成的木板，而且做得也不精致。通常用圆木砍出凹口作为楼梯，数量也不多。

珞巴族的男女集体宿舍与一般吊脚楼相似（姜恩宇摄）

男子宿舍有多个火塘，火塘之间偶有隔墙，其火塘数与村内住区相同。每个火塘都有一个出入口、一个平台或一个栅架，以安放其成员的东西，上方吊有一个架子，上面摆放着集体行猎时捕获的动物头盖骨和牙齿等。

有关男子宿舍的起源，珞巴人仍保留有这样的传说：倍东纳内是里明里东的女儿，她嫁给了塞地梅乐的儿子依杜波特做妻子。他们生了很多孩子，其中一个叫洛波，一个叫多尼。在图新依米特和列若丹格米工的主持下，召开了建立部落和谐与新秩序的大会，决定让塞地梅乐的孩子公平分配这个世界上的土地和财富。在这次分配中，多尼和洛波各分得最大和最好的一份。但是，到后来他们逐渐不和，多尼富裕后引起洛波的嫉妒，逐渐洛波得到其他兄弟的支持，公开反对多尼。洛波和他的支持者恶精灵等坏人，都认为爱好和平的多尼分到的财产太多，决意害多尼。多尼的父母见状，为使他摆脱洛波，给他建起了一个避难所，让他在里面学习战争的艺术，在善良精灵的保护下生活，并摆脱了洛波无休止的纠缠。这个避难所就是最初的男子宿舍。

男子宿舍，对青年的人生形成是非常重要的，它使人们养成一种守纪律的习惯，发扬同心协力的互助精神，能使大家团结一致，并使整个部落政治实体内的分裂倾向难以生存。此外，它还能培养青年人的机警和负责精神，以及临危不惧的勇气。它强调群体劳动和共担忧患，也规定了尊敬和照顾部落内的老人，尤其对年老体弱的必须由年轻人照顾才能生存的规则。

修建男子宿舍所用的树、竹、藤和树叶，都是选择不易燃烧的。柱子是用塔皮特和塔其纳树，而塔勤、塔姿、塔木及其他类似树木，则作为别的建筑用材。他们之所以采用上述树木，不是为了讨好善精灵的喜爱，而是让恶精灵厌恶，让恶精灵躲得远远的。当多尼建成第一个男子宿舍时，首先请狩猎精灵及其地下神等好朋友住在那里，给它们敬奉米酒、酒曲子和味道很好的姜，此外还送上许多毒箭。为保证诸神食用，其内存放了不少食物。

所有男子从10岁起，直到他们带着妻子住上新居为止，这段时期，他们均把男子宿舍作为睡觉的地方。此外，村子里的任何男子或外来人，均可在这里睡觉。村内不同住区的青年人，在完成一天的工作后，吃完晚饭就来到这里，睡在自己的火塘旁。年纪较小的负责生火，生火用的柴则由使用同一火塘的成员集体采集。每个火塘均有一位年纪稍大的男子，要负责维持火塘区内的纪律，还有权惩罚那些违反纪律的人。与此火塘并排的另一火塘，即供同一住区的中老弱男性成员使用，他们生活在一起，白天聊天，晚上可睡在这里。

男子宿舍作为举行各种村落议事的场所，有时也在这里举办各种宴请和节庆活动，在某些节日里，允许姑娘到这里来跳舞。各个火塘自行安排狩猎，由同一火塘内经验丰富的老猎手进行指导，以培训其他年轻的成员。

女子宿舍为一座方形房屋，中间砌有一个火塘，由经验丰富的男性老人帮助修建，修建中，姑娘们要当助手给予配合，传递各种建筑材料，并用米饭和米酒酬谢。村内的青少年和未婚姑娘，以及各个不同氏族的女子都可到这里睡觉。女子宿舍白天空着，晚饭后，姑娘们才来到这里做些纺织活计，直到躺下睡觉。第二天清晨，她们就回到各自的家中。

同男子宿舍一样，每个女子宿舍都有一个年纪稍大、有经验的姑娘监督管理。女子宿舍是一个把姑娘培养成守纪律、讲友爱、负责任和有领导能力的组织。在这里的姑娘是友好的、自由的。她们在这里受到告诫、学会服从长者，不服从规劝的人将受到惩罚。

女子宿舍不仅是向姑娘传授人生哲理的中心，而且还为姑娘创造更加美好的生活提供机会。年纪稍大的姑娘向年幼姑娘传授各种舞蹈、传统歌曲和英雄神话故事。年轻成员尽管从母亲那里学到一些纺织技术，但在这个集体里，从年纪大的姐姐们身上能学到更多的本领。

进入青春期以后，姑娘们才真正开始自己的浪漫生活。她们在女子宿舍里谈情说爱，开始选择未来的伴侣。夜幕降临，来自不同男子宿舍的小伙子来到这里，与姑娘相会。姑娘可以自由接待自己相中的小伙子，而不会受到其他姑娘或小伙子的责备。在这里允许小伙子和姑娘成双成对，他们除了集体生活以外，还可以体验性的奥秘。

每天晚饭后，姑娘们来到集体宿舍开始干活，向火塘里添加柴火、做米酒、背水等。新成员刚来集体宿舍时，一般很早就睡了，但随着年龄的增长，她们会开始注意年纪稍大姑娘的所作所为。通过所见所闻，她们慢慢懂得姑娘与小伙之间进行聚会的真正含意。

由于日渐增长的好奇心，进入青春期的珞巴女子，当懂得了很多性的知识后，开始谈情说爱。如果最初选

热情似火的珞巴族少女，跳起粗犷豪放的舞蹈（龙君摄）

择的异性朋友是一个陌生人，只要别人不知道，即使发生了关系，也不必担忧将带来的后果。如果选择的朋友不符合心意，也可以分手。这种试验性结交所建立的异性朋友，不要求长期性，倘若这种结交还能继续，姑娘不能以讨厌为理由加以拒绝，否则将失去社会的支持。

尽管如此，珞巴族各部落有所不同，博嘎尔部落严禁婚前性行为，而达额木、阿帕塔尼部落少女，却有这样的自由。

珞巴族阿兴部落青年（埃尔温摄）

劳动补偿下的“试婚”

珞巴族青年男女到了十五六岁，便开始寻找自己的意中人。男女结交中，若双方都满意，就要确定一个长久的关系。小伙子为使父母了解自己的愿望，他可以直接说明，也可以托他的朋友转告。倘若父母同意这桩婚事，就由母亲准备一些米酒、熏松鼠肉和姜酱作礼物，代表儿子向姑娘家，向她的父母正式提亲。若对方接受了礼物，则表明同意了这桩婚姻，从这一天起，表示双方正式订亲，并给姑娘的脖子上挂一个藤制饰物，作为订婚标志。

订婚以后，小伙子为表达对姑娘的情感，要经常给未来的岳父母送米酒和肉。订婚后，双方要互换礼物，姑娘家准备大量的米酒、肉和食物送到男方，男方则杀一头猪送到女方家作为回敬，每年都要举行一次，直到姑娘出嫁。

可是，对于贫富不等的人家来说，婚姻的经济因素相当重要。如果双方家庭的地位和财富相等，通常这不是问题。但如果一家富有，一家贫穷，则很难取得富裕一家父母的准许，会无视男女双方的意愿、爱好。

在珞巴族社会生活中，很大部分男女的婚姻是由父母做主的。如果这种婚事由女方父母提出来，告诉男方父母即可。男方父母认为合适，就按订婚的规矩办。女方的姑娘长大成人后，认为父母的安排符合自己意愿，就允许未婚夫晚上过夜；若认为不是意中人，就继续在女子宿舍里与自己选定的情侣过夜，以表示否定父母的决定。还有一种情况，有的姑娘不同意，小伙子仍然执著追求，最后使她改变了态度，取得了成功。

若执著追求仍不能让姑娘同意，由父母所定的那个未婚夫不能提出任何异议，即使她与自己选的情侣结婚，那个未婚夫只能向获胜的对方索回他向姑娘所支付的聘金。如果男方反对这一婚约，即使姑娘同意，婚姻也宣布无效，男方不作任何补偿。

订婚后，男女可住在一块，现代人称这种现象为“试婚”。不过，珞巴族男女却没有现代人那样浪漫，因为女方家缺少劳动力，非得由女婿去补偿不可。时间最短为1～2年，若男方无力如数付给聘礼，最长可达4～5年。

卡布村小伙达西和姑娘央拉是姑表兄妹，姑娘央拉的母亲问：“你送给央拉什么礼物？”达西的父亲理直气壮地说：“达帕阳坡那片森林让我儿子与你们开垦。”于是，达西来到央拉家，同吃同住同劳动3年，砍了一片林地，收获了上千斤谷物。第四年，达西与央拉结为伉俪时，儿子任圭已经两岁半了。

每个姑娘都被视为是其所属家庭的一笔财富，若以婚姻方式把姑娘娶走，男方必须用聘礼来补偿，其数量要与姑娘家庭地位及个人所有物相匹配。这种支付新娘的聘礼，不是在提亲时定下的一笔现金、家用物品或家畜，而是以男方用肉的实物，不断向女方父母来支付。丈夫要把在集体捕鱼中所得的份额全部交上，要把用陷阱及钓竿所得的猎物上交一半，若捕获不多，妻子家可将其全部拿走。参加集体狩猎时所得的份额，也要全部交给女方家父母，只有猎物的一条后腿可以装进自己的腰包。不仅丈夫用大额牛祭祀时，要向岳父母送一条后腿，甚至丈夫的兄弟或同氏族的男子用大额牛祭祀时，也得送包括脖子在内的胸脯肉。

这样生活几年以后，由占卜师选择吉日正式举办婚礼。迎亲头两天，

门巴族少女（冀文正摄）

珞巴族女子簸青稞（土登摄）

男方父母差遣人将5背白酒、大米、鲜肉和干鼠肉送到女方，新娘也跟随前往。第三天，女方父母将一些亲朋好友送的装饰品、铁质农具和陪嫁品，装上10多背，让女儿随同迎亲者去男家。

当迎亲队伍抵达村口时，男方长辈前来迎接，并向每位客人敬白酒一瓢。此时，20名身着狩猎服、头戴熊皮帽、赤脚短裤、身背弓箭和手持长刀的彪形大汉出现在迎亲队伍面前，左边跳、右边跳，前面跳、后面跳，节奏越来越快，情绪越来越激昂，珞巴刀由“嗖嗖”声变为铁器撞击的“当当”声。持刀挥舞后，接着是射箭，如果在20步开外五箭能射中拳头大的面兽，说明新郎新娘婚后美满幸福、人丁兴旺、万事如意。

其后，新郎新娘合伙连杀两只鸡，取出肝脏由巫师察看，是否肝的纹路清晰，以判明这对夫妻的寿限和福气。往往此时巫师奉承的较多。这一天，村人提着酒前来祝贺，同饮同舞，通宵达旦，欢庆3天。

结婚以后，只能与岳父母住在一起，已婚的女儿，则继续与自己的父母同住。已婚的男子大都期盼有自己的房子，以便把妻子和即将降生的第一个孩子接到自己的家。已婚女儿住在父母家的最长期限，可延迟到生下第三个孩子。如姑娘不愿离开自己父母，拒绝跟丈夫回去，丈夫也不能强迫，只好在两边居住。这样，使得有些妻子结婚长达20年后才住到丈夫家里。

被称为上门女婿的丈夫住在岳父家，要举行一定的仪式。仪式上，女婿要献一头猪，即从猪脖子到靠后的肋骨之间的肉，包括一条前腿，送给岳父母，另外一条前腿送给妻子的妹妹，猪心、猪肝和其他内脏，分给女方氏族的男子。这期间不能进行追杀性活动，人们认为，表演打猎的游戏，是对父母的无礼行为。

一个贫穷家的男子与一个富家姑娘成家，姑娘带来的物品都很多，当其价值相当于15头大额牛时，要举行仪式。举行这些仪式时，丈夫要送女方一头大额牛，且准备大量的食物，包括10背筐干肉、两背熏干的老鼠肉和松鼠肉。同氏族的所有男子身穿战舞服，手拿礼物，兴高采烈地走向女方家。新娘同氏族的年轻人也成群结队，但空着手朝新郎家里走去。双方在途中相遇，要展开一场模拟战斗，新娘一方的人拦住去路，新郎一方的人强行要求通过，双方用刀乱舞，佯装厮杀。

这种战斗持续两个小时左右，直到双方疲倦，战斗气氛才减缓下来。新娘一方给对方让出一条通道，对方在欢乐的气氛中通过。在距新娘家几米的地方，新娘同氏族的妇女，端着米酒和食物，男方则把带来的大额牛和其他食物呈上，就以酒饭款待。这一天，新娘的父母也杀猪或大额牛，把同氏族的人邀请来，双方一起参加盛大宴请。

这样的婚姻在珞巴人中较普遍，除此以外，还有一些不常见的，同样被社会认可的婚姻，诸如交换婚、私奔。

所谓交换婚，就是一个男子想和一个姑娘结婚，他就把家里一个合适的姑娘嫁给女方的哥哥或弟弟作为妻子，以进行交换。用这种方法可以使一些支付新娘聘礼有困难的男子同样讨到老婆。在交换婚中，万一出现女方不同意，出现与自己钟情的1男人逃走的事件，而无法进行交换，那么必须退还聘礼。

与非珞巴人通婚，时常会发生私奔的现象，此类不正常的婚姻也能被社会容忍。因为私奔的人离开家园，通常住在很远的不受部落管辖的地方。但是不管住得多远，男方总得以传统的补偿金支付新娘的身价。

珞巴男人与妻子开始过独立生活时，通常妻子都会带来一个或多个在娘家出生的孩子，从此他正式成为一家之长，独立谋生，不再去男子宿舍或岳父家睡觉，开始承担照顾妻子或孩子的责任。同样，以后孩子长大，也跟他一样领着自己的妻子建立自己的家。珞巴人的这种方式，其家庭很少能发展成两三代人及旁系后裔同住一个屋檐下，而具有最高父权或母权的大家庭。父亲健在，共有的财产关系使这些小家庭，构成了一个内部事务各自独立的家庭联合自治体，一般实行儿子自立门户，但唯一例外的是，小儿子及其妻子儿女继续住在父亲家里。

在珞巴人家庭中，一夫一妻制比较普遍。如果不是第一个妻子死亡或离婚，他们很少娶第二个妻子。一夫多妻或一妻多夫不常见。一夫多妻家庭，几个同住一屋檐下的妻子，从来不会因不便、麻烦而引起家庭纠纷。

按理说，前妻的孩子往往不喜欢继母，但在珞巴人那里很少见到这种情况；或因两个妻子争吵引起家庭纠纷的事例也很少。这是非常奇怪的。珞巴家庭中权力最高的是父亲，父亲承担培养孩子的责任一直到孩子可以去集体宿舍过夜的年龄，此后，他便与集体宿舍共同承担培养责任。

门巴族“情人”

结婚是门巴人家庭的三大喜事之一，他们认为婚媾是人伦之始，极为重视，并形成了一套繁杂的礼仪制度，试婚制是其中一种不可缺少的习俗。

试婚也叫劳动婚，其含义是男方因姑娘出嫁而减少劳动力，给女方的一种补偿。

一般情况下，门巴人从求婚到结婚要历时几个月、一年甚至几年时间。这期间男女双方可以同居，男方不定期地为女方家无偿劳动，比如每年负重翻越喜马拉雅山两趟，短途运输3～5趟。

若男方贫穷，无牛又无物，男女双方同意结婚，双方父母满意，男方也得按婚俗程序办事。首先请媒人提亲说媒：“小伙子彪悍，心灵手巧，是门巴人的好后生，难找难寻这样的劳动汉。他家除了几个藤筐和竹桶外，别无他物，送不起礼物，上门无偿劳动三年后再成亲如何？”在这种现实情况下，女方双亲一般会答应这门亲事的。

劳动力在交通闭塞、徭役繁重的珞渝地区是极为珍贵的。男青年在女家劳动3年，负担家中的一切繁重劳动，如负重背物过山交换、交差，还要砍柴耕地、进山狩猎、下河捕鱼，样样活都得干，而且还要干得出色，赢得岳父母的欢心。门巴族俗语：“养婿干活，养猪为杀。”门巴族老人讲，将来姑娘结婚走了，家中少了一个劳力，现在由女婿予以补偿。

试婚可以巩固和发展爱情关系，为婚后的家庭和睦打下坚实的基础；女方也只有在这漫长的时间里，借此作为向男方亲属索要财物的一种途径。无偿劳动满3年后，按惯例请喇嘛占卜择举行婚礼吉日。

这种婚礼比较简单：女方派人将姑娘送往男方家，陪嫁少不了衣、帽、鞋三大件及铁质农具等。男方家用酒肉招待客人。欢闹一天，村人相助，戏剧性的发难场面也就免了。

从试婚到结婚，一般来说成婚率比较高，当然也有告吹的。门巴族老人白玛仁青说，他从17岁开始试婚，4年后认为女方米吉拉姆面相不好，便提出辞退这门亲事，结果被罚两头牛、一大铜锅和四筒白酒。1932年和白玛仁青同时代试婚的有22对，婚配成功率有14对。告吹的8对中，有4对是另有新欢，1对性格不合，1对男方嫌女方不漂亮，两对性生活不协调。凡主动提出告吹的一方，都得罚实物给对方，个别还得挨皮鞭，受皮肉之苦。

凡试婚期间散伙的，生育的儿子

归男方，女儿归女方，但对方得付三件衣料和280千克大米作为抚养费。门巴语叫私生子为果地，意思是没有父亲的孩子。私生子有两种情形：一是男女双方均没结婚，也没有结婚的海誓山盟，只是经常同居所生的非婚子女。遇到这种情况，往往是女方父母去找男方父母商议，是结婚好还是采取其他什么办法，最终都要顾及双方的面子。这种既成事实，不管双方感情如何，双方父母会促成他们结合的，这也是最体面的解决办法。

二是双方或一方结了婚，互相同居而生的私生子。除非他们相当知己外，女方丈夫是要找族里头人或有威望的人告状的，男方只得认错，赔不是，并表示愿意抚养孩子，否则要挨21或53藤鞭。一般情况下，由双方协商，秘密议和，不伤双方情面。如果双方谈判失败，或女方丈夫要求过高的情况，男方托人向对方说情、赔礼，并要请一个能说会道的中间人斡旋：

“×××承认错了，愿服罪，愿赔偿。太阳、月亮有错，有时晴，有时阴，有时昏沉，有时圆，有时缺，有时下雨，有时酷热。喇嘛坐的床也有错，官员坐在马背上也有错。他俩的事是人间的普遍现象，没有什么稀奇和大惊小怪的。与情人同欢，这不仅仅是他俩才有的事，其他不少包括你自己在内也有这种事。尸体复活还有协商的吗？你也就不要过多地计较，他会按传统规矩予以抚养的。”

于是，女人的丈夫会提出，妻子怀孕不能下地劳动，他要给我赔偿劳动损失，如耕地、砍柴、收割等，还要负担孕妇的营养，保证孕妇安全分娩，若有差错，他要负完全责任。

经过协商达成协议，一般是男方帮助孕妇家砍20背干柴，干20天一般农活和砍树5天。分娩后第三天，男方携带两葫芦鸡爪谷甜酒、4竹筒白酒、50个鸡蛋、20升大米、半爿猪肉及婴儿衣服两件，共背两筐实物前往产妇家以示慰问。

此时，男方父母对孕妇家说：“我儿子错了，但祝愿你得了一个有福气的孩子，长大后会对你们有好处的，祈祷上天保佑他们母子平安长寿。”孕妇家对客人到来不反对，并热情接待。

孩子出生后，男方家还要给婴儿赠送物品：一年两套衣服、70千克大米或鸡爪谷，7千克酥油，连给3年。这3年中，两家常来常往频频接触，逐渐关系融洽，甚至变成了朋友。若系

门巴族妇女纺线（冀文正摄）

一村，娃儿串来走去，男方家格外偏爱。孩子长大后，对待亲生父亲胜过养父，养父对这种现象并不嫉恨和不满。私生子在门巴族不但不受歧视，还有更多人心疼，且享有与兄弟姊妹同等的财产继承权。

“刀光闪闪”的婚礼

雄伟的喜马拉雅山和奔腾的雅鲁藏布江，养育了世代居住在珞渝地区林海的门巴人，也孕育了这里别具一格的婚俗。

门巴族婚礼，十分热闹和饶有趣味。当婚期确定后，男家酿酒做饼、杀猪宰牛，紧张地为婚礼做各种准备。结婚之日，男家早早就派出了能说会道的媒人、迎接新娘的伴娘以及两名男家的亲戚（一人迎请新娘的舅舅，一人迎请女方的其他客人）等迎亲人。按门巴族习俗，新郎是不亲自来迎接新娘的。

他们一行人到了女方家，向新娘父母及亲戚献哈达，敬酒，道吉祥，然后催促新娘启程。是日，新娘梳洗打扮，头扎五色彩辫，戴上巴尔嘎帽，身着红氆氇袍，腰系白围裙，胸前佩戴护身盒、珍珠、松石等饰品，背上披一张小牛皮，十分端庄美丽。

迎亲时，男方不仅派出了专人，还要在迎亲途中三次摆酒——三道迎接酒，迎接新娘及女方客人。

三道迎接酒是门巴族的一个古老习俗。婚礼期间，女家客人有至高无上的权威，他们常常可以借故滋事，

门巴族新娘被接出家门（陈立明提供）

挑剔男家，一旦有机可乘，就制造事端，搅乱婚礼，直到男家赔礼道歉，敬钱献物，方才罢手。因而婚礼期间男家必须小心侍候，才能平安无事。三道酒是婚礼过程的第一关，能否顺利通过，经受住女家的刁难，直接关系到整个婚礼的成败。敬酒人都是经过挑选的能言善辩、精明能干之人，他们分3～4人一组在途中恭迎客人。

第一道酒摆设在新娘家的村口。当迎亲队伍过来时，早已恭候在路旁的敬酒人赶快上去，笑容可掬地问候：“尊贵的客人，一路辛苦！”说着，便献上一碗甘甜的米酒。酒碗边抹有三块象征吉祥的酥油，酒壶上拴有洁白的哈达，可谓话语好听、美酒醇香、接待热情，是无可挑剔的。可是女方家客人却置之不理，阴

珞巴族婚宴（陈立明提供）

沉着脸，一副高高在上的样子，不肯接酒。这时，有经验的敬酒人不慌不忙，脸上挂满笑容夸赞新娘的美丽，以及客人的富足与美德，另一人则唱起了优美的萨玛酒歌，捧酒献给客人。盛情之下，女方客人无话可说，只好高兴地喝了敬献的酒，这道酒便顺利通过。

第二道酒是在半途摆设，由另一批专门选定的敬酒人恭迎。第三道酒在新郎家的村边敬。若三道酒都顺利通过，婚礼则成功在望。

新娘一行人到达新郎家时，等候在门边的几位姑娘忙将新娘和客人迎进新屋，入座后，酒女们立刻献酒，边饮酒边唱悠扬的萨玛酒歌。待新娘喝完一碗洗尘酒后，伴娘便带新娘入室，帮助新娘把从娘家穿来的衣服和佩戴的首饰脱去，从内衣到首饰，里里外外都换上婆家的。整个换衣可谓是干净彻底，大有使新娘脱胎换骨、重新做人的意味。

我们知道，在人类婚姻发展史上，氏族外婚时期最初是男到女方的走访婚，实行“从妻居”，母权占支配地位，世系从母系计算。随着男人在生产中的作用和社会地位的逐渐提高，男人便从妇女手中夺权，由此而发生了“人类所经历过的最激进的革命”。换衣的目的十分明显，就是进了婆家门，穿上婆家衣，就是婆家人了，这正是历史上由“从妻居”向“从夫居”过渡时期，男人所采取的斗争方式的残留，是男子借换衣的方式来建立和巩固自己的地位。门巴族婚礼上的换衣习俗以及女家亲戚在婚礼期间的一系列活动，形象地记录和反映了历史上父权和母权激烈斗争的历史。

新娘换好衣服后重新入座，这时一直没露面的新郎才出场同新娘坐在一起，喝交杯酒。媒人向一对新人敬酒祝福，人们唱起了《吉祥歌》：“蓝蓝天空彩云飘荡，吉祥啊，灿烂的霞光；巍巍雪山银辉闪烁，吉祥啊，雄狮在欢唱；美丽山林喜气洋洋，吉祥啊，俊俏的新娘；酒烈情浓，歌舞远扬，吉祥啊吉祥。”人们载歌载舞，痛饮狂欢，通宵达旦。

在婚礼期间，女方客人总享有极高的权威，而尤以新娘舅舅为甚。新娘的舅舅是娘家的代言人，也是婚礼上最尊贵的客人。入座后，他百般挑剔，甚至“无理取闹”。正当喜庆的婚礼在欢声笑语中进行，新娘舅舅却挥舞着拳头，厉声向男家发难了：“你们看，这是什么酒？不甜，苦得很，难道是我家女儿心不好，才给我们这种酒喝！你看这肉切成什么样子？厚薄不匀，莫非是我家女儿长得不端丽才给我们这种肉！酒女连个笑脸都没有，为什么这样怠慢我们？”不管男家招待得多么周到，他都要鸡蛋里挑骨头，胡搅蛮缠，大闹婚礼。他发难时，不时用拳头捶击桌面，显得异常愤怒，其他客人也会在一旁帮腔，有时甚至将酒泼向敬酒人，掀翻酒碗杯盘。

男家面对娘家人的发难，要马上敬献哈达，重设好酒，赔礼道歉，想方设法使娘家人消气，特别是要讨好新娘的舅舅。如果新娘的舅舅不接酒，把酒碗打翻在地，使闹婚进一步升级，那么媒人就要出面调解，男家又殷勤敬酒，舅舅才露出笑容，喝了酒，事情才平息。婚礼上，新娘的舅舅及女方客人耍尽了威风。虽然女方的发难闹婚只是一种象征意味，但它作为婚礼上固定化的程序却被保留下来，无不透视出昔日舅舅的权威，以及对女权衰落与父权确立的惋惜和怀念。

婚礼期间，戏剧性的场面不断出现。在女方发难时，如果男家处理不当，便会演出一场“婚变”的闹剧，而一般人家大都会顺利通过这一关的。有时一波未平，一波又起。婚礼进行到第三天，女方客人要回家了，这时新娘的父母、舅舅以及亲戚要向新娘告别。他们劝慰新娘不要难过，好好地在婆家过日子，孝敬公婆。最后同新娘话别的是母亲，当她开导女儿后，厉声训导女婿：“你听着，你要好好待她，不能现在把她看做是仙女，以后把她当做魔鬼，我们不依！”

新娘眼看亲人都要走了，只留下她孤身一人在婆家，痛哭不已。这时，戏剧性的场面又一次出现：只见新娘母亲突然拉着她，边往外走边说道：“女儿呀，回去吧！”女家客人蜂拥而上，簇拥着新娘出门，他们打着呼哨，扬长而去。

面对这突如其来的“婚变”，一下把男家搞懵了，等反应过来后，便急忙追上去抢夺，互不相让，乱成一团。最后，还是由媒人出面调解，由男家再一次向女家赔礼敬酒，保证今后要像对待自己女儿一样待新娘，女家客人方才放手，任男家又把新娘拉回去。新娘此时佯装竭力反抗不回夫家，但男家人多势众，反抗是徒劳的，最后被拖进屋去，自然引来一阵阵欢声笑语。

8 多彩的峡谷风情

本章介绍珞巴族用米酒、鼠肉招待贵客，一年过三个新年，以及珞巴族浩如烟海的民间口头文学——神话、传说、诗歌、故事、史诗……

莲花圣地——世界第一大峡谷人文风情解读

第八章

多彩的峡谷风情

米酒鼠肉待贵客

在珞巴族的神话和史诗中，将赖以生存的大地称作“大地母”——用她的奶汁喂养自己的孩子，教人类婚姻、采集、狩猎和农耕，使人类得以生存，繁衍子孙。

珞渝气候温和，雨量充沛，森林茂密，是天然的动植物王国，给珞巴族的饮食提供了取之不尽、用之不竭的源泉。珞巴族的许多食品来自采集，除种类繁多的野果、野菜、山芋、山薯等外，这里还生长着棕心粉等富含淀粉的棕榈科植物，是珞巴人的主食。

对今天的人们而言，这绝对是难得的人间美味。但面对土生土长的珞巴人，采集这样的食品却是一种艰辛劳动，因为它们大都为灾年的代食品。今天我们还能看到的狩猎、采集、刀耕火种等，以及频繁的迁徙、生活用品的简陋、经济生活方式简单，致使珞巴族饮食依旧带有游猎生活的遗风。

珞巴族大都吃熟食，每天3～4餐，每餐以米饭、汤菜或粘坨以及喝辣椒水兼有烙面饼、烤土豆等。

珞巴人的主食有两种：一种是米饭，即大米或大米与玉米粒混合，大多用石锅，也有用湿竹筒焖的。用竹筒焖饭最为独特，先将米倒入竹筒，掺适量的水，用香蕉叶塞口，放入火中烧，待竹筒发出爆炸声时，表明饭已熟了，这样做的饭特别香。另一种是粘坨，用玉米或鸡爪谷的面做成。做粘坨时，待石锅的水烧开后，将细粉撒入水中，边撒边搅，一直到它成坨状。吃饭时，给每人一坨，蘸水捏成条状，拌辣椒水进食。

珞巴族人造石锅（廖宏伟摄）

洛巴人的主要炊具是石锅以及陶器、竹木制品，也有少量的铜锅、铝瓢。珞巴族大多用石锅来做饭烧菜，蒸馏白酒也用石锅。尽管铁锅、铜锅和铝锅已大量输入墨脱县，可石锅仍是珞巴人的当家炊事用具，且是上乘的馈赠佳品。

珞巴族聚居地皂石含量大，质地软绵，呈灰褐色，可耐2000℃的高温，是上等的耐高温的工业材料，其主要分布在雅鲁藏布江两岸陡峭的悬崖上。石锅上下一样粗，壁薄底厚，一般锅底厚1.5厘米。烧菜的小石锅，小巧玲珑，长圆形，直径30厘米左右，高约25厘米，有20厘米的长把；供婴儿煮粥的石锅呈圆形，直径10厘米左右，留有手柄；烙饼使用皂石板，直径35厘米，板厚2厘米。

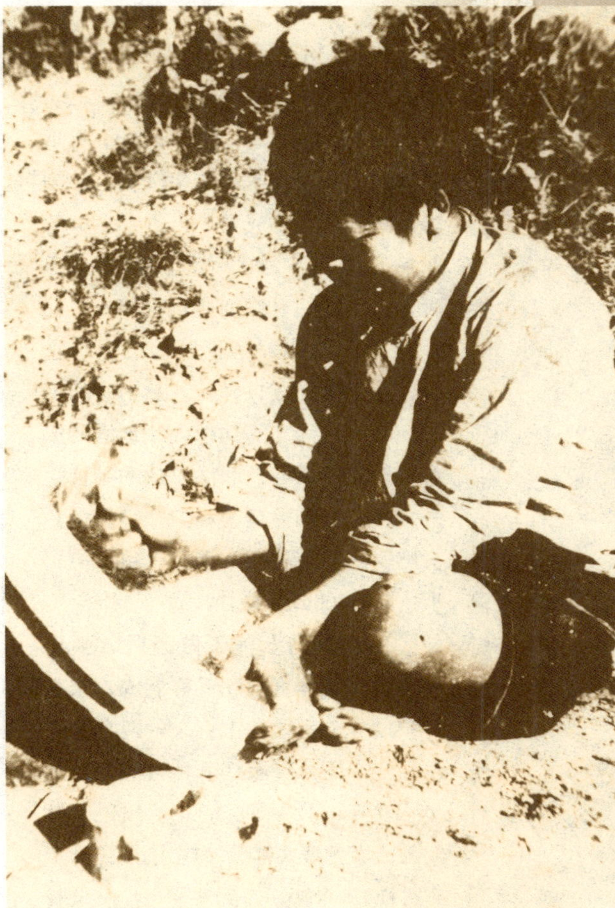

珞巴族工匠做石锅（冀文正摄）

珞巴人利用皂石能制出大小不同、形状各异的石锅。过去，制造石锅相当费劲，需要12个工作日。制作时，首先选好材料，用铁斧在岩壁上挖一块皂石；其次砍去多余部分，铲去锅壁、底部，使其平滑。做人造石锅的大都为性情温和的老人，需要相当谨慎又小心，若稍微出一点差错必前功尽弃。

居住在墨脱的珞巴人、门巴人和藏人，都喜欢用皂石锅煮饭烧菜，虽然它传热慢，但散热也慢，用它烧出的菜美味可口。制作石锅难度大，收入却是相当可观的。1个石锅可换60升食盐，3个石锅可换回1头奶牛，造石锅的收入，可占有些家庭全年副业收入的50%以上。

珞巴人没有炒菜的习惯，做汤菜时，先将水掺入锅中，然后再把洗净的瓜菜、豆类、肉类放入锅里。而珞巴人特别喜爱辣椒，每餐必备，将一劈两半的青椒放入，几乎占三分之一汤菜，最后放盐、葱、姜、蒜和自制的豆酱等调味品，成了名副其实的大锅汤菜。

在珞巴人的生活中，宁可一日无肉，但不可一顿没酒。他们常饮的酒有白酒和米酒。珞巴族不分男女老幼，从早到晚，都嗜饮米酒。

白酒的原料主要是玉米、鸡爪谷和棕心树，玉米占一半以上。酿酒时，将原料炒七成熟，再煮，后散放在簸箕里，不断翻动，待到不烫手时，将研碎的自制酒曲均匀拌入，反复翻动，再装入葫芦里，芭蕉叶塞口，草木灰泥糊口密封。放的时间越长，酒味越浓，酒劲越大。米酒的原料主要是鸡爪谷，即珞巴族的主食之一。其子粒和油菜子相似，紫黑色，喜肥耐寒，生长期四个月，穗头似鸡爪，亩产300公斤左右。

珞巴族妇女善于做酒曲，主要原料是用发酵真菌和谷糠制成，家家户户过年前都要做上百个一两重的酒曲，一个酒曲可做10升粮食的酒，放多了发苦，放少了味不正。珞巴人做的酒曲深受藏人喜爱，1个酒曲带到工布可换3升食盐，带到波密可换一尺长的氆氇。

珞巴人不喜欢穿鞋子，常年赤脚走路，风里来雨里去。喝上几瓢米酒，可以减轻关节发炎的机会。人累了，喝上几瓢米酒，既解渴又解乏。米酒成了珞巴人生活中不可缺的部分，他们酒文化也充分体现了珞巴人淳朴善良的性格。

珞巴人诚实、善良、好客，不分亲疏，一律热诚相待，如同亲人。客人来后，男主人陪客，女主人倒酒，先自饮一口以示无毒，然后劝酒。客人喝一口，女主人添一点，一直保持碗里酒满，才算心实。主客边叙边饮，亲密无间。客人喝醉了，主人会很高兴，认为是看得起自己。

在珞巴人的生活中，鼠肉是招待贵客和馈赠亲友的佳品。这种林鼠，又大又圆又肥，大的有1千克左右，呈棕褐色，习居山野。捕捉时惯用石板压，配以绳套和木枷，其方法独特而且效果好。过年前，家家户户都要准备几筐干鼠，以备来客时用。

墨脱人吃老鼠有它的历史渊源。传说，从前有兄弟俩，生活在雅鲁藏布江大拐弯处。哥哥叫洛波，弟弟叫尼波。洛波既勤恳，又老实，在田野种植庄稼；尼波很聪明，不过有点懒惰，他用竹签支撑石板，在山坡上压老鼠。他顿顿吃老鼠，身体跟果玛树一样强壮，满脸红光，哥哥洛波有点羡慕了，主动提出自己教弟弟种地，请弟弟传授逮老鼠的技术。尼波要弄哥哥，使他付出了两头肥猪的代价，却没有把逮老鼠的诀窍学到手。

墨脱人相信，洛波是藏族的祖先，尼波是珞巴族的祖先，所以直到今天，藏人既不会狩猎，也不会逮老鼠，很少有勇气吃它，而珞巴人则一代代饱餐着大自然的慷慨赐予。

墨脱的老鼠有两种，一是林鼠，一是田鼠。田鼠体型肥大，有的重达二三斤。过去西藏地方政府规定，墨脱每一个差巴，每年要交10张田鼠皮的差。这里的冬春两季，山野果实减少，庄稼也收割完毕，老鼠食物短缺，被饥饿驱赶着东奔西窜寻找可以填饱肚皮的东西，这正是捕鼠的黄金季节。最简单的捕鼠方法，拿一根竹签，戳一颗炒得很香的玉米粒，支一块足以压住老鼠的石板。老鼠偷吃玉米时，石板顺势滑落，将老鼠压住。他们安上几十块甚至上百块压板，每隔三五天就可以收获半筐老鼠，比打猎甚至种地强多了。

每当贵客来时，主人用一截竹子从老鼠屁股里捅进去，放在火上烤，一会儿用嘴吹，再烤再吹，待烤得老鼠黑黢黢的，牙齿龇出唇外，眼睛圆鼓鼓地凸出，长尾巴一圈圈地卷起时，随后用刀子刮掉毛灰，切成一截一截再投入石锅里，放上辣椒、盐，佐以葱、姜、蒜等，肉味鲜嫩，十分可口，作为款待客人的主菜。

此外，老鼠肉还有两种吃法。一是先将老鼠放在火上烤，毛烧光之后连着内脏一起切碎，加上盐巴、辣椒，佐以葱、姜、蒜等炖着吃；二是连毛切成段，放进竹筒中，再用火烤，什么时候来了贵客，就打开竹筒取出鼠肉，将带毛的皮子撕去，蘸辣椒、豆酱等食用。

1980年夏天，成千上万只老鼠突然钻了出来，像滚滚的波涛一样淹没了墨脱的田地和山丘。它们所到之处，绿油油的庄稼立刻被啃得一干二净，谁也不知道这支大军从哪里来的。当时政府组织群众用所有的办法进行捕杀，老鼠实在太多，墨脱人有点寡不敌众。后来不知道为什么，这支大军突然集体泅渡激流汹涌的雅鲁藏布江，淹死的无以数计。人们都到江边捞老鼠，连八九岁的孩子也满载而归，家家都摆“百鼠宴”，竹楼木屋到处晾晒着成串成串的鼠肉干，庄稼减产了，老鼠肉却丰收了。

珞巴人不仅喜食鼠肉，还喜欢吃鱼，也常常用鱼来招待客人。珞渝水网密布，盛产鱼类。捕鱼的方法有渔笼捕鱼，有渔网捕鱼，有垂钓，还有用箭射、棒打的。民间流传的一首

珞巴族压老鼠的设施（李坚尚摄）

《渔歌》："夏江水，波翻涌/希巴河，浪腾空/钓竿长，提不动/挣扯断，钓鱼绳/莫非是，出蛟龙/似野猪，奔狂凶/拱泥土，扒地笼/清水浊，碧江红/莫非是，显灵通/似孩儿，撒泼性/折树枝，掰枯藤/满江里，漂浮冲。"

珞巴人烹鱼的方法比较简单，一般是放竹筒内，置于火塘中烧食，或是直接放入火塘中烧烤，或用黏泥包裹并埋入火灰中焖熟。另外，也可以做成鱼干后用于交换。

墨脱县属原始丛林，食用油比较充足，其中猎获的野牛油几乎占一半，还有10多种野生植物油（如油瓜含油量高达60%）。珞巴人大都进山狩猎，背物翻山以物易物，或到刀耕火种地耕作，大部分时间在野外度过，只有早餐在家中，因而珞巴族独特的饭食习俗，仍保留有游猎生活的遗风。

在长期的生活实践中，珞巴族和其他兄弟民族一样，也有自己拿手的风味小吃，如油炸薄饼、玉米蕊、凉拌獐子菌和生肉酱等，都独具特色。

油炸薄饼的主要原料是糯米粉，做法是在米粉中放入少量盐，加水均匀拌和，稍稀一点，用木棒滚成直径约15厘米且薄如纸的圆饼，油炸后待冷却，即可食用。油炸薄饼香脆可口，是过年过节、婚丧嫁娶不可缺的食品，也是馈赠亲友的上佳礼物。过去1个油炸薄饼拿到林芝或波密，可换1升食盐，颇受藏人喜爱。

玉米蕊的主要原料是玉米，做法是玉米七成熟时再用文火炒熟，并放入木臼中舂成数块扁状，加入少量食盐、蒜泥，即成为珞巴人招待客人的点心。藏人特别爱吃这种食品，1升玉米蕊可换10升食盐。

獐子菌是世界三大野生珍稀菌之一，形似香獐而得名。属低等植物，靠寄生。此菌呈灰褐色，一个有2～3千克重，厚达20厘米。珞巴人有两种烹饪法：一是做汤，一是凉拌。凉拌时，将獐子菌洗净，撕成很薄的长条条，然后放入盐、葱、蒜泥、茴香、花椒、胡椒、豆酱等，拌均匀后即可食用。这种凉拌菜，吃起来味美可口，加之含有极高蛋白质，是上等的滋补品。

生肉酱的主要原料是野羚牛、扭角羚或香獐肉。主要做法是将这些生肉用石舂砸成肉泥，拌蒜泥、茴香、香菜、辣椒面等，和成不干不稀的肉酱，用饭蘸着吃，吃起来爽口，咸淡适宜，辣乎乎，别有一番味道。

婴儿备受氏族喜爱

珞巴族的小孩出生，远没有成人死亡那么隆重。

墨脱县地处边陲，大山阻隔，交通困难，医疗条件极差，许多珞巴族部落既无医生，又无药品，所以疾病特别多，死亡率极高。

据冀文正1956年对墨脱县吉刀村的粗略统计，在11名50岁妇女中，生育10个以上的有7人，最多的生育14

个；生育7～9个的有3个，最少也生育5个儿女。在11名妇女所生育的106个儿女中，幼小时死亡43人，占生育率的40%。

妇女在月经期间，不能到公共场所，行路要一直走在前面，不能落在后面。怀孕期间，要遵守一些简单的饮食规定：不能喝野土豆叶子上的水，否则生下的孩子视力有毛病；应避开多利安野鸡，否则有可能使婴儿身上长满斑点或胎记；不能打死蛇和青蛙，免得孩子长出像蛇一样快速伸缩的舌头，或像青蛙那样弯曲的四肢。有些地方，鸽子以及丛林中的野禽、某些走兽，也都被视为禁忌之物。任何情况下，孕妇都不能吃动物的头部，连她的丈夫也得避免食用两个连在一起的水果，以免生出令人讨厌的连体婴。

孕妇怀胎三四个月后，要采取保胎措施。一是在门口插鲜树枝，3天内禁止生人入门，以免将鬼魂带入，危害母子。二是祭祀家神。砍一根一尺多的木棍，削成一寸厚，在两边刻成斜纹，太阳出来前，用箭射树，并砍下射中的树枝，捆绑在木棍上，杀一只鸡，鸡血涂在木棍及树枝上，立于灶台靠墙处，说："请灶神保佑，不许鬼怪作祟，让她顺利生个男孩。"

若外村人不知道而入了内，客人要弯腰对灶神哀求："请积福积德，保佑孕妇平安，顺利分娩，婴儿健康成长。"主人祭祀家神前，要告知村人，村人会按时前来祝贺，每户送筛好的鸡爪谷米酒一葫芦或自酿白酒一竹筒，带20个鸡蛋、一块肉、酥油等，主人以酒、饭进行招待。

婆婆对孕妇特别关照，不准她干重活，只准干一些轻微的家务。怀孕8个月后，公婆守在孕妇旁边伺候，鸡蛋和鸡爪谷酒天天不间断，并准备肉食和小儿衣物。

产妇阵痛开始时，邀请有接生技术的妇女前来帮忙，不过大都由女方的奶奶、母亲或姐姐担任。产妇被安排在普通起居室的屋角内，也就是主室门口的背后，这里有个洞，便于打扫清理，儿童和男人不能进入屋内，只有一些威望高的女助手留下。

产妇分娩时，不许坐、卧、站立，产妇扶着一根平行的横木，以蹲着的姿势两脚触地，臀部离地半尺，由他人斜抱产妇生小孩。如果分娩出现困难，她就站起来，并得到助产妇女的帮助。孩子出生后，先给婴儿洗温水澡，洗后用白线拴脐带，后用小刀割掉长脐带。割脐带的小刀三日内不准外借，置于木架上层。

随后，将产妇移于灶台对门处躺下休息，头向灶台，但不得摸灶台。先给她喝一碗浓浓的热油茶，其后再喝放了两个鸡蛋的热酒，最后吃大米饭，菜多为肉蛋之类。

如出现难产，就要用家禽、猪，甚至大额牛向恶精灵尼崩（珞巴人称淹死、摔死、毒蛇咬死、毒箭射死、战死的鬼魂为"尼崩"）祭献。它是数十种鬼神中最凶恶的，专害妇女，鬼魂附在孕妇身上，会造成流产或难产。广大妇女对它恨之入骨，但又害怕危害自己。

难产发作时，在门口插上忌讳树，3天内禁止生人入内。在村口路口两边，插两根树枝，向里弯曲，拴牢。杀一只鸡，将翅膀和鸡脚拴在树枝捆绑处，鸡肉挂在树上，并说："鸡肉为你准备的，供你享用，望你让小宝贝顺产。"

如果难产继续，在村头流水处，一边各插两根竹子或树条，高两米，向里弯曲，用树枝捆牢。做一小竹篮，内放谷糠，一块木炭，挂在小溪正上方的树枝弯曲处，用一木棒横放小溪上作桥，将一木棒劈开，中间放置鸡蛋两枚，竖插于小溪中。杀一只鸡，鸡血涂于树枝、桥、小竹篮上，一边挂一只翅膀，鸡肉拴在树枝上，不准拿回家里，说："我们为你准备了充足的肉食，请你食用，请不要伤害孕妇母子，让他们顺利分娩，母子安康。"

婴儿出生后，把一条绳子分别绑在他脐带的两个位置上，再用削成刀状的竹片割断，然后把胎盘和脐带扔到丛林里或埋入挖好的坑内。

产期持续3～6天，这期间产妇不能接触火塘，也不能动手做饭。过了这个期限，她才能到取水的地点洗手洗脸，清洗衣物。但她不能直接在取水的地点洗，而是离此不远的地方放一块石头，在那里举行仪式，沐浴净身。她的祖父、祖母、舅父、舅母围成一个圈，把她围在中间，方可洗漱。

生男生女，对于珞巴人来说，没有多大区别。因为男女的社会地位差距不大，故对男女婴儿同样痛爱，没有贵贱之分。

接生人割断婴儿脐带后，将它放在左边，请氏族里有威望的老人给婴儿起名。名字一般为两个音节，父名的最后一个音节成为子女名字的第一个音节。如果父母有能力，在孩子出生的那一天，要举行庆祝活动，宴请村庄里的儿童。

生小孩的当天，全村人禁止下地劳动，若下地干活，庄稼会霉烂无收成的。另一种说法是以防弄坏脐带，因为外出劳动砍树震动，就会导致脐带损伤。

分娩后3天内门口插鲜树枝，禁止生人入内，以防鬼怪随其后，入内作祟。生后的第三天，将婴儿鼻尖涂点黑灰，放入竹筛里，父亲左手拿一瓢水，右手拿一根燃着的木柴，在婴儿的头上晃一圈，将水及水瓢扔出门外，这样做可驱走附在婴儿身上的鬼魂，婴儿便可长大成人。

生后4天里，村人还要带肉、酒、蛋前来贺喜。若是女婴，要送银手镯，爷爷和舅舅要送耳环等；若是男婴，要送弓、箭、腰刀、小刀等。

婴儿满月后，走出村寨到亲戚家时，家长要带一升由大米、小米、玉米、鸡爪谷等组成的混合粮，放在沿途路边的石头上，当婴儿返回和以后再出门时，就不必沿途放粮食了。据说婴儿出门，鬼怪喜欢跟随，它一遇到粮食就吓跑了，不会跟婴儿作怪的。在珞巴人的观念里，粮食是粮食神，有它守路，鬼怪就不敢害人。

产期过后，母亲就要背着孩子下地，但禁止做重活。大约1个月后，要举行一次满月仪式，邀请所有的亲戚，尤其是她的舅舅一定要参加，并以酒肉款待。

在头6个月里，婴儿全吃母奶。随后母亲才给孩子喂米饭、玉米和红薯，每天三次。喂之前母亲先嚼成糊状，再喂婴儿。孩子长出牙齿后，就可以随便食用各种食物，但仍需由母亲先嚼成糊状，且喂奶一直要持续到怀上下一个孩子时止。孩子1岁时，就给他喝米酒。如果孩子出生时没有母奶，就给孩子喂掺了甘蔗汁的米酒；孩子的舅母或姨母有同岁的孩子，她们也帮着喂。为了保证母乳的充足，哺乳的母亲要喝拌有阔叶蔬菜汁的米酒。

珞巴族妇女给婴儿喂奶（冀文正摄）

孩子出生6个月内，全由母亲负责看管，她走到哪里，就把孩子带到哪里。当孩子开始爬行时，就把他交给哥哥和姐姐照看。大一点的女孩把弟妹包在裙子里，背在身上，他们一天大部分时间就在背上睡着。如果醒了，女孩摇动孩子，以让其安静。孩子父亲也有照料孩子的责任，每当孩子母亲上田间劳动去了，他就和孩子在一起，并逗他玩。只有到了傍晚，母亲回来后又才接管婴儿，坐在火塘旁喂奶。

珞巴族男女从幼小年纪就开始脱离父母照料，过独立的生活，他们从小就观察年长者的行为举止，并潜移默化地接受其生活方式。他们懂得并理解成人日常的本分工作，也习惯了父母不会经常溺爱和放纵自己。因此珞巴孩子不会养成任性、固执以及压抑的性格。这种年纪的儿童，通常比较沉静，话语不多，哭声很少。他知道，大人对自己的哭声和委屈是不在

珞巴族儿童（冀文正摄）

母亲做活时向女儿讲故事启迪人生（潘慧敏摄）

乎的，所以只顾独自玩耍。

珞巴儿童多数受父母的照料较少。他们的成长多半没有受到应有的照顾，得到的知识大多来自个人的领悟。父母偶尔也给孩子讲一些精灵、神灵、古代英雄、风俗和节庆等的故事，村里的娱乐和体育活动不多，常见的只是三五成群的儿童，他们用羊骨和鹅卵石做游戏，玩竹矛、竹刀和竹弓箭，也玩用空心木棍做的木枪，有时他们也用竹子模仿父母制作容器和偶像。

随着年龄的增长，孩子们逐渐适应了当地的环境，男孩女孩生活的差异便开始显露出来。女孩一旦学会自己照顾自己，就帮助母亲和姐姐做些零活，照看弟弟妹妹，去取水的地方用小竹筒背水，去林子里或田野里用小筐背柴，女孩显然比男孩玩游戏和体育活动要少得多。男孩在游玩中度过这种状况一直到他们有资格进入两个不同的组织——小伙子的男子集体宿舍和姑娘的女子集体宿舍，过社团的生活年龄为止。

一年过三个新年

年节，一般是地球公转一周，也就是农业生产活动的一个大周期结束，另一个新的生产过程即将开始，人们利用这短暂的间隙机会休息娱乐。然而，生活在喜马拉雅山南麓珞

转经筒的小孩（墨脱县交通局供）

珞巴新年，男女老幼齐欢跳（冀文正摄）

渝地区的珞巴人，每年却有三个这样的年节机会。

珞巴族物候历的十一月一日过第一个新年，十二月一日过大年，元月一日过第三个新年，每个年节都举行隆重的节庆活动。

十一月一日过第一个新年。这时庄稼全部收获，休息3～5天，每家杀3只鸡，做40升鸡爪谷米酒和20升玉米做的白酒，用米粉炸制20张油饼。

这期间，氏族内互相请吃，家家户户向氏族内年长者敬赠米酒和白酒各一竹筒和10个碗大的油炸饼。其间任何人不得从事包括砍柴在内的劳动，不狩猎，不捕鱼，顿顿佳肴美味，尽情畅饮狂欢。

十二月一日为大年，不管农业丰收或是歉收，都要隆重而热烈地庆祝。十一月二十九日开始杀猪宰牛，三十日在粮仓内杀鸡，每种粮食一只鸡，一般杀5只鸡，鸡血洒在粮食上，祈求粮神保佑明年丰收。这天，每家还要做一筐上等油炸饼，酿白酒10竹筒，做一锅包括牛肉、猪肉、香獐肉、鱼肉、鸡肉、鼠肉及大米、蔬菜在内的八宝饭。

吃新年饭时，首先给祖先盛一碗放在客厅的木架上，接着盛一碗放在主室的木架上，以敬山神、兽神和地神。之后，用竹勺舀一勺倒入火塘内，以敬灶神，全家围坐火塘边，感谢灶神一年来的庇佑，并祈求来年家庭的幸福和美满。围着坐火塘时，必须按照规矩，即长辈在左，依次按辈分。就座后，家中的男长者执勺，一人一竹碗半稠半稀的八宝饭，因为珞巴人吃八宝饭是象征家庭团结和睦、人丁兴旺，也有感谢兽神、粮神和地神之意。

十二月一日鸡叫头遍时，年轻男女去泉边抢水，谁先灌满10竹筒泉水谁是胜利者，村人向其敬米酒、白酒，另外还敬献白线一束，氏族首领在泉边连放火药枪三响，由此揭开了新一年的序幕。年长者在家杀只大公鸡，一是看肝观肠，若肝清肠满预示着来年五谷丰登、家人和睦、人丁兴旺；二是用大米煮鸡肉，家人同餐，预示团结幸福。这天，举家欢庆，尽情畅饮。初二开始走亲访友，相互请吃，就这样延续六七天。

元月一日过第三个新年。除了前两个新年的祭祀活动外，这个新年在一个月前就做好了充分物质准备，其中肉食多寡是衡量贫富的主要标志。

过年这天，上午为氏族集体活动，大家动手做一个一人高的三层竹楼，底层摆满象征珞、门、藏、汉、僜五兄弟的大小面人，上层摆满各种粮食。氏族首领将一碗米酒洒向竹楼，以象征氏族团结、六畜兴旺、粮食满仓。

初二这天，各家杀只鸡祭祀粮神，分别用三个竹碗盛满白酒、米酒和米饭，放在主室的木架上。主人双手合十对家神祈求："请保佑明年六畜兴旺，粮食满仓。"初三、初四晚上，在村内公房或大树下烧堆篝火照明取暖，由氏族首领或长者给大家讲传统，讲故事。珞巴族没有文字，那浩如烟海的民间文学和民间故事，就这样一代代口头传承下来。这期间不准下地劳动，亲朋好友互相拜年，同饮共餐，家家户户沉浸在节日的欢乐气氛中。

珞巴族秋收后的这三个新年，若逢丰收年，三个新年都得隆重欢庆，若是歉收了，只过第二个新年，其他两个年象征性过一下。

绚丽多彩的民间文学

珞巴族虽然没有文字，但是有口头民间文学，并且种类齐全，体裁多样，内容丰富，神话、传说、诗歌、故事、史诗，凡人类早期创造的文学品种，在珞巴族那里都可以见到其完美实例，而且具有世界普遍意义，这是珞巴族文学令世人瞩目的原因。

神话传说是珞巴族古老的文化形式，并占有重要地位，它反映了珞巴族从开天辟地到氏族社会这一漫长历史的变迁。在珞巴族远古的神话传说里，有反映民族心理、生活习俗和愿望的酒歌，有反映男女爱情的情歌，还有大量赞颂征服邪恶和战胜自然的英雄故事，有寓意深奥的谚语。许许多多的这些都是珞巴族历史形象的再现。

珞巴族先民从神话和祭祀歌的创造中，揭开了他们的文学历史大幕。神话是珞巴族原始先民信仰与崇拜的语言形式，是他们关于世界的观念和感情。神话是珞巴族文学的主体，在珞巴族文学体系中占有十分重要和突出的地位。从迄今保存下来的，内涵丰富，体系完整，并继续在口头流传的珞巴族神话中，不难发现还保留着神话发生期的一些重要特征。珞巴族神话，依据表现的内容，大致可以划为五类，即生殖神话、创世神话、图腾神话、祖先（英雄）神话和文化起源神话。

人类起源神话，在珞巴族神话体系中有特殊的地位，根据其生成方式大体上分为天地婚生说，泥土造人说，人从天降说，人从洞出说，猴子变人说，天神感应说，兄妹婚生说等类型。珞巴族的图腾神话，按其所表现的内容，主要有图腾始祖神话，图腾婚配神话（从《猪救母子》《阿巴达尼》的内容看，珞巴族一些部落中有虎图腾、猪图腾崇拜）。

珞巴族祖先神话，既有女系祖先神话（如最典型的是崩如部落的《列德罗登》），也有父系祖先神话（如流传最为广泛，影响最为巨大的是《阿巴达尼》）。这些神话的主人公都是智慧无比、感动天地的生产能手和发明家（如神话《阿宾肯日》）。珞巴族的文化起源神话，包括了火、工具和谷种起源的神话。在这些神话传说中，有反映人类起源的，有涉及图腾崇拜和群婚遗迹的，有反映狩猎和农耕生活的，更多的是描述人与自然、凶神魔鬼斗争的。这些神话传说无不具有浓厚的朦胧记忆。珞巴族特别喜爱讲述本民族的口头民间文学，他们认为这些就是他们的祖先，这些就是他们没用文字书写的历史。

珞巴族的民间故事，大多都有梦境般的幻想和深刻的生活哲理，表达出了他们的是与非、爱与憎。如反映他们与大自然艰苦斗争的故事《洪水》《智勇双全的俩兄弟》，歌颂坚贞爱情、抨击买卖婚姻和欺诈行为的故事《俩兄弟与俩姐妹》《傻小子与母鸡》等。在珞巴族民间故事中，动物故事占了很大的比例。这些动物故

珞巴族民间故事浩如烟海。图为珞巴族老人给儿童讲故事（冀文正摄）

事明显地保留着古代民族图腾崇拜的遗迹。动物之间的矛盾纠葛，实际上是古代氏族之间矛盾纠葛的再现。

珞巴族还有篇幅庞大的史诗，而且别具一格。现已发现的比较完整的史诗作品有三部。一是《斯金金巴巴娜达萌》，其主要歌颂世界的形成、万物的起源、人类的诞生，属于创世史诗，反映的是母系氏族社会生活；二是《阿巴达尼》，其主要是歌颂祖先阿巴达尼的诞生、婚配以及阿巴达尼的种种英雄业绩，属于祖先史诗，反映的是父系氏族社会生活；三是《金岗岗日》，主要歌颂狩猎英雄金岗岗日的发明创造和狩猎与祭祀活动，属于英雄史诗。

珞巴族史诗不仅把珞巴族的神话、传说和故事，用诗歌的形式表现出来，并辅之以“乐”。珞巴族史诗产生的时代，是珞巴族原始文学的审美意识从发展到辉煌的时代。珞巴族史诗涉及了许多领域和方面，这显然是他们根植于现实生活，并加以丰富的想象创作出来的，尽管其中不乏诸多荒谬，然而它却把人类起源归之动物界，并且把人类体质形态的进化同劳动创造和火的使用联系起来，而这些正巧合了历史唯物主义的观点。冀文正2011年出版了《珞巴族民间故事》《珞巴族动物故事》《门巴族民间故事》三本书，其中《珞巴族民间故事》一书荣获中国文联、中国民协2011年度“山花奖”。

在镜子般的水田里，在荆棘丛生的山坡上，在茂密的原始森林中，在清香扑鼻的香蕉林间，在翠竹如林的大山深处的珞渝之地，凡是有珞巴族和门巴族居住的地方，都能听到他们的歌声。清凉的夜晚，当老人们坐在吊脚楼前闲谈聊天时，青年们则在村寨的公房里谈情说爱，边唱边跳，一直唱到天亮。正如他们的民歌所唱：“高兴时山歌唱不完，痛苦时山歌能解烦，山歌是随身的伴侣，白发到老也难分离。”

珞巴族将生产生活经验以谚语、谜语的形式，口耳相传，借以传播知识、增长智慧、启发和教育珞巴群众。如劝说氏族成员间消除分歧、增强团结以阐释人多力量大的谚语，“藤子虽长，但不分叉；弓箭虽分，永在一起”，“一根柴火难燃烧，众人拾柴火焰高”；“蛇身的皮总要换变，人身的皮永不蜕变”；“舍得力气，财富不尽，光耍嘴皮，空话无用”；“没有肉，苍蝇不会下蛋生蛆”，“人无病，如人有财宝”，“人患病，财宝如火烧”；“金银与粮本是同兄弟，金子银子不如饱肚子”；“加耕乃（树名）不结果，鼠鸟从哪吃香果；妇女不辛勤耕耘，人从何饮酒吃粮”。

谜语是一种短小而富有趣味的语言游戏。如“人未行，它总在人跟前；人一走，它却走在前”（手杖）；“河水上面搭彩虹”（桥）；“地上出来一根线，小孩个大而又多”（南瓜）。

后　记

这些年来，我无数次往返雅鲁藏布大峡谷，搜集到了不少难得的珍贵素材。迄今回想起来，仍历历在目。

1996年10月，素有“西部奇路”之称的川藏线通麦大塌方段依旧暴雨如注，去大峡谷的车困在那里6天6夜，一包康师傅方便面竟卖到10元。当路修通后，驾驶员说：“这段路太险，任何人不能坐在车里，万一不测，我好弃车保人，即使死，也就一人。”

无奈，我们只好步行。途中，山上的石头不时朝下飞，石头虽不算大，可砸在人身上，不死也伤。当我正小心翼翼地过一道险路时，一石头砸中前边一人，当场休克。沿途走了10多天，终于来到中印边境，因没办边境证，被扣留了。待边境站查清身份后，所带的钱已不多了，只好踏上回家的路。当我回到家里，妻子见我蓬乱的头发，胡子拉碴，满身是泥，气不打一处来，说：“找‘野人’，我看你就是一个‘野人’！”

外出采风是辛苦的，回家写稿也轻松不了多少。白天要完成自己采编任务，只好抽晚上写。西藏的夜是寒冷的，尤其是冬天，只好披上大衣，将脚伸进布袋。当写完这本书的最后一个字时，我算了一下，它花了3年零9个月。虽然中途时时遇到难于逾越的障碍，总算有了结果，欣喜之情自不待言。

《西藏旅游》杂志主编贺中就直言不讳地对我说：“你写的纪实性散文集《亲近墨脱》（现为《莲花圣地——世界第一大峡谷人文风情解读》），是一本全面介绍雅鲁藏布大峡谷腹地墨脱县的书，如及时宣传，出版后一定会拥有很多读者，说不准很多出版商要向你约稿，从而改变你的人生命运。”

现在回过头来看，我还是庆幸那时没有出版这本书。2000年6月，领导指派我到墨脱县执行采访任务。我到达林芝某军用停机坪后，救灾指挥部特意安排我乘坐一架救灾直升机，到达了墨脱县的背崩乡，这也是同墨脱县的第一次亲密接触。正是这样的经历，使我对墨脱道路的艰险有了更深体会，对中外专家学者不畏艰辛的探险精神有了新的理解。

2001年9月，我到北京一家出版社帮助工作，在半年时间里，先后采访了曾到墨脱县考察的中国社会科学院的李坚尚、张江华、刘芳贤等专家学者，从中搜集了大量历史、民俗、田野考察方面的素材，以及英国、美国、日本等外国人考察雅鲁藏布大峡谷的历史资料。

通过这一阶段的体验，还使我了解并积累了宗教学、民俗学等相关知识，从而对珞巴、门巴两族的宗教、民俗有了一个新的认识。现在我再回过头来仔细审视《亲近墨脱》书稿时，发现许多地方都需要完善，有必要重新写作。

在随后的写作中，贺中老师尽管工作繁忙，可他仍抽出时间阅读我写的每一篇每一章，还对一些有出入、差错的地方给予指出。冀文正老先生是最早将我引上珞渝文化探索之路的人，当获知我写此书后，他又无偿提供了自己搜集上百万字的相关资料。每当写作遇到疑问时，我总是打电话向远在北京的李坚尚老师请教，每次他都不厌其烦地给予解答、帮助……

这套书的出版得益于电子科技大学出版社郭蜀燕社长独特的眼光。花17年心血写出的“西藏珞渝纪实丛书”（现改为“人文雅鲁藏布大峡谷”），由于雅鲁藏布大峡谷隶属于中印最大领土争议地区珞渝，使这套书辗转全国多家出版社，要么人文书籍卖点低，要么中印问题敏感，最终未果。郭社长专程来到我家，听完有关情况介绍后，同我重新确立选题，按照人文历史、人文风情、人文科考、人文探险等分类，将其定名为“人文雅鲁藏布大峡谷”四卷本。当我将已完稿的前三卷交给电子科技大学出版社后，她又专门聘请四川人民出版社资深编辑张问渔老师和本社副编审罗雅女士共同编辑，并交中国社会科学院从事珞巴族、门巴族研究的博士生导师李坚尚老师把关，以确保这套书能顺利出版。

在此，我也要感谢一些民俗学家、民间文艺家、动植物学家、科学探险家，诸如西藏民族学院人文学院院长陈立明教授、《中国西藏》杂志原主编廖东凡、中国社会科学院民族学和人类学研究所研究员张江华等老师，当得知我写作这套书后，愿意让我参考他们的著作，并亲自审阅书稿相关内容。冀文正、李坚尚、刘芳贤、张江华、陈立明、龙君、廖宏伟、杨西虎、税小洁、冯治平等40多位朋友，给这套书提供了大量图片，有的图片保存了50多年，可谓弥足珍贵。正是有他们的亲身经历、考察成果以及第一手丰富翔实的文字、图片资料，才有了这套书的问世，也可以说，这套书是集体劳动的结晶。

屈指算来，曾到雅鲁藏布大峡谷区域考察珞巴族、门巴族社会和文化的人数以万计，我在写作过程中，参阅了他们不少资料。我是一名军事记者、人文作家，过去没有受过这个领域的专业培训，加之这套书写作时间跨度长达17年，书中涉及的人物数百个，无法让每位当事人审稿，只有待该书出版后接受读者评判。请大家在百度里面点击“罗洪忠”三个字，就可看见我的新浪微薄，上面有我的联系方式，我愿接受各方面的意见和建议，也望能提供相关资料，我好对书中内容进行修订，待适当时候再出修订版本。在此，我向无名英雄致以崇高的敬意，并向诸多无名英雄表示真诚的歉意！

由于水平有限，自感心余力拙，书中难免有谬误，恳请广大读者给予批评指正。

罗洪忠

2012年3月于成都武侯祠

主要参考文献

一、国内文献

1.珞巴族简史编写组．珞巴族简史．拉萨：西藏人民出版社，1987.

2.门巴族简史编写组．门巴族简史．拉萨：西藏人民出版社，1987.

3.西藏社会历史调查资料丛刊编辑组．珞巴族社会历史调查（一）（二）．拉萨：西藏人民出版社，1987，1989.

4.西藏社会历史调查资料丛刊编辑组．门巴族社会历史调查（一）（二）．西藏人民出版社，1987，1989.

5.李坚尚，刘芳贤．珞巴族的社会和文化．成都：四川民族出版社，1992.

6.陈立明．走入喜马拉雅丛林．北京：中国藏学出版社，2002.

7.冀文正．莲花遗韵．成都：四川民族出版社，2011.

8.杨公素．沧桑九十年———个外交特使的回忆．海口：海南出版社，1999.

9.张敏秋．中印关系研究：1947−2003．北京：北京大学出版社，2004.

10.王宏纬．喜马拉雅山情结——中印关系研究．北京：中国藏学出版社，1998.

11.冀文正．珞巴族风情录．成都：成都时代出版社，2002.

12.冀文正．门巴族风情录．成都：成都时代出版社，2002.

13.廖东凡．雪域西藏风情录．拉萨：西藏人民出版社，1998.

14.李坚尚．喜马拉雅寻觅．济南：山东画报出版社，1999.

15.陈立明．西藏民俗文化．北京：中国藏学出版社，2003.

16.于乃昌．珞巴族文学史．拉萨：西藏人民出版社，2001.

17.于乃昌．西藏审美文化．拉萨：西藏人民出版社，1989.

18.姚兆麟．西藏民族志．北京：中国藏学出版社，2006.

19.刘务林．西藏自然保护区．拉萨：西藏人民出版社，1993.

20.廖东凡．我的西藏故事．北京：中国藏学出版社，2008.

21.赵胜启．古朴的珞乡．昆明：云南大学出版社，2004.

22.赵胜启．灵异的墨脱．昆明：云南大学出版社，2004.

23.杨辉麟．西藏东南角．拉萨：西藏人民出版社，1993.

24.陈渠珍．艽野尘梦．拉萨：西藏人民出版社，1999.

25.金辉．墨脱的诱惑．北京：东方出版社，1995.

26.绿色星河丛书．拥抱朝阳．北京：解放军文艺出版社，1997.

27.雷英夫．在最高统帅部当参谋——雷英夫将军回忆录．南昌：百花洲文艺出版社，1997.

28.中印边境自卫反击作战编写组．中印边境自卫反击作战．北京：军事科学出版社，1994.

二、国外文献

1.[英] F.M.贝利．无护照西藏之行．拉萨：西藏社科院资料情报研究所编印，1983.

2.[印] 沙钦·罗伊．珞巴族阿迪人的文化．拉萨：西藏人民出版社，1991.

3.[美] 约翰·麦格雷格．西藏探险．拉萨：西藏人民出版社，1997.

4.[英] F.沃德．神秘的滇藏河流．北京：中国社会科学出版社，2002.

5.[英] 克里斯托夫·冯·菲尤勒·海门道夫．在印度部落中的生活．香港：国际炎黄文化出版社，2009.

6.[英] 内维尔·马克斯韦尔．印度对华战争．北京：世界知识出版社，1981.

国家出版基金项目
NATIONAL PUBLICATION FOUNDATION

深峡淘金

世界第一大峡谷人文科考解读

罗洪忠 著

UESTCP 电子科技大学出版社

图书在版编目（CIP）数据

深峡淘金 ：世界第一大峡谷人文科考解读 / 罗洪忠著. — 成都 ：电子科技大学出版社，2012.5（2016.7重印）
（人文雅鲁藏布大峡谷）
ISBN 978-7-5647-1154-2

Ⅰ. ①深… Ⅱ. ①罗… Ⅲ. ①雅鲁藏布江－峡谷－人文科学－科学考察 Ⅳ. ①P942.700.77

中国版本图书馆CIP数据核字（2012）第090464号

2012年度国家出版基金项目

深峡淘金

世界第一大峡谷人文科考解读

罗洪忠 著

出　　版：	电子科技大学出版社（成都市一环路东一段159号电子信息产业大厦 邮编：610051）
出 版 人：	郭蜀燕
特约编辑：	张问渔
责任编辑：	罗　雅
装帧设计：	宁成春
封面题字：	凌玉海（新西兰）
责任校对：	晓　红
主　　页：	www.uestcp.com.cn
电子邮箱：	uestcp@uestcp.com.cn
发　　行：	新华书店经销
印　　刷：	北京海纳百川印刷有限公司
成品尺寸：	170mm×234mm　**印张** 15.75　**字数** 320 千字
版　　次：	2012年5月第一版
印　　次：	2016年7月第三次印刷
书　　号：	ISBN 978-7-5647-1154-2
定　　价：	126.00元（共三册）

◆ 本社发行部电话：028－83202463；本社邮购电话：028－83208003。

◆ 本书如有缺页、破损、装订错误，请寄回印刷厂调换。

目　录

总　序

雅鲁藏布大峡谷区域生活着珞巴、门巴两个很有特色的民族，是个难得的颇具特色的文化圈。这里过去一直很贫穷，村落发育程度很低，那独特的具有原始特征的珞渝文化，很适合文化人类学家去研究。

早在1825年，一名探险家英军中尉R.威尔科克斯踏上了我们这片神圣国土。此后的100多年里，英国、印度的探险家与法国的传教士不断前来考察，他们不仅广为搜罗军事所需的地理资料，而且对这一地域众多山地部落的社会、政治、经济、文化和宗教所做的考察报告，大量发表及出版在国外的媒体上，并长期左右国际喜马拉雅山地部落研究的学术论坛。英印的殖民主义势力乘虚而入，先后占去中国珞巴族、门巴族、僜人居住的90%以上的土地。作为全国民族研究的最高学术机构——中国社会科学院民族研究所，由于历史的原因，在这一学术领域内长期处于落后状态。

1976年，机会终于盼到了。我和刘芳贤、姚兆麟、张江华、吴从众等同人，到雅鲁藏布大峡谷区域的米林、墨脱等地，对珞巴族、门巴族聚居区进行了首次考察。当我们的铅印调查报告初稿在学术界传阅后，立即引起了很大的反响：一些有名望的老一辈民族学家高兴地称，我们终于看到国人的报告了；珞巴族的家长奴隶制正同云南的佤族、凉山的彝族在社会形态上，构成了人类社会发展史上早期奴隶制的发展链条；珞巴族的神话故事又一次打破了国外学者声言中国没有系统神话的谬论……

珞渝是一处难得的文化人类学金矿，随着时代的发展，许多文化现象正发生变迁，我们这一批老人早已过了退休年龄，到野外考察已力不从心，可我又很少听到年轻学者深入这个地域搞研究，感到珞渝文化有面临断层的危险。这时，和我素昧平生的年轻人罗洪忠先生，一次次从外地打长途电话向我咨询有关珞渝方面的知识，而且是那样的执著，令我感动，所以我也乐意解答他提出的一个个问题。

罗洪忠作为一名军事记者、纪实文学作家，曾三次进入雅鲁藏布大峡谷区域作田野考察，采访曾在那里工作、生活与从事人文研究的地方群众、部队官兵、专家学者达120余人，整理口述资料150余万字，查阅文献资料220余万字，先后到北京、郑州、拉萨、成都等地向有关专家、学者请教，经过不间断地同国内知名人文专家学者的学习、交流、钻研，逐步完成从一名军事记者、军旅作家向人文学者的转变。

目前，我正在进行“中华大典·民俗典·地域民俗分典”的编辑工作，当收到罗洪忠的“人文雅鲁藏布大峡谷”丛书（三卷）书稿后，还是抽暇仔细地读了。我认为，该书不仅是罗列大量文化人类学调查资料，而且是在相关资料的搜集、整理中，经过核实而完成的。17年间，他先后采访了20余名首批进入墨脱县工作的老十八军战士，目前有的已去世，健在的都年过八旬，或已失忆。在采访中所捕捉到的一些细节，如十八军官兵同一名留下来的清军士兵对话、清军张贴的捉拿波密王布告、巧妙拿到西藏地方政府管理下珞渝的差户名单等，可谓弥足珍贵。

该书首次采用纪实文学笔调多角度展示雅鲁藏布大峡谷历史的田野考察成果，具有较高的学术价值，可谓是一本文学性很强的学术书。我认为在同类书中它具有以下特点：

一、该书紧紧抓住了现实生活中具有民族文化内涵的事象，分别细致描绘了珞巴族和门巴族的生产生活、社会交往、宗教信仰，并通过狩猎、农耕、建筑、饮食、服饰、交际、婚丧、伦理、信仰、宗教、文学、娱乐、礼仪等民俗事象，把这两个古老、勤劳、聪慧的少数民族形象地展现在读者面前。

二、该书专门记述了研究大峡谷有影响的国内外人文专家、学者的独特经历，探究珞渝文化的一些活动，并介绍了英国、法国、印度等文化学者和我国文化人类学专家的学术成就，以及他们所作的贡献，他们的研究成果，有的甚至走在了世界前沿。

三、该书大量鲜见的老照片是又一个亮点。过去到墨脱考察的人不多，留下的文字资料有限，图片资料更是稀缺。但罗洪忠想方设法，搜集了国内外不少珍贵的照片，画面中那独特而又具有原始特征的珞渝文化，为这部图文并茂的人文图书增色不少。

罗洪忠对珞渝雅鲁藏布大峡谷的人文倾注极大热情，在完成这三部书稿后，还将写作雅鲁藏布大峡谷人文探险解读、人文珞巴解读、人文门巴解读等三部书稿。随着“人文雅鲁藏布大峡谷”丛书（三卷）的问世，相信有更多热心雅鲁藏布大峡谷人类文化事业的人会投身到这个领域。

国家出版基金入选项目是国家急需、惠及当代、传之后世的精品力作。该书的出版，无疑是人们研究雅鲁藏布大峡谷历史、人文、风情等方面不可多得的宝贵资料，也是旅游爱好者、探险者的必备书。同时，它也将对雅鲁藏布大峡谷的旅游开发、景区景点的保护以及珞渝地区的经济发展起到积极的推动作用。

李坚尚

2012年1月20日于北京密云

（李坚尚，中国社会科学院民族研究所研究员，国务院特殊津贴获得者，文化人类学家，长期从事珞巴族和门巴族的民族学、人类学以及西藏的现状与发展的研究，个人专著、与人合著、译著达16部，目前担负《中华大典·民俗典·地域民俗分典》编辑工作。曾到美国东西方中心、荷兰皇家科学院等做访问学者。）

沿科考人的足迹见证历史

（代序）

将一个人在一个地域的一定时期如实地记载下来，可以窥见那个时代社会现象的断面及本质，若将一个个人物串联在一起，就构成了一幅较为完整的画面、一部历史。罗洪忠的长篇纪实人文作品《深峡淘金——世界第一大峡谷人文科考解读》，就很好地体现了这个特征。这也是他作品能发人深省，又能被许多专家学者认可的一个重要原因。

珞渝地处西藏的东南部，是中印边界东段最大的一块领土争议区，生活在这里的土著珞巴族和后来才迁徙来的门巴族，在相互融合中创造了独特的地域文化。19世纪初，一些西方的探险家抱着不同目的来到这里，开始探究这里的人文风情，逐步建立了一门独特的新学科，并左右着国际喜马拉雅山地部落文化研究的学术论坛。

20世纪80年代后期，冀文正老先生就提出了“珞渝文化”的概念。中国的地域文化很多，诸如巴蜀文化、中原文化、三秦文化、松辽文化、吴越文化、荆楚文化、岭南文化等，突然冒出了一个新的文化，让人一下很难接受，有的甚至提出质疑。1994年，罗洪忠以记者特有的敏锐眼光捕捉到了这条新闻，还以“探索珞渝文化第一人”为题报道了此事，新华社对外发了通稿，《每日电讯》《人民日报》等也刊登了这篇通讯。后来人们慢慢接受了珞渝文化这个概念，有的专家、学者也开始使用它。

我惊叹罗洪忠看问题的眼光，更感动于他对珞渝文化的痴迷。他曾经说，要为研究珞渝文化的中外专家学者立传，让人们从中窥视一些鲜为人知的珞渝人文史。原以为他只是说说而已，没想到他真的动起来，一会儿跑北京，一会儿跑拉萨，一会儿跑成都，为了搜集资料，竟用15年时间去了全国10多个城市。他的行为感动了许多中国珞渝问题专家学者，都乐意解答他提出的一个个问题，这也使得他有机会全面审视珞渝的人文史。

不仅如此，罗洪忠的执著也让人感动。他到珞渝中方实际控制地区采风时，既有困在通麦大塌方每天吃一袋方便面的艰难，也有途经泥石流区被飞石砸中的惊险，还有到墨脱县时亲眼目睹了一匹马摔死悬崖的悲壮。正是这一次次亲身经历，使他对中外探索珞渝文化的专家、学者有了更深的感情，也能更好地把握这段历史。

我深知，罗洪忠是以一个优秀记者和人文作家的眼光和良知，为民族为读者辛苦写作，以还原一段真实的珞渝人文史。其作品有悲剧意识而不悲观，有忧患意识而不怨天尤人。他挖掘的中国珞渝地区珞巴族、门巴族中的最优秀部分，可能有一些尘土，也可能被一些“争议”掩埋，但当他拂去尘土，放在读者面前时，会让人们了解中国珞渝文化的分量。

众所周知，30多年前，介绍西方学者对珞渝人文研究的著作还不大容易看到。近些年来，国内陆续出版了这方面的译著，但对一般读者而言，大都过于专业化，偏重于学术研究。罗洪忠在《深峡淘金》一书中，就生动地介绍了英国的威尔科克斯、达尔顿、敦巴尔，法国的噶拉克，英籍奥地利人海门道夫，印度的罗伊等专家学者探究珞渝文化的一些活动。

在这本书里，罗洪忠同样也介绍了我国研究珞渝文化的专家学者所作出的贡献，有些方面甚至走在了世界前列。此书给读者带来那鲜为人知的珞巴族、门巴族相关知识，也免去了他们许多翻检之苦。如果要进一步深入了解其有关学术及其专业，那就是专家学者的事了。中国著名珞渝问题专家李坚尚、中国民间文艺家协会书记处原常务书记廖东凡、中国珞渝民间文艺家冀文正看完书稿后，都给予了高度称赞，认为这本书的出版，必将带动更多人去研究珞渝文化。

罗洪忠既是一位记者，也是一位纪实人文作家，我看过他写的《触摸太阳的哈达》《峡谷人生》《情系赤道国》等作品，文笔干净流畅，故事形象生动。尽管这本书反映的是研究珞渝文化专家学者的活动和见解，却不失较高的学术价值，值得一读，特为序。

陈立明

2012年1月于陕西咸阳

（陈立明，西藏民族学院民族研究院教授，博士，西藏自治区学术带头人，中国民族学会常务理事、中国民族史学会理事、中国少数民族文学学会常务理事、中国西南民族研究学会副会长。先后10余次赴西藏墨脱、米林等地进行社会和文化考察，长期从事藏学的教学和研究工作，承担了多项国家社科基金和省部级课题，出版有《走入喜马拉雅丛林》《西藏民俗文化》《中国少数民族风俗志·门巴族、珞巴族》等著作）

概　述

这是一处令人非常着迷的人间绝域，即中国最美的峡谷、最美的山峰、最美的瀑布，最令人向往的旅游胜地。若提起珞渝，未必有很多人知道，但提起雅鲁藏布大峡谷、南迦巴瓦峰、巴东瀑布、墨脱县这样的字眼，国人也许并不陌生。毕竟它们都是珞渝的血与肉，这里还是中印边界东段最大的一块领土争议区。

“珞渝”在藏语里意为“南方之地”，藏人称生活在珞渝的人为“珞巴”，即“南方人”。珞渝地域辽阔，东起察隅，西至门隅，北至雅鲁藏布江大拐弯，南达中印传统习惯边界线，面积达数万平方公里，在这里生活的珞巴人分属20多个不同的部落。

珞渝山脉呈南北走向，地势北高南低，逐级下降，至中部下降尤甚。这里平均海拔3000米左右，而接近平原地区的海拔仅为300米。其河谷切割，山势陡峻，海拔7787米的南迦巴瓦峰高耸入云，终年白雪皑皑，蔚为壮观。在这块地域，念金岗日、错

云雾缭绕的南迦巴瓦峰（王三军摄）

嘎日等一座座充满奇异神话色彩的山峰，更给这里披上一层神秘的面纱。

珞渝河流多为南北纵贯，两岸陡峻，水流湍急，险滩跌水多。雅鲁藏布江自西向东流经千里后，至墨脱东北端急折向南，一改前端的温驯，犹如脱缰的野马，纵贯珞渝全境，在巴昔卡附近流入印度。其他河流，如丹龙河、仰桑河、西巴霞河和锡约尔河亦滩多流急，不宜涉渡。

珞渝位于北纬27°～30° 的低纬度地区，属亚热带和准热带气候，常年多雨、温和湿润。这里因海拔高低悬殊、地形复杂、山高谷深，致使气候垂直变化十分明显。夏日当空，高山顶上往往积雪，犹如寒冬，河谷地带却又炎热多雨，实属盛夏。因而有“一山有四季，十里不同天”的民谚。

雅鲁藏布大峡谷激流（税小洁摄）

在民间有这样的传说，称珞渝很像仰卧着的多吉帕姆（金刚亥母）女神的化身。横穿珞渝的雅鲁藏布江是她的肠子，条条溪流是她的血管，满山遍野的草木是她的头发，她的左手在波密县许木乡一带，右手在林芝县的布久乡一带，左脚伸到僜人居住的察隅，右脚插到印度控制的仰桑河，女阴在印占区下珞渝地区，肚脐在仁钦崩寺……

仰桑河位于墨脱南部，从东流向西，最后注入雅鲁藏布江。那里曾是波密土王时期嘎朗央宗（县）宗治所在地，专门管理珞巴族的行政事务，今已被印军占领。据藏族传说，由于那里是多吉帕姆女神的下身，河水是她的乳汁，水色特别美丽，清澈发蓝，兼带甜味，素有“牛奶河”之称。在这神秘河流的旁边，有一块被称为“甲穷”的巨石，活像一只威武的雄鸡。每当夜色降临，常发出喔喔的啼鸣，使人如临神奇的境地。在这巨石周围的绿林丛中，鸟儿的鸣唱格外悦耳动听，有时清脆婉转的鸟声，像在呼唤众神，召请神明降临，为远道而来的朝圣者赐福。

这些美妙的传说，吸引着广大藏区的信徒。朝圣者认为，人若在有生

冰峰下的峡谷秀水（冯治平摄）

之年到此朝圣一次，可保生前幸福平安，死后灵魂升入天堂。一些虔诚的信徒在朝圣途中，经长途艰辛跋涉而体力耗尽，弥留之际，亦要面对仰桑河的方向，默默祈祷，以了却平生之愿，方才与世长辞。可见，圣地仰桑河维系着众多佛教信徒虔诚的心。

坐落在珞渝西北方雪峰之中的布拉切波，是该县的另一著名圣地。这些雪峰周围有众多低矮的石山，状如排列有序的犬、马、牛、羊，或跪，或立，或坐，其头均朝向神山，恰似供奉的祭品。在布拉切波雪山下面，还有一个巨大的溶洞，内有暗流，淙淙作响。暗流两岸，全是白色泥土，气味芬芳。据说在这奇异的泥土上，一些朝圣者或许有幸能见到无数仙童的脚印，有的甚至还能听到他们嬉闹的笑声，但却寻觅不到仙童的影子。当人们遇到这种神秘现象时，就要向河里投掷食物、钱币和装饰物，作为献祭，求神赐福。凡来这里的朝圣者，均要带一些暗流两岸的白泥土回家乡，馈赠亲友，借以避邪消灾。

谈到藏族、珞巴族之间的往来，人们自然不能忘记藏传佛教和一些僧人所作出的贡献。8世纪时，印度僧人莲花生大师曾受藏王赤松德赞的委派，到珞巴人居住的珞渝地区寻找名山圣地，历经千难万险来到白马岗（旧时又称它为“上珞渝”）弘法加持数月。据传莲花生大师骑着天马周游太空时，发现这里重峦叠嶂，一山比一山高大秀丽，雅鲁藏布江穿流其中，将山水连在一起，很像多吉帕姆（金刚亥母）仰卧的姿势，称这里为

墨脱山道是一条无尽头的路，阿比（奶奶）带着孙子行进在山路上，闻名于世的墨脱背夫就是这样炼就的（税小洁摄）

佩戴竹木项链的门巴族少女（冀文正摄）

“白隅钦波白马岗”，意即“隐秘的刻画成的莲花圣地”。

著名藏经《甘珠尔》成书于14世纪后半叶，书里记载“佛之净土白马岗，圣地之中最殊胜”，便是最好的印证。传说世上有16个隐藏着的莲花圣地，其中以神山南迦巴瓦峰为中心的白马岗最为诱人。教民们还传说在白马岗转经的神山四周，围绕着串珠般的108个小湖，在阳光下闪闪发光。在这片莲花圣地里，有糌粑山，有牛奶湖，故有“不种庄稼有吃不完的粮食，不养奶牛有喝不完的牛奶”之说，山上布满了千年古树，人可以睡在莲花心里。这里便成了藏民的朝佛圣地。

15世纪中叶，香巴噶举著名喇嘛汤东杰布（1385—1464年）曾到珞渝的马尼岗一带传教，劝说珞巴人信奉佛教，不吃老鼠肉，不吃青冈子，深受珞巴族群众的爱戴。据《汤东杰布传》记载，珞巴族首领仰慕他的盛名，亦有皈依佛教之心，“为了打开地方之门和调伏荒凉之地”，请他“无论如何到我珞渝之地”，随后汤东杰布应邀在珞渝生活了两年，弘扬佛法，“遂使此地安乐”。

汤东杰布回到藏区后，每年定期派弟子同珞巴人保持联系。在米林县的纳玉山沟，有一座叫扎公乃的小庙，除一些佛像外，还有珞巴族祖先阿巴达尼的塑像，据说就是他从珞渝传教回来后修建的。在汤东杰布到马尼岗传教以后，西藏著名喇嘛罗珠加措也到上珞渝的梅楚卡一带传教，并在那里建立了拉龙、德庆塘、辛巴尔和梅楚卡四个林，设立了白马西布、白马吉岭、谢嘎尔崩曲、普尔布嘎那和德庆塘五个传经中心。

靠近上珞渝的塔布，是西藏各教派最为活跃的一个地方，噶举派中一些有名的人物如耶歇多吉、乳必多吉、滚巴多吉等，也都先后到珞渝朝拜和修持。噶举派的著名僧人藏巴嘉热·益西多吉，还把珞渝境内的札日金刚圣地开创成为全藏性的札日戎哥（朝拜圣地）。随着藏传佛教的发展，朝拜札日演变成一项全藏性的宗教活动。到了17世纪，格鲁派掌管西藏政教权力后，将每隔12年（猴年）举行一次的转神山活动，改由西藏地方政府统一组织，加强了对珞渝地区的联系。

正是这些美妙的传说，生活在朱隅（今不丹）、门隅的门巴族不远千里，东迁到他们向往的莲花圣地，给珞渝带来前所未有的变化。珞巴、门巴两个民族文化迅速相互交融，彼此改变着对方的习俗、宗教信仰，远比藏族佛教给他们带来的变化更大。如今门巴族主要居住在雅鲁藏布大峡谷两岸，从雅鲁藏布江大拐弯以下，到印占区的都登，都生活着东迁来的门巴族。

独特的地理环境，自然的原始封闭，把雅鲁藏布大峡谷区域打扮得像一个没见过世面的村姑，丰满、貌美、朴实，落后而又土气，珞巴、门巴文化的相互交融，孕育了世界上独特的珞渝文化。然而，由于历史的原因，对于中国人来说，以19世纪的中国国力，要想进入万山阻隔的西藏，是一件非常困难的事情；若想进入人迹罕至的雅鲁藏布大峡谷探险考察，那更是遥不可及。

19世纪初期，东印度公司完全不了解珞渝的情况，道听途说，仅仅获得了一些不甚确切的信息就进行大肆渲染。正如F.哈密尔顿在1807—1814年编写的《阿萨姆记事》中写道：“布拉马普特拉河对岸为米里人或达夫拉人，紧挨着迪杭河（雅鲁藏布江下游）那边，居住着叫阿波尔（珞巴族）的人群，再进去是另一个叫提克利亚那加人，两者均极端野蛮，据说他们的确是食人的。”

19世纪20年代，一些自称西方的“文明人”，开始一次次以各种不同的身份，叩响了雅鲁藏布大峡谷区域的神秘门扉。他们一手拿枪，一手拿测量仪，沿着雅鲁藏布大峡谷出口处巴昔卡进入我国珞巴族领地。他们在搜集大量军事、地理情报时，也兼采集一些人文风情，随后发现了一个极为有趣的地理现象，雅鲁藏布大峡谷大拐弯以下和墨脱县西巴霞曲以东的广大地区，被阿萨姆人称为的“阿波尔”，几乎涵盖了整个雅鲁藏布大峡谷区域。

事实上，英国殖民者强行霸占缅甸土邦阿萨姆后，探险考察者进入了雅鲁藏布大峡谷区域，仍沿袭阿霍姆王朝对中国珞巴族、僜人的某些侮辱性称呼，带来了许多部落和地理名称的混乱。诸如将墨脱县和察隅县丹龙曲两岸的珞巴族义都部落、僜人统称为“米什米人”；将墨脱县雅鲁藏布大峡谷两岸、西巴霞曲以东的巴达姆、民荣、迦龙等10余个珞巴族部落称为“阿波尔人”；将隆子县西巴霞曲以西的珞巴族崩尼、崩如等部落称为“达夫拉人”……

这些部落主要分布在雅鲁藏布江下游和喜马拉雅山南麓布拉马普特拉河的大小支流上，如丹巴曲、锡约姆河等，可英国人将雅鲁藏布江下游称为“迪杭河”，将中国西巴霞曲称为“苏班西里河”，将察隅河称为“洛希特河”等。在中国地图和一些学术文章里，出现由于不了解这样的历史背景，又不去查找有关的专业地名对照表，仍沿用英国人称呼的现象，带来了不应有的失误，引起了一些中国地理界有识之士的担忧。

珞渝生活着我国珞巴族巴昔、巴达姆、民荣、希蒙、博嘎尔、达额木等数十个部落。英国殖民者在这旦探险考察时，除搜集大量地理、军事情报外，还对众多山地部落的社会、政治、经济、文化和宗教等进行全方位考察，在媒体上发表一篇篇考察报告，从而长期左右着国际喜马拉雅山地部落研究的学术论坛。中国人对于珞渝文化的记述和研究，与西方的欧洲人相比要晚得多。

1962年10月，正当中国学者陶醉于整理出版3年前在西藏用血汗甚至生命换来的宝贵资料时，中印边界的隆隆枪炮声惊醒了这些善良学者们的美梦。人们急切地向他们问起被印军非法占领的珞渝、门隅、下察隅等地区社情、民情和族情以及有关情况时，他们竟茫然不知，更谈不上作出系统科学的回答。

在这之前，珞渝工作组成员冀文正尽管已在墨脱工作、生活了8年，通晓珞巴、门巴两个山地民族的语言，并对两个民族进行了考察，搜集了大量资料，可他这些资料全都记在了笔记本以及日记里，在报刊上也只零星发表了一些，很难引起中国学术界的关注。

中国社会科学院民族研究所的专家学者们顿时感到，在中国民族学研究的领域内，存在着一项急需填补的空白：对喜马拉雅山东段的山地各民族，必须着手研究，刻不容缓。根据中国外交部下达的任务，他们特邀中国著名民族学家费孝通、潘光旦、吴文藻、吴泽霖等，着手开展对中印边界的历史和现状的调查研究。

首先，他们从国外出版的大量学术专著和期刊中搜集了大量资料，然后计划派一批年轻的学者深入这块遥远地区进行实地考察，系统地搜集第一手资料，以开创这急切需要的学术研究领域。然而，在极其荒诞的反右年代，这些民族学研究领域的学者名流，被戴上了一顶顶“右派”帽子，从此他们不仅被赶下课堂、讲台，甚至连人生的政治权利也被剥夺。紧接着的是“文化大革命”十年浩劫，这些美好的计划都只能束之高阁。

直到1973年8月，中央民族学院的莫俊清、索文清，中国历史博物馆的杜耀西、胡德平等民族学者，才首次深入西藏错那县勒布门巴族和米林县南伊珞巴族聚居区，对两个喜马拉雅山地民族开展了粗略的社会历史和文化调查。原本就居住在雅鲁藏布大峡谷区域的米林县南伊珞巴族山地部落秘不示人的部落文化，首次向国人披露。

1976年4月，中国社会科学院民族研究所首次派出综合考察队，深入西藏东南的门隅、珞渝和察隅，对门巴族、珞巴族、僜人的情况作全面系统的考察。

珞渝云谲波诡，风光万千，不仅

隐藏着无数的自然之谜，而且也是一条弥漫着历史熏风的文化长廊。这里是世界上最高的绿洲，有莽莽的原始林海，云遮雾罩，有金色的油菜地、绿油油的青稞田，有门巴族、珞巴族风情和独特的大峡谷文化，还有清溪、急流、瀑布、叠水以及古朴的寺庙。这独特的地理环境，丰富多样的生物资源，构成了雅鲁藏布大峡谷独一无二的自然景观。

珞渝以世界之山密集而出名。当人们顺着这些似真似幻的小路，穿行在云岚缭绕逶迤的群山中，有时候只见它在云端深处断了，但转过一个山头，云梯似的小路又像一缕烟，在山那边蜿蜒起伏。珞渝那已经消失和正在消失的历史密码，雅鲁藏布江流淌的古老史诗、民谣和无尽的怪异传说，都深深匿藏于神奇大峡谷山山水水中。这里较完整保留了先民们遗留下来的古朴民风和人类童年时代的奇特习俗，诸如刀耕火种、狩猎生活、生殖器崇拜、人造石锅、以物易物、图腾崇拜、原始巫术等，成为研究文化人类学不可多得的活化石。难怪中国社会科学院民族研究所文化人类学家李坚尚考察墨脱珞巴、门巴两族创造的珞渝文化后，激动地告诉同行："我从墨脱的一些民俗现象中，看到了人类童年时代的生活，这里是文化人类学尚待开采的一块处女地。"

探索珞渝，可以说既是诱人的一种自然之旅，也是一种文化之旅。我们看到一群又一群民俗学家坚忍执著、义无反顾地进入了神秘的珞渝大地，以期抢救、破解原始人生存的文化密码。让我们顺着他们的足迹，去感受珞渝文化的无穷魅力吧!

雅鲁藏布大峡谷深处的门巴族小孩（税小洁摄）

1 走进“阿波尔”

本章介绍1825—1908年，英属印度测量局陆军中尉、探险家R.威尔科克斯深入中印边界传统习惯线珞巴族村庄考察，法国神父N.M.噶拉克、孟加拉长枪队上尉E.T.达尔顿、负责管理英属孟加拉东北边境来往政治文函的官员A.麦肯齐等，在我珞渝地区搜集军事、地理、人文、历史情报……

第一章

走进“阿波尔”

“阿波尔”的来历

1825年，东印度公司掠夺缅甸阿萨姆平原的战争尚未结束，M.沙尔舒少校便组织一支由军人组成的大型探测队，跟随几个师的部队进入了阿萨姆。

1月初，英属印度测量局陆军中尉、探险家R.威尔科克斯（R. Wilcox）中尉跟随他的上司贝德福德上尉，当到达阿萨姆边境的戈阿尔帕拉时，获悉缅甸军队在兰普尔有条件地向东印度公司军队投降，便试图扩大战果探查布拉马普特拉河（雅鲁藏布江流经印度时的称呼）北面支流。他正是在这样的背景下，进入了我国珞巴族巴达姆部落的领地。

威尔科克斯18世纪末生于英国，曾就读于英国皇家地理学院。大学毕业后，参加了英国远征印度的军事行动。1825年，他是英国东印度公司测量队的一名中尉军官。当他接到上司关于弄清雅鲁藏布江流向何处的命令后，从阿萨姆挑选了30多名背夫，沿着布拉马普特拉河逆流而上，开始了他的“阿波尔”（阿萨姆对珞巴人的称呼）探险之旅。

11月22日，威尔科克斯中尉在珞巴族村庄逗留了两天，企图说服珞巴族部落头人，让他们继续前行，但徒劳无益，只得暂时撤回阿萨姆平原。11月28日，在布拉马普特拉河一条支流河口的平原地带，威尔科克斯一行遇到了许多珞巴人，他们下到洛希特河（察隅河）北面地区是向米里部落人收取租金。这些珞巴人声称，布拉马普特拉河北岸平原地区归他们部落所有，耕种平原土地的居民每户每年必须向部落缴一笔租金。

威尔科克斯会见了“‘阿波尔’部落中最强有力的头人塔林”，送了许多糖、酒等礼物，希望在塔林的陪伴下再次进入珞巴族的村寨，但仍然遭到了塔林的拒绝，塔林还做出不准他的部落民众带英国探险队进村的一条规定。威尔科克斯当时不得不遗憾地离开村庄，返回阿萨姆平原。

据历史资料记载，威尔科克斯

进入雅鲁藏布大峡谷出口处巴昔卡，是1826年3月的一天。那天下午，威尔科克斯遥望远处的喜马拉雅山绵绵雪峰，在这既有雪的严寒，又有花的芬芳，还有风的浪漫之地，他乘上竹筏，在霏霏细雨中，沿着宽阔的布拉马普特拉河划向对岸，再穿越长长的陡峭山道，偷偷进入珞巴族村寨。

珞巴人向来对陌生人是谨慎的，威尔科克斯何以能如此顺利地进入珞巴族村庄呢？原来，珞巴人对阿萨姆的米里人一向非常友好。多年来，在这两个民族中有一个不成文的规矩，靠近阿萨姆的一些珞巴族部落人认为，鱼是从上游珞巴族领地流到下游阿萨姆的，定期到阿萨姆米里人那里去收取渔业税。这种权利，阿霍姆政权也是承认的。

在这之前，威尔科克斯在给大英帝国的报告中就证实了这一点。他说道，“阿波尔”头人认为，整个平原地区都是他们管辖的范围，每当这个季节，他们从山里走下来，到阿萨姆不受任何干扰，能顺利地向各个分散居民点收税。威尔科克斯正是利用珞巴人与阿萨姆人友好的这一点，顺利进入了珞巴族村寨。

当威尔科克斯进入巴昔卡村的第二天，那是一个阳光灿烂、春风送爽、多日难得的好天气。巴昔卡村是印度洋暖湿气流沿布拉马普特拉河进入雅鲁藏布大峡谷的第一个通道，这里的年降雨量在中国大陆也是最丰富的，一年四季雨水不断。他没有放过这个难得的机会，尽情地欣赏珞巴族村寨的自然风光。令威尔科克斯惊叹的是，珞巴村庄周围的景色十分美丽，每个村的视野都很开阔，周围的景致能一览无余。村前闪着粼粼波光的蜿蜒河流，穿越树木葱茏的群山，村后长长的引水竹管，将股股泉水从山涧曲曲折折引向村寨，即使是现代

珞渝巴昔卡寺院（墨脱县图片资料）

最精美的构思也难以比拟。这种景色与村庄配合得这么协调，珞巴人在选择村址时，是否考虑到美学？但不可否认，出类拔萃的珞巴人天生的审美观，在选择他们村寨位置上起了很大作用。

有关珞巴族部落文化的研究，始于何年何月，现已无从查考。但有一点却能肯定，早在1825年11月，威尔科克斯就开始搜集珞巴族部落文化资料。尽管他过去曾是贝德福德探险考察雅鲁藏布大峡谷区域时的助理，但他的脚步比贝德福德走得更远。最先将他引上这条研究之路的，却是“阿波尔”一词的来历。

“阿波尔”一词源于阿萨姆语，它的确不是一个敬语，因为该称谓具有“难驾驭的”或“野蛮的”意思。让威尔科克斯闹不明白的是，这个明显带有贬义的词，为什么居住在雅鲁藏布大峡谷大拐弯以下和西巴霞曲以东一带的珞巴族人，还接受和使用这个称谓呢？

为了弄清“阿波尔”，威尔科克斯来到阿萨姆的一个长老家。这位长老告诉他，“波尔”这个词是从“博日”这个词中派生出来的，意为“附属的、依附的”，它的词根为“波尔”，有“服从”和“自己归顺”的含意，再加上带有否定的成分“阿”字，“阿波尔”这个派生词的意思是“不向任何人屈服和归顺的”，又可作“敌对的”、“野蛮的”和“没有教养的”等多种解释。

这让威尔科克斯颇为费解，他还是对此作出了非常大胆的猜测。当珞巴人偶尔与阿萨姆平原人接触时，不懂得阿萨姆人的语言，不知道“阿波尔”这个词所具有的含意。这在历史上，也存在有类似的情况。例如“印度”这个词，原为波斯语，意为“黑的”。人们一讲到皮肤黑的人，就联想到印度地方的居民。可也被印度人所接受，“印度人”成为他们共同使用的名称。他们之所以接受外国侵略者的命名，是因为在他们自己的语言里，没有一个共同使用的名称。

对于“阿波尔”这个词，威尔科克斯在进一步研究中还发现了更为有趣的情况。他撰写的考察报告《1825年阿波尔勘测工作回忆录》：“阿波尔”是由某些词派生出来的，在土著语言中，“阿”是“昂”的缩写，意为“心”；“波”为阳性词尾，意为“男人”；“尔”意为“水”或“河流”。于是，整个词的意思就是“想居住在河边的人”。

按照这样的解释，这个词被珞巴人所接受，是毫无疑问的。然而，对于威尔科克斯的解释，有的学者认为这样的说法过于牵强附会，令人难以信服。

但我们不得不承认，正是威尔科克斯所做的开拓性工作，在西方的珞巴族部落文化研究学者中，引发了一场“阿波尔”名称由来的大讨论。有的学者认为，当一个人与其他人接触时，往往会向对方询问他们的名字。

但如果在询问者的语言里，恰巧有与该名称发音近似的词，这个词又有某种特别含意时，即使它与该名称在发音上有所不同，也常常会使用这个词来称呼他们，原来的名称由此消失。“阿波尔”这个词，是阿萨姆人采用了珞巴人曾经使用过的一个名称，他们称自己的祖先为“阿巴达尼”，“阿波尔”与“阿巴达尼”的第一个字母“阿”相同，加之阿萨姆人对珞巴人的成见，认为他们是不开化的山里“野人”，便称他们为“阿波尔”。

有的学者还认为，“阿波尔”一词与珞巴语言中的“阿波”有一定的联系。当珞巴人追溯他们来历的神话时说道，阿波就是“最早的祖先”。“阿波尔”中最后的那个“尔”，在一些部落里的意思为“人”。这就表明，“阿波尔”在一些珞巴部落里，被认为是远古人，这也符合他们的历史传说。

在180多年后的今天，当我们回过头来去检索威尔科克斯探险考察的动机时，很容易发现一个完全被当时的表面现象所掩盖了的事实，就是他进入雅鲁藏布大峡谷后的所为，并非一个研究珞巴族部落文化的学者所为。

其实，威尔科克斯对珞巴部落文化并无多大兴趣，作为一名英属印度测量局的中尉军官，他的主要任务是搜集珞巴族的军事、地理情报，并对珞巴部落与部落、氏族与氏族之间的纷争兴致甚高。随着对部落氏族纷争研究的不断进展，他越来越清楚地意识到，只有在这个领域才可能有更大的作为，这也是他来雅鲁藏布大峡谷探险考察的愿望和梦想。

于是，威尔科克斯将目光集中在十分奇特的氏族复仇上。1827年8月，他成功地踏进了珞巴族巴达姆部落靠近中印边境传统习惯线的一个村落，听了当地部落人讲述很多有关氏族复仇的描述。在潘金村氏族首领家，威尔科克斯还了解到，凡氏族成员被其他氏族人杀害，本氏族人就必须团结起来，采取必要的报复行动。整个珞巴部落氏族间有一条不成文的规矩：“凡伤害个人，便是伤害了整个氏族。”氏族复仇自然便成为各成员间相互义务的重要组成部分，这也是他们为什么要实行氏族复仇的原因。

氏族复仇的过程非常复杂。在珞巴族村庄，曾有一个有趣的场面。当大家簇拥一名杀敌英雄临近村子时，村中的老人前来迎接，还点燃火把举行祭祀仪式，带着勇士进村。回到村庄后，巫师宰杀一只鸡放在杀敌者的背上，由他带头绕村里的神石转圈，其余的人跟着发出“嗬——嗬嗬——”的叫喊声，边喊边跳，其意是让这个被杀者的恶幽灵吃饱。就在此时，要求复仇的人拉出一头早已准备好的牛杀掉，慰劳所有参加战斗的人员，将牛头插在木棍上，立在路边，以示报了仇。

仪式完毕后，全体人员继续朝男子宿舍走去，并在那里集会跳舞。然后，用牛血冲洗杀人的刀，随即氏族内各家各户带酒前来祝贺。喝酒时，无论妇女还是小孩，不分等级地围坐一圈，用两个碗顺着相反的方向轮流痛饮，并推举两人对唱传统歌曲，其歌词大意："我们得到了神灵的帮助，取得了胜利，为死者复了仇，雪了恨，大家热烈庆祝吧！"先动手杀敌的勇士留在男子宿舍，当天晚上不能回家住宿，以免把鬼魂带回家，直到他在外待上三个晚上为止。

人们在那里杀大额牛献祭，举行科明庆典。他们把所杀牲畜放在举行帕塔尔那个大地点中间，所有的男子一齐喊："嘻！嘻！"不断用刀刺这些祭品。接着把用作祭品的牲畜肠子和血，向四周抛撒，再用竹子架起一个上端平整的门架，上挂带回来的敌人右手和所杀牲口的四肢，装有玛普尔、塔列、塔洛和昆虫的筐子也吊在那里。举行上述一系列仪式后，勇士才能走进男子宿舍。

珞巴人在男子宿舍下边的空地上，还要插一根空心竹子，竹子要指向杀敌方向，向竹里倒入酒饭，并杀一只红色的公鸡献祭。过了一会儿，人们把竹筒、献祭所杀的鸡及其他东西，送到举行科明庆典的地方扔掉。仪式结束后，杀敌英雄重返男子宿舍，连住三个晚上。在此期间，他除了使用自己的碗外，不能使用其他人的餐具，也不能吃妻子做的饭菜。晚上，全村的姑娘和老人陪同他一起过夜。第二天一早，男子宿舍的年轻人

珞巴族博嘎尔部落男人（埃尔温摄）

与他一起外出狩猎，直到晚上，连续三次。

每次外出打猎时，他们都用小竹棍串上一个煮熟的鸡蛋和一块姜片，在去山林的路上扔掉。他们献上这些祭品，用以安慰恶精灵。当杀敌英雄狩猎完毕后，他首先到舅父家住一段时间，然后才能回到自己的家里。回家时，妻子在门前挂上一块白色姜片，在屋里墙上挂上一件坦朱木。所有这些做法，都是为了防止那些恶精灵进入。

威尔科克斯给大英帝国呈上一份原始记录：《1825—1828年在阿萨姆及其邻近地区的考察》片段。事隔180

年后的今天，让我们打开这份尘封已久的资料。

在阿波尔人的日常生活中，不论问题大小都由村落议事会决定。当他们一旦听到任何敌人进攻的消息时，就随即召集会议，各村的头人聚在一起，研究防敌的行动计划，组织使用刀和弓箭的年轻人从侧面袭击敌人。

如果及早知道入侵之敌的行动，就会在敌人进攻的路上埋下竹签，敌人若没发觉，就会把他们的脚扎伤，无法走动。阿波尔人随即冲上来，袭击那些因受伤而无法逃走的人。

阿波尔人一旦在战斗中杀了敌人，就自认为取得了胜利，自动撤退，并接连几天举行一定的仪式。凡在战斗中杀死一个敌人，他们就在地上画一架梯子的模样，以使死者的灵魂平安进入天堂。他们认为，不及时这样做，杀敌者就可能发疯，或在森林中迷失方向。

从战场上回来时，他们通常砍下仇敌的右手，放在背筐里带回来，上盖藤蔓。临近村子，带着敌人右手的勇士，高声连喊五次“喃、喃、喃”，村里人听到这一消息，就出来迎接。姑娘随即把新裙子放到他的肩膀上，并送上项珠，这类仪式非举行不可；否则，那个被杀者的幽灵将会对勇士实行报复。接着，敲击埃穆尔，借以把恶幽灵赶走。随即把埃穆尔放在这个勇士肩上，并用绳子绑牢。出来迎接的姑娘带着一个松巴，与其他妇女一起簇拥着这位英雄进村……

在以后的几天里，威尔科克斯在对珞巴部落战争形态的进一步考察时还发现，在氏族制度发展的不同阶段，复仇的形式也有所不同。在珞巴族各部落中，引起氏族复仇的原因很多，诸如偷窃、婚姻纠纷以及外来疾病传入导致本氏族人的死亡，都被列为氏族复仇的范围。这种复仇，不仅仅局限于氏族与氏族之间，有时还可能扩大为氏族与部落、氏族与其他民族之间。他们除了通常采用的赎命金和杀死凶手外，还有另外的复仇形式，即氏族的人不一定杀死原来的凶手，只要杀死凶手氏族中条件相当的一个人也可。若在杀死凶手的过程中，由于自己力量弱小，不足与仇人的氏族抗衡时，大都利用个人的财富，求助于势力强大的氏族帮忙，或收买容易接近凶手的其他氏族人。这种不是利用本氏族的力量，而是利用个人财富来达到复仇目的的做法，使威尔科克斯更清楚地认识到，私人财产已渗入这一古老的法则。

在珞巴族巴达姆部落考察期间，威尔科克斯还发现了许多珞巴人自制的武器，诸如防御武器的盾牌、头盔，进攻性武器的矛、弓、箭、刀等，并且每种武器有自身的特点和作用。就拿盾牌来说，一般采用当地盛产的一种竹子，制作时先用藤条加固，呈矩形，内凹外凸，再在里面做成水平状把手。战斗时，它是抵御刀、箭的有力武器。威尔科克斯在记录弓的制作时写道："阿波尔人使用的弓，制作起来其实并不复杂，只使用一根竹片和一根藤条就可制成。在用刀将竹子削成一定的厚度和形状后，放在火上加工烘烤，使竹子从绿色变成深棕色。竹片的中间部分宽而平，内弯外突，两端渐渐尖细，两头呈角状。弓弦为一根粗藤条，一端拴一活结，绑在竹片的末端角上，藤条的另一端也有一个活结，其长短以套到弓的另一端为限，不能超过。弦线在使用时绷上，弓的一头插在地上，手紧握另一端，膝盖紧抵弓的中间部位，使弓的上端弯曲向下，然后一转身用力射向对方。"

威尔科克斯沿着雅鲁藏布大峡谷逆流而上，当抵达达木克村时，对珞巴人抗击外敌入侵所筑的石墙和栅栏感到十分惊异。石墙内部由圆木支撑，其前面堆放香蕉树，以此防御枪弹。构筑栅栏时，大都使用直径约20厘米的圆木，将其砍成木桩，竖在村子的周围，高出地面的那部分直立，并常在栅栏之间挖一条壕沟，在通往栅栏的道路上布满了竹签，与栅栏的作用互为补充。他见到后惊呼："这里的栅栏长约一英里半，可防枪弹。按照阿波尔人的估计，在村子周围建有颇为隐蔽坚固的栅栏，构筑在一些自然屏障的后部，是无法攻克的。"

威尔科克斯对于珞巴族巴达姆部落有关战争形态的描述，诸如珞巴人用来抵御外敌的滑石槽、栅栏，战斗后如何订立和约以及毒箭制作的全过程，其详尽达到了令人惊叹的程度。人们也正是从这份调查报告中，详细了解了原始社会向奴隶社会过渡时期，珞巴族各部落纷争时的战争形态，成为研究原始部落战争文化不可多得的宝贵资料。

威尔科克斯沿着雅鲁藏布大峡谷向上继续前行，可没行走几天，便遭到了珞巴人的坚决阻拦。对于威尔科克斯考察雅鲁藏布大峡谷的失败，在阿萨姆工作数十年的政治代理J．布特勒最为了解，深知那里对欧洲人来说是个"禁区"。他得出结论："迄今为止，对阿波尔地方所知甚少，欧洲人从来不被准许进入其内部任何地方。"他谈到1827年威尔科克斯中尉探险考察时说："在几天的旅行后，遇到不可克服的困难，他从河流迅速接近该地区，但阿波尔人绝对禁止他进一步前往。从那个时期，（西方人）就不再做出努力去获得这些未开化的野蛮人的更多情报了。"

法国神父梦断珞巴领地

在1826年英国吞并阿萨姆前，正是贝德福德、威尔科克斯所做的开拓性工作，在号称"西方文明"的欧洲，激起了一股探索雅鲁藏布江流向何处的热潮，为雅鲁藏布大峡谷的科学探险考察掀开了新的一页。

1850年11月，N.M.噶拉克（N.M.Krick）神父从法国远道来到印

生活在米林县南边印占区的博嘎尔部落男子（埃尔温摄）

度。他当时被法国外方传教会任命为西藏南部传教团负责人。他刚踏上阿萨姆这块土地，就被这群山包围的西藏东南部所吸引，便试图通过我国雅鲁藏布大峡谷区域去珞巴族诸部落生活的地区传教。

在出发前的那个晚上，月亮躲在厚厚的云层里，那是要下暴雨的预兆。噶拉克神父不时把忧虑的目光，转向藏东南绵绵的喜马拉雅山顶上，看看那边会不会下雪。

的确，此时的他心情极为复杂，一会儿害怕死在珞巴人的弓箭下，一会儿又希望能克服大自然的障碍，顺利地从珞巴人的领地进入藏区。这两种思想，在噶拉克离开阿萨姆时，交替地出现在他的心头。

就在几天前，噶拉克神父来到阿萨姆一座佛教寺院，拜访了一名蒙古老僧。这位老僧时年83岁，是一名知识渊博的学者，对藏传佛教的造诣很深。噶拉克神父常到他的寺院去请教许多有关藏传佛教的知识。

蒙古老僧听说噶拉克神父要去西藏，当即劝道："我劝你不要从珞巴人生活的地方去西藏传教，那是一件非常困难的事情。若克服困难成功的话还好，但这几乎是不可能的，所以我还是劝阻你。"

"即使有这个必要，做些明知不可能成功的事情，不也是没有意义吗？如果真去了，只能会被杀掉。"蒙古老僧顿了顿，又补充说。

蒙古老僧的担心不无道理，噶拉克神父也不是没有这方面的顾虑。珞巴族社会是一个建立在血缘组带基础之上的部落社会，处在以氏族为核心的血缘组织阶段，地缘组织尚未形成。高山峡谷，交通困难，致使长期以来各部落与外界交往甚少，几乎处于孤立状态，对于外来的势力有一种排他性。

1826年，英国吞并阿萨姆后，便把下一个侵略矛头指向珞巴人生活的地区，在这一带制造了大量矛盾，珞巴人对此恨得咬牙切齿。随着英国殖民主义者侵略本性的暴露，珞巴人对他们的行动更加保持警惕，一些珞巴人甚至说："高鼻梁、白皮肤的都是英国人，他们没有一个好东西。"

就在英国吞并阿萨姆的第二年，英国著名探险家、陆军中尉威尔科克斯为了核实横贯西藏高原的雅鲁藏布江是否流入“德亨河”（指雅鲁藏布江下游段），带领一队人马沿着雅鲁藏布江出境处巴昔卡溯江而上，当他进入雅鲁藏布大峡谷土著珞巴人生活的领地时，就遭遇到他们的极力反抗，被迫退回到阿萨姆平原。

19世纪30年代初期，东印度公司唆使阿萨姆平原米里人拒绝向珞巴人交纳税金，转而向英属印度缴税，地处雅鲁藏布大峡谷中印传统习惯线我方一侧的珞巴族阿卡（自称“鲁梭”）部落在首领塔吉的带领下，在距离查山口不远的地方，杀死了英属印度政府20多名地方官员。虽然阿萨姆的第一任专员D.斯科特力图禁止和防范阿卡部落民众，但他们还是经常下到平原来打击英国人。英国人常常感叹地说：“阿卡人不承认阿萨姆当局和英国政府。”

1837年，雅鲁藏布大峡谷出口一带的珞巴族阿卡部落头人塔吉同其他部落联合，于2月3日率众攻入阿萨姆轻步兵队，放火焚烧了古惹巴惹哨所，将其中8名士兵在内共17人杀死。此举威震东印度公司，使英国人对敢于反抗他们掠夺的珞巴族人民的胆略和力量感到惊讶。

1847年，东印度公司阿萨姆当局煽动阿萨姆的米里人，拒绝向雅鲁藏布大峡谷区域珞巴族各部落缴纳租金，珞巴人一怒之下将那些拒不交税的米里淘金者抓进山里予以惩罚。阿萨姆边境政务官C.维特奇上尉得知后，带领阿萨姆轻步兵队进山，威胁珞巴人必须释放那些不交租金的米里人。珞巴人在夜间偷袭了维特奇的部队，造成英军较大伤亡。次日，维特奇上尉大举进攻珞巴人村庄，珞巴人进行了英勇抵抗，最后英军竟放火焚烧了他们的村庄。

1848年，雅鲁藏布大峡谷西岸的珞巴族杜巴人抓走了一批淘金的米里人，英国驻阿萨姆政治专员维特茨上尉带领一些士兵进入杜巴山区，要求释放被抓走的人。杜巴人对英国人的蛮横干涉非常不满，但考虑到他们有先进的武器不能硬拼，只好暂时屈从。到了夜晚，他们便去夜袭这些不速之客，可惜没有成功。这就是轰动英属印度的“杜巴事件”。英军正愁找不到借口，竟放火焚烧了杜巴人的村子，然后退回到印度阿萨姆。珞巴人同英属印度的矛盾更加激化。

也许是到藏东南传教的心太迫切了，最终让这个欧洲神父踏上了不归路。用今天的眼光看，噶拉克神父到西藏传教，他完全可以从印度大吉岭绕道尼泊尔，然后进入西藏日喀则，再沿雅鲁藏布江深入藏东南。噶拉克神父为什么不选择这条线路？他是否受了英国人的指派？但有一点不可否认，他对雅鲁藏布江流向何处同样表现出了极大的热情。

当我们今天打开由他撰写和发表在《孟加拉亚细亚学会会刊》第9卷上的《1853年在阿波尔的探险》一文，就能看到他那时的想法。在我国研究珞巴族历史的专家学者看来，他只不过是打着传教招牌帮助英国人搜集资料而已。

出发前的那天清晨，天气出奇的好。噶拉克神父带着一名会讲珞巴话的阿萨姆背夫上了路，他没有沿雅鲁藏布江逆流而上，而是从其下游支流丹巴曲（国外一些资料称之为“丹巴河”）溯江而上，然后又退回到阿萨姆，沿察隅河（国外一些资料称之为“洛希特河”）进入西藏的察隅。这一带生活着珞巴族义都部落，主要分布在沿河两岸的11条山沟里，在国外的文献里又称为“米什米人”。

雅鲁藏布江是否流入丹巴曲、察隅河，一度成为西方人争论的焦点。若我们对照地图，丹巴曲的源头在西藏墨脱县的崩崩山，察隅河却发源于西藏察隅的德姆拉山，它们都是雅鲁藏布江下游布拉马普特拉河两条比较大的支流。

伴随着这趟传教之旅，噶拉克神父睁大新奇的眼睛看到，丹巴曲沿河两岸一望无边的原始森林，一棵棵参天大树伸展开它们郁郁葱葱的枝条，屏息倾听各种各样美丽鸟儿的晨歌，思绪也随之插上了想象的翅膀。他是多么希望搭上这趟揭秘“列车”，揭开这个秘密。

经过几天的行程，噶拉克神父来到一个珞巴族小村，这里住着15户人家。刚进入村庄，这些所谓的西方“文明人”，看到了完全不同于他们生活状态的一幕。

进村没有多久，便围上了一群珞巴族妇女和孩子。孩子们手持一个小弓箭，全身裸露，有的孩子肚子鼓鼓的，有的头发红红的。学过一些医学知识的噶拉克知道，这些孩子的肚子鼓胀是因他们肚里有虫，他们的头发变红是因缺乏维生素造成的。

最让噶拉克感兴趣的是那些妇女，她们普遍比男人个头小，非常男性化。她们身披一块用动物毛织的坎肩，显得异常粗糙；她们的乳房裸露下垂，有的甚至垂到了肚脐眼。与男人唯一不同的是，在她们的两腿之间有一块遮盖物，用兽皮做成，与现代人的丁字裤相差无几。

噶拉克静静地观察珞巴妇女的衣饰，这可急坏了一旁的阿萨姆背夫。这名背夫心里清楚，珞巴男人一个也没出来，这并不意味着他们都上山干活去了，也许正带着弓箭躲在大森林里观察他们的行动，这分明是一种不信任行为。

阿萨姆背夫拿出一些纸币告诉珞巴妇女，用这些钱可到山外的阿萨姆兑换食盐、布匹等生活用品，借此期望能住在一个珞巴人家里。没想到她们一个个直摇头，都回到了自己家里，孩子们也一哄而散。

这名阿萨姆背夫犯了一个错误，也许是自己受英国人统治20多年的缘故，对货币的认同度相当高。可此时的珞巴人尚未受到英国人的影响，他们的生活方式依旧还是以物易物，如果你给他一公斤盐，他会拿出一只鸡来换。在盐比金缺的珞巴部落，在他们的思维方式中，也许一只鸡换一公斤盐太划算了，他们甚至认为自己做了一笔好买卖。在珞巴人的眼里，那些纸做的货币如同废纸一般。

对于眼前的一切，噶拉克简直不敢相信自己的眼睛，他根本听不懂自己的背夫同珞巴人说了些什么。他在心里一遍遍地问：难道是自己的行为惹怒了珞巴人？难道是阿萨姆背夫背信弃义？在他上路前，背夫是蒙古喇嘛挑选的，是绝对信得过的一个人，否则大英帝国绝不会饶恕他。

噶拉克神父没有多想，当即质询了这名背夫。阿萨姆背夫只好如实告诉他，原来珞巴男人都躲进了森林，意味着他们的行为已经“越界”，随时都有遭受珞巴人攻击的危险，劝他最好退回到阿萨姆，沿另一条路去西藏。可这位倔强的法国神父没有理会，让背夫打开行囊，在村外搭起了一顶帐篷，以期寻找取得珞巴人信任的突破口。

学过一些医学常识的噶拉克神父，硬是靠着手里的一片片西药，很快便取得了珞巴人的信任，受到了珞巴人的友好接待，就连一向不易亲近的珞巴族义都部落首领凯沙，也主动前来邀请他到家中做客。

这天，凯沙来到噶拉克神父的住处。凯沙看上去50来岁，在阿萨姆生活的米里人眼里，他曾被描述为战斗中最危险、最残暴的人。当他从原始森林里出来时，大家对他非常尊敬，纷纷给他让路、让位。他的个头并不大，身上佩戴的饰物也不多，手上只拿着弓箭。他很沉静，话不多，也很少笑，可噶拉克神父明显感觉得到他所拥有的权威。

当义都部落首领凯沙站在噶拉克神父面前时，神父并不知道凯沙来的意图，噶拉克的心一下提到了嗓子眼上。他通过阿萨姆背夫向部落首领问候，并请他在火塘边坐下，开始了他们的交谈。他显得异常真诚并告诉凯沙，他不是为当部落头人而来的，而是甘愿做他的仆人。他永远也不会侵犯头人的权威；相反，他愿归头人所管辖。然后又表达了自己想住在这里的愿望，要学习他们的语言，成为他们中的一个成员，帮助那些生病的人恢复健康。

接着，噶拉克神父又问：“头人凯沙，我能得到你的许可，让我和我的背夫在这里生活吗？”部落首领凯沙垂下头，陷入沉思，一言不发。在场的人也不敢出声，都盯着他。过了几分钟，他抬起头，说道：“是的，白人，我允许你到我们这里来，在这里同我们一起生活。”

凯沙的话音一落，周围人纷纷松了一口气。阿萨姆背夫更是兴奋异常，满面红光。噶拉克神父事后在他的回忆录中写道：“米什米人是不太容易接近的，我今天能得到头人凯沙的允许，这是我一生中最美妙的时刻。”

噶拉克神父又问：“我应该住

在哪里呢？”义都部落首领凯沙来到村旁的一块土地附近，说：“就在这里。”第二天，在义都部落人的帮助下，为他建起了一个吊脚竹楼，他和阿萨姆背夫有了一个像样的家。他们也正是以这个家为前进基地，在丹巴曲一带考察两岸珞巴人的生存状态，也兼考察它的流向问题，在这里一待就是一年多。

噶拉克神父后来发现，凯沙能成为部落头人，是有原因的。他非常聪明，而且思考周全，思维缜密。他在日记中写道：“我所在的林中空地是义都部落各氏族的中立区，头人凯沙的决定保证了我的绝对中立，他们也没有人把我看成是自己的私有财产，或者把我据为己有。这保证了各氏族之间，不会因为我而出现争吵，保证了我的自由出入。”

噶拉克神父沿着丹巴曲逆江而上，可是越往上走，河面变得越来越窄，水流也变得越来越小，这自然引起了他的注意。雅鲁藏布江流经西藏阿里、日喀则、拉萨、山南、林芝等地，而这里距藏东南的林芝还有一定的距离，为何它流经丹巴曲上游时，水流会变得如此之小呢？他凭着一些自然常识敏感地意识到，雅鲁藏布江不可能流向丹巴曲，而这些都清楚地写在了他的探险日记里。

不知是什么原因，噶拉克神父并没有将自己的探险考察对外公布。如果他当时公布了这一探险考察结果，雅鲁藏布江不可能流入丹巴曲的事实论断，将会提前30年大哗天下，而英国陆军上尉哈尔曼的声名也不会在日后大放光彩。然而，噶拉克神父没敢正视眼前的事实——当历史需要他出面面对时，他失去了胆魄和分寸，让幸运女神随便地记在了自己的探险日记里，直到死之前也没敢对外公布。

1852年8月，噶拉克神父没有继续沿丹巴曲往上行，而是退回阿萨姆作短暂停留，随后又沿雅鲁藏布江下游的另一条支流察隅河逆流而上，准备从这里深入藏东南传教。察隅河流经阿萨姆后，又称为“洛希特河”，曾一度被怀疑为雅鲁藏布江流经的地方。

察隅河沿岸生活着一支自称为珞巴族义都部落的人，而这一带主要生活着我国少数民族的僜人。在半年

珞巴族民荣部落妇女（埃尔温摄）

多的探险时间里，噶拉克神父曾到达了察隅的瓦弄。但在这条河流的考察上，他的足迹远未超过英国陆军上尉贝德福德，因为贝德福德曾在26年前沿察隅河逆流而上，从瓦弄往上到达过离下察隅较近的日马。

也许是沿丹巴曲、察隅河进入藏区的道路异常艰险，噶拉克神父不得不考虑另一条水路，那就是沿雅鲁藏布江出口处巴昔卡逆流而上，沿当年贝德福德所走的线路，考察沿江两岸珞巴人的生存状态，写下了他一生中最辉煌的探险记录《1853年在阿波尔的探险》。

1853年2月，噶拉克神父踏上了雅鲁藏布大峡谷这块土地，这一带主要生活着珞巴族巴达姆部落。可就在1848年7月，英国人开始武装入侵巴达姆部落以南地区，并不准他们向阿萨姆米里人收税。这自然遭到了珞巴人的有力反击，从而使他们对任何想跨越自己领地的外来人极为反感。

然而，噶拉克神父既会治病，对人又十分和善，加之他在珞巴族义都部落的友善行为，无形中增强了珞巴族巴达姆部落头人的信任度，很快便赢得了珞巴人的信任，还派专人担任他的向导，使他的行程远比威尔科克斯走得远。

噶拉克神父在珞巴族巴达姆部落地区传教时，就听到一些珞巴人说："任何利用各种口实进入我们地区的英国人，在他的脚后跟肯定有部队尾随。"对此，他曾以自豪的口吻说："按照他们（珞巴族巴达姆部落）的说法，凡白皮肤、高鼻梁的都是英国人，你们了解，他们能同意我进入这个地区是不容易的。"

在岁月逝去了近一个世纪的今天，我们回过头来检索这段历史，发现在一些西方侵略者称珞巴人"桀骜不驯，刚愎自用……"而噶拉克神父在描述珞巴人性格时相当友善，对珞巴人生活状态的描述也较为客观："就我所知，巴达姆人十分活跃、愉快，热爱自由独立，且慷慨豪爽，说话真诚，比一般的东方人更加正直。他们在饮食上也不过度做作，他们起码有这些优秀品质。至于他们的品德，由于在他们中间生活时间不长，还很难说。但我承认，我从来没有发现他们会知道谦恭，巴达姆人很像儿童那样天真无邪！"

噶拉克神父将问题想得过于简单，在他的传教路上，注定布满了一个个凶险。也许是想到藏区传教的心情太迫切，1855年1月的那个上午，噶拉克神父竟夸下海口说，他愿以枪支和金钱为条件，让珞巴族义都部落首领凯沙护送他进入藏区。但随后又改变了主意。

噶拉克神父与凯沙原本是很好的朋友，在丹巴曲流域探险考察期间，曾得到他的大力帮助。可他是否忘记，凯沙是一个在部落中拥有极高威望的首领？他的这种不守信义的做法，在珞巴族义都人看来，是对他们的最大羞辱，也自然激起了首领凯沙

珞巴族义都部落妇女（陈立明提供）

的不满，最终招致杀身之祸。

噶拉克神父被杀事件，英国驻阿萨姆官员视作是对英国的挑衅，他们以此为借口，进行疯狂的侵略活动。

1855年2月，派遣艾登中尉（L.Eden）率领20名阿萨姆轻步兵、40名康提人和少数山地人挑夫，从萨地亚出发，经过八天行军，进入凯沙所在的村子。

凯沙率领珞巴族义都部落群众进行了英勇顽强的抵抗，但因军备不济，又疏于戒备，匆忙应战，其长子被枪杀，他很快战败被俘，许多人都英勇战死。凯沙在被俘关押期间，拒绝威逼利诱，毫不屈服，后乘敌军戒备松懈时，奋起杀死两名敌军出逃。但终因寡不敌众，凯沙再度被俘，被英军杀害于第如嘎赫，也有的说被绞死于印度加尔各答。就这样，珞巴族的优秀儿子凯沙以鲜血捍卫了本民族的尊严，写下了抵抗外侮、可歌可泣的英雄篇章，在我国各族人民的反帝斗争史上记录了光辉一页。

1855年4月，地处丹巴曲被英国人称为楚尔卡塔的珞巴族义都部落人，将艾登中尉的三个服务人员抓走。就在这一年年底，地处阿帕隆的义都部落人突然袭击了萨地亚附近的一个村庄，杀死两名拒不交纳租税的米里人，抓走了许多抗拒交纳租税者，作为对英国人侵略的反抗。

身背长枪的民俗学者

噶拉克神父的被杀，让一名年轻的英国军官达尔顿感到非常震惊。他明知前行的路充满风险，可依然沿着噶拉克神父当年考察的线路，向雅鲁藏布大峡谷出口处一带走去，将探险考察的目标锁定在珞巴族巴达姆部落，以期向阿萨姆当局提供更多有用的情报。

那是1855年盛夏的一个清晨，鸟儿一阵唧唧喳喳的清脆叫声，把睡梦中的达尔顿吵醒。他睁开双眼，晨曦熹微，一缕缕从百叶窗的缝隙中照射进来。他翻身下床，穿上外衣，推开门走了出去。这真是一个绝妙的好天气，一望无垠的天空中，没有一丝儿云彩，蓝得如同刚用水洗过一般。

在阿萨姆平原靠近珞巴族的一个米里部落村落里，达尔顿极力向北眺望，前面有一条波涛汹涌的西昂河（雅鲁藏布江下游段），一层迷雾正从那条蜿蜒河流的河谷中缓缓升起，耸入云霄的大山被笼罩在朦胧的淡白

村庄的上空，云雾缭绕（墨脱县交通局提供）

雾霭中，丝毫显不出它的雄姿来。

在达尔顿看来，这里发生的“杜巴事件”尽管已过去了7年，可英国人尚未控制这个地区。要想到这里考察，唯一的办法就是偷偷摸摸。对考察者来说，其不仅面临大自然的考验，而且随时还有生命危险。

就在一年前的秋末，英国驻阿萨姆的詹金斯少校派出一名特务，独自伪装成一名远道行乞者，潜入雅鲁藏布大峡谷区域丹巴曲支流珞巴族义都部落领地，逆江而上搜集沿岸的地理情报。对此，珞巴族同胞视其为极不友好行为，迎接他的是珞巴人擅长用的长矛，落了个身首异处的结局。

达尔顿对这名特务是熟悉的，因为他们都隶属于詹金斯的领导，都有化装成远道行乞者的经历。不过，达尔顿比这名特务幸运，也比他出道早，算是同门师哥了。

早在10年前的1845年，达尔顿就被派遣到我国西巴霞曲流域搜集珞巴族诸部落的军事地理情报，他在给上司詹金斯的信中写道：“我尽量向你补充我能搜集到的关于阿波尔与米里人的贸易及与西藏联系的情报。”

达尔顿还在这一年所著的《阿萨姆的米里人和阿波尔人》书中，有过这样的描述：“米里人占有大铜锅，他们只有在宴会时才使用，刀也是经过优质加工的，我相信，那是藏区铁匠打制的，阿波尔人也从北方（指藏区）输入食盐。”

雅鲁藏布江下游段风光（墨脱县交通局提供）

珞巴族巴依部落男子跳刀舞（李坚尚摄）

正因为如此，达尔顿没有因天气放晴而忘乎所以，当真正向“阿波尔”出发时，心情却十分糟糕。毕竟“阿波尔”对英国人的仇恨，给前来探险考察的英帝国军官生命带来了严重威胁。他不知道这趟“阿波尔”之行的凶险，但为了大英帝国的扩张政策，不冒险能行吗？这天清晨，达尔顿背上行李，向那个“魔鬼地域”进发。可是，当他的双脚踏上雅鲁藏布大峡谷入口处巴昔卡时，便领教了“雨都”给搜集军事、地理和人文等情报带来的巨大困难。

巴昔卡海拔152米，属于我国珞巴族巴昔部落人口最多、面积最大的一个村落。巴昔卡因受到了印度洋暖湿气流的强烈影响，年平均降雨量高达4495毫米，终年降雨量异常充沛，为大陆地区降雨最多的地方，被誉为“中国雨都”，还写进了中国地理教科书。

巴昔卡森林茂密，四季常青，物产丰饶，各种热带植物生长茂盛，藤本植物交织缠绕，满山遍野是野芭蕉林、野柠檬林，以及生长着香蕉、甘蔗、棕榈等热带植物。除宜种植热带经济作物外，还可播种农作物，一年三熟。热带雨林中栖息着孟加拉虎、犀鸟、太阳鸟、蟒蛇、孔雀等上千种珍禽异兽，好一幅美丽的热带风光。

巴昔卡地处雅鲁藏布大峡谷出口，那里江面宽阔，水流平缓，年平均流量为5300立方米/秒。千百年来，奔腾不息的雅鲁藏布江，承载着辉煌的吐蕃文明从它身旁滚滚南流，流向浩瀚的印度洋。已被印度侵占了半个多世纪的它，目前是印度伪“阿鲁那恰尔邦”东西昂地区的行政中心。因其重要的战略位置，被印度称作“阿鲁那恰尔邦的大门”。

两年前，法国神父噶拉克曾来到这一带传教，赢得了巴达姆、民荣等珞巴族部落民众的信任，这或多或少给达尔顿探险考察打下了基础。可是，在阴雨连绵的雅鲁藏布大峡谷珞巴族诸多部落探险考察，它所带来的心理压抑自不待说。达尔顿始终认为，珞巴族诸部落好勇斗狠，又对英国人充满敌意，心里自然是忐忑不安。拿他的话来讲，说不清“阿波尔”人的哪一根神经出问题，就会闹出杀人的事来。

达尔顿还深入靠近巴昔卡的密蒲村考察，那里居住着珞巴族巴达姆部落，是距离藏区最边远的一个珞巴族村落。达尔顿来到密蒲时，在给上司的报告中谈到，这里的珞巴人使用很多来自藏区的手工制品，诸如刀剑、烟斗、毛织物、铜锅和蓝白串珠等，藏区的产品传入这里，甚至远达下珞渝南边与阿萨姆平原毗邻的许多地方。

事实上，达尔顿两年前就在靠近雅鲁藏布大峡谷的印度阿萨姆拉金普尔县，从下到平原地带收取米里人租税的珞巴人那里了解到一些情况，同雅鲁藏布大峡谷一带的“阿波尔”人有了真正的接触，他著的《在拉金普尔底杭河对阿波尔人的访问》，详细叙述了他同“阿波尔”交谈的内容，对他们的衣着、风俗等，有过非常粗糙的描写。

自从英国人贝德福德和威尔科克斯踏上雅鲁藏布大峡谷区域土地算起，已过去了整整20年。达尔顿这些所谓的探险家、军人、传教士和政客，写下了许多介绍珞巴族诸部落民俗的文章，在西方引起了阵阵不小的轰动。

这些介绍珞巴族人文风情的文章，大都和猎奇有关，甚至带有大英帝国的傲慢和偏见。从描述珞巴族诸部落民众性格方面，就可看出那些伴随军事征伐而来的英国观察者是多么狂妄和无知。

这些手持来复枪和钢笔的英属印度军事征伐者，贸然闯入雅鲁藏布大峡谷区域珞巴族部落的领地，自然会激起当地人的强烈反对，有的甚至丢掉了性命。他们在描述珞巴族部落民众性格时，自然将这种个人情绪掺杂进去，其结果是可想而知的。有的认为珞巴族是“一个愚笨的、独立不羁和好战的民族”；有的写成是“放荡不羁的、粗野的、肌肉发达而样子可怕的卑鄙家伙”；有的说成是“长期以来，阿波尔人称霸于阿萨姆边界，桀骜不驯，刚愎自用”……

在达尔顿早期到雅鲁藏布大峡谷区域的探险考察中，大都与军事、地理和人文风情情报有关。在他的文章里，同样带有那个时代的印记。由于他对珞巴族诸部落民众怀有的偏见，甚至在描述他们的性格时，所用的语言更加偏激和不友善。他在所写的文中说道："（阿波尔）是一个比米什米人高出不少，然而是外貌粗俗和懒惰的民族。"

英国殖民者擅自闯入珞巴族部落领地，剥夺他们曾沿袭多年的权利，不准他们下到阿萨姆平原向米里人收取税金，这自然激起了珞巴族部落民众的不满。当他们起来抗争时，英殖民者就放火烧毁他们的房屋，这自然遭到了珞巴族部落民众的反抗，因而认为珞巴人好战，甚至用"阿波尔"、"米什米"、"阿卡"、"达夫拉"等带侮辱性的字眼来直呼他们，认为他们是"没有教养的小畜生"。

在雅鲁藏布大峡谷出口处一带，居住着珞巴族巴昔、阿卡、巴达姆、民荣等诸多部落，他们防止白皮肤英国人的进入，就像饥荒年代人们防盗贼一样，让许多英国人很难深入更远的地方。达尔顿也不例外，他只能在大峡谷区域边远地带支流做贼似的游荡，让达尔顿从中历尽了常人难以想象的艰辛。

正是这一次次探险考察，使达尔顿从中搜集了许多有关雅鲁藏布大峡谷珞巴族方面的人文风情资料，将他引上了探索珞巴族民俗之路。可在这条研究之路上，他还得感谢一个人，那就是与他同一时代的英国著名民俗学家汤姆斯。在19世纪50年代，汤姆斯开创民俗学研究领域，达尔顿不可避免地成为这一学术成果的受益者。

民俗学是一门研究不同国家、民族和地区，在不同传统文化基础上形成的千差万别的风俗习惯，并进行综合和比较研究的人文科学。正是这种差异性，在相互比较中才会显示出来。综观中外有影响的民俗学著作，多半发端于外来人。"外来和尚会念经"，在民俗学研究领域，这几乎成了一个千真万确的真理。

这自然使人们想到：由于珞巴族部落民众长期生活在异常封闭的环境里，所以在他们看来，因生产生活、婚丧嫁娶、交往娱乐等习俗，都是祖祖辈辈传下来的，历来如此，不存在什么新奇可言。可在达尔顿的眼里，就完全不一样了，他带着大英帝国民族的传统习惯去观察和审视珞巴族的民情风俗，一切都感到非常新奇和不可理解，从而激起描述和深入研究他们民俗的兴趣。

当然，这并不是说珞巴人不能从事本民族的民俗考察和研究，但前提是必须首先从本民族的文化氛围中跳出来，对外界的历史文化及其民俗风情有一个全面的认识，方能把握住本民族民俗文化的特质。若有了这样的经历和学识，常常能在外来文化人开拓的基础上，使之得到更深层次的挖掘，取得更为丰富的学术成果。

达尔顿在19世纪四五十年代，得力于外来文化人的视角优势，通过英、印报纸杂志发表了不少介绍珞巴族部落文化的文章，产生了许多意想不到的社会影响，引起了包括汤姆斯在内的英国民俗学家的关注，自然有了同他们探讨交流的机会，成就了他27年后对雅鲁藏布大峡谷区域珞巴族民俗文化的开拓性研究。

1872年，达尔顿再次来到雅鲁藏布大峡谷区域考察，有意识地系统搜集整理珞巴族诸部落的民俗资料。正是这一年的探险考察，使达尔顿对珞巴族民俗文化有了一个更深刻的认识，将他的研究推向一个新的阶段。

珞巴族博嘎尔部落传统服饰（李坚尚摄）

在民俗学家的眼里，风情习俗是一个民族特有的标识和徽记。一个民族的民俗文化，最能体现他们民族心理、民族性格、民族精神和民族审美情趣。大自然的残酷无情，将珞巴族众多部落推向了世界上最艰苦的人间绝域——雅鲁藏布大峡谷区域，他们所表现出来的坚忍不拔的奋进精神、强悍刚毅的民族性格和诚信无私的道德原则，折射和展示出珞巴族独具特色的民俗文化。

珞巴族崩尼部落妇女服饰（李坚尚摄）

对原始部落的人们来说，勇敢和力量是财富的源泉。珞巴族诸多部落的服饰，无不与狩猎生产有关。他们有意地使用地上动物的毛皮和天空飞鸟的羽毛，以此摆脱超自然力的影响。为了表达爱美激情，显示等级，炫耀财富和展示身体魅力，用打到的猎物来装饰和美化自身。在他们看来，谁获得的猎物越多，身上的装饰品也就会越多，装饰成了勇敢、力量、技艺和智慧的象征。因此，就服饰本身来说，它们综合了诱惑、遮盖、展示和一物多能的特点。

在达尔顿看来，要想说明珞巴族的服饰特点却不那么容易，因为它包括了用来遮盖身体的衣饰类、增加外表魅力的首饰类、显示自身和有意让人恐怖的装饰类……珞巴族小伙身材魁梧，姑娘性情活泼。珞巴族妇女穿上色彩鲜艳的裙子，再配有很多饰物的上衣，显得格外漂亮。1872年，达尔顿在所著的《孟加拉民族志》中，是这样来描述珞巴族服饰现象的：

男子服装中的腰布，主要由一种叫做乌达尔的树皮纤维织成，它有垫坐和遮盖两个用途。腰布绑在腰间，后背面耷拉着，长出约15英寸，好像一条毛茸茸的白色尾巴。晚上人们把它作枕垫使用。现代的阿波尔人盛装时显得很有派头。普通人一般穿带色的无袖外衣，这是他们自己制作或是从邻近的丘利嘴答即义都米什米人那里输入的。有些人穿藏袍，他们自己种植棉花、织布，这些像一条长长的围巾，他们用这种布做成暖和的短上衣。我所见到的普通妇女服装用两块布拼成，上有红蓝两色的宽边条纹，穿时绕过腰际，成为一条长仅及膝的裙子。然后用藤带子结牢。其余部分在胸部折叠起来。但多数妇女不这样穿，让腰际以上的身体部位明显地露出。她们不认为这样做是无礼的行为。

在她们的脖子上，落落大方地挂上串珠，直伸到腹部。她们的耳垂如同其他山区部落人一样，由于装饰而被撑得大大的。为了把那些显得十分粗糙的光腿装饰起来，她们用十分精致的用藤编织的宽带子把脚脖子紧紧裹着，白色串珠组成的脚环上挂着铃铛，更显出她们特有的风采。尤为特别的是她们的服饰。所有女性在青年时期的得意服饰，是挂在腰间的一条带子上的蚌形雕花青铜片。这些铜片有3～12个，直径从3英寸到6英寸不等，在腹部一字排列，最大的在中间，顺次到最小的，一直排到臀部。这种铜片走起路来叮当作响，如同犯人的镣铐声。

就在这一年，英国著名人类学家Ｅ．Ｂ．泰勒发表了他的名著《原始文化》，在英国、印度等地掀起了一股探索原始部落的“文化热”。达尔顿通过这本书，第一次看到了泰勒有关“文化”概念的表述，即文化是“一种复杂的整体，包括知识、信仰、艺术、道德、法律、习惯及作为社会一成员的人，所获得的任何其他能力和习性”。

在达尔顿的心中，没有比这对他的思想冲击更大了。毕竟他在雅鲁藏布大峡谷区域搜集资料达27年，又长期接触尚处于原始社会父系氏族阶段的珞巴族诸部落。他拿出泰勒的《原始文化》，将其笔下的图腾崇拜、以物易物、平均分配、进山狩猎等现象，同珞巴族诸部落文化进行反复对比，他惊叹，这不正是笔下所经常描绘的珞巴族习俗？

达尔顿作为一名大英帝国的军官，同样受过良好的教育，在英属印度也算得上是个知识分子。对于希望

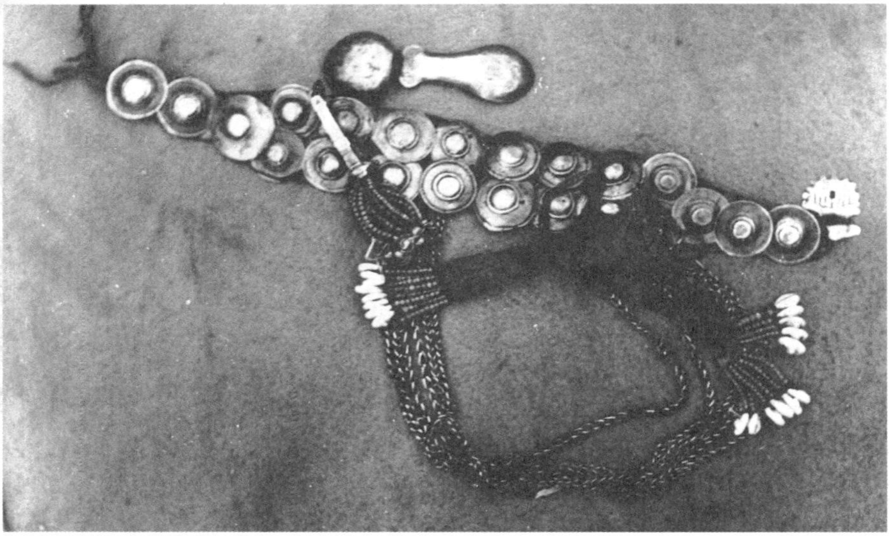

珞巴族的腰带（李坚尚摄）

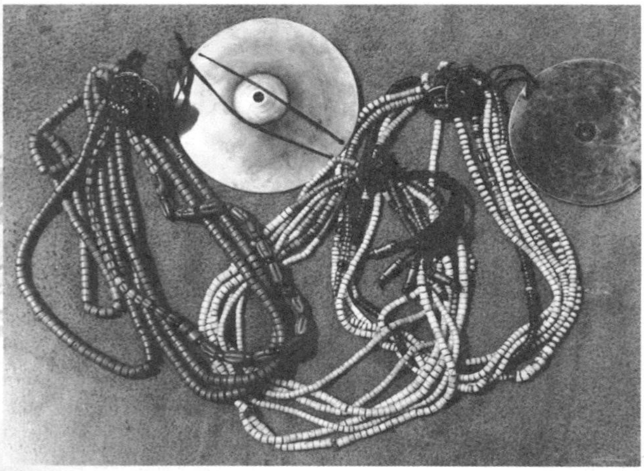

珞巴族博嘎尔部落妇女背饰和颈饰（李坚尚摄）

能有重大发现和向来爱争第一的英国人来说，他认为既然自己完全有研究原始文化的机遇，可为什么不率先提出这样的概念呢？

可是，当达尔顿静下心来撰写珞巴族诸部落民俗文化时，才意识到民俗文化是一门学问，最初的新奇感只是入门的向导，要从奇风异俗的个别描绘进入系统的收集整理，必须要有科学理论的指引。从这个时候起，他有意识地阅读了汤姆斯、泰勒等一些文化人类学家、民俗学家的著作，从中使他认识到，保持对珞巴族诸部落的新奇感，是考察民俗文化初期的可贵心态。但是，一味猎艳逐奇，把离奇古怪作为民俗考察的终极目标并不可取，甚至极为有害。因为新奇只是对尚不认识事物的表面印象，一旦深入下去，就会发现调查者离奇古怪的第一印象，其实在珞巴人的心目中是一种合情合理的存在。

第二年，达尔顿再次深入雅鲁藏布大峡谷区域，涉猎到了珞巴族诸部落更多的服饰文化。他在有关“阿波尔”的服饰文化中写道：“珞巴族不分男女，都戴一个青铜手镯，系当地铁匠打造，上有几何图案，均一英寸宽。巴达姆男子戴的一种手镯，外层有柱突，颇为奇异。阿兴人有一种辫状的藤腰带，上面镶有白石片或骨片，像皮带那样系在衣服外面。在希蒙、卡可、民荣、巴达姆、潘奇人中，妇女也戴两种与上述样子相似的腰带，上面镶以直径为3.75厘米的青铜圆片，或用藤条交错编织而成的'之'字形花纹。这种腰带由圆形的青铜片组成，青铜片直径约5厘米，上面有密集而又突起的花纹图案，前面正中的那个铜片最大，上有交叉的十字花纹，较小的铜片依次放在两侧。圆形铜片不论大小，上面都有孔，与另一个较小的铜片接在一起。戴耳饰是妇女的专利，有一种耳饰是很厚的金属柱，看上去很像一个银质小花瓶。男子通常都不在手腕处戴任何金属的手镯，但所有的姑娘和妇女，不论年龄大小都要戴。男子在右手戴一个藤手镯，有时候还在手镯上缠上野生动物毛，妇女在腰间套一些圈，有些男子亦如此。"我们从中看到，达尔顿在介绍这种民俗现象时，就比过去显得更加理性和客观了。

综观达尔顿从1845年所著的《阿萨姆的米里人和阿波尔人》、1853年的《在拉金普尔底杭河对阿波尔人的访问》，到1872年的《孟加拉民族志》，他逐步走出了过去那种大肆渲染珞巴族诸部落"野蛮"，甚至指责"不开化"的狭隘，而是将貌合神离的珞巴族民俗现象与他们的历史、信仰、地域、生产等因素联系起来，放到古今、上下、左右的宏观时空中予以综合审视，一切古怪的事物就变得理所当然。

提起达尔顿在学术上的成就，印度原总理尼赫鲁部落事务部主任、对珞巴族文化颇有研究的印度学者V.埃尔温博士说："从上个（19）世纪以来，对（珞巴族）巴达姆、民荣部落已有报道。1825年，贝德福德和威尔科克斯已访问了这一地区。随后，探险家、军人和行政官员也接踵而来，其中最有名的是孟加拉长枪队上尉E.T.达尔顿……"

正当达尔顿想在珞巴族民俗学领域有更大成就时，英国人和"阿波尔"人的矛盾越来越深。英属印度政府害怕事态扩大会引起珞巴人更大的反抗，从而花费政府大量"讨伐"经费，遂于1873年制定《孟加拉东部边境章程》，按章程划出了一条边界线，英国政府称该条边界线为"内线"，规定英国属民或外国侨民无护照者不得越过此线。

这就意味着，达尔顿探险考察"内线"以北珞巴族诸部落的计划，很难得到政府的支持，他只得遗憾地将考察转移到印度阿萨姆阿霍姆王朝的研究上，最后不得不选择退休离开印度回到英国本土定居。不过，我们还是能从达尔顿对阿霍姆王朝的考察研究中，得到许多启迪。

1875年，达尔顿还来到靠近雅鲁藏布大峡谷出口处的印度拉金普尔县考察，他凭着多年对米里部落文化的理解，著有《公元1875年阿萨姆邦拉金普尔地区少数民族统计报告》，刊载于英属印度的《孟加拉人种学》杂志。他在该报告中写道：“……在蓬帝国的第十三代君主苏肯姆法执政时期，他的兄弟萨姆隆法是他的部队总司令，率兵征服了卡恰尔、特里普拉和曼尼普尔，越过山地闯入了布拉马普特拉河坝区，从此地发起了一连串征战，掸人从萨地亚到迦摩缕波，逐步把整个地区征服了，这很可能是经过几个世纪中的若干次入侵才完成的。因为阿萨姆的编年史料所记载的相当于公元1228年那一年，正是诸古法登基的年份。”

正是达尔顿的这一研究成果，开启了阿霍姆王朝由谁来建立的大讨论。许多学者都认为，阿萨姆侗台语民族在印度东北部活动早在汉唐时期就开始了，但规模和影响最大的迁徙却是在13世纪的阿霍人，他们从祖居地勐卯（今云南瑞丽勐卯村）向缅甸迁徙，再向西北进发，于1228年在这里建立了阿霍姆王朝。阿霍人到达阿萨姆时，他们的语言是勐卯的傣（掸）语，其语言文字形式与同时期云南德宏、瑞丽的语言是相同的。可经过长期与当地其他民族的交流，阿霍人的语言发生了变化，逐渐失去了主导地位，最终不再作为交流的工具来使用，但仍然保存在一些文献和宗教活动中。

见证英属印度“内线”

“亲爱的总督先生，一个堂堂的阿霍姆皇帝，怎么可能同意他的臣民向猴子一般的部落人交税呢？”当A.麦肯齐第一次看到这样的考察报告时，带着怀疑的目光，向英属印度孟加拉政府副总督威廉·格雷提出这样的问题。

“我的麦肯齐先生，这需要你用心去体会，真正到东北边境去考察，你会相信这样的事实。”格雷看着眼前这位怀疑一切的后生，还是带着鼓励的目光同他交谈。在格雷看来，麦肯齐有很高的文化水平，大英帝国需要这样的年轻军官，保不住他能干出惊天动地的大事来。

1868年，麦肯齐从英印政府总部调到英属孟加拉东北边境，直接负责管理来往的政治文函。正是这样的经历，他开始注意搜集、整理和研究英属印度阿萨姆以北的珞巴族、门巴族部落事务资料。

1869年，副总督格雷就要求他写一部《关于孟加拉东北边境的备忘录》。麦肯齐接受这项任务后，使他有机会阅读了大量英属印度政府官员的考察报告，从中发现阿霍姆王朝并非印度的属地，属于缅甸相对独立的一个土邦。英国军队自1826年征服这块土地后，将其划入大英帝国的版图。面对日益膨胀的版图，这怎能不让他激动呢？

麦肯齐作为一名大英帝国的军官，希望能亲自到孟加拉东北边境地区部落考察事务，拿起自己的笔撰写有关界北部落事务的文章，给决策者提供征服这些新部落的依据。可机会来临时，却是那么的突然。

“这是我们的领地，凭什么阻止我们收税？”麦肯齐在阿萨姆靠近珞巴族阿卡部落的一个村落里，亲眼目睹了阿卡人欲抓走抗税者的“蛮横行为”，英国军官赶忙上前阻止，使得阿卡人的收税行动没能实现。

在麦肯齐看来，阿霍姆王朝不是这里的统治者，阿卡人才是这里真正的“国王”，生活在下游的阿萨姆人，便是阿卡人的“臣民”。这样的局面是如何形成的？阿霍姆王朝为什么能容忍这样的行为？

麦肯齐沿着这样的思路，深入靠近阿萨姆的阿卡、达夫拉、阿波尔、米什米等部落，考察他们同阿霍姆王朝的关系，解开了这个久已存在的秘密。

在阿霍姆王朝统治时期，土地和培克（自由人）被视为国家的财产，每个培克从国家领取两普拉土地耕种。每三四个培克组成一个戈特，每个戈特每年必须抽出一个培克为国王或政府官员服役。

阿霍姆王朝还规定，培克可以得到一小块免税地作为园地，须向他们缴纳1个卢比的人头税。若培克耕地超过两普拉，则须为多种的每一普拉土地交1个卢比。从事手工业的匠人及其他非农耕者，则向国家缴纳更高的人头税。

麦肯齐在阿萨姆边境地区看到，阿霍姆王朝在税收上采取了不同的特殊制度。即在边境地区划出一定数量的培克，他们向北面的山地部落纳税，而不是向阿霍姆政府交税，他们称为“布沙”，阿霍姆王朝“居然承认这一状况”。

对于界北部落的“布沙”权，麦肯齐不得不承认：“（布沙）是向大多数邻近平原边界的山区部落交付的。如认为这只是一种不确定的、意义不明的榨取就错了。这的确是一种准确规定的赋税。因为相应的数量从国家对农民的征收中予以扣除，以确保对布沙的缴纳。它也许起源于侵占，或者根植于山地人所具有的习惯权利；但它的确是英国人兼并阿萨姆时，这个国家赋税制度的一个特征。”

在界北部落行使布沙权时，麦肯齐看到界北各部落采取了分段行使职权的办法。地处门巴族聚居区达旺以南地区，属于七王统治的地域，在他们所控制的8个月内，征收大约相当于5000个卢比的赋税。卡里阿帕拉以东为查德瓦尔，据麦肯齐所说，山口边界上居住着鲁普赖甘和舍尔甘两个布提亚（门巴）人集团，头人也称为“七王”，“自称他们是达旺王的下属，达旺王则是拉萨的封臣”。

在英印殖民者的著作中，对门隅以东的珞渝，则没有“珞巴族”这一族称，而是单列为各部落或支系。从西向东主要有阿卡人、达夫拉人、阿波尔人、米里人和米什米人，这大都是一些带有偏见的侮辱性称呼。事实上，他们分属于珞巴族的阿卡、崩尼、巴达姆、民荣、义都等诸部落，而英印竟擅自取名，给我国研究珞渝文化带来了极大混乱。

在孟加拉东北边境地区的阿卡人，分为哈扎里卡瓦和卡帕觉两个集团。哈扎里卡瓦人有权向山口平地的培克收取赋税，阿霍姆的封建王朝同样承认这一权利，并划出一定数量的培克给他们。麦肯齐仔细查阅了1825年英国史料，发现哈扎里卡瓦人有权向分给他们的阿霍姆“克尔”（1000～1500个培克）的每户培克收取1套妇女衣服、1捆棉线、1块手巾。

达夫拉人居住于达朗县以北的劳德瓦尔和拉金普尔县以北的切德瓦尔的北部山区。麦肯齐从1825年的史料记载中同样看到了这样的情况。达夫拉人有权从山口平地的每十户培克中收取1匹双幅布、1匹单幅布、1块手帕、1把刀、10头角牛及四西尔（每西尔为2.057磅）盐。由于这部分克尔承担了达夫拉人的税务，阿霍姆政府只向每个戈特征收3个卢比税收，而不是通常的9个。让麦肯齐惊奇的是，达夫拉人各氏族都有固定的收取布沙的村落，彼此不干预。

“阿波尔”人地处东面的德亨河（雅鲁藏布江下游）与迪邦河之间的山区，米里人是“阿波尔”人的巨属。据人类学家研究，认为他们起源于共同的居住地，一些米里人向南迁移进入平原地带，充当“阿波尔”人与平原地区居民贸易的中间人，或从事捕鱼、淘金业。“阿波尔”人对于平原地区，虽然没有布沙权，但他们对平原地区的米里人拥有绝对的主权，对于从他们居住地德亨河中流出来的鱼和金子拥有权利。他们不允许平原的米里人迁走，以免损坏与平原地区的贸易，要求渔民和淘金者贡纳。阿霍姆王朝政府承认他们的权利，不向平原地区渔民和淘金者收税。

英国入主阿萨姆后，试图破坏这个规矩。可令麦肯齐惊奇的是，面对界北部落的不断袭扰，英属印度在一段时间内承袭了阿霍姆王朝的政策，他们承认界北山地部落有直接到山口平地内收取赋税的传统布沙权。不过，这种布沙权主要由英国人代为缴纳，麦肯齐详细记载了这一情况。

在查德瓦尔山口地带，1826年2月，英属印度官员马塞上尉与鲁普赖甘、舍尔甘两个布提亚七王订了一项协议，英属印度达朗县每年向他们支付2526卢比，以代替他们对山口平地的布沙权。

在阿卡人方向，1844年，英属印度官员简肯斯分别与卡帕觉阿卡人头人扎吉和哈扎里卡瓦头人达成协议。在同扎吉签署的协议中，英属印度向卡帕觉阿卡人支付总额为120卢比的补偿，扎吉头人保证“我和我的部落将我们的贸易仅限于拉哈巴里、巴里帕拉和特兹普里的市场，不再如以前那样在农民的私人家室中与他们交涉”；“我将留心不让我部落的人在英国领土内施行压榨行为”。

接下来，简肯斯同扎吉签署了协议，主要内容为：（阿卡人）进入查德瓦尔须向地方负责人报告，公平出售货物，不在东印度公司领土内犯任何罪行；不加入与英国政府为敌的集团，如被证实参与任何阴谋，将丧失进入英国领土的特许权；进入平地内不得携带武器，并只限于到拉哈巴里、巴里帕拉、奥朗或特兹普尔建立的市场，不再如过去那样与农民在其私人家室中交往；在英国领土内遵守英国的法律，所有与培克的债务将通过英国的法院解决……

大英帝国行事严格遵照协议，可麦肯齐还得按照阿卡部落人的风俗行事，这让他感到同界北各部落交往时，相互发誓比协议更为重要。麦肯齐在同卡帕觉阿卡头人签署协议时，头人扎吉将手放在老虎、熊的皮上和大象的鼻子上，杀死一只家禽发誓：“我们将永不对英国政府管辖下的农民犯下伤害、压榨之罪，并忠实地遵守以下条款。”

在达夫拉人方向，让麦肯齐最为头痛，任凭他们说明补偿金的重要，可达夫拉人坚持原阿霍姆王朝划分给他们的培克征收布沙的权利，英印当局推行的补偿金方式遇到了较大阻碍。1835年，达朗县的英国官员与8个达夫拉人部落头人达成一项协议。按照协议，他们向村庄的税收人马尔古扎收取布沙，而不是直接向培克征收。英印当局随后又违背协议，封锁边界，禁止达夫拉人进入平地内收取布沙和贸易，最终迫使他们于1852年放弃布沙权而接受补偿金。

麦肯齐在查阅资料中看到，特兹普尔国库付给切德瓦尔和劳德瓦尔达夫拉人的补偿金为2494卢比，拉金普尔国库付给切德瓦尔达夫拉人的补偿金为1243卢比，付给邦斯科塔达夫拉人的补偿金为392卢比。但是，达夫拉人对此不满，多次进入平地袭击村落，搜捕逃奴。英印当局派兵极力阻止，与达夫拉人的关系一直处于紧张对立状态。

在“阿波尔”人方向，麦肯齐发现反对英印当局的态度最为坚决，他们采取利诱与封锁双管齐下的政策均未奏效，相反引起了他们数度袭击平地村庄。1858年，英属印度组织远征军攻击克邦的“阿波尔”人村庄，以失败而告终。次年再次远征，但只攻占离克邦还有四天左右路程的帕西村即匆匆撤回。印度政府决定在“整个阿波尔边缘地带布置部队，构筑堡垒，开通道路，建立军事指挥”，一方面沿边境构筑堡垒线，封锁山区，同时修筑道路，准备进行更大规模的军事进攻。

在强大的军事压力下，民荣“阿波尔”34个头人于1862年与拉金普尔副专员比瓦尔达成了有16条款的协议。麦肯齐因工作关系，大量阅读了当年的原始记录，在他的书中详细披露了当年签订的有关内容：

民荣阿波尔与英属印度间恢复

民荣部落妇女手纺毛线（埃尔温摄）

和平；民荣阿波尔人承认英国领土延伸至山脚，并愿遵守；英国政府占领平原的边境地区，并建立警察站、哨所，兴建堡垒，开通道路，民荣阿波尔人对此不持异议；民荣阿波尔承认所有居住在民荣山以外的居民为英国臣民，保证不以骚扰英国领土上的居民为目的而侵扰、跨越边境；民荣阿波尔人可前往平地内市场或他们认为适宜聚集的贸易点，但除刀以外不得携带矛、枪、弓箭；民荣阿波尔人到英国领土内定居或占有土地应向英国政府纳税；英国政府每年向民荣阿波尔赠送100把铁锄、30蒙德（印度重量单位）盐、80瓶酒、2西尔阿布卡里鸦片、2蒙德烟。

1863年，长期坚持抵制英属印度的克邦人也与英国订了一份相同性质的协议。

然而，随着英国东印度公司逐渐向北渗透，对山区部落的政策发生重大变化，决定消除山口平地的两属状况，以此打通通往中国西南地区的道路。因此，他们以提供补偿金为诱饵、以封锁传统商路为要挟，不惜发动武装征讨，迫使山区部落放弃对山口平地的布沙权。

若仔细审视麦肯齐到孟加拉政府任职时期，正是英属印度向东北边境北面扩张的年代。19世纪中叶，东印度公司和英国商人纷纷涌向阿萨姆，这里气候温暖多雨，适宜茶叶生长，很快就开发了数万亩的茶园，随即建立了许多与茶叶相关的工厂和企业，诸如茶叶加工厂和制造茶叶包装箱的锯木厂，给英国资本家们带来丰厚的利润。

可到了19世纪60年代，阿萨姆平原已被开发殆尽，资本家将贪婪的目光投向属于我国珞巴族生活的地带，锯木厂大老板们起初雇人潜入丘陵盗伐林木，然后用大象拉回来。偷盗者经常被珞巴族诸部落抓获而受到惩罚，有时还袭击了阿萨姆平原的茶园、锯木厂和煤矿。

1872—1873年，麦肯齐跟随副总督格雷一道，担负起了同界北部落的划界任务。在布提亚人方向，英属印度将西起洛塔河，东至加布鲁河间地段作为边界，布提亚头人无法接受这样的划界，因为他们的布沙权受到严重侵犯。据麦肯齐记载，直到1876年2月，布提亚头人在与达朗副专员的会议中，才接受了这一划界。

划分阿卡人边界时，由于英属印度所提出的边界线，剥夺了阿卡人在平地的传统放牧权，所以遭到激烈反对。卡帕觉人对于从波洛里河至卡里迪克赖河间的边界划分尤为不满。英属印度当局采纳达朗县官员坎普贝尔的提议，在平地划出49英亩地赐给阿卡人。这样把阿卡人原有的放牧权转变为英属印度对他们的一种恩赐，由此利用这块赐地作为使山区部落屈从的一个工具。后因卡帕觉头人米底放弃了原来的要求，勘界工作才得以进行。

在达夫拉人方向，当时正值达夫拉人袭击哥波内警察站以北二英里的安托拉村，英属印度封锁边境，准备军事进攻，故未勘界。麦肯齐多次参与了大英帝国的军事行动，可面对界北的原始丛林，对达夫拉人的作战显得苍白无力。此后，界北山地部落曾数度反对英属印度的边界划分。

麦肯齐多次随副总督格雷，参与同界北各部落头人签订的一系列边界协议，英国以有利于它的方式解决了从不丹南部边界东端，至迪邦河间山脚平地传统习惯边界的两属问题，大体上确定了一条他们当时主张的边界线。这条边界线沿阿萨姆山脚行走。

珞巴族民荣部落的宗教舞蹈（埃尔温摄）

从不丹南部边界东端至波洛里河间是经过勘划的，树立有界桩；巴洛里河以东没有勘划，没有树立界桩，但英国与达夫拉人、阿波尔人签订了协议。因此，这条线也被英国和英属印度称为“外线”。

所谓“外线”，就是英属印度的国际边界线。这一点，在“麦克马洪线”出笼前，英国和英属印度官方及有关官员们均明确肯定。如达朗县副专员谈到达夫拉人的封锁问题时说：在实施封锁的同时，“还应当监视沿迦摩缕波边境的勘划边界线的测量圆满地完成，边界线应沿山脚向东行走；以便明确地标出我们所要宣布的我们未来的领土，在这条线内不容许任何侵犯和蚕食”。

英属印度通过与界北山区部落的协议，将其边界扩展到阿萨姆山脚，但对于与山区交接的边缘地带，并不能加以有效控制。一些阿萨姆平地内的居民、探险家、收购橡胶及木材商人、捕猎大象者，进入山区边缘地带，有的甚至深入山区活动。随着阿萨姆茶业的发展，一些茶园主在边境地区占有土地种茶。这些人经常与珞巴族、门巴族部落民众发生纠纷和冲突，以致有的英国臣民丧生。

事件发生后，英属印度感受到了前所未有的压力，要求对山区部落采取军事行动。但是，派部队深入山区远征，耗费巨大的人力财力，并具有极大的风险，英属印度政府左右为难。阿萨姆当局深感“迫切需要更加严密地控制我们的臣民与居住在管辖边界上的部落民间的商业关系”。

1872年，在阿萨姆推行英属印度关于赋予主管政府为落后地区制定临时法律的法案时，阿萨姆当局的第一个行动就是在边境县实施这项权力。副总督格雷拟定了《有关和平及某些孟加拉东部边境县政府的法令》，经总督批准生效。该项法令授权副总督格雷在有关县划定一条线（“内线”），英国臣民及外国人未经许可不得跨越该线。若跨越“内线”者，需向有关县的主要官员提出申请，经批准后发给通行证。

麦肯齐根据这项法令，先后来到达朗县、拉金普尔县及布拉马普特拉河谷南部有关县的山区边缘地带勘划了内线。各县勘划内线完成后，由印度政府发布《关于在边境县划定英国管辖“内线”的通告》。麦肯齐作为这段历史的见证者，记录了英属印度孟加拉政府总督发布的达朗县民众不准越过“内线”的通告内容：

印度政府通告，外交部第631号，1876年3月8日根据1873年第5项法令第2款规定，总督特此通告：从迦摩缕波县的东部边界，也即从位于波尔纳迪98号界桩，该线沿由1872、1873、1874、1875年的税收调查所确定，并为98号至160号界桩所界定的不丹南部边界、阿卡与达夫拉山南部边界东行，从160号界桩该线沿东南方向进至巴奴姆河切断辛里简荒野第18号赠地的北部边界之处。

1873年，麦肯齐离开英属印度孟加拉政府。可就在1881年，英军占领博姆朱尔和尼柴姆加特，将其边界延伸至此，设立萨地亚政治助理官员协助迪布鲁加尔副专员处理边境事务及与境外部落的关系，J.F.尼德哈姆（J.F.Needham）担任了第一任政治助理官员。

1882年1月，麦肯齐从英属印度阿萨姆当局那里得知，大批卡帕觉人、达夫拉人等越过边界在波塔沙里、迪朱、纳米尼木克树立的界标，宣布界标以内为他们的领土，不允许任何人通行。他的心里受到了很大冲击，决定静下心来撰写“孟加拉东北边境备忘录”。

1884年，英属印度在加尔各答出版了麦肯齐撰写的《孟加拉东北边境部落与政府的关系史》，书中有关孟加拉东北边境地区“内线”、“外线”的原始记录，不仅震动了英国朝野各界，也给中印边界问题专家提供了第一手原始资料。

事实上，尼德哈姆在23年任职期间，多次潜行界北山区部落考察。1885年12月至1886年1月，他到了靠近日马的地方；1887年，尼德哈姆因对界北部落地区考察有功，获得了英国皇家地理学会吉尔纪念章；1888年，经阿萨姆东北角前往缅甸胡空河谷；1889年，《皇家地理学会增刊》第二卷刊登了他的《阿波尔山区旅行记》。

1891年，他再次前往胡空河谷，与远征孟拱的驻缅英军会合，谋图征服从伊洛瓦底江到胡空河谷间的地区。1895年，印度在西隆出版了他的《从特提拉普到阿波尔山区旅行记》《阿波尔村庄巴都、库木古访问记》。1899年，他又随英军远征位于萨地亚以北约25公里密西米人居住地的贝贝吉亚。其后他被誉为处理界北部落事务的“无冕之王”。

在1899年的回忆录中，尼德哈姆记录了英属印度当局尚不打算在东北边境大肆扩张的政策，仍然要求他的臣民不要越过“内线”。阿萨姆专员在关于讨伐贝贝吉亚密西米人的指示中说，“不存在兼并和长期占领新的领土的问题”。

1908年，英属印度外交部为1909年版《艾奇逊条约集》第2卷提供有关地图，在一幅东孟加拉与阿萨姆省地图上，将不丹南部边界至巴洛伊河间的边界以点、长画交替线（·－·－）标出，表示已经勘定；将巴洛伊河以东至尼柴姆加特间的边界以十字、长画交替线（+－+－）标出，表示已划界，但尚未勘划；尼柴姆加特以东则为点线（……）。

在这一点上，连印度总理尼赫鲁也是承认的。他在1959年9月26日给周恩来总理的回信中写道：“……印度的行政管理逐渐移入这些地区。在1844年和1888年同阿卡人，在1862年、1863年和1866年同阿波尔人，在1844年和1853年同门巴人，都签订了协定，把印度政府的权力扩及他们身上。英国政府的政策一般是或多或少地让这些部落自己照顾自己，而不是试图对这些地区建立像在英属印度的其他部分所见到的那种周详的管理。尽管如此，英国政务官员们来过这个地区，为了解决纠纷或者其他类似目的。”

印度学者拉姆针对某些人试图否定“外线”时指出：“外线”的存在是毫无疑问的。它已包含在前面所述的与某些阿波尔部落的协议中。它遵循“山脚线，沿所定的内线走向以北几英里延伸，其中一段，即沿山脚线从达旺地带东南角至巴洛伊河东经93°20′，北纬27°处，在1875年勘定。从巴洛伊河至迪邦河岸的尼柴姆加特，外线没有勘划，但被限定为沿着‘一条容易辨认的山脚线’。尼柴姆加特以东不存在外线，似乎只有内线标出英国管辖的范围”。

在谈及内线时，英属印度外事秘

书巴尔内斯在1889年7月25日的备忘录中写道，“内线就是我们真正的行政管理边界”；“就是一条为了管辖的目的而确定的线。我们的官员没有必要积极地临近这条线去治理，但他们绝不可试图去管理这条线以外的地区”。英属印度外交事务部特别顾问海门道夫也指出：“内线实际上是印度的有效边界。”拉姆则指出：“内线虽不是国际边界，但它起着国际边界的许多作用。英国的作家倾向于把它看做印度领土的有效范围……”

中印边界问题专家、云南大学历史系教授吕昭义通过认真研究麦肯齐文章中有关“内线”、“外线”的原始记录，结合赵尔丰部属在下察隅方向的划界，以及在参阅大量资料的基础上，得出了如下结论：

在英国进入阿萨姆以前，阿霍姆王朝领土仅限于布拉马普特拉河两岸的平原地带，大致相当于现在的拉金普尔、锡布萨加尔、诺贡、迦摩缕波、达朗及萨地亚的边境地带。其北部边境，以诸山地部落居住的山区边缘为界。

中印边界东段的确有一条传统习惯线，它不是近现代意义上的由国际条约规定、经过实地勘定和标出的边界线，而是由历史上的治理管辖而形成的。由于放牧、贸易及民族迁移诸方面的原因，边境地区管辖范围是有交错的，山脚边缘地区，尤其是山口地带有两属的情况。

在英国兼并阿萨姆之前，中印东段边境喜马拉雅山南麓如一道陡壁耸立，大体上划分出了双方的范围，但在一些山口地带则是领土交错的两属地区。这一传统边界与布延1949年出版的《英国与阿萨姆关系：1771—1826》一书中所绘1682—1826年阿萨姆地图中的北部边界大体一致。

英国兼并阿萨姆后，逐渐北上接近中印传统习惯边界线时，通过同山区部落头人签订协议，将原本两属的地区占为己有，大体上确定了一条沿喜马拉雅山山脚的边界线，即所谓的“外线”。而“内线”在“外线”以南，是英属印度限于其统治不能有效地达到“外线”情况下而勘划的，实质上是英属印度的“实际控制线”。

在一些英属印度的官方文件和官员言论中，内线勘划以后，仍然将原来的国际边界称为“外线”。英属印度政府为什么使用“外线”、“内线”等一些极不科学的用语？吕昭义教授在《英属印度与中国西南边疆（1774—1911）》中分析指出：“一方面是英属印度不放弃其扩张的野心，不愿受国际边界束缚；但另一方面又限于其实力所及，不得不限制其管辖范围。使用这些提法既顾及实际管理的需要，又未限制其未来的扩张。”

目前，有的网民提到珞渝，往往会有一种难言之隐，认为历史上中国的管辖权“证据薄弱”。事实上，历代中国中央政府对中原汉族地区、游牧民族地区、少数民族山区的统治形式是多种多样的，即使对同一个民族，对“熟番”、“生番”、“野番”的控制形式也不尽相同。

从元、明，直至清末，在东起湘西，西到滇西，北起川北，南至滇南的广大地区，这种情形比比皆是。中国西南二三十个少数民族，表面上都被历代中央王朝的郡县所覆盖，实际上管辖形式和管辖程度各不相同：部分人群直接受中央政府委派的流官管理，有些受制于本民族土司，有些受制于其他较发达少数民族的土司，而还有相当一部分则基本上生活在与世隔绝的无政府状态。

这些中央政府没有实施“有效管辖”的人群，有的几乎涉及整个民族，如佤族、独龙族；有的涉及一个民族的某些支系，如景颇族的载瓦支、浪速支。他们身居高山峡谷，处于氏族社会阶段，天高皇帝远，千百年间从不知“国家”、“中央”为何物，也几乎从不与“上级政府”发生关系，更不向中央缴纳赋税。难道人们就可以据此说这些“山大王”的辖地不属于中国领土么？

众所周知，过去1000年间，印度境内土邦林立，土酋多如牛毛，有的地处偏远，有的甚至位于腹地，民族、部族各不相同；还有很多地区连续几个世纪游离于中央政权之外，根本谈不上任何“国家管辖”。可是，又有谁怀疑过那些地域不是“印度领土”呢？

从吐蕃时代，西藏便把珞渝纳入势力范围，直到20世纪初，缅甸土邦阿霍姆王朝乃至英国殖民当局，都把珞渝视为西藏的一部分，是有案可稽的。事实上，西藏土邦波密王早在1905年，就将他的行政管辖权延伸到中印传统习惯边界线以北地区，英属印度当局未有任何反映，依然把阿萨姆平原和喜马拉雅山脚的分界线，视为他们与西藏的分界线，严禁他们的人员私自越过内线，这些还反映在各种旅行笔记、探险报告和官方文件中。

近年来，我国已经翻译出版了不少英属印度当局的文献资料，诸如麦肯齐、尼德哈姆的原始记录都表明，他们曾在阿萨姆平原北缘亲眼看到，有的地段还树立了英国殖民者的界桩。直至1936年之前，英国和印度出版的各种地图，所划的中印东段边界都是这条线，即使印度尼赫鲁总理所著的《印度的发现》一书初版所附地图，也是这种画法。

不难看出，中国西藏地方政府的一个土王——波密王嘎朗巴曾管辖过这块土地，就足以证明中国对珞渝的管辖权了。事实上，1928年波密王被西藏军队打败后逃到阿萨姆，可英国人没有以此大做文章，而是将他软禁起来，如今连他的死都还是一个难解的谜，这不正说明英国人侵占中国珞渝领土心虚而不敢拿它来说事吗？

2 解密原始人部落

本章介绍1910—1958年，英属印度布拉马普特拉调查队护卫队队长G.D.S.敦巴尔在搜集珞巴族部落文化的同时，开创了珞巴族原始文化研究；英国南亚问题专家C.V.F.海门道夫将珞巴族部落宗教文化的研究推到了一个新的阶段；V.埃尔温向尼赫鲁提出了保护珞巴文化的措施；印度人类学教授S.罗伊撰写并出版了世界上第一部珞巴族专著《珞巴族阿迪人的文化》……

第二章

解密原始人部落

开启原始人的研究

当历史进入1913年5月，在雅鲁藏布大峡谷区域的探险考察上，布拉马普特拉调查队护卫队队长G.D.S.敦巴尔（G.D.S.Dunbar）值得大写一笔。他当时护卫印度测量局派出的一支“阿波尔”测量队，沿雅鲁藏布大峡谷出口处巴昔卡溯江而上，成功地翻越更邦拉山，越过非法的“麦克马洪线”，到达了大峡谷核心地段的墨脱县背崩乡。

“阿波尔”测量队进入背崩后，没有继续沿江而上进行考察，而是翻越多雄拉山进入雅鲁藏布大峡谷的入口处米林县派镇，追踪雅鲁藏布大峡谷的河床大瀑布，因道路艰险而最终放弃。敦巴尔又带着他的大队人马，护卫“阿波尔”测量队人员再次翻越多雄拉山返回背崩，继续沿雅鲁藏布大峡谷溯江而上进行考察，当到达墨脱县甘代附近时，也因前面的道路异常难走而放弃。他们在墨脱探险考察21天后，于7月中旬沿雅鲁藏布江而下，直到8月上旬才返回墨脱巴昔卡。但他们尚未考察米林县派镇至墨脱县甘代乡之间，这近百公里的雅鲁藏布大峡谷核心地段，给后来的科学探险埋下了伏笔。

在第一次世界大战前夕，敦巴尔写下了极具价值的《阿波尔和迦龙》，其报道散见于英属印度《皇家孟加拉亚细亚学会会刊》第五卷。他首次向世人展示了一幅原始人生活的画卷：树叶遮羞、进山狩猎、钻石取火、刀耕火种、以物易物……在民俗学家的眼里，敦巴尔将雅鲁藏布大峡谷两边的迦龙、巴达姆、民荣、希蒙、达额木等诸多珞巴族部落民俗文化推到了一个新的研究阶段。

在英国有关研究雅鲁藏布大峡谷区域珞巴族诸部落文化的外国学者中，他的足迹几乎涵盖了大拐弯以下的珞巴族部落领地，就连以后写出第一部珞巴族学术专著的印度学者S.罗伊也是望尘莫及，其最远也只到过墨脱宗格林村。

1878年5月29日，敦巴尔出身在

英国一个世袭贵族家庭。1902年大学毕业后，24岁的他本可以留在英国本土发展，可他却在英国瓜分世界各国领土的狂潮下，第一志愿竟然选择了加入英印殖民军。当时正值英国向喜马拉雅山地扩张的年代，中国西藏也未能幸免。

就在这一年，英印总督寇松第一次提出了对中国西藏边界不断施压的计划，考虑如何占领西藏亚东春丕河谷的问题。1903年12月，英国派出2000余名官兵，悍然发动了第二次武装侵略西藏的战争，在占领亚东春丕后，继续向西藏腹地推进，于来年8月进抵西藏首府拉萨。

英国正得意忘形时，新崛起的德意志帝国正虎视眈眈地瞄准世界各地，企图瓜分英国等老牌帝国的殖民地。英国政府亟欲与俄国等结成联盟对付德国，必须暂时收敛一下侵略扩张的野心，停止了在西藏的活动，以求得同俄国的妥协，实行所谓的“不干涉政策”，对阿萨姆北部边界线（即所谓“内线”）以外的西藏门隅、珞渝和察隅地区，暂时不实行侵略扩张政策。英国政府印度事务部在一段时间里，不再批准英属印度政府派人员到“内线”以外的地区探险考察。

1905年，号称处理（中印）界北部落事务的“无冕之王”，时任萨地亚助理政务官达23年之久的尼德哈姆，最终还是被N.威廉逊（N.Williamson）所取代。在对待中印边界中国诸部落领地上，威廉逊远比尼德哈姆恶劣，他极力主张侵略这

背崩香蕉掩映下的梯田风光（冀文正摄）

块土地。他当时代表着一些商人利益者，认为英国政府一般不许其臣民北越内线（即今天的中印东段边界），除非那里的诸部落人杀了入境的英国臣民，这种政策应当改变。别看敦巴尔当时只是一个入伍仅3年的学生官，但他却是这一主张的有力支持者，深得威廉逊的赏识。

就在这一年，英属印度东北边境政策发生重大转折。印度民族解放运动掀起高潮，英国为了稳定其对印度的殖民统治，顺利实施从亚洲收缩和备战欧洲的全球战略，乃策划在东北边境推行前进政策，沿喜马拉雅山脊建立一道封锁印度民族解放运动的“战略边界”。

敦巴尔急切盼望的机会终于来了。随着阿萨姆地区的迅速开发，英国的“不干涉政策”受到了极大挑战。阿萨姆森林大量被砍伐，锯木厂缴纳的“森林使用费”亦逐步增加，于是他们便越境砍伐中国珞巴族诸部落的森林，向那里的部落头人交纳森林使用费。1906年底，不少锯木厂商人认为，交纳日益增多的森林使用费，严重影响了他们的市场竞争力，要求英印政府修改《孟加拉东部边境章程》，将“内线”向外扩张至“外线”。这就意味着，要求英印政府强行霸占珞巴人的领地。

1907年9月，主管阿萨姆地区的副省督L.海阿尔（L. Har）积极推行所谓的“前进政策”。他致函印度总督，提出了立即吞并“内线”与“外线”之间地带的计划，要求迅速加强侵略珞渝和察隅地区行动的四点措施：不准（界北）部落继续在内外线之间地带征收“森林使用费”；准许萨地亚助理政务官威廉逊带领警察对阿波尔人征收人头税或户籍税；取消英国向（界北）部落人交纳税金；将（界北）山地部落向南迁移，进行“文明化”洗礼。

1907年11月28日，在海阿尔的支持下，威廉逊尚未得到印度总督和英国政府印度事务大臣的批准，就带着他的爱将敦巴尔来到雅鲁藏布大峡谷一带搜集情报。他们从当时的孟加拉阿萨姆省首府萨地亚出发，沿察隅河逆流而上，来到达潘贡村，当地头人不准进村，他们被迫返回萨地亚。就在这一年，敦巴尔被升任为上尉军官。

1908年3月，敦巴尔再次紧随他的上司威廉逊，从帕西加特出发，从山脚至列敦，再到塞西里河的迪穆尔。当他们来到雅鲁藏布大峡谷区域，发现珞巴人的村子时，不顾“阿波尔”人不准前进的警告，仍然企图去那里禁止当地“阿波尔”人向伐木者收取森林使用费，并欲对“阿波尔”人强征人头税，却遭到了珞巴人的强烈抵制而撤回。

据西藏文献资料记载，直到18世纪中叶，地处雅鲁藏布大峡谷一带的珞巴族许多部落，还过着“不耕不织，穴处巢居，冬衣兽皮，夏衣木叶”的游猎生活。直到20世纪中叶，珞巴族的崩如、苏龙等部落的农业生产，还依然有使用牛肩胛骨铲土除草的残存现象。

珞巴人到底以什么样的状态生存呢？对于原始人早期的文字记述，我们今天也许只能从过去一些陈旧的著作中去查找，诸如美国著名人类学家摩尔根的《古代社会》，英国著名人类学家泰勒的《原始文化》、霍贝尔的《原始人的习惯法》以及美国著名社会学家拉丁的《原始人的世界》。若翻开敦巴尔所著的《阿波尔和迦龙》，人们惊叹于他最早对珞巴族原始部落生活状态的详细记述。

敦巴尔虽然没能禁止珞巴人收取森林使用费，但却被神秘的珞巴族部落文化所深深吸引。当走进珞巴族诸部落领地时，他顿生一种与世隔绝的感觉。在这片古老而又年轻的土地上，背夫们沉重的脚步声低回山谷，刀耕火种的滚滚浓烟拂动树叶飘向天空。木犁耕水田，竹片刮杂草，骨棒搓玉米，石臼舂稻谷。一群群光屁股的孩子拿着小竹弓练射箭，成年以后也要像他们的父辈那样进山狩猎。

这一切，无不使敦巴尔感到，时间就像喜马拉雅山的万年冰雪，始终被封冻着，再同那独特的热带、亚热带景观叠加在一起，让他非常着迷。而让他印象最深的，莫过于珞巴族村落之间奇险无比的道路了。这里山高谷深，河流纵横，特殊的自然环境和地理条件，造就了珞巴族诸部落高超的架桥技术，独木桥、木板桥、竹索桥等随处可见，而在这里最具珞巴族特色的桥梁建筑就数藤网桥了。在建造藤网桥时，他们不用一根铁钉，全用当地盛产的藤条编织，显示出惊人的技术，“令那些所谓开化的民族来说，也难以置信”。可对于藤网桥的最早记述，我们今天仍能从敦巴尔的著述中找到：

从（藤网桥）进口到出口，人行桥面的长度为717英尺，另加两端头尾各约34英尺，全桥长786英尺。藤桥在岸边的支架由8～10根21英尺长、直径5英寸半至9英寸的圆木组成。另

门巴族木桥（陈立明提供）

珞巴族架设在雅鲁藏布江支流金珠河上的藤网桥（冀文正摄）

外还有10英尺长的数根圆木作支柱。每边桥头大约用30股由藤条编成的索子紧紧绑在树上或竹林、岩石上。宽阔的圆筒形藤编织桥身，由30条用藤皮编成的绳索构成骨架，每条绳索长20～50英尺，各相隔7～10英寸。藤索接长时，使用肯普先生告诉我的“粗笨的结”。沿着桥身，每隔3～23英尺的地方，有用4股整条藤子拧成的圆圈，与桥身交织在一起，这种藤圈计有59个。桥上悬挂的粗索，由6股破开的藤子拧成。这些藤索高度，从那摇晃不定的脚踏处算起，分别在4英尺6英寸到6英尺6英寸不等。在一定距离内，有一根竹子作支撑，横绑在那悬空的粗索上，借以把它们隔开。在冬季，这种桥的中央部位距水面约30英尺，两端入口处距水面约130英尺。对于桥面上脚掌踩过的地方该负担多大的承受力，要事先作出估计。在双手抓住桥身上的横索时，给上面的吊索增加多大重量，也要作出足够的估量。此外，桥中央的摇摆度相当大，在刮风季节，不能过这种桥的可能性很大。

1909年1月，威廉逊自称受到雅鲁藏布大峡谷西岸格邦村“阿波尔”头人的邀请，以私人身份带着敦巴尔访问了该村。陪同他的还有卢姆斯登（D.M.T.Lumsden）上校和精通“阿波尔”语的美国基督徒杰克曼（W.L.B.Jackman）。他们沿迪杭河（雅鲁藏布大峡谷）逆流而上，带了一些奎宁、眼药、皮肤病药以及针、彩线等便宜礼物，分发给格邦村人。2月19日，因威廉逊突患急性肺炎，被迫返回萨地亚，敦巴尔却留下来继续搜集这一带的人文风情资料。1909年12月至1910年2月，他再次随威廉逊逆洛希特河（察隅河）而上至日马，搜集了一些有用的情报。此时正值清朝将领程凤翔率领军队开赴桑昂、杂（察）隅，他注意到了西藏官员已到达了那里。

1911年2月4日，敦巴尔跟随威廉逊一行，第三次溯察隅河而上到达门巩，发现了两面中国旗帜，一面已成碎片，另一面上还可以见到一条龙的图案。他从当地人那里得知，清军曾两度来到门巩。敦巴尔当时看到，威廉逊见到龙旗后不敢继续前进，只是在中国龙旗对面匆匆插上英国旗，并向附近居民探问有关情况。他的活动引起了当地边民的警惕，向中国驻军报告，赵尔丰对此十分重视，令程凤翔务必确查。

可就在3月21日，威廉逊沿雅鲁藏布大峡谷溯江而上，到达江东岸的空心村（东经95°，北纬28° 3′）。第二天，正当威廉逊一行准备进入雅鲁藏布大峡谷出口处一带时，珞巴族巴达姆部落头人通过阿萨姆的米里部落人带信，警告他们不要过河，否则将遭到毒箭的袭击。可自负的威廉逊根本听不进去，当即大声吼道："这次行动不关你们的事，你们给我立即滚开！"

威廉逊带着部分人马过河后，继续向雅鲁藏布大峡谷区域贡森进发。3月29日晚，他们到达大峡谷南岸若通村（东经95° 2′，北纬28° 2′）。第二天，威廉逊一行继续向前行至科辛时，全部被早已埋伏在那里的巴达姆部落所杀死。在威廉逊搜集情报的活动中，敦巴尔多次充当了急先锋，而这一次敦巴尔却没有与他同行。威廉逊之死，让敦巴尔感到了从未有过的耻辱。

1911年10月，英国政府以此为借口，派出了阿波尔讨伐队，在陆军少将鲍威尔的带领下，直接沿雅鲁藏布大峡谷北上以追捕这些村民，侵略了中国珞渝地区，占领了雅鲁藏布大峡谷出口处巴昔卡。敦巴尔当时也捞到了这个派任，获得了英国皇家勋章。在这期间，他们还派出米什米和米日两个探查团。米什米探查团直接针对中国的下察隅地区，米日探查团则针对中国的"阿波尔"以东偏南的下珞渝地区，即丹巴曲流域的珞巴族义都部落。

当时，英国皇家地理学会会员、随军记者哈密尔顿（A.Hamilton）在所著的《在阿波尔丛林》一书里，披露了这段历史。

但在英国探险家贝利的眼里，哈密尔顿写此书时与出版商签了合同。但他到了现场后，才知讨伐队不允许战地记者相随，哈密尔顿只好用许多废话充斥其书，以迎合出版商的需要。但在一些中外学者眼里，他文章中所记述的军事、地理和民俗等内容，还是很有学术价值的。

1912年，敦巴尔升任为英属印度布拉马普特拉调查队护卫队长。他多次以护卫队长的身份，跟随毕业于英国牛津大学并获得文科硕士学位，1898年进入英印殖民政府的英印阿波尔探险军、助理政务官班廷克（A.H.W.Bentinck），从雅鲁藏布大峡谷逆流北上进行探险考察。

4月23日，他们在提交给印度政府外务卿的秘密报告内页中写道，当阿波尔讨伐队的测量人员首次沿Dihang（底杭）河快到嘎哥时，才发现他们以前犯了一个错误，那就是当地阿波尔人和米日人（珞巴族义都部落）称Dihang为Siang（香）。敦巴尔也在他所著的《阿波尔和迦龙》一书里，对于我国雅鲁藏布江下游河段采用了土著珞巴人的称呼，称它为Siang河，而非印度阿萨姆人所称呼的Dihang河。

近年来，中国社会科学院边疆史地研究中心副研究员房建昌发现，1960年中印边界谈判时，中国外交部人员将印方文献的Siang均译成“西昂”。他认为这样的译法是不妥的，因为按照当地珞巴人的发音，应为“香”而非“西昂”。可他对照西藏方面的地名录、地图等资料后，发现竟对此毫无反映，建议雅鲁藏布大峡谷大拐弯以下这一段，应充分尊重当地珞巴人的地名称呼，名随主人将其标注为“香河”。

敦巴尔真正置身于雅鲁藏布大峡谷区域探险，让他惊叹的又何止是珞巴族诸部落的藤网桥。1911年10月，敦巴尔参加阿波尔讨伐队，第一次让他感到“从西昂河进入阿波尔腹心，多年来首次得以实现”。从此以后，敦巴尔沿雅鲁藏布大峡谷深入珞巴族聚居区考察，几乎不再遇到太大的阻碍。这使得他有更多机会接触珞巴族的巴达姆、民荣、迦龙、希蒙等诸部落，渐渐对他们的民俗文化产生了浓厚兴趣。

雅鲁藏布大峡谷区域珞巴族诸部落被命运推到世界最艰苦的地域，不同寻常的地理环境造就了有别于其他民族的特点，使他们建立起一个以血缘关系为纽带的氏族社会，同周围的严酷大自然抗争。在珞巴族诸部落的探险考察中，珞巴族诸部落的服饰、歌舞及其朝气蓬勃的精神面貌，给敦巴尔留下了美好印象。

在敦巴尔的笔下，珞巴族博日人和阿兴人具有放任的性格，他们无拘无束，嬉闹独立；邦波人笑容可掬而自重；雅莫人看上去更加和蔼可亲；博嘎尔人比其他部落更守纪律和更能自制；希蒙人、巴昔人和巴达姆人精力过人；民荣人的村落群体感较强。珞巴人在主观态度上表现出来的性格特点，即“他们的生活十分平静，向我们显示出山里人永远是一个热爱生活的人”。

1913年，敦巴尔进行了一次长距离远行，足迹遍布雅鲁藏布大峡谷的出口处米林县派乡，连西方文化学者都很难接触到的大峡谷腹地，墨脱县珞巴族米新巴、米古巴部落，也成了他的研究对象。他不仅关注珞巴族诸部落的军事、地理、道路、桥梁等有用情报，还将研究领域扩大到珞巴族的饮食、服饰、居住、婚姻、生育、丧葬等方面。可敦巴尔对于珞巴族部落文化研究的最大贡献，莫过于他最初对神话的搜集、整理和研究。达尔顿若开创了珞巴族部落习俗文化研究之路，敦巴尔则打开了研究珞巴族神话的大门。

珞巴族既没有自己的文字，也没

有职业的作家和诗人，在珞巴族诸部落所经历的漫长原始社会中，原始宗教在社会意识形态中占统治地位。由此产生的各种神话，通常被称为原始文学作品。随着人们对雅鲁藏布大峡谷区域神秘面纱的撩开，发现珞巴族诸部落神话内容相当丰富和完整，它几乎囊括了神、人、鬼，乃至日月星辰、鸟兽虫鱼各个方面，形象地再现了处在原始时代珞巴人的生活现实和精神世界。

珞巴族诸部落通过半神半人的神话，让我们既能窥见珞巴族复杂的系谱，也能追溯到人类的起源，直到世界的创世者。在敦巴尔搜集的一则神话中讲道，达尼原来被叫做日尼，他是珞巴人的祖先。神话里描写他为了寻求配偶，曾先后同风云雷电、鸟兽虫鱼图腾结过婚，直到东尼（太阳）将一个女儿嫁给他为妻，才算找到归宿。即使到了现在，珞巴族诸部落将他们的世系追溯到达尼，并用“达尼”这个词来表示他们共同的祖先名字，就像汉族对待皇帝一样顶礼膜拜。可在米古巴部落的神话中，敦巴尔称珞巴族的祖先为尼波。若按照珞巴族实行的父子联名制，尼波应是达尼的儿子辈，这让写出第一部珞巴族专著的罗伊疑惑不解：“现在还不清楚敦巴尔描述的作为人类祖先的尼波与达尼有什么关系。”

有的珞巴族神话，说多尼是世界上第一个人，他的父母叫倍东，与尼波是兄弟。敦巴尔记述了巴昔部落的一则创世神话，据说人类起源于一个称为基宁里汤的石头，该石头中间空得像一个洞，这块石头在嘎哥对岸斯沙普河的源头。在他所搜集的许多神话中，人、动物和神以前没有什么区别，都讲到神与人曾一起在地上生活。后来，由于人欺骗了神，他们才分开了，各自开始单独生活，这也是珞巴族祭神的由来。

敦巴尔在一个有趣的神话里，还讲述了人和猴子是如何相似，又是如何一起生活的。后来他们发生争吵，人将猴子从村子里骗出来，当它们全都要被烧死时，只剩下一只半身被烧伤的逃了出来。这就是为什么现在的猴子既没有武器，也没有房屋，脸部变黑的原因。这则神话同我国文化人类学家刘芳贤、李坚尚搜集的迦龙部落神话《阿巴达尼的灭猴计》和博嘎尔部落神话《阿巴达尼和猴子斗智》非常相似。

珞巴族高义都部落男子（陈立明提供）

敦巴尔搜集的一些神话，还讲述了人类社会各种职业起源的故事。从这些神话中可以看出，占卜的米剂（卜师）可以追溯到人类出现以前的时代——据传最早的米剂是塞地梅洛的后代。同样，还有一些讲述公鸡、稻谷、莫休普（男子集体宿舍）、毒药等起源的神话，其中最有意思的恐怕要数大额牛起源的神话，因为珞巴人认为大额牛是众神最乐意接受的祭品。一些有关狩猎和使用毒药起源的神话片段，专供男子在村中庆祝新屋落成时演唱，其内容为叙述男子最早建屋和最先居住的故事，先由单人唱完一节后，再由众人来演唱。

在敦巴尔眼里，珞巴族诸部落丰富的神话，几乎可以同印度史诗相媲美。这些神话大都用珞巴族语言来创作，对于没有入门的普通人来说，是深奥难懂的。它大都存在于米剂这一特殊等级人物的记忆之中，但即使这些人，也只有经验丰富和学识渊博者才能胜任，并能理解和说明其含意。

1915年，敦巴尔晋升少校军官。1925年，他离开印度回到英国。1932年，他在伦敦出版了《诸边境》一书。欧战时期，他还在法国和英国南北边境任职。这正是西方人对原始文化热衷和迷恋时期，对原始人的关注和想象表现得比以前更加强烈。

人类学作为西方殖民化历史进程的学术伴生物，其研究对象从一开始就定位在世界各地的原始人社会，它当然也包括了处于原始社会父系阶段的珞巴族诸部落，成为研究原始文化不可多得的“活化石”。

1871年，英国人类学家泰勒出版了《原始文化》，标志着人类学的问世，他因此获得了“人类学之父”的称号。随着人类学的迅猛发展，西方知识分子对原始人的认识发生了逆转。他们从对原始文化的单纯认识，到重新评价原始人的生存价值。1927年，美国人类学家拉丁出版了《作为哲学家的原始人》一书，从过去“高贵的野蛮人”变成现在“作为哲学家的原始人”，拉丁重新定位原始人的精神和智力品行的这一转变具有直接贡献，并使之成为一场原始人生活理论风暴的中心。

敦巴尔正是在这一理论成果的指引下，依据自身多年在雅鲁藏布大峡谷区域珞巴族诸部落田野考察的成果，于1938年在伦敦出版了他的一部很有代表性的作品《另一种人的生活：原始人研究》，成为这一理论的实际推波助澜者。

1941年，敦巴尔年已63岁，可他仍回到英属印度常务部任专职，直到1945年退休。就在这一年，印度加尔各答《皇家艺术学会会刊》还出版了他所著的又一部专著《布拉马普特拉河流域的部落》，将他对原始文化的理解上升到一个新的高度，给他的人生画上了一个非常圆满的句号。

万物有灵观的诞生

就在敦巴尔出版他的又一部

珞巴族部落专著时，一名年轻的奥地利学者C.V.F.海门道夫（C.V.F.Haimendorf）却深入珞巴族阿帕塔尼部落考察，他在所著的《阿帕塔尼人和他们的邻族》一书中，站在新的视觉审视珞巴族阿帕塔尼及邻近部落的“万物有灵观”，将珞巴族部落文化的研究推到了一个新的阶段。

1909年7月海门道夫出生于奥地利维也纳——一个享誉世界的古典音乐之乡，并以文学和视觉艺术的殿堂而闻名。可生于斯、长于斯的海门道夫，他年轻时却梦想到印度做一名人类学家。1927年，海门道夫进入维也纳大学泰莎学院研读人类学和考古学课程，受朗哈默尔教授的影响，选择了一个不寻常的主题“最原始部落的宗教影响”，参加了戈尔登教授的讲座和研讨会，对印度宗教的兴趣与日俱增。

在攻读博士学位期间，受戈尔登的影响，研读了阿萨姆和缅甸西北山地部落的社会和政治组织，开始熟悉J.H.哈登和J.P.米尔斯所描述和分析的安卡咪、阿奥、勒霍塔等那加人诸部落的专论，以及缅甸的卡西、加罗、钦、克钦、克伦诸部落的文献。

1931年，海门道夫获得人类学博士学位，论文是以印度阿萨姆地区和缅甸西北的山地部落社会为基础的比较研究。他赴伦敦经济学院，参加了那里举行的人类学研讨会，遇到了著名人类学家马林诺夫斯基。从此，正式走上了人类学研究之路。

1936年5月，27岁的海门道夫离开伦敦，到阿萨姆地区沿印度东北边境到达包括我国珞巴人在内的那加人中间，开展为期一年多的田野调查，熟练地掌握了当地语言，从事部族民的调查研究，得到了那加山区代理专员米尔斯的大力协助，他们同时参加了一支讨伐阿波尔的远征队，两个皇家阿萨姆步兵排和数百名背夫相随。

海门道夫坦承，当他们“穿越那加山脉至缅甸边境的部落地区，那是个不受政府管辖的地区，当地刚刚发生了一次严重的暴力袭击事件。远征队遭到了一次猛烈的伏击，损失惨重，给欢乐的那加人留下了不少制作干头颅的战利品。我们侥幸逃脱，大难不死”。

1942年2月，海门道夫接受英属印度东北边境特区政府的委任，以特派员的身份和他的妻子贝蒂到苏班西里专区工作，使他有机会进入苏班西里以北、西藏隆子县以南的西巴霞曲西岸一带，考察我国珞巴族阿帕塔尼及邻近部落的社会和文化，开始了他辉煌的人生之旅。

珞巴族阿帕塔尼部落，主要居住在远离藏区的珞渝腹心地区西巴霞曲西岸。由于历史的原因，阿帕塔尼部落如今在印占区，中国专家学者要想深入这片原本属于自己的国土上去考察，却显得异常艰难。就是写出了中国第一部珞巴族学术专著《珞巴族的社会和文化》的文化人类学家李坚尚、刘芳贤，在介绍阿帕塔尼部落时，也只能抽象地表述为“阿帕塔尼部落有一万余人，分布在西巴霞曲（流入印度后称为苏班西里河）西边潘尼河以北的阿帕塔尼河谷内”。

即使到了今天，对于阿帕塔尼部落的分布情况，我国学术界也还没有一个准确的表述。有关阿帕塔尼部落的人口，各种资料说法不一。若参考印度政府公布的数据，当下已不少于6万人，主要分布在哈姆得里河中段左岸东北方向，由东北向西南方向注入该河支流的那片开阔地带。

阿帕塔尼部落习惯于集群而居，但随着人口的增长，近几十年来居住地也开始逐渐向外拓展，主要方向在卡门河流域。若对照错那县地图，阿帕塔尼部落与印度伪阿鲁纳恰尔邦首府伊塔纳格尔相距较近。它是在我国领土迪克朗河流域多伊穆克附近建立起来的一个殖民据点，中间隔着达夫拉山。1974年4月20日建成后，时任印度总统吉里还主持了落成仪式而赫赫有名。随着阿帕塔尼部落人口的膨胀迁徙，说不定在这里还有该部落的一些居民点，这自然是后话。

若仔细回味海门道夫的探险考察经历，有其深刻的历史背景。20世纪40年代，他在英印政府供职时，正是英国用武力向外扩张的年代。海门道夫作为大英帝国的行政官员，他们试图以文化考察为名，摸清珞巴族部落的人口分布、宗教信仰、人文风情等，以此找到同阿萨姆文化的联系，为他们的武力征伐寻找合法借口。

在阿帕塔尼部落里，海门道夫欲寻找阿萨姆平原文化对他们的影响，企图为大英帝国找到武力征伐的理由。可是，眼前的一幕还是让他感到失望：“阿帕塔尼人每一个具有相当身份的人都至少拥有一把藏刀。在盛大节日时，数以千计的西藏念珠都挂在身上。西藏制的青铜盘在支付较大的款项时，一向是作为标准财宝之一”。

海门道夫从事阿帕塔尼部落文化研究，将重点放在了宗教文化上，用心地观察部落民众在宗教活动时的每一个细节，连他们使用的每一件器物也不放过。在阿帕塔尼部落的另一个村庄里，他却看到了令人震惊的一幕场面：“青铜法铃在阿帕塔尼人（甚至超过达夫拉人）看来，是一种神物；藏刀在每次屠宰大额牛时是一件必不可少的物品；藏珠是祭司在进行庄严仪式活动时的饰物。”

西藏地方政权增加对阿帕塔尼部落的交往，极大地推进了他们同藏族在政治、经济和文化上的联系，藏文化对珞巴文化产生了广泛而深刻的影响。海门道夫在所著的《阿帕塔尼人和他们的邻族》一书中这样写道：“事实上有种种迹象表明，在不太久以前，阿帕塔尼人所需要的大部分外来物品是来自或通过西藏，而不是来自阿萨姆。”

这让海门道夫感到，西藏噶厦

长期在阿帕塔尼及邻近部落推行和平的羁縻政策，这种政策是有效的。当噶厦在阿帕塔尼及邻近部落推行管理时，并没有引发他们的武装反抗。而恰恰相反的是，英属印度在珞巴族阿帕塔尼及邻近部落活动时，却遭到了他们的武装反抗，这让他感到特别忧心。

在阿帕塔尼部落考察中，有一个问题始终萦绕在他的心头：构成部落的最基本要素是氏族、亚氏族，氏族的出现，最初是限制血亲婚配的，严格禁止氏族内通婚。但是，它是否一成不变？它与宗教又有什么关系？

海门道夫循着这样的思路，来到了特尼奥氏族采风。特尼奥人声称，他们同塔布林氏族是同一个祖先的两个儿子的后裔，后来随着人口的增多，发展成了两个“兄弟氏族”。随着世代的繁衍，他们成了两个彼此可以通婚的独立氏族。他来到塔布林氏族考察时，对方也有同样的传说，印证了他们的祖先曾是两兄弟的说法。

不过，海门道夫还是发现了端倪，这种一母所生的两个“母子氏族”要彼此能够通婚，还得有一定的程序。在阿帕塔尼部落里，要举行一次宗教仪式，设置一个“拉旁”。这是一个没有建筑结构，但可以坐人的平台，成为氏族社会活动的中心，供同氏族的人在这里聊天和搞手工副业，标志着一个外婚单位的出现。他们在新设立的“拉旁”要宰杀许多家禽和狗，以供奉太阳和地上的神。

研究珞渝文化的文化人类学家海门道夫（右）（埃尔温资料图片）

1944年，英国从欧战中脱困，英属印度阿萨姆当局又数次派人到珞渝刺探情报，均遭到珞巴人的坚决抵抗而仓皇逃遁。1945年2月4日，雅尔塔会议在苏联克里米亚半岛上举行，英国、美国、苏联三国政府首脑丘吉尔、罗斯福和斯大林参加了会议，欧洲战事已接近尾声。

不久，英属印度在苏班西里河（西巴霞曲）流域，大肆推行所谓的“巴利巴拉开发计划”。海门道夫当时正在阿帕塔尼部落考察，当听到这个消息时，无疑让他兴奋不已，便加紧了搜集阿帕塔尼部落文化资料的步伐，将立足点放在了氏族间的械斗上，试图从宗教的角度来剖析原始人的战争文化。

在阿帕塔尼及邻近部落考察期间，海门道夫还发现了一个让人既惊奇又无法改变的现象。在珞巴族的许多部落文化里，他们对死亡只有三种解释，要么死于利箭，要么死于瘟疫，要么死于魔鬼缠身。对于缺乏医学知识的珞巴人来说，他们是不相信人会自然死亡的。若是氏族的一个人死于利箭或瘟疫，他们往往采取血仇法则：只要我是这个氏族的成员，只要我的兄弟被另一个氏族或部落人杀死，或因另一个氏族或部落人患瘟疫，将疾病带入并出现本氏族人死亡，我们氏族所有人都有义务为死去的弟兄复仇。

海门道夫无法理解的是，阿帕塔尼人复仇的对象不一定是杀人犯，他的家人和氏族的人都是报复对象。可对于瘟疫导致氏族人的死亡，也和复仇有相当大的牵连。他在邻近珞巴族部落氏族里还看到，这样做的后果极其严重，有的甚至导致了一个氏族的消亡。

就在这一年，海门道夫目睹了一场氏族间的战斗，他称为“甘布索杜”。双方在同氏族人的支持下，进行一种事先安排好的仪式性的战斗。双方约定了战斗的时间和地点，各自带着长矛和弓箭列队前往。到了战斗地点，双方摆好阵势，用弓箭和标枪互相投射，或持刀向对方冲杀。妇女向前方输送新的竹制标枪，到了双方略有伤亡时，各自撤退，停止战斗。各方所受损失，由发起者赔偿。

然而，海门道夫在阿帕塔尼部落里考察中还看到，这种血族复仇形式，在某种情况下已变成了空壳，成了没有什么实际内容的做作罢了。

1945年，奇吉氏族的杜尤因偷牛，被其他氏族人抓住处死。杜尤死后，他所在氏族首领向对方提出，除非把杀害他的一个凶手处死，否则他的亲属要报复。对方没有这样做，过了几天后，他亲属的愤怒消失了，再也没有人提出要报复，还认为偷牛是有罪的。

在阿帕塔尼及邻近部落考察期间，给海门道夫印象最深的，莫过于他们对大自然的极度崇拜。阿帕塔尼人认为，世上万物都受神、鬼支配和主宰，高山峻岭、悬崖、峭壁、崖洞、溪涧、古树怪木、泥石山川、冰峰雪岭，这些地方都是神鬼隐居的处所。山上生长的植物，栖于林间的动物，都是由神鬼管辖，树、水、山、石、地、电、太阳、月亮、火等都有“主人”。谁得罪了它，灾难和不幸就会降临。虔诚地进行祭祀，神鬼就会保佑平安。

在阿帕塔尼部落考察里，海门道夫记录了一种特殊的“科尔兰”仪式。大约每年的3月底，一个村子或

珞巴族博嘎尔部落崇拜的神树（陈立明提供）

附近几个村子联合起来，在村外公地的特定地点，由纽布（巫师）杀鸡祭祀，祈求尼里·科尔兰乌佑，免降冰雹；祈求塔贡·科尔兰乌佑，免除雷击和淫雨。他们还祈求闪电、水和土地诸神，保护幼苗不受灾。

事实上，在海门道夫的笔下，阿帕塔尼部落对土地神更是不敢怠慢，祭祀土地、森林、五谷之神，成为他们进入原始农耕阶段自然崇拜的主要内容。在播种前必须祭祀地神，他们以氏族为单位，在祭台上由纽布主持仪式，向基洛、基鲁及基里利亚神明供奉猪、鸡等祭品。在每年第一次吃上稻米时，各家要在屋内杀猪祭祀。若遇上自然灾害农业歉收时，还得在地中央搭一个祭台，举行“荣鄂乌佑麦”仪式，宰杀猪牛请巫师祷告。

珞巴族巫师用鸡蛋占卜吉凶（李坚尚摄）

1947年印度独立后，海门道夫回到英国。1949年，开始担任伦敦大学亚非学院的讲师，两年后便升为reader（英联邦国家大学特有的职称，类似于国内副教授）和亚洲人类学研究主席，长期担任伦敦大学人类学教授，直到1976年退休。

20世纪50年代后半期，海门道夫扩大了研究对象，开始从事喜马拉雅山地部族的阿帕塔尼人、夏尔巴人、博迪雅（藏人）的实地调查与研究，撰写了《阿帕塔尼人和他们的邻族》等多部专著，成为英国研究南亚问题颇负盛名的一名专家。

在此期间，海门道夫还对1872年阿萨姆副总督格雷划定的“内线”特别感兴趣。这既是英属印度的“实际控制线”，也是我国后来主张的中印东段传统习惯边界线。经过海门道夫大量调阅资料，回顾自己在阿帕塔尼及邻近部落的考察，得出了“内线实际上是印度的有效边界”这样的结论。

海门道夫作为英印政府外交事务部特别顾问、南亚问题专家，都承认“内线”存在的价值，诠释了我国所主张的中印传统习惯边界线的正确性，从而给印度政府辩称“麦克马洪线”才是有效边界线的一个有力回击。

1950年，我军进军西藏尚未到达中印边境地区时，印度总理尼赫鲁趁我内忧外患之际，就明确地说，喜马拉雅山脊是印度安全的边境线，不能让中国军队越过它。在不到三年里，印军在中印边境东段大举向“麦克马洪线”推进，派兵占领了传统习惯线以北和“麦克马洪线”以南地区，制造了门隅、珞渝、下察隅等大片“争议地区”。

在这样的背景下，海门道夫曾被印度政府聘用，担任尼赫鲁政府的种族策划人，为他的学术研究获得了一笔巨额的资金。不过，尼赫鲁当时并没有注意到海门道夫所发表的“内线”言论，假如知晓这句话日后被我国专家学者用来证明自己提出的传统习惯边界线主张，尼赫鲁是怎么也不会让海门道夫来担当他的种族策划人的。

1953年3月，已是44岁的海门道夫偕妻子贝蒂访问印度，还深入珞巴族民荣部落，考察珞巴族的原始宗教文化，在第二年的印度《人类学家》杂志第49期上，发表了题为“民荣阿波尔人的宗教信仰和仪式”的重要文章，系统地描述了珞巴族的万物有灵观。

人类的历史有200万年了吧，大概在100万年以前，灵魂的观念就已产生。这种观念来源于“梦”，梦见的死人，就是鬼魂，是离开身体的灵魂的活动。既然灵魂在人死时离开肉体而继续活着，那么就产生了灵魂不死的观念。原始人由于相信自己有灵魂，进而推想万事万物都有灵魂，即产生了万物有灵观。

在海门道夫看来，珞巴族民荣人

“对周围世界的无法理解感到迷茫，对其不可思议的巨大力量感到提心吊胆。不可理解的周围世界的压抑，使人产生渺小、卑微和无助感，迫使人们沉沦于无知世界的深渊之中”。民荣人“一年四季杀牲祭祀不止，人们崇拜鬼神的目的，无非是想通过祭仪祈望鬼神保佑其消灾免祸，得到幸福”。

在海门道夫搜集的一则远古神话中讲到，神灵、人和动物以前没有任何差别地生活在一起，后来由于数量迅速增加，发生矛盾引起了争吵，他们为了避免更严重的冲突，集中起来召开有史以来的首次大会，借以分配世界上所有的财富，将最大、最好的那份分给了人的祖先尼波和恶精灵的祖先洛波，因为迟到了的米特和米纳梅两个恶魔没有分到任何东西，由此引起了他们的嫉妒。过了不久，恶精灵认为人类骗走他的那份财产而闹翻，接着便发生了争斗，所有的恶精灵都站在洛波一边，攻击没有任何帮助的尼波，并且永无休止发起反对尼波及其子孙的战争。

海门道夫认为，人类的祖先尼波尽管对米特和米纳梅这两个恶精灵友好，但它们却对尼波心怀不满，用它们的呼吸而引起瘟疫，传播致命的疾病，消灭整个村子的人。根据他的说法，这类精灵通称为“普里塔拉”。民荣人“十分害怕这些精灵，采用严厉的措施，把那些不速之客或受疾病感染的外来人驱逐出村子，以严防这类危险精灵的潜入”。

在人们看来，泉水突然干涸，竹林凋零死亡，森林的猎物稀少，小溪里的鱼消失，作物的歉收等，这本是自然灾害。可海门道夫在同民荣人探讨这些自然现象时，他们则坚持说，这一切暗示着精灵在发怒，迫使他们检讨自己没有料到的失误。他在撰写的《民荣阿波尔人的宗教信仰和仪式》一文中这样表述：

在创世之初，天地万物都有一个小心谨慎的精灵守护。根据一些人的说法，水由一个叫做布日柯或里通的精灵看守，即使个别的泉水和溪流，也由其派出的小精灵守卫，以确保秩序的维持。与这相类似，达德波特守护家禽家畜，埃索阿甘木守护大额牛，埃格阿甘木守护猪。据说，阿甘木是对达德波特众多助手的总称。在森林里，有一个大的阿甘木，他是一位老人。此外，还有许多小的阿甘木，它们是各家各户禽畜的守护神。

在海门道夫笔下，珞巴族民荣部落生活在残暴的恶精灵和容易发怒的保护神中间，过着一种既害怕又疑虑，既祈求又赎罪的生活。虽说精灵有比较特殊的本领，但不管它们是善是恶，都与人有一定的关系。“事实上，人和精灵都是同一祖先的后裔。阿波尔人还认为，有些精灵远比上述两种精灵灵验和高级，这些精灵住在更高的天上，且有更大的统治权力。正是这些精灵，创造了世界的基本物质，做成了这些物质的形状和特性”。

在海门道夫记录的一段祷词里，把多英波特称为科内德内和石金基科德。多英波特在创世之前就在某处存在着，它没有参加创业的活动。它的这种惰性与它对人类事务的干涉十分不相称，这样就迫使海门道夫在对待这个神的上面，采取一种变化的态度。如果它是一个使作物和家畜获得丰收的神，它就不可能是居住在遥远、对人冷漠的最高神。如果它是个居住在遥远地方、对人冷漠的神，它就不会使祈祷者这样焦虑。

珞巴族民荣部落面对如此多的精灵，又是如何应对？海门道夫带着这样的疑问，在一个村落里找到了答案。原来，在珞巴族社会中，在人与精灵的沟通中，出现了两种特殊的神职人员，一种称为米剂，另一种称为纽布。当人们请他们来治病时，他们就举行巫术仪式，念咒语，把供差遣的精灵请来，让其附身。精灵一旦附到身上，他们就不再是自己，精灵就利用他们的身体起作用。由于神灵的启示，他的举止和行为处于极度不可思议的混乱状态。这正如海门道夫所说的那样，“人们认为米剂本身已变成一个神灵，然而这同神灵用他来作为中间人基本上是一样的。已经附身的神灵指导米剂的灵魂进入另一个世界，帮助它找出制造事端后匿藏起来的神灵，并与它达成酬谢的协议。”

海门道夫经过仔细观察后，有过更为细致的描写，“在请神仪式开始时，要做些竹刨花，放在房屋的墙上，让可能来的神灵取走。”他还认为，“纳日神能使米剂用他所愿意使用的任何语言交谈，其中包括鸟语和其他动物的语言。他还能帮助米剂的灵魂在另一个世界里，找出与某些灾难有关系的恶精灵。……当他充当苏隆米剂并以同样的方式跳舞时，为了取悦神灵，他穿上女人的裙子，并将挥舞一把西藏刀。他有时用烟熏的松鼠肉来代替纳日竹刨花，并放在米剂睡觉的地方。他在睡觉时，熏干的松鼠肉起到纳日竹刨花的作用，松鼠的灵魂伴随着米剂的灵魂，一起进入神灵的世界。”

海门道夫写到这里，仍意犹未尽，对米剂举行的仪式描写得更为细致。他认为这种仪式分成两部分，前一部分为诊断病情，首先“要召唤神灵前来，到宣称找到治疗的办法时为止。在宰杀供作祭品的动物完毕后，米剂把他那份肉献给神灵，开始进入仪式的后半部。他根据具体的病情需要和有关的规定，米剂在病人门前或房屋墙上，绑起一两个架子。这些架子由约6英尺高的竹竿搭成，挂上竹席和新砍下的树枝，并在一个小竹祭台上，供奉献给神灵的酒、肉和米饭，并在树枝上涂上牺牲的血”。

随后，米剂请求神灵接受这些祭品，并祝词，祈求它不再折磨病人。海门道夫记录了一首典型祷词：

"现在我们奉上祭品，病人的病随即好转。不管哪个神灵对此病负责，我们全部一起请来。不管是神灵还是恶鬼，请吃我们奉上的牛肉。患病的人呀，一定要痊愈！"

海门道夫受马林诺夫斯基的影响，特别强调长期细致的田野调查在人类学研究中的重要性，他自己身体力行，一生曾多次在喜马拉雅山地区进行实地考察，是第一位深入喜马拉雅山地区的夏尔巴人中从事田野调查的西方学者。

20世纪80年代初，年逾七旬的海门道夫还同两名英国人类学家和一名摄影师，再次深入他曾考察过的尼泊尔波提亚地区。因为这里地处偏僻，离中尼边境只有几英里。1959年，中国平定西藏叛乱后，不允许外国人进入纳益普山谷。但是，尼泊尔国王很是钦佩海门道夫所做的工作，授权给予了这个项目必要的通行证。

海门道夫先后撰写和出版了10多本有关印度及其喜马拉雅山地区人类学研究的著作，受到国际人类学界的一致高度评价，其代表作有《赤裸的纳加人》《尼泊尔的夏尔巴：佛教高地之人》《转型的夏尔巴人：尼泊尔佛教社会的社会变迁》《喜马拉雅商队:高地尼泊尔人之生活》《生活在印度部落：一位人类学家的自传》等。

虽然，海门道夫及其学生主要研究区域是喜马拉雅以南的尼泊尔、不丹和锡金，但由于这些地方与西藏在地理、文化等方面的密切联系，他们的研究也大量涉及了西藏。在海门道夫众多学生中，B.N.阿齐兹（B.N.Aziz）和N.E.列文（N.E.Levine）两位女人类学家尤其引人注目，她们对藏族传统婚姻家庭的研究在国际藏学界产生了很大的影响。

1980年，中国著名文化人类学家吴泽霖将海门道夫的专著《阿帕塔尼人和他们的邻族》翻译成汉语后，供中国研究珞巴族学术领域的专家学者参考，成为当今研究阿帕塔尼及邻近部落文化颇有价值的一本学术专著。1981年，海门道夫来华访问，吴泽霖教授应邀作陪。1987年，海门道夫的学生阿齐滋的著作《藏边人家》介绍到中国，进一步扩大了他的影响。1995年，海门道夫在英国伦敦逝世，享年86岁。

珞渝文化的"护卫者"

早在1877年，美国人类学家L.H.摩尔根在大量考察印地安部落文化和旁征博引的基础上，撰写了一部饮誉世界的文化巨著《古代社会》。他在这部书的序言中有过这样的预言："印第安人的部落文化和民族文化在美国文明的影响下，正在日渐消颓，他们的语言和艺术正在消失，今天还可能容易搜集的事实，再过几十年将无从实现。"

摩尔根不是什么预言家，可他的预言早已在美国印第安部落变成了现实。那么，地处雅鲁藏布大峡谷区域、喜马拉雅山腹地的珞巴族诸部落文化，会不会受到现代文明的冲击呢？会不会步印第安部落文化的后尘呢？后来的人会不会出现像摩尔根那样的有识之士呢？

这样的答案是肯定的，因为珞巴族部落文化所受到的冲击，远比人们想象的还要大。在如何保护雅鲁藏布大峡谷区域“阿波尔”部落文化上，让印度学者V.埃尔温博士特别感到忧虑。

事实上，摩尔根在学术领域的贡献，对于埃尔温的影响是十分巨大的。1846年，摩尔根开始了详细调查印第安塞内卡部落易洛魁氏族、胞族、部落、部落联盟的结构、经济和社会生活，5年后出版了世界上第一部印第安人的科学著作《易洛魁联盟》，埃尔温将其作为自己必须研读的一本书。

1859年夏，摩尔根深入印第安人地区实地调查10多年后，发表了《人类家族的血亲和姻亲制度》，见到了《物种起源》的作者达尔文，彻底接受了他的进化论。1877年，摩尔根在《古代社会》中，首次提出了社会进化论。埃尔温更是爱不释手，将其放在卧室书架最显眼的地方，早期还撰文介绍了这本书。

在保护珞巴族部落文化上，埃尔温不遗余力，这得益于他所生活的那个时代。当历史进入20世纪，文化寻根浪潮首先在现代文明异常发达的英、美掀起。它对现代性的反叛，正迎合了许多年轻人空虚的心灵，迅速在世界各地蔓延，催生了一批重要的思想成果，成为当时波及范围最广泛的思想运动和民间文化复兴运动。

在理论上，尤以文化人类学领域的成就最为卓著。正是这样的反叛性，人类对于原始部落文化的研究，几乎达到了狂热的程度。埃尔温作为接受西方现代文明的学者，也不可避免地受到这场运动的影响，在喜马拉雅山地部落探寻原始文化之根。

埃尔温从《古代社会》里了解到，在原始社会里，每个部落都曾经历过氏族制度发生、发展和解体的过程，氏族的出现是原始人限制血亲婚配的结果，他们都曾经历过母系氏

珞巴族阿兴部落妇女织布（埃尔温摄）

族、父系氏族两个发展阶段。那么，珞巴族各部落是否也有同样的发展道路呢？

埃尔温在米里部落考察时发现，这里已出现了贫富分化，有了剥削者和被剥削者，妇女地位明显下降，处于被压迫和奴役的状况。由于种种原因，一些氏族成员已离开本氏族的住地，到其他地方去另谋出路，个别的氏族成员甚至因为债务，或被抢劫沦为奴隶。这里的各部落基本上处于氏族解体的阶段。作为氏族制度来说，血缘纽带是维护氏族成员利益的强有力规范，但此时也业已松散，犹如漫过水的堤坝一样，再也挡不住私有制的咆哮洪水。

埃尔温的探险考察，因路渝道路的凶险，带来了很大的困难。有一次，他准备到河对岸波木多时，想让珞巴族阿兴部落人帮助捆扎筏子渡过河对岸，可任凭他怎样去做工作，阿兴人不愿这样做。当时，岸上聚集了数十人，观看他们进行危险的横渡，仅有两个胆大的珞巴人愿意坐上他们的筏子去冒险。然而，当他们到了都登时，在那里建造了一个能容纳11人的竹筏。上面铺有西藏的垫子，船头插有经幡。在岸边，珞巴人为他们的平安渡河忙于杀牲祭献，门巴人和珞巴人也用树枝竖起经幡。

第二天，一些胆大的珞巴人试图渡河。他们不是11人，而是16人同时登上筏子。他们不用木浆，改用竹竿。实际上这样做毫无用处。当他们到达河中央的时候，结果急流把他们冲向下游，渡河失败，两人还跌入河中，幸被救起。珞巴人爬上岸后，按宗教仪式举行了祭献，以寻求女河神的宽恕，央求她继续行善，把那两个落水人的灵魂放回来，重新回到他们身上。

阿兴部落少女（埃尔温摄）

珞巴人渡河时，为何祭祀不断呢？埃尔温从珞巴人神话传说的角度，对他们发自内心的害怕做过这样的分析：“在阿迪地区，河流最有特点。他们相信，那里是危害人的精灵尼崩经常出没的地方，它把人拉到水里。过去，一些人钓鱼、乘坐木船或筏子渡河，出现了溺水的悲剧，使他们胆怯。因此，他们对河流感到恐惧。”

不过，埃尔温更多是关注珞巴族部落的神话，企图从中找到答案。在米里部落考察时，从他们的神话故事中，看到了一些父系氏族，甚至是母系氏族的特征，窥见了一些氏族制度发展的脉络。当他来到当地一个巫师家时，就听到了有关“女儿国”的传说，展示了一幅原始社会母系氏族的特征。他在考察报告中写道：

在喜马拉雅北部山中，有个地方叫米育门，那里住的全是女性。年轻的妇女和年老的妇女分两处居住，她们都有极其贵重、古老而又神圣的串珠、法铃和宝剑。她们最高兴和最盼望的就是男人的到来。任何男人到了那里，是无论如何也要被留下过夜的。她们像对待国王一样服侍他，热情得让他应接不暇。当这个男子最终被获准离开时，年轻妇女们纷纷送给他串珠和宝剑，而年老妇女送的则更多也更精美，都希望他再度光临，还期望其他男子见到这些东西时也被引诱前来。年轻妇女怀孕以后，都急切地想知道孩子的性别。生下来如果是女孩，就十分高兴，众人齐贺；如果是男孩，则坚决不要。

埃尔温通过进一步考察后发现，珞巴族其他部落也有过类似的传说，诸如德根部落《狗的故事》、博嘎尔部落《德宁蒙的故事》等。在德根部落《狗的故事》中讲道，相传有一个地方全是妇女，没有男子，这里的妇女只好与狗的图腾结婚。而博嘎尔部落《德宁蒙的故事》中讲道，天上有个全是妇女的村子，她们都长得很漂亮，无忧无虑地生活。她的男子若在作战时牺牲了，灵魂能到那里享乐。尤其在珞巴族各部落中，有关阿巴达尼的故事很多。其中讲到太阳是女性，她的家有众多的女儿，阿巴达尼就娶了最小的女儿尼汗衣为妻。她们所生的子女，就成了今天的珞巴人。

太阳是生命之源，珞巴族各部落人为什么对此极为崇拜，将它尊崇为女性呢？这些人类诞生的故事，看似极其荒诞不经，可它在埃尔温的眼里，正说明珞巴族过去曾经历过“不重生男重生女”的母系氏族社会，当时的女子有崇高的社会地位，母亲既是生产的领导者，又是生活的组织者，世系由母系下传，男子只是不定期到这里过婚姻生活罢了。对于男子来说，氏族内没有可以作为妻子的妇女，不同氏族的妇女当然是他们的妻子。

“女儿国”凄美的传说，使埃尔温强烈地感到，它正与原始社会各部落氏族外群婚相一致，在一定程度上反映了母系氏族的社会状况。然而，埃尔温已不满足于已有的考察成果，对搜集神话故事几乎达到了狂热的程度。在德根部落，他搜集到了另一个关于天地互婚，重在突出天父形象的神话，天父凭着巨大的力量战胜了地母，说明在狩猎经济下，男人在生产中起主导作用，从而将家庭中处于优越地位的妇女降到次要位置。他正是凭着这种敬业精神，出版了一部在印度学术界颇有影响的书《东北边境特区的神话》。在李坚尚、刘芳贤编著的《珞巴族、门巴族民间故事选》中，埃尔温所搜集的资料竟占整个珞巴族民间故事的38%。

1954年，埃尔温在印度部落考察上取得的成就，深得印度总理尼赫鲁的赏识，担任了尼赫鲁总理部落事务部主任。若站在历史唯物主义的角度看埃尔温，他虽然走上了学者从官之路，但骨子里却忘不了亲临实地考察。他曾不畏雅鲁藏布大峡谷区域道路的艰险，带领人员深入巴达姆、民荣、迦龙等部落搜集相关资料，在烈日暴雨下手足并用，爬他人没有爬过的路，他那富有哲理的思想火花，总是让学术界同行刮目相看。

也许正是有了这样一种开拓事业的精神，在他领导下的部落事务部，相继出版了一部部学术专著，左右着国际喜马拉雅山地民族学术论坛，他也深得尼赫鲁的赏识，还专门请他给自己和“东北边境特区”的高官们上课。

埃尔温凭着这种工作关系，向印度国会起草了一份份保护珞巴族部落文化的建议，通过印度总理之口，使它变得异常有分量。他在所著的《东北边境特区的哲学》中，记录了尼赫鲁对保护珞巴族诸部落文化的训话：

1954年，尼赫鲁总理说道：“我看到这些（指喜马拉雅山地部落）人放弃他们富有艺术感的旧式上装，而仅穿肮脏的短裤衩等，感到惊讶，对用某些现代文明的劣等品取代人们的艺术品感到不安。”

尼赫鲁总理（1954年）曾两次说道：“其危险性在于人们会失去他们传统的文化，又没有其他文化所取代。”“在政治的和经济的力量冲击下，我们不想孤立他们，也不能孤立他们。我仿佛觉得，允许这些力量到处冲击，扰乱他们的整个生活与文化，同样也是我们所不希望的。因为在他们的生活和文化中，有很多好的东西。”

埃尔温在给尼赫鲁起草的讲话稿中，提到了喜马拉雅山地部落文化。客观地说，它包含了中国雅鲁藏布大峡谷区域的珞巴族诸部落、门隅地区的门巴族部落和察隅地区的僜人部落，而且也包含了印度边境一带的其他部落。他当时就称，印度的部落人口高达3000万人，这的确不是一个小数目。

正是埃尔温所做的开创性工作，使得珞巴族部落文化在一段时间内得到很好保护。在20世纪逐步兴起的文化寻根热潮中，埃尔温保护珞巴族部落原始文化的做法，得到了文化寻根学者们的称赞。

1954年，埃尔温缘何向尼赫鲁提出保护珞巴族诸部落文化呢？这首先得从埃尔温所处的那个时代谈起。埃尔温出生在印度，有一半的英国血统。若从人种学的角度看，这个英印混血儿天生聪明。大学毕业后，在英属印度政府任职，便投身到了侵占喜马拉雅山地尼泊尔、锡金、不丹和中国西藏等诸国领土的狂潮之中。

1911年10月，英属印度趁中国清朝政府灭亡，清军撤出西藏边境，新的政府无暇顾及之机，凭借着先进的洋枪洋炮强占了中国领土雅鲁藏布大峡谷出口处巴昔卡，尔后又沿大峡谷逆流而上，1944年占领了珞巴族潘其部落的领地。可就在这之前，埃尔温已深入中国西藏边境一带的珞渝、察隅等山地部落，搜集到了大量的第一手材料，成为在研究珞渝和察隅地区山地部落文化方面颇有影响的专家。

到1954年时，印度几乎侵占了非法的“麦克马洪线”以南的中国珞巴族诸部落，这给埃尔温深入考察雅鲁藏布大峡谷区域的珞巴族诸部落民众提供了可能。埃尔温在考察时发现，经过英、印政府40多年的现代文明洗礼，出生于民荣部落的达英埃宁，还步入了“东北边境特区”达木洛克助理政务官的高位。人们可以想象，珞巴族的部落文化受到了前所未有的冲击。拿埃尔温的话来说：“阿迪（珞巴）人对自己社会风习和生活方式的依恋，完全建立在信赖自己军事优势的基础上。这种信赖感，第一次受到了英国人的猛烈冲击，遇到了他们难以抵御的力量，首次承认失败。所向无敌的英国人的惩罚性征讨，迫使阿迪人承认自己才能的低下，并开始意识到要尊重外界的人。结果使他们那种蔑视任何异族事物的狂妄自大感开始消失。”

英国人类学家L．海恩经常讲到他的一个殖民理论：“要根除其他民族的威胁，只要做到让他们养尊处优，意志消沉，把他们所需的一切全包起来，就能达到目的。”印度独立后，在加紧侵占藏东南珞巴族诸部落领地时，在短期内推行他们的福利和文化政策。印度政府将其改为东北边境特区，并作为“国家开发区”。他们还认为，“阿波尔”是旧时英国殖民者对珞巴人的侮辱性称呼，重新给他们取名为“阿迪”。

随着英国统治的消失，珞巴人从敌对地拒绝外来事物，到不加区别，甚至是心急火燎地接受它。正如钟摆一样，从一个极端摆到了另一个极端。在埃尔温看来，珞巴人在军事上遭受失败后，印度国家机关已进入他们的社会内部，并指导和支配他们的政策，他们没有任何可以自己决定的事情，也没有任何自己想从事的工作，甚至在自己机构里的工作和行使自己的法律，也要接受国家的指示，剥夺了他们自力更生的权利，内心世界由此极为空虚。珞巴人在狂妄自大消失时，也使他们失去了荣誉感和自尊心，从以前的独立不羁变成现在事事依靠国家，对自己的文化失去信心，贬低自己固有的文化，盲目崇尚外来文化。

这样的情况为何能出现？它的根源在哪里？埃尔温通过认真研究后认为："主要原因是我们，仅仅是我们自己，不是部落民。即使我们带着世界上最美好的愿望，我们还是与他们不同。我们的不同之处就在于被视为卓越的人。我们有许多优越的地方，有更高的本领，我们有更强大的技术优势，更强大的军事和半军事力量，我们前进的速度更快，我们更能制服这些山地人。"

假金子的光泽，比真金子更能迷人。但假的金子没有真金子那种本色。印度政府一味推行这样的政策，又会带来什么样的后果呢？埃尔温在考察时看到，那些假的和廉价的衣饰和其他用品，能吸引珞巴人的注意力，使人们不假思索地买了下来，忘却了货真价实的东西。他在所谓的"吞山地区"，好几个年轻的基督教徒告诉他："我们需要的是美国的服装、语言和生活方式。"

这样的不良现象，让埃尔温感到痛心："我们的青年男女的西化，达到了令人吃惊的地步。阿萨姆平原有淳朴的生活、美丽的景色、地道的服装，但他们即使住在那里，也不感到愉快。在东北边境特区，我们陷入了某种危险之中。服装的变化，往往意味着出现新的心理状态，意味着贬低自己部落的传统，意味着对传统的耻辱感，这就导致部落规范的瓦解。穿着时髦的英国服装，戴着印度遮阳帽的青年，自然不会服从他那个穿着传统服装，看上去是那么土里土气的部落首领。嘴唇上抹着口红，头上戴着假的饰物，身穿耀眼宽大的短外套及裤子的姑娘，显示了背离村社纪律的迹象。"

埃尔温在进一步考察时，看到了更为揪心的现象。在珞巴族生活的地区，过去的习惯虽然存在，社会规范仍然起作用，人们仍照样跳宗教舞蹈，照样使用当地的织布机，举行过去的仪式以及遵行过去的礼俗，但所有这一切又都与过去不太一样，专供未婚男青年娱乐的集体宿舍莫休普正在退化成现代俱乐部场所，医院和医生治疗疾病更为有效，学校教育和书本知识比传统的教育方式更为有利。过去依靠莫休普、议事会、史诗、民谣来教育青年一代的旧制度，正在失去对青年一代的控制。这些青年自个儿随意逃避这些教育，以极大的兴趣和热情吸收"现代文明"，而那些受过现代知识教育又看不起旧事物的人则越来越多。尤其是印度地方行政领导和执法者，经常损害当地头人的威信，地方法院有权否决部落议事会的裁决，他们很有可能被西方文化所同化。

埃尔温在所著的《东北边境特

区的哲学》中，谈起了这种不良现象带来的危害："在那些受过教育的或与当局官员有密切联系的人中，自卑感有所发展，尤其是那些与平原有联系的人，这种自卑感以不寻常的敏感和某种不满的情绪表现出来。他们相信，所有的外来人甚至还包括我们自己的官员，都看不起他们，藐视他们的文化。他们在生活的各个领域里，还一反常态地希望消灭任何'部落'的痕迹。因此，在受过教育的阿迪人中，喜欢穿欧洲服饰的人正在增加，在乡村戴印度遮阳帽是显示具有较高文化的标志。他们有时还拒绝与群众一起跳舞或唱歌，有些人还改信其他宗教。……势必摧毁他们的文化、宗教和艺术。因为人们不会坚持那些使他们感到羞耻的东西。这样将会导致当前的道德规范的解体和维护部落团结的社会组织的崩溃。"

珞巴族博嘎尔部落夫妇展示传统舞蹈（李坚尚摄）

让埃尔温忧虑的又何止这些。随着现代文化浪潮的冲击，那些将吟唱用于宗教的神话等级的人正在逐渐消失。尽管有的珞巴族男女对某些个别片断还能理解，甚至个别人声称能领悟要旨，但精通宗教神话的人日渐减少。他在所著的《印度东北边境特区的神话》一书中写道："这种口耳相传的文学，不可能像印度史诗传授者所坚持的那样完美和精确。因为这种文学的陈旧性，使它的语言和一般现代人话语之间有很大的差异。即使那些以渊博知识闻名的米剂后裔，对使用纸笔的现代传承方式也表现出浓厚的兴趣。他们既对那些日渐死掉的语言再也提不起热情，对于死记这种语言也深感厌恶。"

正当珞巴族部落文化面临灭顶之灾的势头加快时，埃尔温及早发现了这种不良倾向的六种表现：即不用害怕饥饿和疾病；认为村内的团结越来越没有必要；狭隘的地方主义抬头，试图废除地方差异；随着财富的不断增加，从而形成一个新的阶层；随着文化移入的程度不同，部落民众比例不断减少；莫休普和雅胜日渐没落，新的社会地位决定婚姻配偶的选择。他依据这样的现象，提出了推行解决问题的所谓"第三种政策"。

埃尔温所提出的"第三种政策"，即介于极端的同化政策和孤立政策之间的一条中间政策。拿他的话来说，在谨慎和充满同情心顾问的监督下，实行不干涉的政策，在他所著的《东北边境特区的哲学》中作了详细的描述："按照尼赫鲁先生的话来说，它被描述为'毫无疑问，实质上是个福利、教育、通讯、公费医疗的计划'。然而，人们必须记住，我们并不想干扰他们的生活方式，而是想帮助他们按原有的生活方式生活。尼赫鲁对整个政策作了这样的概括：'印度政府决心帮助部落人民依照他们自己的才能和传统发展'；但没有把任何东西强加于他们的意思。'发展'必须依据他们自己的才能进行，而不是发展那些他们不能吸收的东西，或把原有基础连根拔掉的东西。我们宁愿把计划放慢一些，以免除这一危险。我们在那里发展过快，造成那里的人民思想混乱，搅乱他们传统的生活方式，这是不明智的。我毫不怀疑，发展、变化以及所谓进步，一定会在他们那里实现。因为任何人过着与世隔绝的孤立生活会变得愈来愈困难。但要使这种发展和变化显得自然一些，具有一定自我发展性质，并在这一过程中得到一切的帮助。"

埃尔温的得意门生S．罗伊对此极力奉承，称"第三政策揭开了（阿迪人）历史的新篇章"。他在《巴达姆—民荣诸文化》中写道："它清除了混乱不安的局面，顺利地朝着富有成效的目标前进。人们称这种政策是十分慈善的。依据这种政策，在文化变革的内容和控制变革过程之间，爱居于首位。这种爱会产生同情和情感交融。接着对所实施的每一项改变，根据其对当前社会现实的适应性和价值，能否满足人民的愿望等密切相关的问题，逐项进行评议。现在，一项寻求文化传播正确方向的新计划，正在社会上而不是在办公桌上实施，这项计划在边境特区处在试验之中。"

1956年，埃尔温出版了有关珞巴族诸部落的第一本专著《印度东北边境特区》；1958年，他再次出版搜集的民间故事集《印度东北边境特区的神话》；1959年，是埃尔温大丰收的一年，他所编写的历史专著《十九世纪的印度东北边境》和所著的学术专著《印度东北边境特区的哲学》《印度东北边境特区的艺术》相继出版。

在这里，特别值得一提的是，他编著的《十九世纪的印度东北边境特区》，交由英国牛津大学出版社出版。书中记述了比鸦片战争还早15年的1825年，英国殖民主义者就派测量队到墨脱南端的密蒲一带搜集军事、地理资料，并不断派兵炫耀武力；1911年，英属印度派兵侵占了雅鲁藏布大峡谷出口处巴昔卡，到1944年时，又占领了珞巴族的潘其部落领地。1947年，印度独立后，加快了侵占中国珞渝领土的步伐，到1959年时，几乎侵占了非法的"麦克马洪线"以南的所有地区。这本书可谓是英印侵吞中国领土的历史最好见证，成为研究中印边境历史不可或缺的一本参考书。

世界首部珞巴族论著

1960年，就在埃尔温一年前相继出版他的“印度东北边境”三本书后，印度人类学家S.罗伊出版了他的西隆英文版《巴达姆—民荣诸文化》一书，顿时引起了印度学术界的强烈反响，还摆上了印度尼赫鲁总理的案头。这本书被我国著名珞巴族问题专家李坚尚等翻译成中文出版后，改名为《珞巴族阿迪人的文化》。

埃尔温作为罗伊的恩师，在书的序中写道：“这本书是第一本全面描述西昂地区各部落群体的专著。从19世纪以来，对巴达姆、民荣部落已有报道。……他们及其他许多人，都把自己观察到的事物写下大量的记述和报道。但奇怪的是，没有一个人利用他们的资料写成专著。……不过，像这本讲述生活在印度最美丽地方之一的奇异民族的习俗和观念的书，是第一本雅俗共赏的、具有科学性和可读性的专著。”

这本书之所以能引起关注，还有其深刻的历史背景。罗伊笔下的西昂地区各部落，也就是非法的“麦克马洪线”以南的中国雅鲁藏布江流域珞巴族诸部落。当时，中印关系交恶，印度总理尼赫鲁正苦于找不到占领中国珞渝的合法理由。在这本书中，罗伊提出了“文化边界线”的概念，在结论部分不厌其烦地论述珞巴族和藏族文化的不同，以此来证明它就是印度的领土，这怎能不让尼赫鲁兴奋不已呢？

在中国学者看来，罗伊在书里回避了一个重要问题，那就是珞渝同西藏的历史渊源。早在7世纪，珞巴族就同吐蕃王朝建立了密切的政治关系。10世纪以后，珞巴、藏两个民族交往十分频繁，珞渝的许多名山圣地，是藏人十分向往的地方。直到18世纪下半叶，西藏地方政府加强了对珞渝的管理。在这一点上，连那些手拿洋枪的英国殖民地军官，也在自己的回忆文章中承认这一点。

正是如此，罗伊在书中提出了许多错误的观点，诸如以文化特征不同来炮制所谓的“文化边界线”，给印度占领中国珞渝披上合法外衣；将原本属于珞巴族的阿帕塔尼、义都、崩尼等部落，说成是“米什米”，或者是“达夫拉人”，企图混淆人们的视线；在对待珞巴族诸部落由喜马拉雅山北面向南迁徙的历史上，依旧采取含糊其辞的说法，其用意不言自明。

然而，不可否认的是，罗伊在研究珞巴族部落文化上也作出了重要贡献，这对于中国今天研究珞巴族的人文、民俗、风情等方面，无疑有非常大的参考价值。若透过罗伊在珞巴族学术上的足迹，也许能让我们看出些什么。

1945年，罗伊大学毕业后，被分在了印度加尔各答大学人类学系当一名讲师。他所处的那个年代，正值印度的独立运动如火如荼之际，使他不可避免地卷入了这场独立运动中，浑身上下都充满着热情和活力。

1947年，英国放弃其印度帝国之前，已开始把地图上的“麦克马洪线”，从10年前的地图上移到地面，作为印度东北部的有效边界。当时，已经在德让宗、瓦弄以及珞渝等部落地区建立起哨所，由阿萨姆步枪队防守，将这些地区的西藏地方行政机构赶走。

当英国人离开时，印度总理尼赫鲁向他们保证：新的印度政府会完成他们在珞渝、察隅、门隅等部落地区的工作。“如果有什么好说的，那就是，他们准备推行一种比以往的英国人更为前进的政策”。

1947年8月14日午夜，当印度作为一个独立国家——用尼赫鲁的话来说——应运而生的时刻，印度的边界经历了看不见的、但却是深刻的变化。

西藏地方政府希望趁英国将政权交给印度的机会，收复过去被英国夺走的一切领土。1947年10月，他们正式要求印度归还从拉达克到阿萨姆包括锡金和大吉岭区域在内的一大片西藏领土。然而，印度在答复中却要求西藏保证同意维持它从前同英国政府所保持的那种关系。

印度独立后，在对待我国西藏问题上，不仅完全继承了英国的殖民主义政策，继续坚持非法的“麦克马洪线”，而且比英国殖民者的胃口更大。印度政府在公布的宪法中，竟把我国珞渝、门隅、下察隅三地区称为“印度东北边区”。在侵占中国领土问题上，印度当局的贪婪比英帝国主义更胜一筹。

1948年，印度独立的第二年，印度政府人类学局成立了人类学研究小组。罗伊作为小组的一个成员，负责调查珞巴族部落民众的体质。正是这样的调查，让他“首次与西昂边境分区的阿迪人接触，承担了从不同的人类学角度来研究这些奇异人的任务”。

就在这一年，罗伊有幸同西昂分区助理政务官詹姆斯（P.L.S.James）一起，进行了一次远距离的珞巴族部落考察，翻越果尤拉山口到达墨脱县的格林村。拿他的话来说：“我与他有着一段难以忘怀的经历，一起横跨阿迪地区，直抵印度最边远的地区格林。”

格林村地处非法的“麦克马洪线”以北，属于印度主张的所谓“有效边界”以外的一个珞渝小山村，如今在我方的控制区域内。可是，罗伊在《巴达姆—民荣诸文化》一书中，竟然依据自己的“文化边界线”，把格林村划到印度的版图上，让人啼笑皆非。

可就在一年前，墨脱宗本阿旺贡布带着数百人越过更邦拉山口，来到其管辖的达岗措收税。同罗伊一块到格林村的詹姆斯得知后，竟再次率一小股来复枪队沿雅鲁藏布江逆流而上给予阻止。1947年2月17日，在邦勾北约15英里的都登，与墨脱宗本阿旺贡布一行相会，詹姆斯强行阻止阿旺贡布前往下面去收税。3月4日，阿旺贡布宗本因给养困难，收税也没有结果，均向北返回“麦克马洪线”。

事实上，詹姆斯护送罗伊到格林村采风，可避开“麦克马洪线”以北希让、德尔工等地村民的“报复”，他们自然也不敢去墨脱宗政府。因为不仅不会受到宗本阿旺贡布的欢迎，反而有被驱赶的可能。若真发生这样的事情，这岂不是让一个大英帝国助理政务官的脸面丢尽吗?

从这一点看，罗伊的格林之行，也只不过是一次行色匆匆的探访，尔后便迅速撤回到“麦克马洪线”以南。罗伊在他的专著中，对“麦克马洪线”以北珞巴族部落没有任何文字描述，也许就能很好地证明这一点。

从巴昔卡到格林，若沿雅鲁藏布江逆流而上，少说也有两百多公里，全靠两条腿走路。雅鲁藏布大峡谷多数地方水流湍急，村与村的人行道相当窄小，许多地段得绕道前行。罗伊每天不是滑溜索，过独木桥，就是越栈道，翻大山，每到一个村庄采风，那种艰辛是常人难以想象的。

正是这趟远距离的格林之行，使罗伊对雅鲁藏布大峡谷区域一带的珞巴族诸部落有了非常深刻的认识。他抱着极大的兴趣观察“奇异人”的生活方式，认为构成这种独特生活方式的是珞巴族诸部落自治的社会结构，保证了他们的社会关系向有效的平稳的方向发展。

罗伊是幸运的，在加尔各答大学里，得到了K．P．查托帕德哈雅教授给予的细心指点。1945—1956年春，长期与该校人类学系德高望重的印度人类学B．C．古哈博士同事。古哈曾到过雅鲁藏布江流域珞巴族诸部落进行过探险考察，著有《阿波尔人训练青年中心的莫休普》等。古哈还是印度著名的民族学家，他所著的《印度民族学概论》，在当时的印度民族学研究领域产生过深刻影响。

当时，罗伊尽管还只是个20多岁的愣头青，但他的好学上进，赢得了古哈博士的高度赞赏，对他所写的一篇篇考察报告进行认真修改，有意识地建议和指导他从事珞巴族部落文化的研究。正是他与古哈不同寻常的关系，罗伊在《巴达姆—民荣诸文化》中写道：“我在这里首先怀着感激之情向B．C．古哈博士致谢，他向我建议并指导我开始进入这个几乎不为世人知晓的阿迪地区。”

当罗伊从事珞巴族诸部落研究时，不可避免地对他们的社会和文化生活有了更为广泛的接触。随着研究兴趣的与日俱增，“我越发使自己利用公务之余，按照亲身的感受，不断地把阿迪社会的特殊现象记录下来。但我始终找不出时间把这些杂乱的笔记整理成书”。

1954年，印度政府将中国的西昂边境分区改为“阿波尔”山地行政区，直到1959年时，又改为“东北边境特区”。就在这一年，罗伊被任命为“阿波尔”山地行政区的文化研究官员，接受与以前完全不同的任务，带领一批人员进行珞巴族诸部落社会和文化生活的研究。他如鱼得水，“不管怎么样，我以前的记录对我的工作多少有些用处，我才开始真正地认识到这些资料很有价值”。

罗伊因这样的公务，使他能够阅读所有关于珞巴族诸部落业已刊载的资料，有幸准予涉猎许多散见于政府官员的旅行随笔和日记，诸如尼德哈姆的《阿波尔村庄巴都、库木古访问记》，敦巴尔的《阿波尔和迦龙》《另一种人的生活：原始人的研究》，海门道夫的《民荣阿波尔人的宗教信仰和仪式》等，这些记录给他提供了很多有用的资料。

罗伊在深入巴达姆、民荣部落调查中发现，珞巴族是由一些名称不同，但关系密切的群体（亚部落）构成。每个群体之内，又由一些氏族组成，在氏族中，又由一些亚氏族组成，而亚氏族被认为是一些最小单位的家庭群体。对整个珞巴人而言，内聚力的强弱，从家庭起一直向外延伸，到整个群体时，这种内聚力就变得非常弱小了。

在罗伊看来，珞巴族的每个群体都可以从单一的祖先起数出他的子孙，这个祖先是一个半人半神的人物，这类神奇的祖先经过两个或三个子嗣的血统，世系开始分支，这些支系的祖先就是各个氏族的始祖。这些氏族传到第七代以后，由于移民或人口过剩，分裂成更多的世代，再由于移民或人口过剩，又分裂成更多的旁系，就产生了亚氏族。罗伊对于珞巴族群体、氏族、亚氏族的划分，对中国文化人类学者研究珞巴族的社会和文化生活，产生了深刻的影响。

当然，中国著名的文化人类学家李坚尚在划分珞巴族诸部落时，与罗伊的研究方法不尽相同。例如他和刘芳贤在《珞巴族的社会和文化》一书中，对罗伊所称的雅莫部落，认为属于博嘎尔部落的一支，称之为达芒氏族。李坚尚还按照当地居民的自称，将罗伊笔下的“邦波部落”改为“坚波部落”。在罗伊的笔下，认为地处察隅丹巴曲一带的义都，隆子县西巴霞曲流域一带的崩尼、阿帕塔尼等不同于珞巴族诸部落，称之为“米什米人”，或“达夫拉人”，李坚尚经过实地考察后，认为他们分属于珞巴族的不同部落。

罗伊作为“阿波尔”山区的一名行政官员，使他有幸接触更多研究珞巴族诸部落社会和文化的学者、官员，对他从事的珞巴族社会和文化生活研究给予极大支持。阿萨姆总督前顾问K.L.麦克拉早年曾研究人类学，对他的工作给予热情支持；东北边境特区政府法律顾问D.M.申，在涉及政治和司法制度的问题上给予解答；东北边境特区的前财政顾问N.申古塔通晓珞巴族的艺术，在艺术上给予指导；东北边境特区前农业专家S.C.莱依在他的工作领域内，向他提出了许多很好的建议。

让罗伊最难忘的，莫过于他的恩师V.埃尔温博士。此时的埃尔温，已是尼赫鲁部落事务部主任，在搜集和研究珞巴族民间文化和社会方面卓有成就，在社会学方面感染了罗伊。正如罗伊所说，“我永远也无法用文字表达我对V.埃尔温博士的感激之情。可以这么说，他的渊博知识熏陶着我，使我在自己的学术生涯中不断受到教育和鼓舞。如果让我打个比方的话，他永远是我的导师，好像曼托尔对待特列马修斯一样。”

曼托尔是特列马修斯的良师，罗伊以此来打比方，说明埃尔温对他学术研究的影响之深，更表达了他对这个昔日导师的尊重。事实上，埃尔温在学术观点上，对罗伊的影响可以说是巨大的。当时，埃尔温在印度政府极力推行所谓的“第三政策”，决心帮助部落民众依照他们自己的才能和传统发展，罗伊是这一政策的有力支持者。

罗伊按照恩师埃尔温的指点，走进了珞巴族巴达姆、民荣部落进行深入的社会调查，发现了珞巴族部落社会并非散沙一般，珞巴族为了处理自身的内部事务，知道抵御外来的侵略和骚扰，必须有一个健全的组织来协调。他们依靠村落议事会，行使最高的立法权和司法权，对村内的一切社会问题与政治问题实行管理。

罗伊在调查中还发现，珞巴部落民众为了充分发挥议事会的作用，从村内挑选那些具有个人影响力、并能按照传统的方式处理事务、能力又强的人担任氏族长，并代表氏族处理各种事务。村落议事会根据传统的规范和习惯，指导所有村庄的活动，村里所有的人都必须遵守，对那些行为不轨的人给予惩罚，以维护村内的安宁与幸福。在珞巴族社会里，不管是开垦荒地、建造新居，还是安置住户、惩罚违纪的人，任何与村庄有关的事情，不管其属于个人或集体，都得经村落议事会讨论决定。

议事会是村落的重要司法机构，一切争端都得提交这里裁决。凡争论双方的支持者都来到这里，用传统方式和大胆的手势，高声发表长篇演讲，极力使议事会成员相信他们主张的正确性。每个发言人都有一个开头语，叙述珞巴人的古老历史和光荣传统，也要求行使法律的人按照传统规范，实施公正的裁决。罗伊在他的《巴达姆—民荣诸文化》中，记录了这种传统的叙述方式：

阿，村民们！弟兄们！让我们使自己的习俗和议事会变得强有力，让我们改善自己的法规，让我们使法律对所有的人都公正和平，让那些讲得最有道理的首领站出来，说出我们更好的主张吧！让他无所畏惧地大胆说出来，犹如雄鸡高声啼叫一般。让我们的法律始终如一，让我们的习俗对所有的人都适用，让我们的决定不要因人而异，让我们在公理的指引下，接受正义的决定，达成双方都能接受的协议。让我们所有问题都能解决，让我们在争议刚出现时就能解决，不能让小的争端扩大和争论旷日持久。让罚金合理，与罪相符，公正不偏；对缺理的人应该同情，宽严相济。我们在这神圣正义的地方相遇，为了举行这次议事会走到一起来了，让我们达成一致的协议。这里有原告人和被告人带来的铁锅和铜锅，这里有站着的大额牛，让我们作出完全公正的裁决。只有这样，所有这些物品才能给予正确的一方。

珞巴族村寨（李坚尚摄）

罗伊在一个珞巴族村庄里，聆听了上述的裁决，发现极少有违背的现象。不过，他还看到这样一种情况，若人们的认识能力不能判断争论双方是非时，则通过神判法来寻求超自然的指引。就拿“水煮鸡蛋”的神判来说，假如一个人被控告犯罪，若不能得到确凿的证据，就要对他实行神判。神判时，燃起一堆大火，在上面放一个竹筒，竹筒约30厘米长，里面盛满水。煮水时，放入一个鸡蛋，被告坐在火堆旁，到水完全沸腾后，拿着一块防热挡火板隔开火的烈焰，将手伸到竹筒里取蛋。如果他无罪，则他的手不会烫伤。

在原始部落中，群体发生任何违犯习惯法的行为，由村落议事会进行处理。若个人直接触犯了这些规范，就得到议事会承认自己的错误。罗伊在考察中还发现，“珞巴人的习惯法制裁，既没有《汉谟拉比法典》那样典型的惩罚性和残酷性的痕迹，又考虑照顾到双方的全部情况。尽管没有定型，伸缩性很大，但对维护社会秩序，使每个成员能够生活在一个和平与安宁的环境，是相当适宜的”。

珞巴族希蒙部落村民收割鸡爪谷（埃尔温摄）

在珞巴族博嘎尔部落议事会上（李坚尚摄）

罗伊在从事珞巴族研究时，不仅被这些部落独特的服饰、优美的舞蹈、奇特的民歌吸引，还将研究触角深入到他们的政治生活、物质文化和社会组织中。他的这种开拓性研究，埃尔温博士极为赞赏。埃尔温作为尼赫鲁总理部落事务主任，提起罗伊在珞巴族社会和文化研究方面的贡献时，毫不吝惜自己的笔墨，他这样写道：

他（罗伊）作为东北边境特区的行政官员，不仅在人类学上，而且在行政管理和开发问题上都是内行，他在巴昔卡的乡村发展计划上，就写过极有价值的报告。因此，他的这本书，是在实地调查和通晓民情的基础上写成的，具有特殊的价值……

最近，尼赫鲁总理在部落特别会议的著名训令上讲到，我们必须帮助他们在适合自己传统和社会特点的道路上发展。我们不能使他们成为我们自己第二流的复制品。假如我们想这样做的话，我们必须了解他们的传统是什么，特点是什么。另一方面，我们也有可能使自己同意完全保留这种多彩多姿的和异国情调的部落文化主张，并试图把他们作为一块富有色彩的孤岛保留在这个多少有点单调无奇的现代世界里。沙钦·罗伊的著作对此提供了一副有价值的清醒剂。

现在，推广适合于高度发展地区的新式乡村自治模式，对山林地区是无用的。目前，他们正在寻找一种比较简单易行的，又以过去民主制度为基础的乡村自治模式。罗伊先生提供的有价值的资料，就有助于这些问题的解决。实际上，我们全印度的部落社会都需要像罗伊这类既通民情，又讲科学的著作。

尤其重要的是，沙钦·罗伊研究了改革问题，这对于现代印度的社会学研究来说，也许是最重要的题目。在独立的阔步前进的印度里，今天还被隔绝的部落民不可能没有社会问题。但是，这些问题还没有人研究。然而，在部落民进入现代急流的时候，现代生活中的不同经济和高级数术，往往使这些部落民惊慌失措和害怕。研究这种过渡与他们所能承担的容量之间的关系，借以提高他们的生活水平，走出他们的狭小天地，发展同平原人民的全面合作，但又不失掉他们那些优秀的才能。这种优秀的才能，对富裕的绚丽多姿的印度将会作出巨大的贡献。

然而，当历史到了1959年，印度反华叫嚣的声势越来越大，随着印度国内抨击政府对华政策浪潮的不断高涨，抨击的范围也不断扩大。中印边界争端和政府对华政策，好像是一块镜片，把反对派形形色色的批评都透射出来：各种各样的政策、态度和人物都受到责难。

罗伊在这样的背景下，也不顾珞巴族诸部落由喜马拉雅山向南迁徙的历史事实，炮制了所谓的“文化边界线”。罗伊就错误地认为，“在喜马拉雅山南面几英里的地方，有一条与之平行的文化分界线，这条分界线穿过洛希特、西昂和苏班西里地区的北部，延伸到卡门地区的东半部，并在那里转向南方，大约沿着鲍罗里河延伸。这条分界线的北部和西部地带，可以叫做西藏文化模式区域。这条分界线的南面和东面，可以叫做阿迪文化模式区域，这一模式还可延伸到布拉马普特拉河那边的山区。”

罗伊还在书中进一步指出，“这条文化分界线两侧的文化之间的区别这样明显，以致无须用任何事实来说明。……我想要说明的是，与北方的西藏文化相比，阿迪文化与南面的文化有更密切的亲缘关系。……东北边境特区最北端的阿迪文化，已经历了几个世纪，成为抵制西藏文化渗透的堡垒。西藏和印度之间的商品交换尽管通过他们来实现，但阿迪人总是保持自己的文化不受外来影响。”

罗伊炮制的“文化边界线”，在印度带来了极其严重的后果， 尼赫鲁在1959年9月26日给周恩来总理的回信中甚至写道：“由喜马拉雅山顶形成的分水岭是自然的界线，几世纪来它已为双方人民接受为边界。居住在‘麦克马洪线’以南地区的部落——门巴、阿卡、达夫拉、米里、阿波尔和米希米，是和阿萨姆山区各部落属于同样的种源的，而和西藏人没有亲属关系。”

若今天来审视埃尔温、罗伊生活的时代，独立后的印度在对待中国珞渝珞巴族诸部落的问题上，远比英国殖民者贪婪。当许多英国官员逐渐离开印度的政治舞台时，埃尔温凭着他的一半印度血统，当上了印度尼赫鲁总理部落事务部主任，罗伊当上印度东北边境特区行政官员。

在侵占中印边界东段中国门隅、珞渝、察隅约9万平方公里领土一事上，埃尔温、罗伊师徒竟然不顾中印传统边界线的历史事实，为尼赫鲁的侵略政府摇旗呐喊。他们因极力鼓吹侵占中国西藏喜马拉雅山地部落领地，深得尼赫鲁总理的赏识，为1962年中印边境战争埋下了祸根。在那场战争中，印度败得很惨，可以说是一塌糊涂，尼赫鲁因这场战争，不堪国人的指责于两年后含恨离开了人世，成为一个悲剧人物，这恐怕是他们以前所完全没有预料到的。

3 亲历原始人生活

本章介绍1954—1957年，中国珞渝文化第一人冀文正在做珞巴、门巴两个部落民族启蒙工作时，搜集大量的社会、民俗、故事、歌谣、谚语等，在争取珞巴、门巴为一个单一民族上作出了重要贡献……

第三章

亲历原始人生活

撩开珞巴部落神秘面纱

世界真是个大舞台，前面的人刚刚谢幕，后面的人又随之登台。

在通向雅鲁藏布大峡谷山地部落文化“考察”的舞台上，继外国学者之后率先登场的中国人，不是国内那些有名望的民族、民俗和文化人类学家，而是一个仅有初中文化、名不见经传的冀文正。

冀文正当年去雅鲁藏布大峡谷核心地带墨脱的时候，年仅22岁。他是带着做珞巴、门巴两个部落民族启蒙工作而去的，而组织上并没有交给他去考察两个山地部落民族文化的任务。

冀文正1933年8月出生，河南邓州市人。1948年9月，在河南开封市参加豫皖苏独立旅，曾参加过淮海战役、渡江作战、上海血战、湘南战役、解放大西南等。1950年3月，随十万大军进军西藏。

据冀文正说，他有一个非常好的母亲，虽然目不识丁，连个名字也没有，但非常明事理，从小教他学好人，不做坏事。过去，因为有一户地主经常欺负他家，在他幼小的心里，便埋下了报仇的种子。就在11岁那年，他将家中的鸽粪放在了这家的堰塘里，毒死了不少鱼。就在他自得其乐时，被母亲知道了，让他自己先扒掉裤子，然后挥起掸子把，将他狠狠地揍了一顿。

母亲能讲不少中原地区的民间故事，冀文正从小就是听这些故事长大的。

参军后，母亲很是挂念他的成长，通过口授方式，让人代写家书，鼓励儿子安心卫国戍边。在淮海战役胜利结束即将渡江的关键时刻，他的母亲让村里的文化人代写一封《告汝远渡江记》，对他提出了几点希望，诸如克服困难、处事要诚、团结友爱、勇往直前、排除杂念……饱含了一位农村母亲最朴素的感情。

冀文正刚到墨脱工作时，在信中述说这里艰苦，休假很困难，流露出个人问题难处理的担心。他母亲又何尝不想儿子早点成一个家！可她在托人给儿子的信中，很乐观地写了几句："人家儿大都接人，俺儿长大没婚姻，只要明年告假回，说亲提媒挤破门。"他在墨脱工作一年后，取得了令人欣喜的成绩，也不免流露出想家的念头，母亲又托人写来一封勉励的信："日落西山望高原，我儿在藏身体健。满腔热情去建藏，荒凉高原变富强。珞巴同胞回天堂，不受帝封来阻挡。国内各族携起手，工业社会不发愁。开采宝藏建家园，珞巴藏汉齐欢颜。"

雅鲁藏布大峡谷腹地墨脱，对于外来文明的最早接触，恐怕应首推印度的莲花生大师，受藏王赤松德赞的指派，在这里开创了莲花圣地。紧接着，就是西藏噶举派著名僧人益西多吉，将大峡谷中的札日神山开创为佛教徒的朝拜圣地，还有就是在这里弘扬佛法达两年之久的噶举派著名僧人汤东杰布。后来，英国殖民者染指大峡谷，一批又一批探险者进入这块圣地，便有了守护这块国土的清朝军队。

长期与世隔绝的墨脱，生活在最底层的珞巴族部落居民，最初对外来者普遍抱有一种敌视的心态。1911年初秋，以治军严而著称的赵尔丰统领清朝驻军担负卫国戍边重任，可跟随他们一块进去的，还有一支西藏地方武装藏军，属典型的杂牌兵。他们率先闯入珞巴人村寨，骂珞巴人是野人，抢财物、砍神树、砸神石，留下了不光彩的行径。这一年，辛亥革命爆发，清朝也随之灭亡。清朝驻军一时不知所措，想借道卡布沿雅鲁藏布大峡谷逆流而上，与驻扎在波密的清军队伍会合，却遭到了珞巴族达额木部落米古人雨点般弓箭的袭击，终因伤亡太大而放弃。

冀文正用这台相机拍下了墨脱许多珍贵的照片（冀文正提供）

1943年是大峡谷腹地卡布村与外来文明的最后一次碰撞。当时一名英国摄影师闯入了这片"世外桃源"，开始时双方倒还相安无事，但后来当那名摄影师拿起照相机按动快门时，灾难便降临到他的头上。愤怒的珞巴人纷纷涌上前来，指责他手拿妖物，把当地人的命运和福气偷走了，并说谁的头像被装入这个妖物状的匣中，谁就会短命。他们砸烂了英国人的相机，下达了“逐客令”。在几个手持弓箭，弓上箭头沾满剧毒的青壮年“护送”下，这位英国人胆战心惊地逃离了这片土地。

50年代初，汉人要进入墨脱的消息，像长了翅膀一样飞遍墨脱的村村寨寨，引起了土著珞巴人的一片恐慌。有人说，这些汉人是为他们的爷爷报仇来的，他们会把老人杀掉、把小孩吃掉、把年轻人弄到拉萨去修路。当地藏族官员还恐吓老百姓道：“汉人的政策就像湿牛皮帽子，先松后紧，先好后坏，千万别上他们的当。”一时间，墨脱上空阴云密布，谣言四起，各村寨群众纷纷带上长矛、毒箭等自卫武器，躲进了原始森林。

1954年7月，冀文正身负背包、干粮，怀揣一本手抄的藏汉词典，同战友李永华一道，翻越通往雅鲁藏布大峡谷腹地道路之一的金珠拉山口，踏上了去墨脱县做土著珞巴人和门巴人思想“启蒙”工作的漫漫长路。

他们首先来到位于雅鲁藏布江和金珠曲的交汇处卡布村。村庄坐落在雅鲁藏布大峡谷的第三个拐弯处，江面海拔700米，村庄却高出江面600多米。在这个方圆2平方公里的小坝上，整齐地排列着块块农田，生活着12户珞巴族达额木部落米古人。

1955年2月，冀文正和李永华接受一项新任务，会同卡布前哨站的白马岗工作队成员丁培萱一道，从卡布村到甘登救济灾民。当冀文正抵达甘登时，首先映入眼帘的是一片死气沉沉的空寨。珞巴人所有的门窗紧闭，家家了无炊烟。原来，珞巴人听说汉人进村后，纷纷躲进村后山的一片大森林中。

冀文正一行人没有贸然闯入珞巴人家。晚上他们夜宿芭蕉树下，饿了挖野菜充饥，渴了喝村外小溪流水。这一切举动都释放出了极大的善意，让躲在暗处偷偷观察他们的珞巴人很快打消了戒备心理。几个胆大的年轻人，小心翼翼从村外向他们走来。

“我的一只手准备着随时摸枪，而对方也紧紧握着毒箭，以此显示他们的威力。”冀文正至今还记得这次历史性的相会，他不会说珞巴话，始终微笑着，用不太标准的藏语加手势，反复向对方示好。

“微笑换来了珞巴人的理解和支持，因为珞巴人历来受歧视，很难遇到异族人的微笑。微笑成了增进民族感情的纽带。”后来在同冀老的交谈中，他反复强调微笑所带来的神奇作用。珞巴人感到他们不像是为汉族爷爷报仇来的，便将他们安排在了一户珞巴族家中。从此，甘登村的珞巴族达额木部落米新人那些秘不示人的风俗民情、神秘原始的宗教仪轨，第一次进入了冀文正的视野。

冀文正同珞巴族最早感情的拉

近，得益于那一片片治疗疟疾的奎宁。

卡布村地处亚热带丛林，气候炎热，传染病较多，疟疾更为流行。在医药发达的今天，这算不上什么大病，可在墨脱那样的环境却是致命的。以前，他们完全靠神汉、巫婆祛病消痛。

1955年8月，冀文正和李永华刚到卡布村不久，雅西氏族首领女儿亚姆就染上了当地可怕的恶性疟疾，家里请来巫婆驱鬼多次，病情反而恶化了。冀文正来到亚姆家，见她躺在火盆边，脸色蜡黄，目光呆滞，死死盯着天花板，全身瑟瑟发抖。

冀文正从挎包里取出三片专治疟疾的奎宁，端来开水示意她服下。接连两天，他都给亚姆送药去。珞巴人从未服过西药，只需用上几天的奎宁药，就能达到药到病除的神奇效果。第三天，亚姆的病不仅奇迹般的好了，还能下地帮助父母干活。就这样，冀文正一次次走向珞巴人家，治好了一个个病人，珞巴人称他为“神医”。

冀文正进入卡布村后，面临一项十分紧迫的任务，就是生产自给，以此来弥补后方粮食供应的不足。这既是十八军进军西藏的光荣传统，也是开创珞渝工作的立身之本。他挨家挨户去借生产工具，可珞巴农具的原始让他惊讶。每家除斧头和砍刀外，其余均是木制的。木棒戳洞下种，木棍夹穗，木臼舂米，脱粒用脚踩，运输靠人背。粗放的经营，退化的种子，不景气的生产，哪还会有什么高产可言！人们经常食不果腹。

冀文正是个非常细心的人，他在日记《昔日萧条的西藏农业》中写道：“卡布村有12户珞巴村民，仅有51件铁制农具。村民安布全家7口人，1954年收获稻谷、鸡爪谷、玉米等130克（西藏每克为14千克），扣除其他开支，人均口粮 8 克（折合112千克），一年中有四个月靠棕心树代食。这种食物淀粉含量较高，但吃起来有些味苦。安布属卡布村的上等人家，下等村民的生活可就更凄惨了。”

卡布村地处亚热带丛林，这里生长着坚硬的树木，有的硬度几乎同铁相当。出生河南农村的冀文正，他照着内地的办法制作了木锄、木犁，在珞巴人生畏的“鲁欣”地上开垦了0.8

二牛犁水田（冀文正摄）

亩水田，及时插上了稻秧。

在珞巴语中，“鲁欣”意为“鬼地”（曾有人耕种后得了麻风病，当地人又称其为“麻风病”）。他们在这块地上耕种时，珞巴人表现出一脸惊异：“鲁欣！鲁欣！”随后，珞巴人站得远远地观看。可后来汉人竟没有得病，这让珞巴人十分惊异。这不免使人想到，当初门巴人刚迁入墨脱时，用铁棍深深插入土中的方法，也曾使珞巴人感到惊异，赶紧让出地来给他们耕种一样。

冀文正进西藏后，不仅会讲藏语，还能看懂藏文。珞巴部落氏族首领安布经常到藏区交换物资，也能说一些简单的藏语，冀文正当时不会珞巴话，便用藏语同他交流，知道了鲁欣的来历。于是，细心的冀文正便观察起这片地来，最后终于找到了致病的根源。这块地原来背阴，杂草丛生，寄生了许多让人致病的蚊虫。在医疗极其落后的卡布村，村民得麻风这类怪病后，那就是致命的，便产生了畏惧。

冀文正想，若在珞巴部落中推广农业技术，提高粮食单产，不仅使粮食增产丰收，还可减少对后方粮食供应的依赖。可是，急于对珞巴人宣传农技知识，眼下很难让他们接受，与其这样，不如先做出来，让他们眼见为实，更具说服力。

对于现代农业技术来说，冀文正并不陌生，他是我国培养的西藏第一代农业技术人员。1952年6月4日，中国政务院文教委就派去一支由48名科学家组成的科学考察队，担负了摸清西藏各类资源、培养西藏第一代科技人才的重任。翌年1月，科学考察队农业组在拉萨七一农场举办了首届农技训练班，而63名来自拉萨、昌都、波密、江孜的部队学员，都是具有一定文化水平和生产经验的。

冀文正虽然仅有初中文化，可在那样的年代，也算是一个知识分子，并且在连队还担任了文化教员。他至今仍记得当时授课的13名专家中11人的名字：李连捷、庄巧生、张琨、钟辅求、张纪增、邱龙章、郑丕尧、肖前椿、夏荣基、吴耕荣、李志勤。他后来跟随农业组考察时，有一名专家还送给他一个海拔气压表，早期出现在报纸杂志上的墨脱山脉、村庄、峡谷的海拔高度，大都出自这个海拔气压表的数据。

冀文正在自己开垦的玉米地里进行人工授粉，同时征得珞巴人的同意，让他们也种一块地玉米，便于作对比。为让珞巴人领会接受，他将学到的珞巴语“结婚”一词派上用场，称人工授粉就是玉米“结婚”，让小伙们笑弯了腰，姑娘们羞红了脸。

秋天到了，冀文正邀请珞巴部落群众前来观看。珞巴人第一次发现，经过人工授粉的玉米棒子个大且没有光头，子粒沉甸甸的，色泽光鲜。当场脱粒后，一个棒子比没有授粉的重0.12千克，珞巴人大吃一惊，纷纷称道：“玉米‘结婚’可以高产！”珞巴人非常务实，许多人前来向他索要种子。他和李永华当年收获了784千克人工授粉的玉米，干脆全部拿出来送给了村民。他借这个机会，向珞巴人反复阐述“母壮子肥”的道理，珞巴人第一次懂得了下种前必须精选玉米棒子中间颗粒饱满的种子。

冀文正是个勤学钻研的人，很快掌握了水稻合理密植、玉米人工授粉、棉花打尖等技术。于是，他发动群众开垦水田，引来山泉，采用粳稻良种，当年亩产最高的达280千克。他除了教珞巴人给棉花整枝外，还将河南的花生、西瓜，四川的辣椒等品种引进卡布村，改变了这里人的饮食结构。为此，珞巴人送给了他们一个个头衔：玉米红娘、青稞老师、生活顾问……

1955年，科学给卡布人带来了前所未有的丰收。冀文正在《南方的丰收》一文中写道：“1955年，珞渝的各种农作物都比往年好。一串稻穗发7个杈，结350粒子；一个玉米棒有30多厘米长，两个棒子可打一升（相当于0.7千克）；还有虎蹄形蔓加、狼尾巴似的小米等，都长得特别结实粗大……”冀文正没有想到，这篇文章被1957年10月的《人民日报》、新华社相继发表。

卡布村的珞巴人从冀文正身上逐渐认识了解放军，认识了共产党，并亲切地称他为“米米老冀”。“米米”珞巴语意为“爷爷”。对于珞巴族米古巴部落来说，并非当了爷爷才称米米，这是对威望很高的人的尊称。一个部落称一个年仅22岁的小伙子“米米老冀”，这在他们部落中是极不多见的。从此，冀文正在卡布村受到了大家的信任，“新汉人”的佳话也传遍了整个山村。

冀文正到卡布村1个多月后，珞巴族米古巴部落雅西氏族决定为他们建一幢吊脚竹楼。墨脱盛产竹子，粗的直径达30多厘米，大都韧性好，结实耐用，为修建吊脚竹楼提供了条件。冀文正受党多年培养，不信神信鬼，为了尊重当地的风俗民情，他还是接受了米古巴部落最为原始的建筑方式。他在日记《吊脚竹楼的故事》里，详细记述了雅西氏族帮助他们修建吊脚竹楼的经过：

雅西氏族首领经过占卜，鸡肝纹路说明翌日是个吉日，可以动工。按照珞巴人习俗，安布选择了三个建房宅地。我和李永华是两个人，要拿出两颗稻谷，外加牛、猪、鸡各一颗，共5颗为一组。他们为我们选择了三个地址，共需三组15颗稻谷。珞巴人将预选的宅地平整一尺见方砸实，在其中心放一组谷粒，上放一把鲜树枝，再压一块石头。在太阳落山后放谷粒，翌日太阳出山前察看。若5粒稻谷散开在外，说明这块地不好，会死人的。若谷粒有蚂蚁，人会患病；若谷粒完好无损，说明这里适宜建房。

第二天，我跟随安布看了三个地址，在村里南边是个理想的建房地

冀文正在地东村香蕉树下（冀文正提供）

址。上午，全氏族向新宅地敬献酒和牛奶，祈求地神和地龙庇佑新主人平安。紧接着开始施工，妇女挖地基，男人上山砍竹子，老人在家劈竹。吊脚楼为长方形，长约9米，宽约6米，石头垒基砌墙。外墙1.5米高，墙厚半米，上放又宽又厚的横木，横木连接处有凹凸衔接，相当牢固。每隔两米立一木柱，柱高2.5米，其间用双层竹板当墙。木柱上架有横梁，固定房架。

屋顶呈人字形，房盖用双层竹板代瓦。制作竹板是个技术活，大都由上了年纪的能工巧匠负责。他们根据需要的长度，砍掉竹子的两头。竹子是有纹路的，用锋利的腰刀顺着纹路往下直砍，不能横砍和一刀砍到底，每刀只能砍一筷子长。这样，一根竹子要砍上百刀，便成了几十厘米宽的竹板了。房顶当瓦用的两片竹板重叠，将里朝天，因竹板里有沟槽，让雨水顺槽沟而下，晚上躺在床上，可以看见眨眼的繁星。若下雨，开始小雨星滴下，片刻便没有了。除地板、横木、横梁和门窗外，整座竹楼其余部位全用竹子，不用一根铁钉，实属罕见。

整个建筑只留有一道门，对面有两扇窗，利于空气对流。室内垒有灶台，旁边修了火塘，用三块皂石砌成，可以架锅做饭。靠南墙修了两间大竹床，每间可睡三人。善良的珞巴人还为我们修了一张大竹桌，说是好让我们记住珞巴话。在不到半年里，我学会了珞巴语，走出了“无声世界”。

冀文正和李永华从江边捡来石子，在庭院里镶嵌了一个两米见方的“家”字，周围种上珍稀的老虎须和虎头兰花，使“家”显得更加庄重。冀文正白天种地、看书、写日记，晚上同珞巴青年一起唱歌、跳舞和讲故事，向珞巴人学珞巴话，慢慢地走出了没有语言的“哑巴世界”，同珞巴人的距离越来越近了。珞巴人按照猎获的兽肉平均分配的习俗，也给他们分一份，从此他们成了卡布村的第13户村民。

在冀文正进墨脱前，用省吃俭用的500块光洋买了一个德国禄莱福莱照相机。当他面对珞巴族米古巴部落独特的人文风情，第一次按下快门时，同那位英国摄影师不同的是，所有村民都乐呵呵地跟在他的身后，没有一个人上来砸他的相机。在他们心中，这个和他们同劳动并在一起生活的，自学珞巴语的汉人，早已成了他们的亲人。就这样，神秘原始的珞渝文化，向冀文正敞开了大门。

冀文正还从拉萨买来胶片和药水，自制了冲洗室。在那没电的许多年，他硬是利用高原充裕的日光和密封的小屋子，成功地洗出了许多珍贵的好照片，珞巴、门巴人首次看见了照片上的自己形象，如今有的照片已被中国博物馆收藏。北京民族文化宫正门大厅里有一幅高12米、宽8米的巨幅照片，画面是大峡谷中一座造型奇特的山间藤网桥，就是冀文正20世纪50年代在墨脱工作时拍摄的。

“珞渝地区交通落后，至今仍是全国唯一不通公路的县。我就托朋友在拉萨给我买胶卷，双××的胶片，5元一只。我那时每月工资只有58元，大多用在了这上面。存好钱集中买一次，然后叫当地老乡翻过喜马拉雅山背进来。”在冀老家中，我看见了他保存完好，记录着珞渝文化历史的老胶卷，码放得有半人多高，数量竟达500多只。

争取珞门部落民族地位

转眼到了1955年2月下旬，冀文正从卡布村出发，踏上了去雅鲁藏布大峡谷深处的行程，向生活在帮辛、加热萨、甘登的珞巴、门巴部落群众发放无息农贷。6天的时间，他们翻越了4座大山，蹚过了8条激流，跨越了12条大跨沟，到达了加热萨。

“到刀嘎村去。”当冀文正发放完无息农贷，作出这样的决定时，珞巴向导简直惊呆了。早在4年前，大峡谷腹地墨脱发生了8.5级大地震，摧毁了一条条通外山路，这里几乎成为人间绝域。这名向导一再阻止，说：“你是我们最尊贵的客人，若出了什么意外，我无法向氏族首领交代。”

在冀文正的耐心解释和执意要求下，他们还是踏上了去刀嘎村的路。“若用今天的眼光看，墨脱大地震所释放的能量是唐山大地震的20多倍，比汶川8.0级大地震强得多。”冀文正回忆起这次探险经历时，多少带有骄傲的神色。他在旅行散记《幸福的一日》中，对这条路的艰辛作了描述：“从加热萨村出发，天亮后下到一个河边，上方是一个似墙一样高的200米石壁，路从石壁下的缓坡开凿出来，坡度约80度，只能放下半只脚，下面是100多米的深涧，河水从石壁下流过。一处20多米的栈道上长了不少黑木耳，让我在山崖中间进退两难。最后我脱掉鞋，解开绑腿，抓住藤条，身体向崖壁倾斜，十分缓慢地向前行走。过这个险段时，我的双脚流血不止，也许是高度紧张的缘故，当时连一点疼痛感也没有。可我没想到，这样的危险仅仅是一次小考验，更大的

用青冈木碓窝舂稻谷的珞巴族小孩（税小洁摄）

困难却在加格普巴到当文普巴之间的路上。”

刀嘎村是墨脱最北端的一个小村庄，位于雅鲁藏布大峡谷大拐弯处。村子不大，只有13户人家。经过爬悬崖、过塌方、穿丛林的10多天，当来到村口时，并没有事先他预想的热闹场面，对冀文正这个陌生人的闯入，眼前是十几条大狗狂吠不止，许多家的大门闭得紧紧的。

珞巴向导敲了好多家的门，都没见一人出来。当他来到一家低矮破烂的珞巴人家，门轻轻地开了，出来一位骨瘦如柴的赤脚老人。经向导一再说明其来意后，他们被带到村里一间用大木板盖的公房里。这座公房很大，里面火塘里还留有灰烬，而且还是热的，说明珞巴村民没有走远，隐藏在村庄附近的山林里。

刀嘎村以农业为主，珞巴部落村民靠种植玉米、小麦、鸡爪谷为生，兼养一些猪、牛等牲畜。冀文正看到，村民的房舍都是木板房，上下两层。上层住人兼仓库，底层养牲畜。由于烟熏火燎，房内光线很暗，摆设也十分简单。一户人家的两个孩子正在木板房前舂米，木舂约1米多长，中间细两头约碗口粗，盛米的是掏空的木桩，孩子双手紧握木杵中部，高高举起，再向下砸去，反复几十次才能将谷壳脱离。当天晚上，躲进森林里的珞巴村民陆续回到家中。

1955年5月22日，《人民日报》发表了冀文正撰写的《幸福的一日》。在这篇3000多字的旅行散记中，他第一次用了“人生头一次”、“少见的路”这样的小标题，使人们首次知道了遥远的藏东南有一个神秘莫测的大峡谷。

这也许是个巧合，冀文正真正意义的第一次采风，却是尚未消失的原始农业经营方式——刀耕火种。在这条救灾路上，冀文正发现了一个百思不得其解的民俗现象：珞巴人举行完他们隆重的祭祀后，即走向离村庄较远的山腰林间，砍伐成片的树林、灌木丛，砍倒后的成片树木任其暴晒，却没有背回家当柴烧的意思。这个谜始终萦绕在他的心头。

冀文正几乎用了半年时间才将这个谜底揭开。待到翌年3月，冀文正在卡布村看到，雅西氏族首领安布举行祭祀后，随即下达了集体行动的命令。他们带上干粮分别走向有两三天路程的砍伐点，几乎同一时间，只见火光冲天，烟雾缭绕，遮天蔽日。烧林一周后，珞巴人带上青稞、玉米、小米等农作物种子，用木棒戳洞点播。若是小粒种子，则采取撒播，松土覆盖。

播种完后，珞巴人在地头举行祭祀。每户做上10升大米饭和一石锅菜，盛入竹皿和木碗中，放在地边。此时的冀文正已能听懂珞巴话，他们向地神说："请保佑丰收，不遭兽害。"在秋收前，珞巴人在村内的公房里，摆上各种粮食，敬献酒肉，祈求来年丰收，人丁兴旺。接着，又用大石锅煮肉，湿竹筒做米饭，人均一份，连续5天后，他们才开始收割庄稼。

面对这种独特的农耕民俗，冀文正在一篇日记《刀耕火种》中写道："珞巴族农耕祭祀相当烦琐，给我的第一印象，便是这种原本在中学课本上才能找到的远祖习俗，即早已在中原消失的刀耕火种。"

正是这一次次亲身经历，耳闻目睹，使冀文正对珞巴族独特的民俗产生了浓厚兴趣。

冀文正最早进入雅鲁藏布大峡谷腹地墨脱，民俗学对于他来说，无异于天方夜谭。尊重少数民族的风俗习惯，是共产党坚定不移的方针政策。为了让自己在这里的工作立于不败

珞巴族刀耕火种坡地（冀文正摄）

之地，于是他开始了解他们的风俗习惯，并搜集珞巴族和门巴族的民俗风情资料。正是他这样长期深入村村寨寨，持之以恒，如今在珞巴族、门巴族民俗学研究领域，冀文正已成为我国非常有影响的民俗学家了，这也是他过去所没有想到的。

据冀文正说，真正将两个部落民族民俗采写在笔记本和日记本上，却源于自己一次败走麦城的经历。

冀文正每到一个村庄，总爱东家走西家串，与群众拉家常，宣传共产党的统战政策。到墨脱的第二年2月，他第一次到居住着34户门巴族同胞的胡仁村开展扶贫救济工作，闯了一次“大祸”。这天晚饭后，冀文正信步走进了一户人家大门，刚踏上楼梯，他就“米米”（大爷）长、“阿比”（大娘）短地喊开了。可迎接他的不是热情好客的笑脸，而是一双双怒目相向的眼光，一只只青筋暴突的拳头，一声声痛苦的呻吟……面对此景，他一下子傻了眼。

冀文正回到住处，把遇到的情景向措本罗布旺秋细说了一遍。没想到，措本听后哈哈大笑，对冀文正说：“门巴人得病以后，就说成是鬼魔缠身，是造孽的报应。要消除病魔的纠缠，首先得杀牲祭祀，或请喇嘛念经，或请巫婆神汉跳神驱鬼。再就是用一根两人多高的树枝，在病人周围扑打，然后将树枝插在楼梯的左侧，生人三日禁止入内。若有生人贸然进去，就会认为把鬼魔重新带了回来。”

冀文正方知犯了门巴人的忌，得罪了门巴人信仰的“忌讳树”。他一方面恳请罗布旺秋替他向主人赔礼道歉，另一方面要求给病人治病。冀文正后来治好了这个病人，赢得了门巴人的尊敬。这也使冀文正从中明白了一个道理：入门问俗。他在日记《敏感的忌讳树》中写道：“习俗是长期承袭下来的一种传统势力，它极受人们的遵从，珞巴人常通过是否遵守他们习俗的细微行动，来判断我们的好坏。我们在这里工作非常谨慎，凡插有‘纳都欣’（忌讳树）的家，只有主人邀请，我们才上楼进屋就诊。”

正是这次工作上的失误，促使冀文正养成了记录珞巴、门巴两个部落民族民俗的习惯。珞巴族有语言无文字，靠结绳记事。珞巴和门巴这两个部落民族所表现出来的习俗，诸如生殖崇拜、抢婚试婚、刀耕火种、土葬树葬、遇事占卜、杀鸡看肝等，不同于汉族和其他少数民族，许多方面表现出原始部落的文化特征。

没有计时条件，冀文正便靠记日记推算时间。当地既没有电，也没有油灯，日记每天必须在天黑前完成，365天一天也不可缺，否则日期将被搞乱。令他最头痛的是，对于闰年的推断。每年3月，他将日期空着，待雪开山后，托人打听闰年详情，再补上日期。在墨脱工作的16年中，他写了这方面的口头笔记84万字、日记56万字。在他现有搜集的上百万字珞巴族、门巴族民俗文化资料中，20世纪五六十年代的口头笔记和日记就有20多万字。

在现代文明浪潮的冲击下，珞巴、门巴两个山地部落民族的诸多民俗现象早已消失，可这些来自第一手的日记，成为研究两个部落民族文化不可多得的活化石。冀文正取出一些书稿和照片资料说，人们过去只知道四川、云南交界处的泸沽湖摩梭人实行走婚制，而且以为那是中国保留这一风俗的唯一地区。其实，大峡谷深处的珞巴人、门巴人也有和摩梭人类似的“试婚”。

试婚中，“试”意为试验，它允许成功，也允许失败。在增进双方了解方面，它比一般意义上的恋爱更直接有效，即具有事实上的婚姻性质。试婚期约定俗成为3年，3年后一方不同意便可解除婚约，若同意就举行婚礼。往往夫妻结婚时，孩子已经可以给父亲点烟了。在甘登村的23对试婚者中，有5对失败了，可试婚生下的“私生子”并不受歧视。“一夫多妻”、“一妻多夫”现象也存在。

地处大峡谷腹地的姑娘，个个都多情，青年男女长到十五六岁，便可以去找自己的情人，而且有的情人数目之多，堪称世界之最，丰富的情歌就是这样诞生的。比如巫师随便可以问生病女孩的情人情况：“你有多少情人？”姑娘毫不害羞地回答“256个”。有个姑娘叫亚央，是珞巴族有名的歌手，她已向雅鲁藏布江扔过两条腰带。据说情人满100个就得扔一条，以洗却污秽和罪恶。因为交通和信息封闭的原因，外界并不知道这些情况。

冀文正对于珞巴、门巴这两个部落民族的调查研究，始于1955年5月。就在这一年，塔工分工委和塔工边防团接连给工作队发来几封电报，要求开展对上珞渝地区的全面调查，起草《上珞渝地区基本情况调查材料》，逐级上报塔工分工委、西藏工委，直至国家政务院，给各级领导机关制定民族政策、解决边界问题提供第一手翔实资料。墨脱作为中印边界的东端，英国炮制的臭名昭著的“麦克马洪线”，自然成为搜集资料的重点地区。

冀文正作为白马岗工作队的成员，从卡布村沿江逆流而上抵达了墨脱最北端的刀嘎村，顺江而下到达了最南端靠近“麦克马洪线”的希让村，多次沿金珠曲到达白马岗工作队大本营金珠区布隆村。他每到一地，都不失时机地通过座谈了解，搜集了不少社会历史和民俗风情资料。作为当时大峡谷的“知识分子”，组织上任命他为墨脱县基巧办事处民政科副科长（而科长是珞巴族有名的歌手朱嘎），担负起了搜集上珞渝地区社会情况的历史重任。

“接到这个任务时，上级电报一个接一个。我围绕着电报，抓紧时间进行收集整理，然后发给上级机关，光这样的报告少说也有20多份。”

墨脱门巴族妇女（陈立明提供）

冀老回忆这段历史时，总要感谢领导给他这个机会，促使他走上了搜集珞巴、门巴两个部落民族文化资料之路。

冀文正围绕墨脱的自然概况、行政区划、行政组织、社会情况、民族情况、宗教情况、头人情况等进行了大量调查。令冀文正意想不到的是，他将珞巴人和门巴人的调查研究材料上报西藏工委、政务院后，竟引起中央有关部门的重视，为后来珞巴、门巴部落被确认为中国56个民族大家庭的正式成员立下了头功。

冀文正进入封闭的大峡谷时，在中华民族大家庭兄弟谱中，国家尚未正式确认门巴、珞巴两个民族的成员地位。可在这份调查报告中，他直接称门巴为“曼族”，珞巴为“洛族”。赵一曼是冀文正非常敬仰的女英雄，“门”和“曼”谐音，他一时想不到恰当的字，故当时取名“曼族”，没想到这个名称在报刊、电台沿用到1964年后才废除。有关“洛族”这个称谓，许多媒体也沿用到1965年才被“珞巴族”代替。

在冀老家中，至今还保存有他当年撰写的13 000字的上珞渝调查材料原稿，以及西藏工委依据他的材料给政务院起草的报告样稿。今天，我们可以从这些调查材料中看到关于珞巴、门巴两个山地民族的最早表述。

上珞渝生产方法极为简单，一般都是所谓的“刀耕火种”。（他们）生产的时候，首先把半山坡内的树草用刀砍倒，待太阳晒干后用火烧掉，烧后即进行播种。若播种荞麦或蔓菁，地烧过后还用小锄松一下土，用木棍在地上插一些小洞，把种子丢进去即可。

上珞渝最严重的是疾病，这里普遍流行疟疾、痢疾、性病和关节炎，伤寒、霍乱也常有发现。这里根本没有卫生设施，有了病请喇嘛念经、跳神。因此，疾病给这里造成了大量的死亡，往往一个家庭的人全部死亡，或者一个村子的人死去大半。

曼族还有一种“放毒”的坏风俗，即制成一种慢性毒药，悄悄地放在食物中，人吃上几个星期，甚至几个月后才能发觉，其病症是肚痛或肚胀，不能吃饭，一年多后即死去。此种毒药，无药可解。这种放毒风俗，据说是源于一种迷信思想，如果毒死了人，被毒死者的幸福归放毒者所有。因此，不论邻居或朋友，特别是经过此地的外地人，都是放毒者选择的对象。曼人都这么说，没有经过化验，难下结论。

洛族是珞渝地区的土著民族，其经济和文化比曼族更为落后。洛人吃饭用手抓着吃，喜欢饮酒，酒味微酸。喜欢歌舞，每逢节日，或亲友间请客，都以歌舞做伴。喜欢打猎，善于射箭，秘密制毒。

洛族生活极为简单，无论男女都不穿裤子，只穿上衣，上衣一般都用兽皮做成，用布做的不很多。洛族住的房子用木材建造，但建筑方法很简单，一般分为两层楼，人住楼上，家畜在楼下。洛族婚姻制度极不合理，非婚生子不受社会歧视。洛族不信佛教，但迷信很深，信奉万物有灵、灵魂不死的原始宗教。

这份墨脱的早期调查材料，让人们首次领略了当地诸如刀耕火种、原始宗教、吊脚竹楼、进山狩猎等独特的人文风情，给从事珞巴、门巴两个山地民族研究的专家提供了宝贵资料。1976年，中国社会科学院民族研究所依据这些线索，首次派出专家深入雅鲁藏布大峡谷，进行深入细致的调查，在诸多领域取得了丰硕成果，并收入《门巴族社会历史调查》第一卷。

冀文正完成《上珞渝地区基本情况调查材料》后，寄给了新华社西藏分社。在材料中，他尽管写上了“洛族”、“曼族”这样的族称，但心里依然没有底，希望能得到见多识广的新华社记者给予的指点。1955年秋，西藏分社给他写了回信：“从你提供的材料看，洛巴和曼巴有它单独的聚居区、共同的语言、共同的经济生活，想来也会有表现于文化上的共同心理状态。因此，应该是一个与西藏民族不同的另一民族。”

这封从波密辗转而来的回信，让冀文正眼前为之一亮。新华社记者在信中，还提到了斯大林划分民族的四个条件：共同的地域、共同的语言、共同的经济生活和共同的心理素质。当读到“与西藏民族不同的另一民族”，他拿出自己的考察成果，用斯大林的四个条件去反复对照，更坚定了他求证洛巴、曼巴是一个单一民族的信心。

1956年6月，冀文正向西藏有关部门写出了书面建议，即《关于申请确认洛人、曼人各为一个民族的报告》，要求抛弃过去旧西藏地方政府一切带侮辱性的地名、人名，并建议把“狢狳”二字的“犭”改为“氵”，写成“洛渝”。并说明了三点理由：一是任何歧视性的文字不符合我党的民族政策，应一律抛弃；二是珞渝地区雨水多，“洛渝”更符合这一地区的实际情况；三是“狢”和“洛”、“狳”和“渝”同音，一个在藏语里是“野蛮和不开化”之意，一个是“南方”之意，而“南方”更符合这一地区在西藏的地理位置。

1959年，中央民族事务委员会和西藏自治区筹备委员会曾派出工作组，先后到珞巴、门巴两个部落民族聚居区进行民族识别工作。1962年初，在第一次征求大家意见的座谈会上，冀文正再次拿出以前写的报告，提出了自己的看法，对其中不准确之处进行了更正。其一，曼人主要居住在门达旺地区，将“曼”字改为“门”字更为恰当；“洛”虽水多，但价值不大，将“洛”中的“氵”改为“王”，王者，地位高大也，以此可以提高整个珞渝地区人的地位。其二，称珞族、门族，听起来不顺耳，中间加一个“巴”字读起来上口，且“巴”在藏语里是“人”的意思，可引起人们对这两个少数民族的重视，更能表现我党对少数民族的尊重。冀文正的这些建议得到了采纳，1964年和1965年，国家相继批准确认珞巴和门巴成为单一的民族。

冀文正的这份报告，还涉及喜马拉雅山东段的边界问题，西藏地方政府波密土王曾到墨脱收差，他搜集的差户名单遍及“麦克马洪线”以南的整个下珞渝地区，同样引起了研究西藏边防的专家学者的高度关注。后来，西藏工委外事处还特地邀请他到拉萨参加边防工作会议。在拉萨期间，他第一次见到了我国著名的藏学家，时任外事处帮办主任杨公素，接触到了研究西藏社会历史、风土民情等方面的诸多专家学者。同他们交谈后，他第一次感受到了搜集珞巴、门巴两个民族民俗文化资料的重要价值。

大峡谷的“情歌王子”

神奇美丽的雅鲁藏布大峡谷，云遮雾绕的喜马拉雅山，这独特的地理环境赋予了珞巴、门巴两个部落民族无穷的艺术灵感，口头文学别具一格，十分丰富，篇幅宏大的门巴族《萨玛酒歌》、珞巴族古老史诗《节世歌》，久唱不衰。

珞渝是民歌的海洋，凡是有珞巴族和门巴族居住的地方，都能听到他们的歌声。无论在镜子般的水田里、荆棘丛生的山坡上，还是在茂密的原始森林中、清香扑鼻的香蕉林间，以及在翠竹如林的大山深处……正如他们的民歌所唱："高兴时山歌唱不完，痛苦时山歌能解烦，山歌是随身的伴侣，白发到老也难分离。"

清凉的夜晚，老人坐在吊脚楼前闲谈聊天，青年则在村寨的公房里边唱边跳，一直唱到天亮。虽然歌声是生活的伴侣，但在他们看来，算得上一个真正的歌手，必须是能连唱3天3夜内容不重样的人。

冀文正是公认的雅鲁藏布大峡谷"情歌王子"，他不仅搜集了珞巴、门巴两个部落民族歌谣5800多首，还能原汁原味地唱出一些情歌来。2006年9月17日，《成都日报》发表了一篇报道《央视求助急寻"珞渝文化第一人"》，网上点击率之高，出乎人们的预料，这位"情歌王子"再次进入了公众的视野。

2006年10月初，中央电视台将赶制一台56个民族欢歌大团圆的节目，从各民族中选出一位歌手参加，中央三台、四台同步直播。可经节目组去珞巴族聚居地实地考察后，却未找到一位珞巴族歌手，眼下唯一的线索，就是找寻曾报道过的"珞渝文化第一人"冀文正了。

一个非珞渝土著人的冀文正，却对雅鲁藏布大峡谷深处的珞渝歌谣如此痴迷？个中原因，实为两个花季般珞巴少女的一片纯真感情，一是墨脱希让村雅西氏族首领的女儿，一是卡布村米古巴部落酋长的女儿。

1956年5月4日，地处"麦克马洪线"边缘的希让村，以特有的方式庆祝青年节，男女青年在村中的公房外点起一堆堆篝火，围绕篝火尽情歌舞。然后男女分组，以情歌的对答方式竞唱。

男组唱："村前河水闪闪，丢石探水深浅，姑娘如若有心，唱支山歌答还。"

女组唱："我在山顶唱歌，山下好汉听着，有情快来对唱，无情快走你的。"

男组唱："你若对我有情，请用眼睛表明，你若对我无意，反身各奔前程。"

女组唱："对岸有双眼睛，好像闪烁星星，但愿星儿多情，照亮我的眼睛。"

男组唱："雅鲁藏布江边，青竹黄竹满山，拔刀问声姑娘，哪棵竹子能砍？"

女组唱："南迦巴瓦峰上，青竹黄竹片片，好汉砍刀锋利，爱砍哪棵就砍。"

……

晚会开始后不久，盛装的珞巴姑娘亚乃便来到工作组，邀请一名军医共舞。这名军医慌了手脚，忙推出与氏族首领坐在一起的冀文正。粗通珞巴族歌舞的他知道当地风俗，不便推辞，同小亚乃共舞起来。

两个月前，冀文正率领医疗队，扑灭了希让村暴发的疟疾病。这个村有6户珞巴族雅西氏族，氏族首领达西特地举办篝火晚会酬报工作组，让他5个漂亮的女儿作陪。17岁的三女儿亚乃长得最漂亮，舞跳得最好，性格也最开朗。

此时，小亚乃一头乌黑的头发，青春的胸脯前缀满了闪亮饰物。她那纤秾合度的身材，那珠摇玉颤的舞姿，煦丽如雀翎御风。她小脸嫣红如晚霞，长睫忽闪，眸子莹亮深情，楚楚动人。已乐不可支的青年人，个个神采飞扬。在熊熊燃烧的篝火与摇荡的光影下，更迸发了他们燃烧的渴望。有些胆大的女子捂着羞红的脸，唱起了挑逗性的情歌：“杉木桶配柏木瓢，妹妹担水颤摇摇，哥哥帮我担上坡，浑身上下任你摸。”

在劲歌狂舞下，激情纵横的年轻人已由先前的一唱一答，演变为成双结对地自由组合。一些心急的男女，已相搂相偎，勾肩搭背，走向密林深处。一曲下来，意犹未尽的小亚乃将头靠在冀文正肩上，要求他将自己抱到密林中去。而书生气十足的冀文正，一是囿于当时的政策，二是拘泥传统的观念，拒绝了小亚乃。小亚乃不解衷肠，爱极而恨，一怒之下，以一个氏族首领女儿的任性，强命一个体格健壮的农奴，把自己抱进了充满爱欲的丛林。

1965年，已被上级任命为墨脱县委常务副书记的冀文正，公务之余，整理收集了厚厚的几册珞渝歌谣，他在考订几首民歌时，突然想起了久未蒙面的小亚乃。

待他故地重游时，青山依旧在，却物是人非了。原来，亚乃在生第二个小孩时，因为难产，已故去了5年。冀文正回首往事，不胜感慨：“我的做法虽然中规中矩，无可挑剔，但珞巴少女亚乃何错之有？充满青春气息的亚乃，敢爱敢恨、敢投入、敢奉献。她虽然过早离开了人世，但胴体却泛着生命的光华，看来死者有时候比生者更让人掩袂拭泪。”伴随他对小亚乃情思的，是一首记忆深处那由弱而强的情歌：“我想要的象牙戒指，偏偏到不了手，我不爱的牛角戒指，偏偏套上了指头。”

说来也许不信，冀文正在7年前，还是一个百分之百的乐盲。1948年，他的家乡刚刚解放，读初中的冀文正上音乐课时，老师要他唱《解放区的天》这首歌，他竟然把曲调“3̇3̇3̇2̇ 3̇·2̇|i̇ i̇ 3 5|3̇3̇3̇2̇ 3̇3̇2̇|i̇ i̇ 3 5|”唱成了“三三三二三二幺幺三五……”弄得老师又是挥教鞭，又是做手势，好不容易才让那笑得前俯后仰的课堂安静下来。事后，老师只得为他开音乐课的“小灶”。

冀文正最初接触珞渝情歌是1954年7月。他从波密县出发，翻越金珠拉山口到墨脱开展工作。第三天黄昏，他和珞巴族向导露宿在一棵大树下。这时林昏雾不开，难耐冷寂的向导信口哼起了一首民歌。冀文正问唱的是什么内容，向导用生硬的藏语告诉他，这是一首珞巴人诅咒乌拉（差役）的歌。正当他要记录时，却被向导制止：“明天到了布隆村，我带你去见一位有名的珞巴歌手……”

向导介绍的珞巴歌手叫希蒙，虽年近40岁，却依然风姿绰约。她从小聪慧过人，特别喜欢唱歌，7岁时就能一天到晚歌不离口。无论背柴做饭，还是洗衣背水，她都在唱歌，不但能唱很多老歌，还能触景生情，编唱新歌。不管人们指点什么，她都能即兴唱来，绝不会有半点重复。希蒙的歌既生动形象，又押韵合辙，因嗓音甜脆，14岁就赢得了“希蒙百灵”的美誉。

珞巴族猎人、墨脱宗基巧办事处民政科科长朱嘎，是珞巴族有名的故事大王（冀文正摄）

面对冀文正的请求，希蒙没有拒绝，开口便唱：“日落留下阴影，人走留下凄凉，落日明天还回，情人却难还乡！”这首首高昂低回的曲调，被她唱得缠绵悱恻，充满张力，那种哀极而恨的情绪转换，令人想到一种含意更加深广的沉淀。原来，希蒙年轻时有个情人，小伙子家境贫寒，为挣得两头牛做聘礼，不得不背着一袋子干粮出去扛大活，结果被西藏噶厦政府抓去当兵，从此音讯渺无。当年希蒙为他送行，唱的就是这首歌，难怪这么悲凉。

到卡布村不久，冀文正再一次被这里的情歌感染。1956年，组织上任命他为墨脱宗基巧办事处民政科副科长，而科长是珞巴族有名的歌手朱嘎。有一天晚上，繁星满天，冀文正同朱嘎一道，听珞巴青年对歌。当唱到高潮时，突然女青年们个个情绪低落，有的还掉下眼泪。朱嘎向冀文正解释说：“珞巴族实行包办婚姻，男方家只需要两头以上的牛，就可换娶一名珞巴新娘。他们刚才唱的是

年近八旬的冀文正依旧能吹珞巴族竹琴

怨歌：‘我是爹娘亲养，为何狠下心肠？八条牛腿迷住了眼，害我终身悲伤。’”

在走村串户的工作中，冀文正发现珞渝情歌不都是怨歌，有些情歌充满了对美好感情的向往：“吃了蜂糖一口，嘴里甜了三天。看了表妹一眼，心里慌了三年。”“那晚绕道私会，情话刚说一点，生怕阿妈知道，心神不定廿天。”

在这些发自内心的歌声中，要数珞巴族米古巴部落酋长女儿亚姆所唱的情歌了。冀文正治好了亚姆的病后，他们的故事并没有就此结束。自幼聪明伶俐的亚姆，接受新生事物快，每当冀文正向她传授农技知识和革命道理时，亚姆听得非常专心，然后她又向村里其他人宣传，成了工作队在墨脱的义务宣传员。

随着时间的推移，冀文正发现亚姆在给人斟酒时，总是用含情脉脉的目光望着自己。当他去外村开展工作时，亚姆也是将他送到很远的地方，而每次路过冀文正住的竹楼，又总要不停地回头张望。最让他不安的是，每到傍晚时分，亚姆便坐在村头，面对冀文正的吊脚楼，一遍遍地唱出她那发自心灵的那首歌：“天上圆圆的月亮，请不要匆匆走向西方；我和情人相会，想借用你的银光。”

一个是工作队成员，一个是部落酋长的千金，风华正茂的他俩都未成婚。可冀文正想，贸然与珞巴少女结婚，会引起别有用心人的中伤，组织上也不会允许，他只好谎称自己早已有了女朋友。可亚姆根本不信，每当月上树梢，她仍执著地对他的吊脚竹楼倾诉衷情：“河边鲜花朵朵，有心摘给哥哥，伸手却又放下，怕他爱上别个。”

1957年5月4日，又是一个五四青年节。白马岗工作队组织了上百人的篝火晚会，地点选在墨脱村。他们围着一堆篝火，边跳边唱边舞，尽情狂欢。篝火火舌高达20多米，通红的火光映红了姑娘小伙的脸蛋。这一天晚上的青年人特别多，大家一改过去总是唱怨歌，而将情歌作为了当晚的主旋律。

篝火晚会结束后，亚姆姑娘鼓足勇气，推开了冀文正的房门。一进屋，亚姆就坐在他怀里，用她那烫人的脸贴着他的脸，说：“你是世界上最好的人，我爸妈常称赞你，村里人也说你最能干。我爱你，若我们结婚，爸妈是不会反对的。”

冀文正回忆说，当时他像触电似的，面对珞巴姑娘的亲昵，心跳加快，毛发都立了起来。为了让亚姆死心，他违心地拿出一张女战友刘继蓉的照片，谎称她是自己谈了多年的女友。那一夜，亚姆心里十分难受，不得不离开他的住处。

以后，竹楼前再也见不到亚姆那流连顾盼的目光，村里人再也见不到亚姆那美丽动人的笑容。而每天傍晚，从村头的小河边总会传来凄婉悲伤的怨歌：“太阳翻山走了/留下一片黑暗/情人抛我走了/留下满腹心酸……”

算是亚姆同小伙曲扎有这份情缘，曲扎来到亚姆家里种地、打猎，双方敲定试婚3年，届时再订终身。可3年期未满，曲扎就移情别恋，3年的恩怨物化为两头牛和一个哈达线圈。亚姆听说曲扎要同自己分手，心中好不悲伤，在林子里唱起了规劝歌：“吃菜要吃鲜嫩的心，恋人要找妙龄的人，烧火要砍青冈的枝，娶妻要娶实心的人。”

可是，曲扎似乎是吃了石头铁了心，亚姆无可奈何地接受了他送来的牛和线圈，这更是让亚姆悲从中来，对曲扎移情别恋又有了新的怨歌：“这里的青草繁茂，牦牛却吃不饱，它想着别处的青草；这里的姑娘漂亮，小伙子却选不中，他想着别处的姑娘。”

亚姆自己带着儿子扎西，还要为他找个后爸。冀文正看到，私生子在这里并不受歧视，连他的母亲亚姆也受到人们的尊重。“世间一切最宝贵的是人，只要有了人，什么奇迹都可以创造。毕竟珞渝山高路险，缺少有效的生产和交通工具，人就显得格外重要。”冀文正是这样理解的。

冀文正强烈地感到，珞渝情歌是两个部落民众生活的真实写照。文化人类学家爱它，民俗学家喜欢它，通过这些歌谣，他们可以看出珞渝地区民众的生活状况、民情风俗和心理状态。这些相当随意和通俗的乡音俚调，寥寥数句，就把一个民族的历史沧桑，勾勒得惟妙惟肖。

珞渝情歌被誉为珞渝诗歌海洋中瑰丽的珊瑚，是珞渝民歌的重要组成部分。20世纪五六十年代，冀文正不仅搜集民歌1800多首，还能唱不少民歌。1957年，自《西藏日报》副刊以几乎一个整版的篇幅刊登他搜集的情歌后，陕西《延河》杂志也给了他16个页码的版面，接着又陆续在《西藏歌谣》等刊物杂志上发表。1984年初，冀文正精选200首情歌，专集《珞渝情歌》由中国民间文艺出版社出版后，2011年四川民族出版社又出版了《珞巴族歌谣》《门巴族歌谣》。

珞渝民歌虽然以情歌为主，但它还有婚歌、丧歌、酒歌、劳动歌、英雄歌……

一个深秋，冀文正不顾雅鲁藏布江激流在山脚下咆哮，踏上了搜集英雄歌的行程。一位珞巴老人在向他讲述19世纪初，英国殖民者侵入雅鲁藏布大峡谷珞巴族领地的经过后，还拿出一支老掉牙的步枪，并说：“这是我爷爷从英国人手中缴获的。”

冀文正拂去枪的锈迹，他好不容易辨认出这是一支由英格兰“雷明顿工厂”生产的前膛枪，出厂日期是1852年。“别看怪模怪样，很长一段时间里，它还是英国陆军的制式武器。”它让冀文正想起了那场珞巴人痛击英国入侵者的“阿波尔（英国人对珞巴的称谓）保卫战”。

1859年3月19日，驻扎在印度的

英军大举入侵"阿波尔"的领地。早有准备的珞巴部落民众在米古氏族首领的率领下，预先在英军进兵路线的两侧修筑了10多道圆木围栅。大英帝国首领下令开枪射击，前膛枪固然猛烈，但是射击后必须站起来，从枪口往枪膛里装弹药，于是牛高马大的英军就成了活靶子。开战不到半小时，骄横不可一世的英国步兵不是被投枪扎穿胸膛，便是被长刀砍断了脖子，丢下百余具尸体后投降。

在珞巴人大获全胜之际，米古氏族首领在两名护卫的陪同下，将被俘的英军中校送回英军军营。没想到背信弃义的英国人趁他们转身返回时，竟开枪向他们射击，三位英雄就这样牺牲了。珞巴族在新的米古氏族首领的指挥下，在"格拉另冬"神石前盟誓，一面撒米粒，一面跳战舞，并唱起了歌颂英雄的《战歌》："我们要去战斗，为我们的英雄复仇，请求神石保佑，打败万恶的对手。"

随行的文教干事指着老人介绍说："他就是那位米古氏族首领的孙子，今年73岁的阿孜。"冀文正为弄清珞渝民众历次抗英抗印的战斗和每次事件的细节，他以老人的回忆为线索，走访了上千名参加过抗英抗印的珞巴人和门巴人子孙，整理编撰出了《珞渝英雄歌谣集》。可惜，1970年他调离墨脱时不慎将书稿、照片同一包行李掉入了江中。

1988年5月，离休后的冀文正，再次深入雅鲁藏布大峡谷腹地墨脱，走村串户，从门巴族、珞巴族的老人和歌手口中，录下了4000多首民歌。这些分属情歌、怨歌、酒歌、战歌、颂歌等各种体裁的原声磁带，从时空坐标上几乎涵盖了珞渝地区，两个部落民族社会的历史、风俗、文化艺术等方面，是研究门巴族、珞巴族人文历史的宝贵材料。

珞渝民间故事大王

地处雅鲁藏布大峡谷腹地墨脱县，珞巴、门巴两个部落民族有自己的语言，却没有自己的文字。他们只得通过口耳相传，将本民族的历史承袭下来。在这里，一个上了年纪的老人，能给你讲出许多生动的神话和民间传说、故事。

在雅鲁藏布大峡谷腹地墨脱，冀文正如今已被誉为"大峡谷民间故事大王"。"我风华正茂的岁月是在墨脱度过的，刚到那里，学习珞巴语和门巴语，就是通过聆听珞巴人、门巴人讲故事开始的。"他刚到这里时，一次次从这里出发，向两个部落民族的民众发放无息农贷，做他们的启蒙工作，参加他们的祭祀活动，随着与民众关系的密切和深入，他被那浩如烟海的神话和民间传说、民间故事吸引住了。

卡布村地处一片高地，高出雅鲁藏布大峡谷600余米，是珞巴族米古巴部落的聚居区。波觉、嘎窝两个氏族构成了米古巴部落的主体，原本他们是俩兄弟，经过若干代相互通婚，分裂成两个氏族。而卡布村的雅西氏族则是前来此地交换物资时，被米古巴部落留下后发展起来的。据有关专家考察，米古巴和地处雅鲁藏布大峡谷区域的博嘎尔、崩尼等部落都操同一种语言，方言上有差别，其中米古巴和博嘎尔两个部落约有40%的语言相同。

冀文正进入卡布村后发现，他们的语言艺术产品，是通过世代口耳相传而发展起来的。在今天看来，它包含了神话、民间传说、民间故事等类型。可他刚到这里搜集珞巴族、门巴族民间文学资料时，并不知道哪些是神话，哪些是民间传说，哪些是民间故事，他将这些统统称为民间故事。

在文化人类学家看来，珞巴族原始的自然崇拜和原始宗教控制着人们的社会意识和审美心理，造就了珞巴族神话、民间传说和民间故事之间关系的特殊性。珞巴族神话被称作他们民族的原始文学产品，构成了珞巴族文学的主体，内容相当丰富和完整，囊括了人鬼神、日月星辰，乃至鸟兽虫鱼各个方面。其大致可以分为开天辟地、万物起源、人类诞生、祖先和英雄五大类型的神话，形象而曲折地再现了处在原始时代珞巴人的生活现实和精神世界，形成了具有鲜明民族特色的神话体系。

珞巴族神话一律用类似的韵文形式演唱，主要由“纽布”（巫师）和“米剂”（卜师）来传承，不得传与他人，用于祭祀和大典的场合，神圣和严肃。而普通人所讲的神话，内容源于韵体神话，但经过人们的铺衍，更富有情节性和情趣性，则属于民间故事中的神话故事了。珞巴族神话从韵体向散体，从巫师、卜师演唱到群众口耳相传，从祭坛大典到山野村舍，其幻想、神性十分诡异，其成分逐渐演化成动物、天象、寓言等民间故事类型。

珞巴族民间传说则与其神话相关。如果说珞巴族神话反映了原始人对大自然、祖先和英雄的崇拜，具有浓厚的想象和幻想色彩，那么珞巴族民间传说则反映了他们祖先活动和同外界的交往情况，更具有现实性。其大致可以分为民族来源、迁徙、分布、交往和发明创造等类型。

通过仔细分析后，冀文正发现了一个有趣的现象：在珞巴、门巴两个部落民族的观念中，都极其信奉万物有灵，灵魂不死，并派生出了一系列民俗现象，诸如生殖崇拜、遇事占卜、杀鸡看肝、刀耕火种等。而这些古老习俗的产生，却因他们的神话和民间传说、民间故事而起。

冀文正尽管是个有心人，也搜集了一些珞巴、门巴两个部落民族的民间文学资料，但他是出于对这两个部落民族民间故事的好奇，并没有意识其所蕴藏的重要人文价值。

冀文正刚进珞渝时，便将自己搜集到的珞巴、门巴两个部落民族资料，托人转交给新华社西藏分社东三区记者组组长陈家琎。陈家琎是随十八军进藏的一名才华出众的新华社记者，曾以宣传进军西藏路上鲜为人知的新闻而享誉中国新闻界。翼文正希望能借助他的笔修改后在报纸上发表。

事不凑巧，陈家琎到拉萨出差去了，这封信和来稿被同组的新华社记者宗子度看到。面对这封厚厚的来信、来稿和材料，宗子度感动了。他敏锐地意识到，珞渝"新区"特殊，报道内容广泛而丰富，一定会受到读者的喜爱。当时他想，若等陈家琎组长回来，少说也要半年时间，恐怕雪早已封山了，这不让作者着急吗？宗子度拿起笔来，给冀文正回了一封情真意切的信，并谈到上珞渝地区如何宣传报道的问题。

在信中，宗子度还站在一个民俗学家的高度，提出了一个改变冀文正命运的建议，那就是希望他加强对珞巴、门巴两个部落民族文化的搜集和研究。宗子度写道："从你的资料初步判断，珞渝地处偏僻，与现代文化完全脱离，生产力极度落后。我的意见是，你的工作方法应该是仔细观察，深入访问，耐心地、经常地不断积累资料，哪怕是点滴的、零碎的，都要搜集、记录和分析。找老年人、故事家、民间艺人谈他们的神话、传说、故事，研究这两个民族的起源、来源和它的精神面貌。风土人情十分重要，多观察，勤口问，手不懒。搜集民歌、民谣、谚语，越多越好，这个路子很宽，价值很大。建立据点，多交朋友，打开了解材料的广阔道路。不要'急于求成'，慢慢积累。"

冀文正很久都没有收到回信，心里很是着急。1954年9月6日，他又写了一封信，托当地群众给陈家琎带去，这封信被报道组的记者赵家烈收到，同样给他回了一封言辞恳切的信。在如何报道上提出建议的同时，再次谈到了搜集两个部落民族文化的重要性。他在信中写道："你们那里是边防，大山阻隔，雪封山时间长，加上又是少数民族聚居区，语言、习俗独特，环境优越，美丽富饶，人们想去都困难，记者如今去不了。你身处实地，大有作为。珞巴人、门巴人的民间文化资料极其珍贵，是难得的珍宝，你可利用自身的优势，大力搜集记录，保管好，也可以先给报刊发一些。积累多了，将来可以整理出版，必将填补这个空白。"

1955年雪开山时，冀文正同时收到了两位记者的回信，当看到"神话、（民间）传说、（民间）故事、民歌、民谣、谚语和研究两个民族的起源、记录和分析、填补这个空白、价值很大"等字眼时，他的眼泪几乎快要掉下来了。两名记者站在这么高的角度，给自己指明了搜集、整理和分析两个部落民族文化的方向，还教了许多搜集的方法，怎能让他不激动呢？在卡布村吊脚楼里的"竹灯"下，他把一把竹片燃完了，又换上另一把，硬是将这两封3000多字的来信

冀文正出版的有关墨脱的部分书籍（冀西川摄）

工工整整地抄在了自己的日记本上。

从此，冀文正搜集、整理和分析雅鲁藏布大峡谷珞巴、门巴两个部落民族民俗文化、民间文学资料，已成了他的一种自觉行动。另外，战友的鼓励和赞赏的信件似雪花般飞来，如1948年一块入伍的刘继蓉多次写信，强调多多搜集民族民间文学资料和拍摄民俗照片，将来有大用。可是，冀文正并不知道，英国、印度很早就出了不少这方面的个人专著，诸如英国学者敦巴尔的《另一种人的生活：原始人研究》、海门道夫的《民荣阿波尔的宗教信仰和仪式》、印度学者埃尔温的《东北边境的神话》、罗伊的《巴达姆—民荣诸文化》等。

冀文正最早可供借鉴的资料，是由西藏人民出版社1987年12月和1988年6月出版的《珞巴族社会历史调查》和《门巴族社会历史调查》，这是中国社会科学院民族研究所1976年和1980年两次考察的成果，已过去了33年。可早在3年前，西藏人民出版社就出版了他的第一本民歌专著《珞渝情歌》。他看到的第一本民间文学是由西藏民族学院教授于乃昌搜集，西藏人民出版社1989年出版的《西藏民间故事选（五）》，这本民间故事集大都取材于雅鲁藏布大峡谷以外珞巴族、门巴族民间文学资料，已过去了34年。他阅读的第一本外国著作《珞巴族阿迪人的文化》，是1991年10月西藏人民出版社出版的，已过去了37年。他真正看到的第一本雅鲁藏布大峡谷的珞巴族、门巴族民间故事集，是1993年5月由上海文艺出版社出版的《珞巴族门巴族民间故事选》，可在1个月后，西藏人民出版社出版了他的《珞渝民间故事》……冀文正是中国珞渝民间文学研究的先行者。

1955年11月24日是一个令冀文正永生难忘的日子。他第一次按照两名记者的方法，开始有意识地搜集两个部落民族的民间文学资料。他原计划11月23日启程，再次前往雅鲁藏布大峡谷深处的甘登区救灾。珞巴向导听后，当晚专门请来“米剂”杀鸡看肝，发现有直纹和横纹交错，说明不是吉日。若犯忌出行，在珞巴人看来，会有灾难性后果。

冀文正不信鬼信神，可同以前不同的是，他不再是一旁看稀奇，而是仔细观察米剂的表演，也就接受了珞巴族这种原始的出行方式。他在《鸡族倒霉的缘由》日记中写道：“这种原始的占卜仪式由巫师来主持。巫师披头散发，额头抹三道纹酥油，腰拴宝刀，左手持鸡，右手拿着小弯刀，口中念念有词，左手上下摆动，然后将鸡杀掉，用清水冲洗，察看肝纹。从鸡肝的颜色、平陷、纹路清晰、粗细、曲直等特征，判断所要回答的问题。”

第二天，珞巴向导取出一个煮熟了的鸡蛋，剥开蛋壳，把蛋黄放在嘴里转着嚼，然后轻轻地吐在香蕉叶上，经清点个数后拊掌大笑，对冀文正说：“昨天杀鸡看肝，今天煮蛋占卜，大小均称，说明吉利，明天可以出发了。若蛋黄缺少，或是大小不一，说明不吉利，就不能出行。”

冀文正踏上去甘登的行程，背夫们个个裸露着前胸，女人画的灶烟灰清晰可见。他请教向导后方知，珞巴人以此代替灶神随身保护，可以保佑男人外出平安归来。走了3个小时，他们来到有一条溜索的河边，向导提着一只活鸡，高声祈祷说：“树神桥神河神，请保佑我们平安滑到对岸。”他刚一说完，就将鸡扔到河中，然后把一个硬藤圈放在自己腰部，仰面抓紧8根扭在一起的藤索，手脚并用向对岸滑去，整个身体像荡秋千一样摇摆起来。

珞巴人每走一地，都得杀鸡看肝。他还发现，珞巴人出门远行、进山狩猎、春种秋收、搭灶建屋、婚丧嫁娶等，都要杀鸡卜卦。冀文正对卡布村进行过一次调查，一年中杀鸡327只，每户最多的32只，最少的23只。他百思不得其解，便去请教珞巴向导安布，其答案源于他们祖先的神话传说。

珞巴人认为，他们的阿布达尼很聪明，生有三只眼睛，两只在前，一只在后，能看到诸神诸鬼。所以，吃人的白乃鬼很是害怕，总是想方设法吃掉他的后眼。达尼一次不慎遇险，白乃鬼终于吃掉了他的后眼，达尼晚上再也看不见东西了。于是，他上天祈求太阳，太阳送了一只鸡给达尼，教他怎样对付鬼怪。从此便有了杀鸡占卜的习俗。

另一则神话认为，有一天，达尼到岳父家做客，吃了一只老鼠。岳父是黑鸡变的，他伤心地说，“阿崩”（地鼠）是我的小孩。达尼有口小陶罐，可以看到鬼怪好坏。黑鸡岳父为了报复，把他的小陶罐吃掉了。从此达尼不能分辨好坏，只好求助于太阳和月亮。太阳和月亮说，你杀只小黄鸡看肝的纹路，可以明白好坏和吉凶。类似这样的神话传说，冀文正听了不少，但都是围绕鸡和珞巴族祖先达尼的。

冀文正对珞巴族祖先达尼的神话传说并不陌生，所听到有关达尼的故事不下50个。其中有一则流传甚广的《阿布达尼》说，天和地结婚后，地怀孕生了两个孩子，一个是珞巴族的阿布达尼，一个是藏族的阿布达洛。而另一则关于太阳和月亮的神话，说太阳和月亮结婚生了一男一女，兄妹结婚后，生了五个儿子，就是汉族、藏族、珞巴族、门巴族和僜人。

“在珞渝文化中，口头民间文学极为丰富。有些上了年纪的珞巴老人，自己心里就装有一部《荷马史诗》。珞巴族史诗数量之多，规模之大，内容之丰富，气势之恢弘，令人叹为观止。”冀老如是说。

《荷马史诗》是欧洲文学史上最早的大型文学著作，其中《伊利亚特》和《奥德赛》取材于公元前12世纪至公元前11世纪，希腊联军与特洛伊联军长达10年的战争。其战争故事经过一代代口头相传，加上人们不断补充和加工，逐渐形成了一部厚重的文学作品。

公元前9世纪，盲诗人荷马以此为基础，经过整理润色，最后写成了两部情节完整、风格统一的史诗。这部史诗通过对古代英雄日常生活和战时生活的描述，以简洁鲜明的笔触，刻画出令人崇敬的许多英雄形象，鲜明地反映了原始社会氏族公社繁荣时期的景象，对后世欧洲文学的发展产生了深远的影响。

冀文正最初并不懂什么史诗，他调到拉萨堆龙德庆县担任农牧局局长时，见到了在墨脱工作时的战友李朝群。1981年，组织上将李朝群调到《格萨尔王传》抢救办任副主任，冀文正也参加了西藏举办的首届民间文艺培训班。李朝群告诉他一个令人震撼的发现，《格萨尔王传》史诗很有可能超过《荷马史诗》，成为世界上最长的史诗。从此冀文正记住了《荷马史诗》中特洛伊战争，记住了藏族史诗《格萨尔王传》中受人敬仰的英雄人物格萨尔。

“洛（珞巴）人也有自己的史诗呀，就是他们的祖先‘阿巴’达尼。我常看到演唱者进入迷狂，聆听者沉入痴醉，他们似乎在这如泣如诉、祈求示威的情景中，打通了天地、人鬼、世间和灵界的交往，好像他们的愿望与目的，在虔诚的信仰中同时实现。”冀文正恍然大悟，对李朝群说。

“不过，洛（珞巴）族祖先史诗情节相当荒诞离奇，诸如他们的祖先达尼，曾经同多种动物交配生子，还有姐弟间结婚，令人难以置信。洛（珞巴）族将他们的人类起源，说成是天和地的产物，更是荒谬到了极点。洛（珞巴）人有关祖先达尼的传说，多得3天3夜也说不完。”

李朝群告诉冀文正，在藏族史诗《格萨尔王传》中，也有类似荒诞的神话和民间传说，希望他抓紧搜集整理，必定大有作为。可在那样的年代，冀文正没有接受相关知识的培训，对史诗的认识更是模糊，只能将珞巴族祖先达尼上百个史诗般的民间故事搜集在自己的笔记里。

1988年5月，冀文正离休后，阅读了《古代社会》等相关书籍，对搜集的上百个史诗进行整理和分析，方才找到了其中的奥秘。他在《绚烂多彩的珞巴民间文学》一文中写道：“珞巴人在描绘人类发展初期时，

冀文正在乡村听珞巴族老人唱民族歌谣，讲民间故事（冀文正提供）

以摄取天然食物为主，血缘内婚配的姐弟互婚，也是符合历史真实的。珞巴族不光有祖先史诗，还涉及其他领域。尽管这些史诗有许多地方不乏荒诞之处，但它把人类的起源归于动物界，把人的体质和形态发生的变化同人类劳动和火的使用联系起来，这恰恰巧合了历史唯物主义的观点。”

冀文正进墨脱前，阿古顿巴的故事在西藏可以说是家喻户晓。凡有藏人的地方，只要提起他们最喜爱、最亲近的机智人物阿古顿巴，人人脸上就会漾起轻松愉快的笑容。西藏的“阿古顿巴”由一连串民间故事组成，它跟新疆的“阿凡提”、内蒙古的“巴拉根仓”一样，不但能给人以欢笑，还能启迪智慧，教人聪明。

珞巴、门巴两个相对落后的部落民族有没有自己的机智人物呢？1956年3月6日，冀文正来到荷扎村，给门巴族发放无息农贷，79岁的门巴老人久美向他讲述了《江安借粮》的故事。故事的大意是，江安面对可恨的庄园主谿堆不肯借粮，想了好些日子后，便带着20多个兄弟来到旁固谿卡。当庄园主看到他们一个个弯腰驼背，骨瘦如柴，心想让他们背着满满的粮食，背不了多久就会不堪重负将粮食放到地上歇息。庄园主知道江安足智多谋，想戏弄他一下，便同江安打了一个赌，若他们背着一袋袋满满的粮食，一次都不放在地上，就将这些粮食送给他们。庄园主原以为他们走不了多远，就会原路将粮食给背回来。可他没有想到，江安早已连夜让人制作了“丁”字形拐杖，每隔一定距离插一根，一直插到了庄园附近，累时将粮袋放在手杖上，背到家也没有放在地上，气得庄园主咬牙直骂江安。后来，门巴人出门都得带一根手杖，传说这根手杖的发明者，就是机智过人的江安。

随后，冀文正便有意识地搜集许多有关江安的故事，诸如江安被藤条绊一跤后得到启示，发明了弓箭。还有《两个江安斗智》《菩萨偷米》《石锅的来历》《捞金板》等。

而在珞巴族的机智人物中，要数米古巴部落的米勒了。米勒在珞巴语中是“傻瓜”的意思，可米勒并不傻，常常会有令人称奇的举止，并且奇招迭出，特别受珞巴人的尊重。

20世纪80年代中期，国内一位很有影响的民俗学家到西藏考察，冀文正针对他们在《西藏日报》发表珞巴、门巴两个民族没有机智人物的文章，说：“研究珞渝文化，你必须是珞渝语言的专家，才能准确掌握它的精髓。”冀文正到墨脱后，不仅精通藏、珞巴、门巴等民族语言，还同当地群众建立了水乳交融的关系。他搜集的数百万字珞渝文化资料，全靠自己采录和翻译订正。

“在珞渝民间故事群体中，动物故事属于最为生动、最有情趣、最富哲理的一类。这与雅鲁藏布大峡谷是野生动物的乐园，土著珞巴人天生畏惧动物，将有些动物当做自己的图腾来崇拜分不开的。”冀老在谈到珞渝民间故事时，最多的还是他对两个部落民族民间动物故事的理解。

“珞巴族是一个狩猎闻名于世的民族，他们在长期同动物打交道之中，认为动物与人一样，是一种有感情、有性格、有语言、有苦乐的生灵。他们赋予了各种动物以人性，借助这些动物的故事，作为某种思想、观念和道德的象征，意味深长地对某些社会现象或人类行为予以褒贬，并多少带有一点寓言的性质。在这些动物故事中，尤以英雄智斗妖魔鬼怪而获胜者居多，也有点像我们的神话故事《西游记》。”

墨脱生活的16年，冀文正搜集珞巴、门巴两个部落民族神话和民间传说、民间故事资料不下20万字。

1956年，《西藏日报》刚刚创刊，冀文正就托人送去了他到珞渝后所写的一本旅行日记，其中就有两个部落民族的神话和民间传说、民间故事。当时报社领导很受感动，将这本日记交到综合组编辑惠琬玉的手里。惠琬玉当时还是报社的一名年轻编辑，面对这来自“麦克马洪线”边缘的重大稿件，她处理时不免感到有些棘手。可凭着工作的责任感和对珞渝地区的好奇心，最终她还是把这本宝贵的墨脱日记整理出来，并用一个整版登在报纸的副刊上，同时还配发了冀文正拍摄墨脱藤网桥的照片。

墨脱日记发表不久，冀文正到拉萨参加宣传工作会议，《西藏日报》总编辑庄坤便邀请他给全社干部职工作了题为“把青春献给西藏”的报告。惠琬玉初次见到冀文正，再次发表了他一个整版的墨脱16幅照片。惠琬玉在回忆录中写道：“我从冀文正的日记中了解到，他和战友李永华

冀文正（左一）站在“第十届中国民间文艺山花奖”的领奖台上（冀文正提供）

步行九日，到达了珞巴族居住的卡布村。这里离‘麦克马洪线’只有18公里。……门巴族和珞巴族居住在喜马拉雅山南麓辽阔的门隅和珞渝地区，这里气候温和，森林茂密，富饶美丽，被人们称为世界屋脊的‘西双版纳’。同时，这里由于交通阻塞等种种原因，封闭落后。进驻墨脱以后，他们克服生活上的困难和语言不通的障碍，带领当地群众进行了建设家园的启蒙工作。从这本厚厚的日记中可以看出，珞渝地区的神秘文化，深深地吸引了冀文正这位有心人，他那种热爱西藏，不怕困难，孜孜以求的精神，给我留下了深刻的印象。”

冀文正经常请门巴族朋友到拉萨做客，讲珞渝民间故事，图为他与客人留影（冀文正提供）

对冀文正在珞巴、门巴两个部落民族民间文学上所作的贡献，中国民间文艺家协会书记处原常务书记廖东凡在自己回忆录中写道：“在将墨脱珞巴族、门巴族文化介绍到外部世界这一很有意义的工作中，我们不能忘记十八军老战士冀文正所作出的努力。早在50年代初，他作为珞渝工作队成员，被派往墨脱从事民族调查和上层统战工作，他在学习珞巴话、门巴话的同时，一个字一个字地记下了他们的歌谣和故事，并且几经辗转周折送到拉萨和北京的报刊上发表，人们才知道喜马拉雅山的原始森林中还有这么一些民族，还有这么朴素清新、别具一格的民族艺术。”

4 在原始丛林里寻觅

本章介绍1957—1968年，被誉为“墨脱通”的冀文正为配合中央新闻纪录电影制片厂拍摄大型纪录片《珠穆朗玛之歌》，首次进入墨脱宗拍摄珞巴、门巴两个部落民族生产、生活和狩猎；他第一次披露了当地猎人在神湖里见到“湖怪”、藏族朝圣香客通往极乐世界神秘之门、原始狩猎的情景……

第四章

在原始丛林里寻觅

寻找莲花蕊“湖怪”

地球像小孩玩积木似的干着它想干的一切。在古岗瓦纳大陆与亚欧大陆碰撞以前，这里曾是古地中海，与现在的地中海处于同一纬度上。如果没有意外的话，现在的世界屋脊可能是另一种文明。但是，在3600万年前的新生代第三纪的始新世，这两块大陆互不相让地往一块挤，海水向外倾倒，慢慢隆起形成了陆地，并以每年2.7厘米的速度抬升，逐渐形成了现在的青藏高原。

1.8亿年前，印度次大陆再次脱离非洲古大陆辗转漂移，直插入欧亚板块之下，喜马拉雅、唐古拉山脉相继横空出世，神山冈仁波齐如同磨盘石的把柄，称雄特提斯古海里的霸王鱼龙变成了化石。可是，古地中海升起造成的圣湖似乎仍然存在着早已绝迹的海洋生物，班公湖的大鱼能掀起一丈多高的波浪，奇林湖的湖羊悠悠钻进水里，措高湖有眼睛像铜盆那么大的怪物……

西藏有“湖怪”已不是什么新闻，可谁也没有抓到过，甚至没有拍到一张照片，成为悬而未决的“疑团”。那么，地处亚热带丛林里的墨脱群山环抱，雪山上流下来的积水形成一个天然的湖泊，即当地人所说的神湖里，会不会有什么新的发现呢？

1957年7月，中央新闻纪录电影制片厂为拍摄大型纪录片《珠穆朗玛之歌》，派出王喜茂、陈和毅两名摄影师，首次进入墨脱县拍摄珞巴、门巴两个部落民族的生产、生活和狩猎。冀文正作为白马岗工作队成员，担任此次的向导兼翻译。没想到当地群众竟然声称，他们见到了“湖怪”。

7月16日，一行人在珞巴部落民众的带领下，从墨脱县背崩村东行不久，便开始爬山。因沿途无路，只得边砍藤蔓、杂草边行进。第二天中午，来到海拔1700米，珞渝地区有名的神湖——布琼湖（如今这里已建成国家级风景保护点）。

这里四周被群山环抱，最高山峰

白马岗工作队队员冀文正陪同中央新闻纪录电影制片厂《珠穆朗玛之歌》摄制组成员，与珞巴族、门巴族群众合影（冀文正提供）

高出湖面千余米，山上的雪水流下来形成布琼湖。布琼湖呈不规则圆形，足有2.6公顷，湖深60米左右，湖里有红尾鱼、鲤鱼等诸多种类。

布琼湖四周没有村庄，仅有极少数香客到此朝圣，他们临走时常要取一些圣水带回家里。这里的生态环境没有遭到人为破坏，许多珍稀动物诸如国家一类保护动物棕颈犀鸟等，在此繁衍生息。

门巴族猎人普布多吉告诉冀文正，这个湖里有几头“曲朗”。冀文正马上将其翻译成汉语，对两位摄影师说：“这里有河马，个头身长和千斤重的野羚牛相仿，样儿似马又像牛，不经常钻出水面。一天，布琼村门巴族猎人来此放牧，坐在古松树下歇息，看到湖里露出一头河马，有两头黄牛那么大，不费劲就驱走了其中一头大母牛，同一头公黄牛进行了交配。”

摄影师王喜茂听后不由一惊，问：“真有他们所说的那么神？”冀文正说：“第二年，布琼村添了一头别于黄牛的牛犊，体肥脂肪多，毛短而发亮。这头母牛长大后，与其他公黄牛交配，3年里就淘汰了当地黄牛，不到5年，村里都是犏牛。如今墨脱大都饲养犏牛，传说中的湖里‘河马’就是这种牛的祖先。布琼湖较近的布琼村、格林村和西宫村，有不少猎人见过河马，并说是天神派下来震慑湖怪的。”

两天后，一行人又来到闻名全藏的三大天湖之一的莲花天湖。莲花天湖地处贡堆颇章圣山雪峰下。这座雪峰岩壁非常陡峭，造型奇特，雪峰上不仅生长有虫草、贝母等许多名贵药材，还生活着羚牛、白鹿、香獐、大犀鸟等许多珍禽怪兽。

当晚，他们一行夜宿莲花湖边，普布多吉睡不着，把冀文正弄醒，向他讲述了自己见到“曲遂”（水怪）的情景。

1947年深秋，普布多吉上山狩猎，观察野牛的活动，不一会儿，看见湖里有一根木头似的东西缓慢游动，时而钻入水中，时而浮出水面，它还抬头环视，张着大口。普布多吉还说，他于1950年和1954年先后见过这样的水怪。有一次，这头湖中的水怪爬上岸来，形似四脚蛇，体长4米多，满身是鸡蛋大的疙瘩，一个挨一个，灰白色，头有小石磨那么大，扁长，大嘴巴，张嘴可塞下一头小猪。

与之不相称的，它有一对小眼睛，神情呆滞，行动迟缓。这头水怪过了很长时间才爬回湖里。普布多吉感到十分惊奇，前去察看，发现有一个沙窝，用手扒出四个拳头大的蛋，呈褐色，他不知为何物，又重新埋入沙中。

在当时的条件下，冀文正百思而不得其解。后来他从报纸上看到了板块学说，便有了自己的见解：墨脱是古岗瓦纳大陆与欧亚大陆互不相让碰撞的接合部，最初海水不像今天这么高，一些古海生物没有急于撤退，生活在一个个湖泊里的海洋古生物，在墨脱逐渐适应下来。珞巴人、门巴人目睹过的“曲遂”，是否就是这些没撤走的古海生物的后裔呢？

7月19日，他们继续向上行，抵达了贡堆颇章圣山一处猎场。这里地势开阔，居高临下，四周多姿的群山湖泊尽收眼底。

盛夏季节，成群结队的善男信女从四面八方涌来，朝拜心中的贡堆颇章圣山。他们口念六字真言，手持念珠，顶礼膜拜山上的每块大石。有的向湖里投掷食物，也有人将心爱的手镯等，扔进湖中。

冀文正走上前，用一口流利的藏语问一位上了年纪的活佛：“你为什么到这里朝拜？”没想到这位从青海远道而来的老活佛却说：“这里是莲花生大师开创的圣地。”

冀文正又问：“这个圣地是怎么得来的？有什么依据吗？”老活佛回答：“8世纪时，红教始祖莲花生大师受藏王赤松德赞之请，来此弘法，并称这里为‘隐秘的刻画成的莲花蕊’。因为这里是一块佛教净土，最好的朝拜圣地。”

此时，老活佛兴致甚高，指着对面山上的一个大圆石，说：“那里就是莲花生大师留下的僧帽。在这块圆石的背后，还有莲花生大师藏的一把钥匙。谁能找到这把钥匙，谁就能打开通往极乐世界的大门，那将是一件最幸福的事。”接着，老活佛又指着一条落差大约200米的瀑布，说：“那是一股圣水，专治不孕症。”

冀文正还从这位老活佛那里得知，世上有16个隐藏着的莲花圣地，以神山南迦巴瓦峰为中心的白马岗最为诱人。在白马岗转经的神山四周，围绕着串珠般的108个小湖，在阳光下闪闪发光。而且在这片莲花圣地里，还包含了数不清的小圣地。这里有糌粑山、牛奶湖，不种庄稼有吃不完的粮食，不养奶牛有喝不完的牛奶，山上布满了千年古树，人可以睡在莲花心里。

这时，懂一些藏语的珞巴猎人，向冀文正他们提供了一个民间传说。据传藏王赤松德赞要修建寺庙，需要一块镇妖石，经占卜，要到雅鲁藏布江下游的加拉山头，于是派仲玛带领1000多百姓将山头砍了下来，途经工布米林卧龙，碰到一只乌鸦，乌鸦说：“寺庙已经落成，不再需要镇妖石了。”他们将山头扔在墨脱境内，赤松德赞赞普将其命名为“黑猪头山”。

珞巴人的传说中，认为珞渝地区很像仰卧着的金刚亥母女神的化身。“隐秘圣地白马岗，肚脐就在仁钦崩”。冀文正突然想起了这句话，它是两个部落民族妇孺皆知的口头禅。所以每年盛夏，远至四川、青海、甘肃甚至印度，近至工布、波密、昌都的信徒，成百上千，爬过无数冰峰雪岭，穿过毒蜂、蚂蟥满布的原始森林，来到这里朝圣和索取圣水，寻找通往极乐世界的大门。

1957年，仅从康区（现四川甘孜）来的转山朝圣者就达500余人，还有从印占区来的香客10余人。贡堆颇章圣山被朝圣者踩出的路可通小汽车，转山者放的五谷堆积如山。

冀文正在当晚的日记中写道：“我仰视贡堆颇章，峰顶终年积雪不化，一片轻纱罩住了它那坚强的面容，它的双肩和腰部尽是崇山峻岭、悬崖陡壁、怪石林立、云盖雾罩，不愧是一处神奇美丽的人间仙境，难怪这里会成为莲花生大师开创的圣地。”

1910年，清军管带陈渠珍到过墨脱一山之隔的波密，他在后来所著的《艽野尘梦》中，对这个莲花圣地作了如下记述：“经白马杠（岗）入野人地，又行数月始至。其地遍地莲花，气候温煦，树木扶疏，山水明秀，奇花异草，芬芳四溢。活佛高居莲花中，莲花大可容人。白昼花开，人坐其上。夜间花合，人寝其中。地下泥土，捻来即是糌粑。枝头垂露，饮之皆成醇呛。人能诚心前去，无不立地成佛。”

1913年6月，英国人F．M．贝利也来到墨脱县，他在《无护照西藏之行》一书中，对莲花圣地墨脱县的传说进行了描述：“当西藏的宗教信仰遭到破坏时，民众就会到白马岗国土上去，那里是‘希望之乡’，在这里可以找到生活的理想之地，宗教信仰得以复活，并最终传遍全世界。”

冀文正是在20世纪90年代才看到这样的书。他在事后的日记中写道：“我读了早期描写莲花圣地的两本书，陈渠珍没有去过墨脱，所写的内容大都道听途说，与实际传说出入较大。而英国人就更是离谱了，原本红教始祖莲花生大师曾经有过预示，当世界末日来临，墨脱诸山将向众生打开，以逃避种种劫难。可是贝利却将其说成为法国旅行家巴高写的一本老预言天书，说宗教信仰在这里能得以复活，最终传遍全世界，这简直就是胡说八道。”

冀文正刚进墨脱的途中，就听珞巴向导说，珞渝以前是没有差役的，大约在几百年前，另外一批人从朱隅来到他们的领地，先来了6户，后来越来越多，他们之间便发生了械斗。这些从朱隅迁来的人，因人数少打不赢他们，便向山外的波密王求援。在波密王的帮助下，珞巴人大败。一些珞巴人被迫离开自己的土地，迁到了下珞渝。朱隅迁来的人虽然留下来了，但必须向波密王纳税，担当乌拉。

1955年7月，冀文正有机会了解墨脱的社会及历史，他在《上珞渝地区基本调查材料》中写道：“曼族（门巴族）居住在墨脱地区，分为曼巴和朱巴，曼巴大多居住在墨脱宗第一、三措地区，朱巴大多居住在第二、四措地区，总共约有4000多人口。他们初来墨脱时，墨脱地区居住的都是洛族（珞巴族），后来曼族越来越多，与洛族发生了冲突，起初洛族打败了曼族。但后来曼族联合藏族，共同向洛族进攻，洛族大败，被迫迁出了墨脱地区。洛族同藏族、曼族打交道往往吃亏，特别是洛族地区，藏族、曼族喧宾夺主强占了洛族的土地，因而民族之间是有矛盾的，但这里却没有相互仇杀的‘打冤家’现象，这大概是由于大民族在此过程中，对小民族进行了极为残酷的镇压，彻底摧毁了洛族的反抗力量。”人们通过冀文正上报的材料，第一次知道了门巴人东迁、门珞之争、波密土王统治珞渝等历史事件。

冀文正没有找到“湖怪”，可解开了萦绕心中的一个个谜团，那就是找到了门巴人、藏人不远千里来到这里定居的缘由。正是莲花生大师的传说，门巴人相信墨脱是个天生极乐圣地，这里不用土石能盖房，不用种地能吃粮，不养奶牛能喝上牛奶。在墨脱这块地方，冀文正看到遍地都是修建吊脚竹楼的竹子，还有含淀粉高的达谢、含油量极高的油果，在生活困难时期它们救了不少珞巴、门巴部落民族的群众性命，难道这就是莲花生大师所说的糌粑山和牛奶湖？

在冀文正搜集的资料中，还有一首反映门巴人对白马岗向往的民歌："世界上的地方哪儿最好/最迷人的是白马岗/白马岗就像一朵硕大莲花/高山森林把它环抱/白马岗的姑娘都是天仙/白马岗的小伙都是英雄/白马岗的山顶像寺庙一样美/白马岗的土地像白云一样平展/白马岗的河里都是神水/白马岗的山上都是宝贝/白马岗的竹子可以架房/白马岗的芭蕉叶可以铺顶/白马岗遍地结果实/白马岗真是个好地方。"

据《清实录》记载，1906年，康巴地区（今四川甘孜）的藏民们听说西藏有一个叫白马岗的地方，是一个天生福地，1000多信佛的男女，便备装上路。清政府知悉此事，曾令川滇边务大臣赵尔丰拦阻，设法召回。因为赵尔丰当时在川边改土归流，这些信众认为宗教信仰将遭到破坏，便携家带口来到这里，逃避所谓的宗教劫难。可他们扶老携幼，耗尽辛苦积累的微薄资财，沿着世界上最艰险的路长途跋涉，承受了人间难以想象的痛苦和艰辛，最终也没有找到通向福乐的神门。他们只好在神山圣岭周围搭起一座座木楼，在这里种植庄稼，放养牲畜，繁衍后代。

1957年7月23日，摄影师和猎人先后返回住宿地，蒙希带回了一只大青蛙，足足有两公斤重，体长约0.4米，体宽0.3米左右，通体呈黑色，皮厚实有豌豆大的疙瘩，腿短且粗，没有声带，不会鸣叫，属于两栖类动物。

冀文正从蒙希的介绍中得知，他途经白马朗湖时，在湖边捡到了这个正在晒太阳的青蛙。他边说边磨小刀，当他准备对青蛙开膛破肚时，门巴猎人普布多吉前来制止他。两个猎人因民族习惯各异，争吵了起来。

经冀文正调解，蒙希才把青蛙放回湖里。接着蒙希介绍说，它叫"崩达达巴"（珞巴语"雪蛙"），夏季产卵于高山湖泊中，一次产卵上万个，由于湖水温度低，加上湖中水鸟喜欢掏吃幼蛙，所以存活下来的蝌蚪不多。雪蛙以虫和鱼为食，这只雪蛙有10个青蛙那么大，起码活了20多年。

冀文正看这雪蛙样似癞蛤蟆，但无毒腺。据门巴人普布多吉介绍，它在湖水封冻前，潜于溪水的大石下休眠，上面覆盖十几米厚的积雪也闷不死它。整个漫长的冬季不食，昼夜睡觉，来年5月气候转暖，它再度返回湖里，生儿育女。猎人们还说，这种动物脂肪尤多，它身上的白疙瘩里都是白油，约占体重的三分之一，所以极度耐寒，在-30℃照样能够生存下来。

冀文正非常惊奇，珞巴猎人指着条条瀑布，说："你看那么高的山，那么冷的水，但水里仍有鱼在活动。鱼呈黑色，皮肤坚韧，味美可口。可这些鱼没有大个的，最大的也不足1公斤。封冻季节，它们生息在溪间的巨石下，照样活蹦乱跳。"

冀文正将这次的考察，以旅行散文的形式写在了自己的笔记里，取名为《随猎记》。

惊险的原始狩猎

雅鲁藏布大峡谷区域浩瀚的原始森林，栖息着上千种野生动物，给珞巴、门巴猎人提供了丰富的狩猎资源。20世纪五六十年代，居住在这里的两个部落民族，尽管以农耕为主，但他们一家半数以上的肉食来源于狩猎。一个猎人每年狩猎，几乎占去了三分之二的时间。

冀文正对于这种原始狩猎的最初认识，始于进入雅鲁藏布大峡谷的卡布村，这里是珞巴族米古巴部落的领地。入村不到半个月，他和牛布利用中午的空闲时间，到村后的树林里转悠，发现两个10岁左右的男孩正用弓箭射鸟，一个手拎一只灰色猎物，从那浑身柔软的样子判断，应是刚射下来的，他便赶到他们面前。

冀文正仔细观察弓箭，弓用竹片弯成，约0.8米，略短于成年人使用的，弓弦用瑞香纤维搓成。箭长0.3米，一端削成三角形便成了箭镞。从弓和箭的样子看，似乎专供小孩玩耍的。不过，箭筒油光发亮，颜色深褐，用直径0.1米的竹子做成，长约0.6米，又不像是特意做给小孩玩耍的。在珞巴人、门巴人的生活中，弓箭既是狩猎工具，也是防身武器。每个成年男子都有自己的弓箭，出门时弓箭不离身。

珞巴族猎人带猎狗进山打猎，随着2003年雅鲁藏布大峡谷全面禁猎，这种场景再也看不到了（税小洁摄）

冀文正最早对雅鲁藏布大峡谷猎人的宣传，恐怕要数他撰写的《老猎人白马共嘎》。写这篇文章源于新华社西藏分社记者宗子度的回信，要求他“描写一个珞渝著名猎人的勇敢智慧，通过他反映整个珞渝人民的优良品质”。

冀文正接到回信后，趁闲暇来到卡布村著名猎人白马共嘎家。这位猎人43岁，皮肤黑黝黝的，身体魁伟健壮，留着长头发，大大的眼睛，说话声音洪亮。聊天中，白马共嘎老人谈到了不久前发生的一件事。

那是1955年6月7日晚，天特别黑，伸手不见五指，老人躺在庄稼地的篝火旁。忽然，地头发出了“咔嚓”的声音，凭着他多年的经验，知道有野兽来了，便拿起1.20米长的弓箭，射向声音发出的地方，一刹那，发出了可怕的叫声。他知道射中了野兽，可不一定会死。于是，他又拿着明晃晃的腰刀迎了上去，只见一头野猪扑来，他急忙向右边一闪，野猪前脚正好踩在他的脚印处。刹那间，猎人举起腰刀，锋利的刀刃正好砍到野猪的脖子。野猪受了重创，更加疯狂，结果又扑了空。他乘机砍上两刀，野猪的前腿被砍断。不到三分钟，血肉模糊的野猪终于躺下了！

那样的年代，危害人畜的不仅有老虎，还有羚牛等，一旦猎获了上千公斤重的羚牛，足够猎人一家吃上半年。冀文正非常佩服白马共嘎的胆识，猎人一生打死过5只老虎、133头野牛、23只猞猁。如今，雅鲁藏布大峡谷腹地墨脱严禁狩猎，国家已将老虎、羚牛等列为国家一级保护动物，在这里还建立了多处野生动物保护点。

冀文正目睹原始狩猎，却是在1957年配合中央新闻纪录电影制片厂的拍摄活动时。7月15日，猎人行前的头天夜晚，珞巴猎人蒙希将一只鸡的头，对准主室墙上挂的兽角，说：“现在祭你，请帮助获得更多的野兽。”蒙希随即将鸡杀掉，鸡血涂在兽角和箭筒上，并沾上一点鸡毛，将鸡碰一下灶台，沾点血和毛，又说：“请灶神保佑猎人平安往返，背回满筐兽肉。”当晚，家人共享鸡肉，不得说些与狩猎有关的话。

猎人行前，冀文正再次看到，珞巴猎人蒙希将一把柏树枝沾上酥油，再放上少量食物，斟上一碗白酒，点火时，对灶神说：“咱们一道进山，背回更多肉食。”随后将燃着的柏枝扔于屋外。走出屋的那一刻，女主人用四个指头抹上灶烟灰涂于猎人蒙希的胸前，以此代替灶神，说是男人外出有灶神伴随，可以事事如愿。蒙希下竹楼时，喊着所有野兽的名字，然后说：“统统赶来，给我猎获。”

7月19日，冀文正一行12人中有3名门巴猎人、两名珞巴猎人、两名摄影师、4名警卫战士，到达了墨脱有名的猎场贡堆颇章圣山。这里群峰叠嶂，湖水粼粼，溶洞相连，这样的仙境中却没有一户人家。于是他们住在一个有半个篮球场那么大的溶洞里，洞的中央立有三块当灶脚的石头，可以烧茶做饭，地上铺有厚厚的树枝，晚上大家围火而卧。

7月20日，珞巴、门巴猎人起了个大早，在洞口举行祭神仪式。他们先砍四根木棍，两面削平，刻上斜纹，并排插入地里，接着在前面铺上香蕉叶，上放五堆大米，大米上放一个熟鸡蛋，将鸡杀掉，鸡血和鸡毛涂于木棍和鸡蛋上。蒙希开口念道："请山神兽神，将你的野牛、野猪、羚牛、盘羊、香獐赠给我们，保我们平安幸福，兽肉成堆。"

蒙希的祭词讲完后，察看鸡肝，蒙希让冀文正来看，肝都是横纹，说明这一趟会兽肉满筐；鸡嘴里有草、树叶等杂物，说明有大收获；再看小肠，他看到肠满肥大，说明这趟可满载而归。蒙希还向冀文正介绍，猎人进山一趟，要祭祀5次，每次对象不同，方法各异，都得杀鸡看肝，希求得到神灵庇护。

冀文正拿起蒙希手中的弓箭反复观察。蒙希对他说："你可别小看它，有的猎手能一箭射杀两头并排行走的野牛。"这弓是用墨脱产的一种楠竹制成的，制作时先将竹竿削成所需要的长度、厚度和宽度，再用小火烤干，边烤边修理成形，然后用瑞香树皮纤维搓成绳子，将弓固定起来，就成了一把弓箭。

5名猎人牵着19只猎狗，冀文正看见还有两只小狗，一脸狐疑。猎人蒙希告诉他，小狗跟随猎狗进山狩猎是一种锻炼，猎狗都是这样锻炼出来的，我们行猎，万万不能缺少猎狗。在浩瀚的森林里，在险峻的峭壁上，经过特殊训练的猎狗，能凭着它超人的嗅觉、视觉和听觉跟踪野兽，将野兽追赶至悬崖边，狂吠不止，我们可以在百米内向野兽射箭。野兽中毒箭后，疯狂地奔逃，猎狗会尾随其后，往往数百步便可找到野兽尸体。

冀文正问："内地猎人用猎枪，效率远比你们高，为什么不使用？"蒙希解释说，珞巴族只有少数猎人使用火药枪，一是因它十分笨重，二是在阴雨连绵的森林里不易点燃，大多愿意用轻巧灵便的弓箭。

中午时分，蒙希发现了昨日野羚牛路过时所留下的蹄印。他放出4只猎狗，没过多久，就听到猎狗狂吠。蒙希赶到时，一头羚牛被围困在30多米高的峭壁上。他急忙连射两箭，都射中了，羚牛跳下悬崖，疯狂地窜入了密林。冀文正也紧随其后，发现猎狗猛扑过去，羚牛没能跑上百米，便倒地毙命。蒙希迅速割掉伤口处的毒肉扔掉，另给每只猎狗一块肉，以示奖励。

珞巴猎人达东见冀文正也跟了上来，说："你这样太危险了！猛兽中毒箭后，毒性大发，拼死逃命，因为剧痛，百倍疯狂，会向寻猎者发起更加猛烈的攻击。"他接着说，有些野兽专门报复猎人，那一次康桑旺堆跟踪带毒箭的黑熊，没想到黑熊没死，猛扑过来，撕破了大半个脸，连命都差点给丢了；另外，白嘎追赶被毒箭

猎狗与全副武装的珞巴猎人形影不离（李坚尚 摄）

击中的羚牛，被牛角扔出20多米远，跌落崖底，留下终身残疾。

摄影师王喜茂因一直没能拍摄到猎获大型野兽的场景而懊恼。后来冀文正回忆说："从放猎狗到收场，时间不足一个小时，距离竟达12公里。你可以想象，情况瞬息万变，摄影师没能将全过程摄入镜头，确实留下了遗憾。"

珞巴人长期狩猎，同猎狗打交道，使他们明白了一个道理：行猎离开了猎狗，犹如大海捞针。珞巴人的许多神话中，猎狗都是一个重要角色。7月21日，珞巴猎人达东一边饮鸡爪谷酒，一边讲起了珞巴族家家祭祀灶神的由来：

"自从有了天和地以后，天地间只有一个猎人和一只狗，人就是珞巴族的阿巴达尼，狗是祖先达尼的忠实朋友，他俩形影不离，形同父子。达尼想吃什么，狗就能赶来什么野兽供达尼猎杀，他俩的日子过得不错。后来，达尼想吃天上的九头龙肉，猎狗去赶九头龙时被吞掉了。猎狗死后变成了灶神。它虽不能陪伴祖先行猎了，但它却在暗中帮助达尼捕获野兽。"

达东一边吸烟，一边说："我们珞巴人频频祭祀灶神，正是为了感谢猎狗的功德。"经达东这么一提醒，冀文正想起了许多有趣的故事。他见到在雅鲁藏布大峡谷深处的其他部落里，也有以狗作为图腾的。在这些部落里，家家户户都有用大米粉捏的白狗、玉米粉捏的黄狗、鸡爪谷捏的黑狗等模型，室内外墙上和岩石上，还有模糊不清的狗图腾壁画，新年时杀鸡来祭祀。

冀文正恍然大悟，难怪在雅鲁藏布大峡谷腹地墨脱，他发现珞巴族家家户户养猎狗成习，多者达十几条。有的珞巴人和猎狗同盘进餐，视狗如子，严禁打狗，否则有械斗和被驱逐之事。母狗生崽，主人在门口栽一把鲜树枝，生人3天不得入内，主人侍候母狗如同护理产妇一般。

也就在这一天，冀文正碰巧见识了达东射野牛的场面：崖边的野牛被射中后，拼命狂奔，但不到百步便倒地身亡。

毒箭如此厉害。早在20世纪中叶，印度的民族学家在考察印度非法占领的雅鲁藏布大峡谷下珞渝时，对珞巴族民荣部落采集箭毒的神秘，曾经有过这样的描述："他们认为，制箭毒的植物长在北方的高山上，由恶精灵看守，必须集体去采集，稍有不慎，会把取走的箭毒夺走。当他们发现箭毒植物时，先要挥刀齐喊五声'嗬！嗬！'把恶精灵赶走。箭毒原料采回后，妇女端酒至村外接待，并要用扫帚敲打采毒者的全身，以便把可能藏在身上的恶精灵赶走，随后把箭毒原料放在祭神的地方，以鸡和姜片献祭，并把鸡血洒在箭毒上面，借以加强威力。随后分发给挖取箭毒的人，回家后研成粉末与一种称为'玛内'的汁混合，涂在箭头上。随后，弓箭手三日不能与妻子睡觉，借以防止箭毒失效。"

珞巴族箭毒制作秘不示人，可达东却毫不隐瞒地说，珞巴先民受甩石扔棒的启示，发明了弓箭。他接着又讲起了珞巴族有关勒布爷爷的传说。

他来到雪山下的一块草地上，指着一种开白花的植物内地称为"一枝蒿"，说："这就是我们所说的'真都'，将它的根挖出来，就可以制造箭毒。"

冀文正在他的回忆录《珞巴人秘密制毒解析》一文中写道：

猎人们既是打猎的能手，也是制毒的专家。制毒是非常危险的，需要特别小心，因此忌讳也相当多。仅挖毒根就要向山神、兽神和毒神分别杀鸡一只，敬献鸡蛋、米饭和米酒，并高喊："请山神允许我挖毒，不要伤人，保佑我们多获野兽。"待山涧有了回音，方才开始。

制毒时，既不得让人观看，也不能让他人知晓，不得在庄稼地附近制作。一枝蒿生长在海拔5000余米的高山上，毒效非常大。如果存放两年以上的块根，再掺和过江龙果藤子，其毒效更大。先将以上两种分别用石块研碎，然后再混合研磨，粉末越细越好，用黏性较强的香蕉树汁调制均匀，涂在箭头上，两天以后毒箭干透才能回家。

制毒时要顺风而坐，闭口不言，或用衣服蒙住嘴巴，以免毒粉吹进口里。毒粉磨完后，将一只雄鸡的腿割个大口子，撒上一点毒粉，用劲抛向空中，当它落地扇动几下翅膀死去，说明毒效达到了要求。手摸毒粉时，手上不能有伤口裂痕，否则会毒死人。这两种毒物属剧毒，一般随用随采，家中存放得不多，以防人误食中毒，有少许储存在粮仓里。

在山洞制毒时，要向山神祭献食物和一只活鸡。制毒期间，不得告知猎人的去向，家人不得说"死、无、空”三字，家人、外人均不得观看抚摸，以免得罪了兽神、山神，狩猎会扑空的。聪明的珞巴人，为了使野兽中箭后不致箭落逃跑，在箭头三厘米处砍一小缺口，野兽中毒箭后，因为剧痛，就会狂奔乱跑，力图甩掉毒箭，因为箭头有缺口，箭杆极易折断，而毒箭头仍牢牢钉在体内，奔跑不足百米，便会倒地身亡。

7月24日，冀文正一行人弄到一些干柴，在大崖洞外架起，点着火，“噼噼啪啪”燃了起来。大家随意割块野牛肉烤着吃，火的温暖，肉的香味，驱走了人们的饥寒。冀文正在当天日记里写道：“吃山野的猎物，饮山涧的甘泉，在大崖洞睡觉，这种山野情趣，住在喧闹的城市里是享受不到的。”

珞巴、门巴两个部落民族的猎人将所猎获的野牛、野猪等堆放在一起，剥皮后平均分给村民。猎人普布边剥羚牛皮边对冀文正说：“分肉时，若有路过者，也可得到一块胸脯肉。我们背回的野兽肉，本村户均一份。”当时正巧有5名四川甘孜的香客路过，普布给每人分了约1公斤重的野牛肉。

冀文正发现，肉食分配仍沿袭原始古老的猎物分配习俗，平等是原始人最基本的观念，也是原始人唯一的行为准则。珞巴、门巴猎人按照规矩，给他和两名摄影师、4名警卫战士，共分配了野兽肉500公斤，由门巴炊事员烤成肉干，让他们带回去吃。可完成这次任务后，冀文正就得同两名摄影师一道返回林芝，结果每人只带了不足10公斤干肉，绝大部分送给了猎人朋友。

冀文正后来查阅资料时得知，早在吐蕃王朝时期，就颁布法令《猎获野兽应分得之标准》，对猎获野兽分配有明确规定。比如猎获一头野牛，一只耳朵、一条前腿、三块内脏和胸部板油归射中者所有，其余归同伴平均分配。

冀文正当时住在卡布村，经常收到猎人送来的猎物。每户给猎人送去一葫芦甜酒和一竹筒白酒并共饮之。主人以肉和大米饭招待村人，通宵达旦地喝呀、唱呀、跳呀，村里只要有一个猎人满载而归，都会按照平等分配的习俗，使村内每个人都能获得一份。但猎到大的猎物如野牛、野猪、狗熊之类，猎主多得一个兽头。

兽头肉既不多，也不好吃。汉人自然对这种做法不理解。可珞巴人认为，获得兽头是十分荣耀的，猛兽的头骨放在家里醒目的位置，以显示主人的勇敢。陈列的野兽头骨越多，越受到人们的尊敬。一些珞巴人还把兽头视为传家宝，主人去世时，一半留给子孙，一半随身陪葬，以期把这种荣耀带到阴间。

就在冀文正配合摄影师工作的期间，一位壮年汉子在山麓陡坡上追逐受伤的野兽，误踏在削尖的竹片上，脚被戳穿。摄影师王喜茂所带的消炎药已用完，只能给他抹点碘酒消炎，并再三嘱咐他不要沾水。可这名猎人并不在意，照样赤足在湿地里行走，几天后，他的脚竟神奇般的痊愈了，并一再向王喜茂表示感谢。事后王喜茂回忆说："其实不是我的碘酒起了多大作用，主要还是因为他体格健壮，抵抗力强。"

1957年7月17日，即配合摄影师工作的第二天，白马岗工作队成员为了执行中央"六年不改"（1956年9月，中央决定西藏实行民主改革，但肯定不会是第一个五年计划期内的事，"六年乃至更长时间不进行改革"，简称"六年不改"。西藏工委以此纠正工作中过高、过早、过急的做法，进行相应的收缩和精简工作，为以后的工作争得了主动）的政策，大家忙着收拾行装和办理移交手续。一大早，热情淳朴的珞巴、门巴两个部落民族的群众就挤满了屋子，不少人因屋小干脆站在雨地里。54岁的门巴老人格勒江措及老伴低着头哭个不停，许多人都掉了泪。

当天晚上，每个工作队成员的屋子里都挤满了人。60多岁的门巴老大爷措久美拉着他们的手，动情地说："我们真舍不得你们离开。不留多了，留两个工作人员也好呀。住在我家里，大米我们供给， 我们负责每月向塔工分工委送一次信，啥问题我们都保证解决。"

可这些善良的珞巴、门巴部落民众哪里知道，当时西藏正在酝酿一场武装叛乱，保路、保人和积蓄力量，是中央作出的一项重大抉择。

墨脱早在1959年建县，白马岗工作队撤出墨脱后，将县城临时搬到雅鲁藏布大峡谷入口处米林县派镇，继续保持同珞巴、门巴两个部落民族同胞的接触，以做好墨脱开山期间两个民族的工作。

当时，冀文正由于配合中央新闻纪录电影制片厂的拍摄工作，比其他工作队成员晚两个月离开。

越过"麦克马洪线"

1962年6月5日，解放军驻林芝的数百名官兵高举红旗，肩负保卫祖国，巩固边防的使命，冒雨横渡雅鲁

冀文正过荷扎的一处藤网桥

藏布江，浩浩荡荡地踏上进军墨脱的征途。当晚驻在米林县派区多雄拉雪山下，将按原计划，一边修路，一边进军。

尽管解放军1952年就派工作组进驻墨脱，可是形势依然十分严峻：旧西藏地方政府派往墨脱的官员，对不听话的奴隶动不动就鞭子抽打，割脚筋和挖眼睛。他们每年从村民那里搜刮14吨大米，再分装成330包，强迫珞巴、门巴族奴隶在雪封道的11月份背出雪山。

然而，衣着单薄和短裤赤脚的奴隶怎能抵御暴风雪袭击？冻伤致残者不计其数，冻死人的场面触目惊心……冀文正和他的战友们，时刻想到我党的民族统战政策，只能好言相劝，可这些官员根本不听，致使大批珞巴、门巴人饿死病死和逃往他乡。

第二天拂晓，一支50人的先遣分队跟在冀文正的后面，向多雄拉雪山挺进。6月9日夜里，部队经过强行军，比预期提前两天，抵达雅鲁藏布大峡谷腹地的背崩乡月尔东村，把五星红旗插在了江东岸的广大地区。

解放军进驻墨脱后，上级又发来指示，继续沿雅鲁藏布大峡谷顺江而下，进驻墨脱县背崩乡地东村。冀文正曾到这个村开展救济工作，可他看到：这个村离非法的“麦克马洪线”很近，居住着42户门巴族，原属于墨脱宗莎嘎措（区）的中心，措本（区长）已被叛匪挟持外逃，由其助手代理他行使职责。

9月17日是一年一度的中秋节，冀文正是在希让村度过的。希让村位于“麦克马洪线”北侧我方控制的最南端，可以清晰望见“麦克马洪线”上印军哨所的炊烟，这里居住有34户门巴族和珞巴族同胞。

早在1956年4月，冀文正曾来到这里发放农贷和救济。他了解到，希让村多次来过蓝眼睛、黄头发、大鼻子的外国人，有照相的、捡石头的，有的还在石头上用红油漆书写英文，村南头一个突兀的大石头上就写有百多个英文字母，其中有“1947”的字样。当地村民指着更邦拉山告诉他：“这座山上有一个印度哨所，翻过山就到了印占区。”

从这时起，冀文正就注意“麦克马洪线”了。他还在当地村民的陪同下，考察了这条帝国主义分子划分的“中印边界线”。他在回忆录《墨脱拾旧》中写道：

按照英国在画线时的说法，他们以喜马拉雅山脊为分界线来划定边界。我仔细观察了“麦克马洪线”的走向，是当时英国所谓的地理界精英们绘制出来的地图，可这种画法在有的地段就显得非常的幼稚，连一点基本常识也没有。

在中印边界东端，非法的“麦克马洪线”自不丹起向东，至米林县德阳拉千余公里，大致是沿着喜马拉雅山脊，但喜马拉雅山脊从德阳拉开始向北蜿蜒，雅鲁藏布江也顺山向北流淌百余公里后，又向东延伸200余公里，同自北向南走向的横断山脉在波密县然乌湖交汇，山南面就是色拉寺管辖的墨脱宗（县）。

从德阳拉向东有一条山脊高度逐渐降低，当到达雅鲁藏布江时，海拔只有800米高，这个山叫更邦拉，山顶有一个印军哨所。更邦拉的东面，隔江相望是横断山脉的一条山系，这座山叫高尤拉，海拔约有千米，同样有一个印军的哨所。这条山系以东，察隅以西还有一个印军哨所，叫安扎拉。

从这里往东是察隅的瓦弄，被独立后的印度侵占，在山上设有哨所。就这样，英印将更邦拉、高尤拉划为“麦克马洪线”，在它南侧原属墨脱宗第五措之一的达岗，当时人口较多，面积数万平方公里，却被印度以“麦克马洪线”为由给蚕食和侵吞了。

可是，从德阳拉至瓦弄的200多公里，并非喜马拉雅山脊。这种按地形划分成的所谓“中印边界线”不仅非法，更谈不上有半点科学价值，是一条想当然的“边界线”。

1956年9月，我前往拉萨参加西藏工委宣传部组织的宣传工作会议。这期间，西藏工委外办的领导邀请我去参加他们组织的一个有关中印边界问题的座谈会，征求我对中印边界的意见，我谈了对“麦克马洪线”的质疑。他们当时对我说，你提供的情况很有价值，我们以后将在详细调查论证的基础上给予采纳。

1962年10月，印度在中印边境上制造了多起流血事件和武装冲突，越界挑衅不断，特务活动频繁，叛匪入境扰乱，反华传单遍布，敌机低空盘旋，杀害我军政人员。我军忍无可忍，被迫进行自卫反击。

11月15日，墨脱独立营率领两个连开始夜行军，从地东出发时，人人背包上插几根腐烂的青冈棍，萤火闪闪，5米远都看得清清楚楚，在艰险的大峡谷中运动，没有一个失足掉下悬崖的。

我军士气高涨，接连往下追赶印度逃兵，以期取得更大战果。当部队追至“麦克马洪线”以南的哥布村时，再往前面不远就遇到一个20多米的大沟，印军原在这里架有一座木桥，可是在撤退时将其毁坏，以挡住我军追赶。

这时，总指挥鲁之东团长突然下达了“停止前进，就地设防”的命令，官兵们个个都感到惊愕。若再继续往下追，只需两天就可到达中印传统边界线巴昔卡，还可见到印度萨地亚的火车。冀文正当时也不明白，怎么突然就停下脚步？

冀文正后来查阅历史资料得知，20日21时30分，总参谋部发出了停止反击作战的命令，并指示：“东线中部各部队在占领梅楚卡、里米金、都登后即停止追击，在原地打扫战场，加强警戒。”当返回更邦拉据点后，

“麦克马洪线”以南的第一个门巴族村庄——更仁村（冀文正摄）

鲁之东对冀文正说：“中央电台广播了，国防部声明了，总参还发了密电，要求22日凌晨零点起，我军全线停火。”

冀文正当时算了一下时间，当时部队追到哥布村大跨沟时，时间是20日12时，离停火还有12个小时。若当时发动官兵砍伐森林中30米以上的大树，就可在这个沟谷搭起一座简易木桥。他知道，从这往下道路非常好走，官兵行军的速度快。

每当提起此事，冀文正感慨地说：“从这里到珞巴人居住的许木、嘎哥等地，曾是波密土王、西藏噶厦政府管理的地方，也不过才50公里，对于士气正旺的我军官兵来说，那是轻而易举的事情，可我们却因此浪费了这宝贵的12个小时，失去了一次难得的战机，将我们的影响波及印占区更远的距离内。若我们收复的失地越多，战果越大，对于我们以后更为有利。可惜，我们对上级的指示理解有误，失去这难得的宝贵战机。”

事后，冀文正对自己孙儿说了自责的话：“总参发布我们停火，是希望我们快速前进。可我们停住了脚步，失去了取得更大战果的机会。我当时作为地方工作组组长，跟随在鲁团长的身边，应该提醒他……就不会失去这样的战机。”

23日1时，冀文正一行从印占区哥布村返回“麦克马洪线”以南的浪波待命。这次战斗，共歼印军12人。我军官兵也阵亡8人，伤2人，主要是对敌情了解不准。他在回忆录《墨脱拾旧》中写道：“在战前，我们很多问题都考虑到了，可就是没有想到印军在沿途埋有火柴盒大的地雷，这是一种压发地雷。若踩上这样的地雷，腿不动就不会爆炸，要抬腿时，让后面官兵用一根树枝压住地雷，然后快速一躲就没事了。可就是这样的地雷，让10名参战官兵付出了血的代价。军医陈国宁是我特别要好的朋友，在前进时不慎踩上这种地雷，只听‘啊——’的一声大叫，腿被炸断，摔下悬崖牺牲了。我离休后三次去墨脱，都要到他的墓前祭扫。”

在印占区的滞留期间，冀文正凭着语言的优势，对珞巴族达额木部落群众进行了大量工作，不仅宣传西藏的主权归属，还揭露印度继承英国殖民者政策侵略中国领土的罪恶行径，达额木部落米古氏族人听后，义愤填膺，希望“解放军不要走”。

在这期间，冀文正同参战官兵一道，为达额木部落人做了许多好事。一连将哥布村外逃珞巴族的牛、猪、鸡看管好，秋毫无犯，连一个鸡蛋都没有动过，还割草喂牛，用节省的军粮喂猪；二连帮助更仁村门巴族群众收割稻谷，谷粒都颗粒归仓，而群众送来的香蕉、鸡爪谷甜酒，被他们婉言谢绝了。生活在山上的珞巴族和门巴族群众被解放军铁的纪律、一心为民办事所感动，有的还主动回到村里，戳穿印军蛊惑人心的宣传。

不久，中央发来新的指示，为体现我国的和平外交政策，所有参战部队从印占区撤回到自卫反击战前的防地。并再次重申“正义之师撤军要有文明之师的举措”。这时，冀文正会同参战官兵一道，向边民反复宣传中印边界之争的缘由、我国的和平共处政策及对解决中印边界争端的原则立场，深受印占区人民的理解和支持。

返回时，冀文正还在印占区哥布村用一双新球鞋，同珞巴族阿米换了“麦克马洪线”以北没有的佛手瓜、矮香蕉和含辣椒素极高的“崩嘎索罗”。这些经济作物如今已在墨脱县大多数村庄落了户，成了珞巴、门巴族庭院蔬菜之冠，也成了县机关和部队的当家蔬菜。有的群众为了感谢冀文正，干脆将深受他们喜爱的佛手瓜取名“米米老冀瓜”。

正是这样的参战机会，使他对“麦克马洪线”以南印占区珞巴族达额木部落人有了非常深的印象，还见到了自称达额木部落的米古人。在中国研究珞巴族文化的专家学者中，他是唯一到过印占区的民俗学家。

冀老现年79岁，是20世纪50年代派到墨脱工作的成员中年龄最小、文化程度较高的一位。他离休后，相继撰写的《大峡谷剿匪记》《急行边境前沿马其顿（马及墩）》《漫说“麦克马洪线”》等，都是一段重要的历史见证。

因一条非法的“麦克马洪线”阻隔，我国珞巴族、门巴族专家学者不能亲去考察，在学术专著中也出现了一些错误。如由四川民族出版社1992年2月出版的我国第一部珞巴族专著

《珞巴族的社会和文化》中，称墨脱的米古巴、米新巴为一个单独的部落。而米古巴和米新巴是西藏的藏人对生活在墨脱珞巴人的称呼，“巴”在藏语中意为“人”，即他们是米古人和米新人。

20世纪80年代末，一位自由撰稿人冒险穿越“麦克马洪线”并到达以南的地区，著有《雪域漫记》一书，在书中提到了达额木部落的米古人，但他在书中称“米古部落”，这实属是对珞巴族部落情况不了解而出现的错误。

达额木部落原本是墨脱县“麦克马洪线”以北的土著人，后因在门巴族和珞巴族的械斗中失败，大部分人被迫迁到“麦克马洪线”以南的仰桑曲流域右岸，只有少部分人留了下来，极有可能就是今天的米古人和米新人。冀文正曾在1962年跟随部队到“麦克马洪线”以南的哥布村，那里就有自称达额木部落的米古人。他认为这极有可能是我国珞巴族学者因不能亲去“麦克马洪线”以南考察，在他们的著作中出现的一个失误。

西藏的藏人称珞巴人居住的地方为珞渝，称靠近西藏的地域为上珞渝，离西藏较远的地域为下珞渝，可在中国出版的报刊、书籍中，有的竟将“麦克马洪线”以北称为上珞渝，“麦克马洪线”以南称为下珞渝，这是一个明显的错误。因为靠近米林县以南的梅楚卡等珞巴人居住的地方，就曾是西藏大贵族拉鲁嘎查庄园管辖的地方，当时西藏的藏人称它为上珞渝，如今被划为“麦克马洪线”以南。

冀文正曾请教过墨脱宗政府官员，上珞渝还包括了“麦克马洪线”以南50多公里以外的许木和嘎哥等地。他说：“现在有的专家学者深受非法的‘麦克马洪线’之害，这本身就是英国所谓的地理精英们想当然划分的一条线。可有的专家不了解这个情况，误以为‘麦克马洪线’以南就是下珞渝，将数万平方公里的上珞渝土地认为是下珞渝了。”

首批进入珞渝的工作组长连有祥，在给西藏自治区党史办撰写的回忆录《珞渝地区十分重要》中建议：“在今后西藏自治区行政管理机构，不论发生多少变化，在版图上还是标出原属‘珞渝’字样为妥，这样既符合历史面貌，又适合当地居民习惯性称呼，也有利于中印边界谈判。”

冀文正也是这个建议的有力支持者，他在《漫说“麦克马洪线”》一文中对这条线提出了质疑。

“黑白骨头”的启示

白马岗工作队离开墨脱后，冀文正已连续5年没到过地东村。这次，他却看到群众衣衫破烂，面黄肌瘦，无心生产，田地荒芜，草苗齐长，情绪不稳，许多家靠挖“达血”（将棕心树磨成粉来食用）和野菜充饥。

1956年4月，他多次到地东村开展工作，赢得了门巴人的信任，门巴人热情邀请解放军登门做客，但有明珠、江措、达娃罗布和措洛4户“鬼人”，从不在部队营房里露面。于是，他经常到4户人家去做客，与他们吃饭饮酒，群众看到他没有得病，由此提高了“鬼人”的地位。

早在门巴人迁入墨脱前，在朱隅就存在一种称为“康日”的制度（“康日”就是“不同骨头”的意思）。当时，社会存在三种不同骨头的人，第一种为“康日宁布”，意思为“好骨头”；第二种为“康日巴策”，意思为“中等骨头”；第三种为“康日独宾”，意思是“坏骨头”。好骨头的人是高贵的，可以当活佛、喇嘛；中等骨头的人可以当低级的僧人；坏骨头的人，在社会上备受歧视，“鬼人”就属这一类。

有关好坏骨头的来源，说法不一。据地东村上了年纪的人称，远古时候地上没有人，当上天把人送到地上时，用了三根不同的绳子，一条是金绳，一条是银绳，第三条是棕绳。从金绳下来的人是好骨头，从银绳下来的人为中等骨头，从棕绳下来的人成为坏骨头。

然而，骨头的好坏依血统而定，世代相传。同属一个骨头等级的人，可以通婚。若骨头等级不同，严禁结婚。在门巴东迁前，大都严格执行。但迁入墨脱后，因人口较少，住地相对分散，好骨头和中等骨头的人可以通婚，但他们严禁与坏骨头的人通婚。如若通婚，所生的子女全部降为坏骨头，成为人人歧视的“鬼人”。

世界上，有关“鬼人”的传说，并非门巴人独有。在傣族地区中，诸如当有人患恶性疟疾，发高烧至说梦话时，人们就认为被“琵琶鬼”加害所致。

门巴族之所以歧视“鬼人”，是因为对鬼的畏惧。1956年，冀文正在雅鲁藏布大峡谷深处的一个门巴族村寨，目睹了巫师为病人请神的祭祀活动，仅唱词就用了半天，重复唱三遍才算尽心。他在《门巴人的祭祀》中写道：

门巴人请神时，巫婆坐在病人跟前，端一碗白酒，用芭蕉叶蘸酒洒向空中、洒向地上，表示祭祀天和地，剩下的酒一半洒在病人身上，一半自己喝掉。片刻，巫婆闭目，双手抹脸捂面，手持芭蕉叶、孔雀羽扇，边扇边发抖，摇头晃身，浑身颤抖，大声呵斥道：“阿麦！拉斯！拉斯！”

巫婆好像得了疯病一样，小孩见了都会被她吓哭的。接着，她在唱词中讲起所走过的13条路线，包括珞渝、门隅、工布、拉萨等地她都去了，还到了太行山，她在“母亲”白度母处才知道，某某患病的病因和必须杀猪祭祀的治疗方法。

在唱词中，有一小段是这样说的：“我飞到了白度母的宫殿，我母亲也参加了白度母的寿宴。护法神也在场，还有成百上千的神灵。我说明了来意后，母亲告诉我说，某某的灵魂是圣母的一个佣人抓来的，我令他快快送还灵魂。那个佣人很吃力地送回了灵魂，路上没有休息，从钻入云天的山顶一下子飞回来了，飞到了房顶上，灵魂回到了病人身上。我拿出所有好吃的请护送我的众神食用，它们饭饱酒足后返回神域了。我把它们送回南迦巴瓦山后，在母亲那里吃了仙饭和神酒，一眨眼工夫就飞回来了。”

她说得多么荒唐和奇妙，可这对于崇拜万物有灵、灵魂不死的门巴族来说，是具有诱惑力的。她有时以巫婆身份讲话，有时又以神的名义出现。她说：“今天诸神都集中到了这里，这里为你们准备了丰盛的食物，这是××的心意。你们抓走了他的灵魂，现在放了也就对了。”

之后，她以神的口气说：“放魂是可以的，但是要命价报酬的。”她接着又以凡人的口气问：“放魂要什么报酬？天底下有这个规矩吗？”就在这时，她又以神作答：“那不行，放一个人的灵魂回人间，是我们的开恩，施仁慈没有好处是办不成的！”巫婆就是在这一问一答中，让凡人同神讨价还价，最终达成了一致意见。

巫婆的话刚讲完，主人就在房外将早已准备好的牛肉、猪肉或鸡肉及其内脏分成9份，送给神的那一份用芭蕉叶包好，递到巫婆的手里。就在这时，病人家长还得到村头砍三根鲜树枝，放在藤篾箕里，巫婆轻轻甩打树枝，若发现白蜘蛛，说明魂已招回附体，将很快痊愈。如没有发现昆虫，允许连续再砍两次树枝。

接着，巫婆手端肉食对天说：“你们要的人命钱已准备好了。头和脑浆放在山上，肉埋在地下，血渗于水中，热气放在火里，心飞向天空，骨头由石神保管。请你接收吧。现再次请将××的灵魂放回吧。抓是抓了，放回就对了！”

整个过程，巫婆是边说边动作，边撒粮食边发抖，抖得吓人，累得浑身是汗，脸上的汗水，就像断了线的珠子往下淌。她还不时往病人口里滴点冷水，边倒水边问：“感觉怎么样？”病人自我安慰地说：“好多了。”这场巫术，整整进行了一天。主人献给神的一份肉归巫婆所有，另外再拿出10升大米，作为给巫婆辛苦的报酬。

门巴人生病后，都要请组布大小巫师来降神驱鬼。关于门巴人的“鬼”又是从何而来，冀文正在采风中，听到了一个有趣传说：朱隅王有户奴仆，家里有他的父亲阿旺纳杰、妻子桑吉拉姆和傻女儿永米，专门为国王喂马养牛。他们天不亮就得上山，天黑了才准回来，吃不饱，穿不暖，不堪忍受国王的奴役，一次被王子无故鞭打致伤后，一气之下全都上吊死了，变成了“马莫”（意为“怨死鬼”）来作祟。从此，只要人们生了病，就认为是他们在作怪，要杀猪杀鸡祭神送鬼。

对于“鬼人”这种习俗，冀文正并不陌生。1956年4月，他第一次来到地东村，就进行了深入走访，了解到这里有四户“鬼人”家庭。

在门巴人的心目中，高大的雪山、古老的巨树、奇形怪状的岩石、产量较高的田地，都赋予了神的权威，神能给人们带来吉祥安宁。与神对立的就是“鬼”，几乎每个村子都有一片“鬼地”，是蚊蚋滋生的沼泽，村民们都得绕着走，以免鬼魂附身。与“鬼地”相对应的是“鬼人”，当地人就指责是他们把灾难降给人类。

冀文正离开地东村都快5年了，4户“鬼人”家生活得如何呢？于是，他同鲁之东团长专程探望了“鬼人”明珠家。

明珠老人正在家中编织藤筐，进门后，冀文正一边给老人递送藤条，一边介绍部队的最高首长鲁之东来看望他。明珠感动得什么话也说不出来，泪水顺着粗糙的脸颊往下流。鲁之东通过冀文正的翻译，拉着明珠的手动情地说：“明珠大哥，不要难过。我们来之前，冀文正讲了你们家的情况。我们既然能解放墨脱，就一定能让你们家在村子里抬起头来走路，挺起胸脯做人！”

他们离开明珠家，刚出门正好遇见明珠的女儿白玛姑娘背了一大筐玉米棒回来。冀文正很是担心她的婚事。按照门巴人的传统习俗，有儿不娶“鬼人”，有女不嫁“鬼人”，“鬼人”只能与“鬼人”家庭联姻，“鬼人”长大谈婚论嫁相当困难。当他询问白玛的婚事时，明珠大爷慨叹地说：“我们家是‘鬼人’，又有谁敢靠近她呢？”

1962年8月，冀文正陪同鲁之东团长去明珠家时，白玛已20岁了，早已过了门巴人的结婚年龄。曾经有一个年轻的木匠偷偷地喜欢上了白玛，但是，当地一个很有威望的门巴族老人极力劝说，最后使他放弃了这样的想法。

千年的雪山，也有倒的时候；万年的规矩，也有变的一天。冀文正发现塔杰喜欢上了白马，通过他的多方努力，最终促成了这桩婚事。1963年的藏历正月初一，鲁之东为他们主婚，给塔杰和白玛举行了轰动整个墨脱的婚礼。后来，塔杰当上了米林县人武部副部长，白玛也成了米林县新华书店的职员。

1968年7月，冀文正因工作关系离开墨脱县。事隔20年后，冀文正再次来到雅鲁藏布大峡谷腹地墨脱县采风，他又特地去了地东村。有关“鬼人”的观念，在这里已起了明显变化，平常人家同“鬼人”家庭的子女结婚，已不再受到人们的歧视。如地东村被称为“鬼人”的降措，他的长子西绕成了县里的干部，长媳央宗在县里工作，次子晋美旺杰是边防部队的副连长，次媳布次是背崩区卫生员，女儿泽仁措姆也当上了地东村的卫生员。

5

拨开珞渝历史迷雾

本章介绍1962年对印自卫反击战爆发后，中国外交部邀请一批著名民族学家翻译外国文献，开展对珞渝地区历史和现状的调查研究；1973年8月中央民族学院的民族学者首次深入米林县南伊珞巴族聚居区；1976年中国社科院民族研究所首次派出一批文化人类学家，全方位研究珞渝的社会和文化……

第五章

拨开珞渝历史迷雾

枪炮轰出来的学科

1959年，西藏实行民主改革，给藏学研究提供了良好的外部环境。这一年，佟锦华、耿予方、王尧等北京的一批文化人类学、民间文艺学工作者，来到西藏的山野乡村，对藏族地区进行了艰苦又细致的采风，搜集了数以千万字的第一手资料，奠定了中国藏学研究的基础。

1962年10月，正当学者们陶醉于整理出版这些用血汗甚至生命换来的宝贵资料时，中印边界的隆隆枪炮声惊醒了这些善良学者。当人们急切地向他们问起有关知识，以及被印军非法占领地区的社情、民情和族情时，他们不仅茫然，更谈不上系统而科学回答。

130年前，英国、印度的探险家，法国、德国的传教士，就深入这些山地部落民族进行综合考察及研究。英印殖民主义还乘虚而入，把原本属于中国珞巴族、门巴族、僜人居住的90%以上土地先后占去。他们不仅广为搜集这一地域的军事地理资料，还对众多山地部落的社会、政治、经济、文化和宗教等进行全方位考察，在媒体上发表一篇篇考察报告，长期左右着国际喜马拉雅山地部落研究的学术论坛。

中国社会科学院民族研究所的专家学者们顿时感到，在中国民族学研究领域内，存在一项急需填补的空白：对喜马拉雅山东段的山地各民族，必须着手研究，刻不容缓。根据中国外交部下达的任务，他们特地邀请中国著名民族学家费孝通、潘光旦、吴文藻、吴泽霖等，开展对中印边界的历史和现状的调查研究。

首先，他们从国外出版的大量学术专著和期刊中，搜集了大量资料，如英国文化人类学家海门道夫的《阿帕塔尼人和他们的邻族》、印度民族学家埃尔温的《印度东北边境的神话》、印度文化人类学家罗伊的《巴达姆—民荣诸文化》等。他们还计划派一批年轻的学者，深入这块遥远的喜马拉雅山地民族进行实地考察，系统搜集第一手资料，开创这一急需的学术研究领域。

然而，在反右的那个年代，这些学者名流不仅被戴上一顶“右派”的政治帽子，甚至连他们上讲台的权利都被剥夺了。紧接着“文化大革命”又开始，这些美好的计划仍然只能写在纸上。直到1973年8月，中央民族学院的莫俊清、索文清，中国历史博物馆的杜耀西、胡德平等民族学者，先后深入西藏错那县勒布门巴族和米林县南伊珞巴族聚居区，对两个喜马拉雅山地民族开展了粗略的社会历史和文化调查，将原本就居住在雅鲁藏布大峡谷区域的米林县南伊珞巴族山地部落秘而不宣的文化，首次展示给了国人。

中国首批民族学者考察米林县南伊珞巴族自治乡时，全乡57户中，珞巴族占43户，其余均为藏族。南伊的珞巴族最早并不住这里，1940年以后，他们陆续从被印军强占的我国领土，雅鲁藏布大峡谷马尼岗、梅楚卡等地迁来。最早到达的有4户人家，1950年前后又迁来六七户，其余均为1956—1962年之间迁来。

他们在参阅国外有关资料的基础上，依据自身的考察，再围绕珞巴族的人口分布、民族名称和语言、民间传说和历史沿革、反帝反侵略的光荣历史，以及民主改革前的社会生产、社会形态和生活习俗9个方面，向上级起草了一份相对简单的《米林县南伊乡珞巴族社会历史调查报告》。

中国文化人类学家对于地处雅鲁藏布大峡谷腹地墨脱县门巴族、珞巴族的考察，相对要晚些，始于20世纪七八十年代。1976年4月，中国社会科学院民族研究所首次派出综合考察队，深入西藏东南的门隅、珞渝和察隅，对门巴族、珞巴族、僜人情况作全面系统的考察。同年7月，从事少数民族社会历史、语言研究的文化人类学家欧阳觉亚、姚兆麟、李坚尚、刘芳贤，在完成米林县南伊珞巴族聚居区的社会、历史、文化和语言调查后，翻越海拔4221米的多雄拉山口，进入雅鲁藏布大峡谷腹地墨脱县德兴乡一带，率先开始了门巴族资料的搜集工作。

半个多月后，民族研究所的文化人类学家吴从众、张江华、孙宏开、谭克让、张济川、陆绍尊，在完成对察隅县僜人的社会历史和文化考察后，同样翻越多雄拉山进入墨脱县城，同先期到达这里的4位文化人类学家会合。

为了赶在大雪封山前完成考察，他们对所要担负的任务进行简单分工。在社会历史和文化方面，张江华、吴从众主要调查门巴族，姚兆麟、李坚尚、刘芳贤则是珞巴族；在语言方面，欧阳觉亚、张济川调查门巴族，孙宏开、陆绍尊则是珞巴族。这个看上去不经意的安排，却使他们后来走入不同的学术研究领域，有的成为了研究珞巴族、门巴族的著名文化人类学家，有的则成为了研究珞巴

刘芳贤在多雄拉南坡时留影（李坚尚摄）

族、门巴族著名的民俗学家、民间文艺学家。

在不到两个月的人文考察中，中国社会科学院民族研究所的文化人类学家，除门巴族、珞巴族和藏族杂居的帮辛、加热萨以及藏族聚居的金珠外，足迹几乎遍及了雅鲁藏布大峡谷腹地墨脱县的山村。两本60余万字的珞巴族、门巴族社会历史调查报告初稿一经出炉，有人就形容它“就像一枚重磅炸弹，震撼了当时的学术界”。

虽然，这是一份调查报告的初稿，但却让学术界的同仁刮目相看。中国有名望的老一辈民族学家胡庆钧教授激动地说：“珞巴族的家长奴隶制，正同云南的佤族、凉山的彝族，在社会形态上构成了人类社会发展史上早期奴隶制的发展链条，这在学术研究上很有价值。”更有一些长期研究喜马拉雅山地民族，却又没能前去的专家学者，感慨地说：“我们终于看到国人的研究报告了！”

这样的反响，强烈地打动了中国社科院民族研究所（室）秋浦、侯方若等领导的心，他们决定派出考察队再次前往珞巴族、门巴族聚居区进行综合考察。同以往不同的是，民族研究所的领导还派行政办公室主任，亲自到国家体委登山队，给他们购置了鸭绒睡袋、登山服，破例给每人配备了一架照相机、半导体收音机、小型录音机，特地为他们购置了一套简易的黑白照相冲洗设备。拿李坚尚的话来说："像这样的装备，足以使其他同仁羡慕不已。"

1980年2月，按照预定的研究计划，民族研究所的文化人类学家李坚尚、刘芳贤、姚兆麟，再次深入靠近雅鲁藏布大峡谷的米林县南伊珞巴族聚居区考察，将重点放在了珞巴族的文化和宗教上面。姚兆麟因家中有事，工作不到两个月便提前结束考察回到了北京。

刚开始考察，李坚尚、刘芳贤、姚兆麟前往南伊时，出现了一个意外的小插曲。珞巴族居住的地方大都处在国防最前沿，有些村落不远处就是印度的哨所。这种独特的外部环境，使他们意识到，没有边防部队的支持，难以开展工作。当李坚尚、刘芳贤路经西藏军区联络处时，见到以前认识的王贵处长。王贵拉着李坚尚的手，高兴地说："我认识了一个从印占区过来的珞巴人，名叫尼木·嘎布都，曾当过印军的班长，1967年因患麻风病受歧视逃来我方，随后进曲水麻风病院医治，病愈后同波密的一位病友结婚，现居住在拉萨。你们若有兴趣，可以前去走访。"

在王贵的帮助下，他们在蔡公堂乡找到了尼木·嘎布都。尼木·嘎布都个子不高，肤色正常，眉毛完整，如果不知底细，很难看出他曾患过可怕的麻风病。当联络处的顿珠多吉参谋向他说明来意后，他就把自己知道的有关家乡社会和文化的情况一一作了介绍，还讲了一些有趣的传说故事。

尼木·嘎布都的家住在雅鲁藏布大峡谷区域的库京，珞巴族迦龙部落人。迦龙是一个较大的部落，印度人类学家斯里瓦斯达瓦1963年出版的《迦龙》一书，全面介绍了迦龙部落的情况。尼木·嘎布都讲到关于他们家乡祖先的来源：很久以前，迦龙人的祖先住在喜马拉雅山以北的藏区，同藏族是兄弟，有一天，父亲给每个儿子发种子，并说，你们都长大了，应该离开家乡自谋出路，把种子种下，看看长出的第一片叶指到哪个方向，你们就朝哪个方向迁移。迦龙部落祖先种的是竹子，长出的第一片叶指向南方，他依照父亲的吩咐，准备迁移。出发前，父亲给他一块牛皮说："上面有字，到了新地方该怎么做都写好了，只要你一看就知道。"迦龙人的祖先向南走了很长时间，都还没找到定居的地点，把带来的粮食也吃光了。没有办法，只好吃父亲给的那张牛皮，但这样一来，父亲在上面写的字也被吃掉，所以现在迦龙人没有文字。

尼木·嘎布都讲的这个传说，使

李坚尚想到了印度人类学家沙钦·罗伊的一个观点，他在所著的《巴达姆—民荣诸文化》一书中称：在喜马拉雅山东部，形成了东西走向的两个文化带，一是藏族的文化带，一是以民荣、巴达姆等山区部落组成的文化带。后者与印度境内的纳加部落的文化有密切的联系，与藏族文化差异甚大，因而他们是从南向北迁移的。尼木·嘎布都的传说，表明了珞巴族的迦龙部落里，有从北方向南迁移的历史，并和藏族有着密切的关系。这说明印度学者为了印证珞巴族属于印度的领土，不惜以错误的分析来掩盖事实真相。

在此后的数天访问中，尼木·嘎布都跟李坚尚谈了他们家乡的许多情况。他说，他父亲有两个妻子，后来叔父家穷，讨不起老婆，父亲就把第二个妻子让给叔父。这种习俗，与藏族的兄弟共娶一个妻子有相同的地方，说明在性爱上，男性亦存在宽

珞巴族一夫多妻的朱嘎一家人（冀文正摄）

容的精神。在以往的许多著作中，总是谈及雄性的妒忌，在近代欧洲文化中，亦赞扬武士为争夺情人的决斗，在一些国家甚至流行这样的格言：战争和爱情是不择手段的。若他们了解到珞巴族迦龙部落的婚姻状况，上述的性爱观就不一定站得住脚了。

尼木·嘎布都谈到自己的经历时，感触最深的是政府治好了他的麻风病。他认为，印度政府是有能力治的，但他们不仅不管，还加以歧视。而在他们自己的部落里，对这种疾病无能为力，谁患了这一传染性强的顽症，通常的办法是关在深山野林的房子里饿死，随后放火焚烧。当问及他是否想回家时，他爽朗地说："我已有了妻儿，不愿走了。"

1980年7月31日，李坚尚、刘芳贤在完成对米林南伊的考察后，再次翻越多雄拉雪山，深入雅鲁藏布大峡谷腹地墨脱县地东村，将考察重点放在门巴族的民俗、宗教和文化方面。没过几天，民族研究所的张江华、陈景源，同样沿着新修的扎（木）墨（脱）公路进入墨脱县，深入德兴乡门巴族聚居地，对1976年的研究进行补充调查。

当李坚尚一行来到地东村时，在一个门巴族翻译的家看到了一份1976年出版的调查报告，他们还把这些调查报告译成藏文，供不懂汉语的人阅读。原来，民族研究所的吴从众、刘芳贤、张江华、姚兆麟、李坚尚，在1976年到此地做过调查，随后写出了《墨脱县门巴族社会历史调查报告》，寄给了当时担任翻译的一位门巴族同志。

这份调查报告不仅写有地东村的历史、社会、宗教和文化，而且也记录了墨脱县其他村调查的情况，许多年轻人看后，对那些旧的宗教习俗和礼仪有了认识，而老年人则感到好像有了自己传人一样的欣慰，当再次看到老朋友李坚尚、刘芳贤时，已把他们看成是保存门巴族社会文化的有功之人了。

张江华第二次进墨脱，凭着人熟地熟，到达的第二天就开始工作。他和陈景源这次调查的目的非常明确，主要是对门巴族的历史和民间文化做补充调查。重点访问一些懂藏文的门巴族知识分子，了解门巴族的历史传说和民间故事。他们首先去了德兴乡。德兴乡地处雅鲁藏布大峡谷，在墨脱村下面约4000米的北岸，江上的藤网桥建于1961年。清朝军队曾到过这里，刘赞廷在《西南野人归流记》中，将这种桥称为"火惹藤桥"。来到德兴村，他们找到一些老人和村干部，通过调查，了解到清军曾在德兴村买鸡的故事。随后，他们又沿雅鲁藏布江逆流而上，去了雅鲁藏布大峡谷深处的帮辛乡门巴族村民家，获得了在封建农奴制度下公有狩猎、山林利用和宗教信仰等许多新的材料。

9月下旬，张江华、陈景源沿着墨脱的扎墨公路原路返回。可谁知9月13日，一场暴雨形成山洪和泥石流，将原有公路成段摧毁，有的地段连大型机械也冲走了。有一段公路随泥石流冲入河中，这是他们的必经之路，而泥沙仍在缓缓向下移动。经过反复观察，估计泥沙一时不会有大的移动，看好立足点，他们踩在泥沙上跑了过去。也许是这条路实在太可怕了，张江华在给李坚尚、刘芳贤的短信中，叙述了这条路段的危险，嘱咐他们若走这条路，要特别小心和警惕。李坚尚在回忆录《喜马拉雅寻觅》中写道：

> 9月13日，新华社记者顾授康一行沿新修的扎墨公路前往波密，当行至88K处的一个临时仓库过夜时，因连日大雨，当晚暴发了可怕的特大泥石流。据才龙称，这次泥石流发生在黎明时分，人们正在熟睡之际，是不易发觉的，可正巧在那时，他起夜时打开电筒，发现床边放在地上的半盆水微微晃动。他异常警觉，随即又来到仓库下方的河岸，亮起手电观察河水，发现昨夜消退了的河水为何一夜滴雨未下反而变得浑浊并上涨了。
>
> 他立即想起在拉萨时，听有关专家讲述泥石流发生前的两大征兆。他来不及怀疑自己的判断是否有误，就急忙叫醒大家带着随身物品，连长裤也来不及穿，连夜向高处奔逃。
>
> 他们不愧是经受良好训练的职业记者，当他们背起相机，插上闪光灯时，地表已大量下滑，堵塞河床，河床水位上涨，已淹到他们居住的仓库帐篷跟前，一场可怕的泥石流就在他们眼前暴发了！此时此刻，河岸的前头，好像潜藏着一个巨大无比的搅拌机，吐出无数厚黏的泥浆，滚圆的巨石，蕴涵着巨大的破坏力，缓缓地顺着河岸向下流淌，好像是威力无比的推土机，所过之处，巨树倒地，山坡夷平，全被向前蠕动的浆泥、巨石所淹没，连10余吨级的大型推土机和近百桶汽油、柴油也被冲得无影无踪。他们不顾双脚被泥浆漫过，边拍照边向高处撤退，勇敢地拍下了这个珍贵的镜头。

20多天后，李坚尚、刘芳贤亦沿着扎墨公路离开墨脱县。当他们到达88K处时，同行的人指着10多米远，仍吊在半山腰空荡荡摆动的残缺物说，那是帐篷。在仓库的下方，修好的这段公路消失了，被泥石流吞噬了的河岸约三四层楼那么高，除了巨大的卵石外，别无他物。他们后来回到拉萨，特意到新华社西藏分社拜访了才龙和顾授康，发现他俩此时的心理依然没能完全摆脱泥石流的恐怖阴影。1981年7月，李坚尚、刘芳贤、姚兆麟、张江华、陈景源等文化人类学家返回北京后，整理出版了150余万字的《珞巴族社会历史调查报告（二）》和《门巴族社会历史调查报告（二）》，再次在学术界引起了轰动。

民族研究所的文化人类学家以此为基础，在珞巴族、门巴族学术领域

考察队员张江华（左二）在门巴族地东村作民俗调查（张江华提供）

著述颇丰：1980年，中国社会科学出版社出版了孙宏开、欧阳觉亚、张济川、陆绍尊所著的《门巴、珞巴和僜人的语言》；1986年，西藏人民出版社出版了李坚尚、刘芳贤、吴从众等根据国家民委提出的中国少数民族简史要求编写的《珞巴族简史》《门巴族简史》；1988年，四川民族出版社出版了张江华、陈景源、吴从众所著的我国第一部全面反映门巴族的专著《门巴族封建农奴社会》；1992年，四川民族出版社出版了李坚尚、刘芳贤所著的我国第一部全面反映珞巴族专著《珞巴族的社会和文化》；1993年，上海文艺出版社出版了由李坚尚、刘芳贤编著的第一部全面反映两个山地民族民间故事的《珞巴族门巴族民间故事选》。

中国社会科学院民族研究所考察队的厚厚四大本200余万字的调查资料，所涉及的珞巴、门巴两个山地民族历史、民俗、宗教、民间文学等方面，已成为后来许多专家学者依据的第一手材料，并且在此基础上依据自身的考察研究，写出了许多有影响的论文和著述。

搜寻远古历史链条

1973年8月，中国民族学家首次深入靠近雅鲁藏布大峡谷的米林县南伊珞巴族聚居区考察，撰写了一份较为粗糙的调查报告。可有一段文字引起了学术界的关注："民主改革以前，珞巴族内部还存在着一种家长奴隶制。在南伊河两岸的27户珞巴族中，有蓄奴主四户，小户有两个奴隶，大户有五个奴隶，共有奴隶16人，约占总人口的10%。据说马尼岗地区的珞巴族，有好几户蓄奴主拥有奴隶20人以上。”

在中外人类学家的著述里，早期奴隶制社会的形成，源于原始社会末期，以血缘关系为纽带的氏族开始破裂，一些氏族成员脱离自己的氏族，到别处去同自己没有血缘关系的人们杂居，同时氏族也不断接纳外来人员，于是就出现了按地域划分的农村公社，便有了不同阶级之间的斗争，随之又出现了国家，对人民进行有效的统治。

这让人有些费解：在珞巴族博嘎尔部落内部，社会组织依旧像原始社会父系氏族那样松散，也未能形成所谓的奴隶制国家。珞巴族博嘎尔部落出现的家长奴隶制，同云南的佤族、四川凉山的彝族，在社会形态上极其相似，它是否意味着构成了人类社会历史上早期奴隶制的发展链条？

20世纪六七十年代，学者们拿马克思著作对照，似乎不可思议，尽管也提到了家长奴隶制，却找不到相关论述，存在着一个让学者兴奋的“研究盲点”。这也说明，马克思主义经典著述有很大的开放性，同样存在着许多值得深入研究的东西。

这种弥补马克思主义经典著作的研究，随即带动了一股新的学术研讨热潮，中国社科院民族研究所文化人类学家李坚尚就是这股热潮中的佼佼者之一。李坚尚生于1940年，广东阳山县人，1958年考入中央民族学院历史系，不久就看到历史系教授潘光旦、吴文藻和费孝通等一道，准时走向二号楼的林荫道上。他从同学那里得知，这些学术界名流正接受政府有关部门委托，从事中印边界的学术研究，潜心研究喜马拉雅山地部落民族，从这时起心里对他们产生了几分崇敬感。

1962年暑期结束，历史系公布毕业论文导师名单，其中赫然就有费孝通教授。李坚尚抓住这难得的机会，请费孝通做他的毕业论文导师，费孝通欣然同意。正是这一难得的机会，使他对中印边界山地民族的历史、文化和宗教产生了浓厚兴趣，毕其一生精力从事研究。1963年，在费孝通的大力举荐下，他来到中国社科院民族研究所工作。从此，他计划着沿毕业论文开辟的方向深入喜马拉雅山地，对珞巴族、门巴族的社会文化做深入的研究。此时民族研究所也决定对喜马拉雅山地民族实行全面考察，并且列入了议事日程，可是在当时的政治形势下却无从实现，直至1976年4月才开始启动。

李坚尚和姚兆麟、欧阳觉亚、张济川、刘芳贤一道，首先来到靠近雅鲁藏布大峡谷的米林县南伊乡，对居住在这里的珞巴族博嘎尔部落进行系统考察。欧阳觉亚和张济川侧重于语言，刘芳贤侧重于民情风俗、民间文化，而李坚尚、姚兆麟则侧重于社会历史。可这次考察与计划不同的是，他们将范围从南伊乡扩大到了整个米林县凡有珞巴族居住的地方。

珞巴族居住的小木屋（李坚尚摄）

李坚尚访问到的第一个线索，似乎来得那么突然，有点让他始料不及。1976年6月7日，他来到才昭村达林家。达林刚看过一部反映西藏封建农奴生活的电影，便向前来调查的李坚尚发起了牢骚："有人说珞巴的主人好，主人和奴隶完全一样，这个说法根本不符合事实。珞巴族的社会和我们看到电影里西藏别的地方完全一样，天下乌鸦一般黑，我们珞巴族的奴隶，也是受压迫剥削的。"

李坚尚在翻译的帮助下同达林聊了起来。原来，才昭村的"麦德"茹梅家境比较富有，可他死后无人继承其财产和奴隶，便过继给他的哥哥茹果。可茹果并没有满足，又从别处买来7个"涅巴"（奴隶）。这样，茹果自然成了这里拥有奴隶最多的大户人家。到了茹果儿子果吉时，便拥有了8个男奴和7个女奴，自己可以随便开垦刀耕火种地，即使两三年后丢荒，他也不允许别人再种。若有人要种的话，不仅要经过他的同意，而且还得向他送礼。

果吉家种的粮食多得吃不完，养的牲畜多达200多头。他将吃不完的土特产和大米，拿到藏区去换食盐、羊毛衣服等，除留下部分自己的，大都拿到偏僻的珞巴族聚居区牟取更大利益。在这样的交换中，果吉有权支配奴隶，让他们像牲口一样背运物资，从不给任何报酬。果吉有三个老婆，大老婆负责管理财产，二老婆负责指挥奴隶从事农业生产，三老婆负责管理牧场。

吃饭时，奴隶可以与主人在一起，主人坐在一边，奴隶坐另一边，由一个干活好的奴隶负责给大家分饭。杀了牛虽然也给每人一份，但只给奴隶一点肉和酥油。在穿的方面，主人将穿旧（剩）的衣服给奴隶，从不给买新的，有时死了小牛，将皮剥出来拿给奴隶当睡垫。果吉家除向西藏地方政府交纳定量的差役以外，每年还得拿出一定的酥油去送礼。他为了同藏政府的官员交朋友，还把两个奴隶当做礼物，送给了到这里收差的布拉。

翌日，李坚尚走进了才昭村现年60多岁的娘诺家。娘诺的父亲是东鸟氏族布林家的奴隶，他已是第六代奴隶了。他父亲有四个儿子，就数他最小，大哥、二哥未成年，就在干活中被折磨死了。他的三哥娘腰在主人家生了子女。当娘诺的父亲年老离开时，便向主人提出一个请求：“我的三个儿子都为你们当奴隶，让最小的一个留给我吧！我们一起生活，将来我死后让他安葬我。”没想到主人竟答应了。

父亲将娘腰留下继续在主人家当奴隶，带着娘诺出来了，成了有一定人身自由的“伍布”。娘诺后来有了一定的积蓄，买了“麦德”杰萨姆的一个女奴亚穷组成一个家。可杰萨姆为人苛刻，娘诺的舅舅因骂了杰萨姆，便硬要让他赔一头黄牛。娘诺跟杰萨姆合伙放地箭捕猎，杰萨姆的奴隶不幸误踏中毒而死，于是硬要娘诺将他的女儿送给杰萨姆为奴才，还要另送一头牛才算完事。

李坚尚一次次走进“涅巴”、“伍布”的家中，深切地感受：珞巴族的家长奴隶制是在原始社会父系氏族制的基础上产生的，同时它又与家长制家庭结合在一起，不同程度地带有氏族制度的某些痕迹。在博嘎尔和崩尼部落里，奴隶到了主人家，称男主人为“阿岛”（祖父），女主人为“阿腰”（祖母）。奴隶没有亲权，他们生育的子女仍然给主人当奴隶。奴隶到了结婚年龄，由主人出卖或婚配他人，并收取一定身价。但主人将奴隶女儿配婚他人时，也要送一定数量的装饰品，并在送往夫家前，以父辈的身份嘱咐：“你是我的女儿，到了丈夫家，要好好劳动，同家里人搞好团结。”

在调查访问中，“麦德”、“涅巴”、“伍布”、“麦让”等一个个珞巴族语汇，从昔日奴隶的嘴里讲出来，这自然引起了李坚尚的特别关注。他经过深入调查分析后，认为在珞巴族各部落里，等级的划分虽不尽一致，但主人属于高等级，被奴役者属于低等级，这种划分是明确的。

李坚尚在珞巴族博嘎尔部落中发现，“麦德”在珞巴语中意为“权威”，麦德全都是氏族固有成员的后裔，他们自认为具有纯洁高贵的血统，占整个氏族人口的大多数。在萨及氏族678人中，麦德占总人口的75%，涅巴则占14%。麦德自视为氏族的主人，有完全的自由，不论他们本人是否占有奴隶，均被认为是氏族内所有奴隶的主人。与麦德对立的等级是“涅巴”，在珞巴语中意为“压着抬不起头的人”，处在博嘎尔部落社会的最底层，他们全部来自外部落的被奴役者，其中包括买来的奴隶及其后裔，被认为是血统不纯的黑骨头，他们被主人所占有，没有人身自由。

在调查时，李坚尚还发现一个非常有趣的现象，高等级的麦德为了维持其等级的尊严，严格等级的界限，不愿与低等级的涅巴通婚。若高等级的麦德同低等级的涅巴通婚后，他们所生子女的等级就要下降为麦让。麦让虽然仍算自由人，但永远不能恢复原来的麦德地位，不能与麦德等级的人通婚，从而形成一个中间的等级。而作为最低等级的涅巴并非一成不变，他们的地位也可以上升，变为中间等级。诸如他们有的积攒财物后，可以赎身自立门户，有的被主人收为养子承继产业，这种人被称为伍布。尽管他们有了部分人身自由，但仍然属于低骨头，并且不同程度地依附于麦德，但由于有了自主的经济，与麦让的地位很接近，可以说他们共同组成了一个新等级。麦让和伍布大约占萨及氏族总人口的11%。

1976年7月，李坚尚来到与米林县南伊乡一山之隔的雅鲁藏布大峡谷腹地墨脱县，看到了更为诡异的事情。居住在达木、卡布两个村的珞巴族米古巴部落，除了远处的猎山和河流公有外，小块园地、刀耕火种地、猎场、渔场等均为私人占有。随着波密土王和西藏嘎厦先后统治这个地方，在原来土地占有形式的基础上，又添了一层外来封建农奴制外衣。可是在这样的环境下，并未出现家长奴隶制。

1976年11月，李坚尚完成对墨脱珞巴族的考察任务后，同姚兆麟、刘芳贤等一道，再次深入米林县珞巴族聚居的纳玉村、穷林村，通过了解伍布桑杰脱离主人亚宾的苦难史和涅巴达果兄妹当奴隶、亚包被转卖、亚木悲惨经历等后，他看到了珞巴族博嘎尔部落奴隶生活的另一面：奴隶子女属于主人，当小时候还不会干活、不懂规矩时，常常挨打受骂；有些主人在使用奴隶时，为了更多地剥削其劳动力，让他们早出晚归；谁触怒了主人，就会遭到主人的毒打，即使杀害奴隶也不会受到惩罚。

地处雅鲁藏布大峡谷的帮日村，在珞巴族博嘎尔部落、达芒氏族的麦德达拥的7个奴隶中，就有3个奴隶死在他的手上。一个是19岁的女奴亚果，因吃不饱饭，干活没力气，达拥说她光晒太阳，便一刀砍断了她的脖子；一个是30岁的女奴亚木多，因饥饿偷吃了一些东西，被达拥活活吊死；一个是35岁的达果木，一天放牛时，牛跑掉了不敢回家，达拥派人找到他后，用刀砍他的手脚，边砍边说："你不是逃跑吗？你走吧！"他见达果木没有死，便用脚将他踢死。可杀死3个奴隶的达拥，并没有受到任何形式的惩罚。不过杀害奴隶的现象并不普遍，因为谁杀害奴隶，就会被认为心肠不好，受到社会舆论谴责。

为了弄清珞巴族博嘎尔部落的等级的形成以及最早奴隶的产生，有一天，李坚尚再次来到穷林村搜集资料，当获悉海多氏族嘎尔鸟经主人—奴隶—主人的人生转换时，让他采访的欲望陡增。

嘎尔鸟家住雅鲁藏布大峡谷马尼岗下面的蒙德村，他14岁那年，同父亲和另一家的奴隶一起背上羊毛，到离家三四天路程的珞巴族宁波部落人那里交换粮食。可就在回来的路上，正碰上宁波部落人相互打仗，将他们绑起来抢去当了奴隶。后来，他的父亲和那个奴隶一同逃回了家。宁波部落人见他不安心在主人家干活，便将他卖给德根部落人为奴。他有一次在交换物资时乘机逃跑了，主人找上门来要人时，幸遇他父亲积攒了一定的

珞巴族简陋的栖身之处（李坚尚摄）

家财，买了一个宁波部落人为奴隶，再给这家主人一个铜锅，作为交换才将他赎回自由身，重新恢复了博嘎尔部落的麦德等级。嘎尔鸟一生中娶过三个妻子，还拥有自己的奴隶。

李坚尚认为，珞巴族最早使用的奴隶是战俘，这些来自敌对部落的人，与氏族固有成员的血统不同而地位低下。在部落间械斗频繁的情况下，出于安全的考虑，必然要把这些人同本部落人区别开来。按氏族规范，珞巴族各部落的固有氏族成员中，血统高贵的被称为白骨头，他们享有充分的自由，而来自外部落低贱血统的则被称为黑骨头，受到奴役，等级制便由此而生。等级的出现，打破了氏族制度固有的血统一致和成员平等这两个原则。

据盛绳祖的《门藏图识》记载，直到18世纪，地处雅鲁藏布大峡谷珞渝地区的珞巴族，依旧还过着“不耕不织，穴处巢居，冬衣兽皮，夏衣木叶”的游猎生活。意大利有位传教士德斯得利在清康熙年间曾到西藏游历，写了一本颇有影响的著作《西藏纪事》，其中讲到珞巴人同藏人有较多联系，他们用蜂蜜、蜂蜡、小豆蔻和染料与藏人换食盐与衣饰。

有关珞巴族古代史的状况，李坚尚所能找到的资料极其有限，后来他通过藏族史学专家黄颢查阅藏文资料知道，早在吐蕃王朝统治时期，珞巴族居住的珞渝地域就归吐蕃王朝统治。在11～12世纪，雅鲁藏布大峡谷区域的札日一带珞巴族各部落集聚地，被藏传佛教噶举派的著名僧人藏巴嘉热·益西多吉视为胜乐金刚圣地，成为藏传佛教徒所膜拜的神山。到17世纪，格鲁派掌管西藏政教权力后，札日又成了每隔12年一次的猴年转神山的大规模宗教活动场所，带有神秘色彩的“札日戎哥”，一直延续到1956年。

但直到1980年2月4日，李坚尚才揭开这个谜底。考察队经过多方努力，在文史资料编辑委员会的一座旧式藏族小楼，召开了一次规格很高的座谈会，参会的人主要有拉鲁、嘎雪巴、土登丹达这些原噶厦政府的重要官员。李坚尚回忆时写道：

> 拉鲁更是一个传奇式的人物，他出身于西藏贵族世家，在历史上，他的家族曾出过八世达赖和十二世达赖两个活佛，他的父亲龙夏，曾组织过“求幸福者同盟”，试图在西藏进行改革，后因政治斗争被挖去双眼。拉鲁在年轻的时候，就成为西藏地方政府的噶伦，进入决策阶层的行列。
>
> 1955年，以团长的身份带领随员到内地参观。1959年曾被临时推举为叛军总司令，但没有指挥过战斗就被俘了。1983年以后，他又担任过西藏自治区政协常委和政协副主席等职。
>
> 在座谈会上，拉鲁发言最积极。他讲道，他过去的嘎查庄园曾管理过珞巴族山区的梅楚卡，他谈得最多的是关于转札日神山的事。按照藏人

的说法，转札日神山，可求得长寿平安，因而每逢猴年6月，整个卫藏地区的藏族，甚至还有不丹人、锡金人也参加，这实际上是一次大规模的国际性宗教聚会。转神山时，要经过珞巴族聚居的地区，因此需要藏政府出面，山南13个宗集资购买大批牛只、刀、斧、手镯、绿松石、珊瑚之类，作为买路钱，馈赠珞巴族地方头人。

在米及顿，还要在藏政府官员主持下，与珞巴族头人举行宣誓仪式，保证不伤害转神山的群众。转札日神山，无疑会给虔诚的佛教徒以极大的精神安慰。但对广大的珞巴族群众而言，由此得到为数可观的铁质刀斧，这对他们从事刀耕火种的农业来说，其实用性是不言自明的。

拉鲁一席话，让李坚尚将西藏不同历史时期的画面同珞巴族联系起来。早在7世纪时，雅鲁藏布大峡谷的珞渝地区已归广泛使用铁器的吐蕃王朝统治，但铁制工具的输入，却经历了相当缓慢的过程。直到17世纪下半叶，西藏地方政府为了朝拜札日神山，大量向附近的珞巴族部落发放铁制生产工具。18世纪下半叶，西藏噶厦政府在米林设置嘎加宗，管理着雅鲁藏布大峡谷区域马尼岗、梅楚卡等地，藏族、珞巴族之间的定期贸易也处于监管之下。除每隔12年发放一次外，每年雪开山时定期的藏珞贸易，同样使靠近藏区的珞巴族各部落获得了大量锋利的铁制工具。

铁刀、铁斧的普遍使用，使砍伐原始森林、烧荒等繁重劳动无需依靠集体，生产力的发展、劳动剩余产品的增加，促进了土地由氏族公有到私人占有的逐步过渡。珞巴族早已开始蓄养奴隶，可从一些奴隶繁衍起来的家族世系来看，出现奴隶至少也有200多年的历史。尽管19世纪下半叶，雅鲁藏布大峡谷区域的珞渝地区各部落，也纳入了西藏地方割据势力波密土王的管理范围，但他们所得到的铁制工具，远不如靠近藏区的博嘎尔、崩尼、崩如等部落。正是这样的客观存在，雅鲁藏布大峡谷腹地有的珞巴族部落尚未形成家长奴隶制。

在国内外现存民族中，与珞巴族处于同一社会发展阶段而文化形貌又相似的已不多见。面对这种诡谲的历史演变，李坚尚的著述，从《珞巴族家长制家庭》《珞巴族等级的形成》，到《铁制工具的输入对珞巴族蓄奴制的影响》《珞巴族蓄奴制及其他剥削形式》，一篇接一篇，受到了学术界的广泛赞赏。

李坚尚以第一手考察材料为依据，详细论述了珞巴族博嘎尔部落独特的社会和文化，为马克思主义经典著作有关人类社会发展史理论找到了丰富的例证。如《珞巴族的经济制度》一文，他详细叙述了珞巴族由公有制向私有制转化而导致家长奴隶制确立的过程，再次证明了马克思关于私有制产生和发展理论的正确性。在过去的研究中，学者们大都从考古的角度去证实马克思主义理论的正确性。李坚尚通过实地调研，将珞巴族相对落后的这一客观而又活生生的社会“活化石”复原，并展现在人们的眼前，加深了大家对人类社会发展史中家长奴隶制形态的理解。

喜马拉雅山地民族文化的丰富多彩吸引着李坚尚，他先后6次到西藏实地考察，最长的一次竟达1年零7个月，足迹遍及喜马拉雅山东段的墨脱、米林、隆子和错那等地的珞巴族、门巴族村落，同他人合作出版的专著、编著、译著和考察报告、辞书，累计达16种，其研究成果填补了国内许多空白，被评为中国社会科学院民族研究所研究员，当选为中国民族学学会副秘书长。

李坚尚穿越海拔5300米的羊错那山口到珞渝地区进行田野考察（刘芳贤摄）

找寻历史烙印

18世纪中叶的一个清晨，太阳的一抹霞光照亮雅鲁藏布大峡谷腹地墨脱的山村，地处下珞渝班戈的格波希日，神兵天降般的来了一群衣衫褴褛的男女，这些外来人说着珞巴人难以听懂的语言。不过，珞巴人从他们的比画中，似乎知道了他们要表达的意图：想借道到白马岗定居下来，过一种不种地有糌粑吃，不养牛有牛奶喝的日子。

当时，墨脱依然是一个“世外桃源”，这里既没有行政机构，也没有瑶役差税，当地的珞巴人过着极其原始的采集和狩猎生活，他们是这里的土著。可珞巴人万万没想到，这群外来人，比那些零星转贡堆颇章神山的藏传佛教徒更能改变他们的命运。

1976年7月，中国社科院民族研究所的文化人类学家在墨脱的考察中，将其称为“门巴东迁”。他们以此为背景，进行深入的调查分析，结合国内外大量历史记载，找回了这段鲜为人知的历史碰撞印痕。

若追溯“门巴东迁”的历史，最早记录恐怕非印度学者兰姆·拉合尔莫属。可最早来到雅鲁藏布大峡谷腹地墨脱考察，对“门巴东迁”有最初印象的外国人，恐怕要算英国地理学家贝利了。他在1956年撰写的回忆录《无护照西藏之行》中写道：

相对来说，峡谷中的居民（指门巴族）移来时间不长。这又要整个涉及白马岗预言天书，即希望之乡的故事了，但涉及的是更早一个时期的篇章。单在我们这次旅行（1913年7月）约一百年前，（雅鲁）藏布江大转弯以下的整个峡谷住着阿波尔人。遵照后来把江措带到米培的预言天书，不丹东部低洼地的许多东不丹人和门隅人登程寻求希望之乡。同我谈话中的一个人说他祖父就是“一百年前”从不丹过来的移民之一。他说的一百年前，不过是“很长时间以前”的另一种说法罢了。

移民在此地定居的时间，无论如何也不会有那么久。西藏人称之为竹巴人的不丹人仍把自己看成是仲莎彭罗的臣民，仲沙彭罗从其祖先永久移居外国后，就成为不丹的马哈拉贾。相类似的是，来自门隅的那些人，西藏人称其为门巴人，是以其所在的地名自称的，而不以其祖先到达那里时的国名来决定。

但是，看来他们正处在拆除、分割竹巴人和门巴人之间的一层屏障的过程之中，他们穿着类似，语言相同，不像其他大多数西藏人那样蓄长辫，而是蓄短发。他们的种族起源正在变得模糊不清，因为他们有必要把自己同洛巴人加以区分，洛巴人遍及在同一土地的偏僻村庄里。

“洛（珞）巴”这个词对西藏人来说，就像野蛮人对希腊人，异教徒对基督教徒一样，基普林称其为“不受法律约束的小畜生”。当竹巴人和门巴人到这里来寻求希望之乡时，他们不是驱逐，几乎可以说是挤走了阿波尔人。剩余的阿波尔人采用门巴服装，学习讲门巴话，宗教上皈依一种极其讹谬的佛教形式。

据说，阿波尔人于1905年搞过一次异乎寻常的严重联合袭击，打到仁钦朋（仁钦崩）与卡布之间的吉多村，激怒了波巴政府（指波密土王）。波巴政府派出讨伐队，阿波尔人败北，被迫承认吉多村以下为边界，并同意西藏人有权监视界南地区。

姚兆麟、李坚尚、刘芳贤首次到达墨脱考察时，英国地理学家贝利这本书，已躺在了西藏社科院资料情报研究所的书柜里，直至1983年7月才翻译出版，他们当时没能参考到这些资料。贝利在书中提到的“阿波尔人于1905年搞过一次异乎寻常的严重联合袭击”，同波密土王建立嘎朗央宗的时间不谋而合，从中印证了贝利考察资料的参考价值。但我们也看到了贝利的无知及许多错误，诸如莲花生大师曾有过预示，当世界末日来临，墨脱诸山将向众生打开，以逃避种种劫难。可贝利却道听途说，将其写成是法国旅行家巴高写的一本老预言天书。

在这次调查前，中央民族学院教授王辅仁将搜集到的一份《上珞渝地区基本情况调查材料》拿出来，提供给民族研究所考察队的文化人类学家参考。这份1955年7月上报的材料，系西藏工委塔工分工委白马岗工作队成员冀文正调查整理。他在这份材料中，同样提到了“门巴东迁”，对门巴族的迁徙时间、门珞械斗等，都作了简短的交代。

门巴族为什么要东迁墨脱？从何处迁徙？最初迁徙的有多少人？门珞为什么会发生械斗？这一个个问题困扰着首批进墨脱的姚兆麟、李坚尚、刘芳贤等考察队员。

1976年7月，姚兆麟等一行走进了墨脱村门巴族村民普布多吉家，他自称是最早来到墨脱的“门堆朱巴”，即从不丹朱隅逃到墨脱的6户门巴人。普布多吉说：“我已记不得曾祖父的名字了，但知道祖母叫格姆次仁，父亲叫列穷，如今我也有了孙子，我家已是第六代了。”

当考察队成员提起迁徙原因时，普布多吉讲起了父辈们的传说。朱隅王剥削成性，哥哥支乌拉回家还没休息，弟弟又接过哥哥的背篓跟着去，妇女通宵点着松明灯织布，灰烬堆成了小山，可差还是没个完。沉重的差役，使得许多人流离失所，家破人亡，他们渴望到一个没有压迫、没有剥削的地方。

曾经去过墨脱的村民尼玛竹回来说，白马岗的气候同朱隅的气候相似，正如莲花生大师所描绘的那样，是个“不种青稞有糌粑，不养牦牛有酥油，不修房子有房住”的好地方，那里没有差税，人们可以过自由自在的生活。后来，这样的传说又添了许多新内容，诸如白马岗的地里长出的粮食像金盘那么大，玉米棒子像树那么粗。树上挂着畜禽肉，摘了又长，年年不断。森林里珍禽异兽随处可见，虎骨麝香俯拾皆是。那里有糌粑山，还有牛奶湖，无疑是一个令人向往的理想天国。

在靠近门隅西边的不丹王国扎西岗宗，有一户叫布南卡桑吉村的门巴人，家里有两个女儿，共招一位藏族丈夫，姐妹俩生了三个儿子，兄弟分别成家后又组成三个不同的家庭，他们中有一个是会编制竹器的桑珠，一个是会打制银饰、铁器的东德尔，还有一个是当喇嘛的扎西朗吉。他们和村里的江措、多吉、赤列等其他3户一道，从朱隅门堆村首批迁入白马岗，即今天墨脱县门巴族妇孺皆知的“门堆朱巴”。

门堆村6户村民逃跑后，朱隅王发觉了，派兵连夜追赶，一名追兵被打死，便不敢再追了。逃跑的村民一路上历尽艰辛，翻越德阳拉山口，下到雅鲁藏布大峡谷江西面班戈的格波希日，可是当地珞巴人不让通行。

他们只好把所带的珍贵珠子，给珞巴人的富户每家赠送一升，普通户每家送去一把。然后又沿雅鲁藏布大峡谷逆流而上，到达吉多村时，这里的珞巴人又不让通行。这6户门巴人只有向珞巴人显示自己的武功：一人将坚硬的石块劈成两半，另一人运足力气将拐棍插入地里。珞巴人见后大骇，不再阻拦。

门堆村6户继续沿雅鲁藏布大峡谷逆流前行，最终翻越更邦拉山，到达了墨脱村附近。可墨脱县原是土著珞巴人的地盘，在18世纪中叶，依旧处于“不耕不织，穴处巢居，冬衣兽皮，夏衣木叶”的原始社会阶段，主要靠狩猎和采集生活。门堆村6户来到墨脱县城附近的东波村一带，向珞巴族头人送礼后，并说：“我们来到这里，什么也没有，借块地给我们耕种吧！”珞巴人同意了他们的请求，让他们在一块“鬼地”上耕种。

据说这地里有一棵“鬼树”，树的下截长有藤竹，上截分九枝，人住这里活不了。可门堆村6户却在这里搭建一个窝棚，冬德尔将匕首插向“鬼树”，降措砍藤竹时，藤竹竟流血并会讲人话，各种颜色的猴、蛇四散逃窜。珞巴人得知后，惊讶地说：“门巴人把鬼都赶跑了，连鬼都怕他们！”于是，门堆村6户在墨脱的影响大增。

门巴族会种庄稼、编竹器和纺织粗布，而珞巴族在狩猎、捕鱼等方面又相当原始，许多都不如门巴族。门巴人便将生产技术传授给珞巴人，还送给他们工具、装饰品和食盐，这样不仅打消了珞巴人的顾虑，还同意门巴人在这里定居。于是门巴人建立了第一个门仲，意为“门巴的村庄”。

正当姚兆麟一行进行深入考察时，民族研究所派出的第二批文化人类学家张江华、吴从众等也来到墨脱，余下的考察任务即由第二批人员来完成。张江华、吴从众在墨脱村考察10天后，便深入雅鲁藏布大峡谷背崩乡地东村进行了为期1个月的考察。

当姚兆麟一行在“门巴东迁”历史考察中取得阶段性成果时，张江华这位出生四川的藏族青年学者兴奋不

考察人员吴从众与地东村门巴族民间艺人在一起（刘芳贤摄）

中国社科院民族研究所人员经过墨脱解放大桥时留影（欧阳觉亚摄）

已。因为他从小就对墨脱非常向往，那里曾是红教始祖莲花生大师开创的莲花圣地，父辈们曾以到墨脱县朝拜贡堆颇章神山为人生最大幸事。当他站在这片土地上时，心绪难平。

这天天气晴朗，无雨无雷又无风，只有天上白云舒卷，树上蝉鸣鸟叫。在一处香蕉林围绕的吊脚楼前，张江华、吴从众走进了地东村门巴族村民菊尔登的家。菊尔登时年50岁，当得知他们的来意后，便露出得意的神色，说：“你们可找对人了，我们家是最早到墨脱的6户门巴中的一户。”接着，菊尔登背起了家谱来：“第一代名字忘了，第二代叫多康着，第三代南木杰，第四代朗诺布，第五代沃南木杰，第六代是我，第七代是我的儿子桑昂多吉，第八代是我的孙子措莫丝。”

张江华结合着墨脱村民普布多吉和菊尔登的家谱掐指一算，约有200多年的历史，大概在18世纪中叶以后。可对于这样的时间推算，很难精确到具体年份。后来他看到了印度学者兰姆·拉合尔著的《喜马拉雅边疆》一书，虽然对迁徙时间也没有一个准确说法，但同他的推算大致相当。目前这样的提法已被普遍认同。

门巴族的迁徙分散进行，所走路线不完全相同，有关说法也比较多。张江华在考察时发现，传说最早迁到墨脱的只有3户，那就是一对门巴姐妹同藏族丈夫共生的三个儿子桑珠、东德尔和扎西朗吉。他们定居墨脱不久，同村的江措、多吉、赤列也紧随其后来到门仲村，这就是门巴族历史传说的“门堆朱巴”。可是，在墨脱生活16年的冀文正，在门巴族传说

《墨脱宗的变迁》中讲道，据传6户门巴人来到米林县达娘乡德阳村，大家商量说：“珞巴人不讲理，不好说话，咱们一路走可能被珞巴族阻挡，还是分两路进去吧！”具体哪种说法更为准确，还有待进一步考证。

张江华在雅鲁藏布大峡谷腹地墨脱县考察时，发现门巴族竟占70%以上，如此庞大的数字不是6户门巴族所能繁衍的。在一次的不经意中，一位上了年纪的门巴老人对张江华说：“我们所在的地东村，过去珞巴人不这样称呼它，这是我们祖辈在朱隅居住时的村名。”

老人一句话，揭开了不丹门巴人集体迁徙墨脱的悲壮历史。门堆6户迁徙墨脱不久，上百户不堪忍受朱隅王繁重乌拉差役的门巴人，在门巴族首领贾班达哥的率领下，出现了集体逃亡。朱隅土王恐慌了，派列尔欠率兵追赶，追至扎木村时，贾班达哥带领人马回击，在激战时伤了左眉骨，行到西藏工布地区时伤发身亡。

有关这段历史，李坚尚在第二次进墨脱考察时，却有另外一种说法。那就是朱隅王派兵追赶拦截，门巴族首领列尔欠多次率众击退追兵，还用刀砍断追兵头目贾班达哥的右腿，他的头部也受了重伤。当行进到西藏林芝县工布地方时，列尔欠的伤势甚重，叫人取来大米放在嘴里，然后对众人说：“我若能把大米嚼烂，还有活的希望，否则必死无疑。”结果他无法嚼动大米，很快就死了。可因讲述人不同，出现了贾班达哥、列尔欠这两个颇有争议的人物，到底他们谁是门巴族首领，也值得进一步探讨。

从朱隅逃来的门巴人，分两路进抵墨脱。一路翻越德阳拉、丹娘拉山口，来到墨脱的都登（印占区）、希让、地东和背崩一带（仍沿用一些原来的村名和地名，诸如背崩乡的阿昌村、得尔工村等）；一路从雅鲁藏布大峡谷入口处派乡沿江而下，经格嘎、直白、加拉到达白马狗熊（应为白马更穷）后，发现无路可走，翻越西兴拉山口直抵大峡谷深处的甘登、加热萨和帮辛一带。有的还沿雅鲁藏布大峡谷溯江而上，定居在大拐弯隶属于林芝管辖的一些村庄，有的甚至沿帕隆藏布江逆流而上，定居在林芝排龙门巴民族乡。

门隅达旺地区的门巴人迁徙到雅鲁藏布大峡谷墨脱，则相对朱隅门巴人来说要晚些。他们同样无法忍受繁重的差役，数十户门巴民众相互串联，将途中所需粮食藏于山洞。他们逃出来后，曾抗击过西藏地方政府的追兵，将丝绸裹在身上和头部以防刀箭，有的翻越多雄拉山口，有的翻越德阳拉山口，先后进入墨脱的马尼翁、背崩等地，在这里繁衍了四五代人。其后，这里一直流传着一个非常有趣的笑谈，居住在墨脱的藏人骂他们时说：“门巴扎染！”可门巴人总是辩解说：“我们戴的是丝绸，不是扎染。”

有人认为，门巴人的迁徙，大约

经历了半个世纪。人口的大量涌入，必然导致争夺地盘，引发门巴、珞巴两族的械斗，可张江华却又发现历史并非如此。门巴人最初到墨脱时，受到了珞巴人的友好接待，供给口粮。门巴族农耕技术好，生活得比珞巴人富裕，珞巴人要求他们交狩猎税和地差，门巴人也极不情愿地同意了。他们之间真正的矛盾，应源于宗教信仰的不同。

在1780年前后，西藏地方政府曾派甘布巴到雅鲁藏布大峡谷腹地墨脱县，打算在墨脱村附近的仁钦崩修建寺院，但珞巴族信仰原始宗教，信鬼不信佛，自然遭到了上百户珞巴族达额木部落人的坚决反对。生活在墨脱的藏族、门巴族派出代表，同珞巴族经过多次谈判，没有达成任何协议。珞巴人坚持说："仁钦崩是鬼山，鬼山不能建寺。"后来珞巴人收了很多财物后，他们才获得了仁钦崩寺址。拿他们的话来说："我们送的财物之多，能阻断雅鲁藏布江激流。"

在张江华看来，门巴族前后迁徙人口不足千人，对于地广人稀的墨脱来说，也用不着为土地大打出手。张江华通过仔细调查发现，地处一山之隔的西藏波密土王，早就想将自己的势力扩展到墨脱，派人暗杀了珞巴族头人，挑拨门巴、珞巴两族间的关系，引发了两族之间的械斗。

波密土王政权是一个有着悠久历史的地方割据政权。相传西藏第一代藏王聂赤赞普便出自波密地区，当初聂赤到波沃（波密）时，受到当地民众的拥戴，被推举为首领，居住在波沃噶朗地方（今波密县）。聂赤被迎回雅隆时，其后代仍留居噶朗，建宫筑寨，统领波密一带的百姓，子孙承袭，遂成西藏一个势力较强的地方政权。因建宫设治于噶朗，故称为"噶朗第巴（王）"，俗称"波密土王"。

门、珞械斗初期，门巴族抵挡不住珞巴人的进攻，节节败退到墨脱的北部。门巴族首领诺诺拉派人向噶朗王求救，噶朗王立即派兵，从金珠、加热萨两路挥兵南下，会同门巴人攻打珞巴人，拥有火药枪的波密军队支援门巴人后，火药枪的巨响和枪口喷出的密集铁砂，使珞巴族的弓箭盾牌难以招架，迅速撤退，追杀至雅鲁藏布江支流仰桑河流域。原在墨脱境内的大批珞巴人，也因惧怕门巴人的报复纷纷南逃，波密军队迅速占领墨脱县全境。长期的械斗，使门巴、珞巴两族群众伤亡惨重，双方不愿再战。门、珞双方首领在地东村进行谈判，波密土王派出代表调停，随后以希蒙部落把首领吉白交出，被波密军队投入汹涌的雅鲁藏布大峡谷的激流中，门、珞械斗才宣告结束。

1980年9月，民族研究所文化人类学家李坚尚同样对这段历史碰撞非常感兴趣。他从中了解到，门、珞械斗后，居住在背崩村的珞巴人南逃，波密土王便在附近村子里征召一些门巴人，把土地分给他们，并要他们

门巴族老俩口（冀文正摄）

支应劳役和实物，从此便确立起了农奴制。尽管他对这次门、珞械斗的起因、导火线、经过和结果有所了解，但也存有许多疑团。

9月中旬，李坚尚组织几位上了年纪的门巴老人座谈，直截了当地问：“墨脱目前地广人稀，100多年前更是如此。土地这样多，为什么会发生门、珞械斗？”可门巴老人解释，珞巴人信鬼不信佛，到处都有鬼，不少地方为鬼地，若开荒种地就会赶走野兽，对狩猎不利，所以不让门巴人开垦。随着人口增加，出现了耕地不足的问题，矛盾也就多起来。

据门巴老人回忆说，门巴、珞巴两族械斗导火索，是格林村门巴族曲结俩兄弟因争夺家产的纠纷。在分家过程中，曲结深感不均，吃亏不小，愤愤不平，便到下珞渝的希蒙部落，向珞巴头人吉白寻求支持。吉白应邀乘夜率队攻占格林，并派人砍断雅鲁藏布江上的四座藤网桥，阻止西岸门巴人前来支援，拉开了两族械斗的序幕。珞巴人乘胜北上，节节败退的门巴人派首领诺诺拉向波密土王求援。波密土王早有向墨脱扩张势力的野心，于是便有了上面的一幕。

门巴族在这次械斗中虽然胜利了，但从此套上了波密土王的统治枷锁。波密土王为了加强对墨脱的控制，在地东村设地东宗（县），任命宗本（相当于县长），推行封建农奴制。李坚尚随后又查阅墨脱县档案：地东宗设于1881年，首任宗本为到波密请求援兵的门巴人诺诺拉。在他任宗本期内，整顿社会秩序，按户分摊差税。1900年前后，乌金继任宗本，把地东宗内的稻田、熟荒地和生荒地，按人口多少分给各户，负担相应的差役，而土地的最高所有权属波密土王，从此确立了墨脱的封建农奴制度。继诺诺拉之后，每隔3年由波密土王委派一任宗本，前后共委派13任。最后一任宗本为波密土王管家朗杰，任职时间长达15年。在朗杰任职期间，因地东村缺水，故在1919年将宗政府迁到墨脱村附近。

在英国人贝利的笔下，“阿波尔”人1905年搞过一次异乎寻常的联合袭击。在调查中，李坚尚得知，地东宗建立不久，地东宗以下的雅鲁藏布大峡谷地区珞巴族希蒙和达额木两大部落发生械斗。希蒙部落人多势力大，达额木部落难以抵挡，他们向北逃跑，进入地东宗寻求保护。波密土王派察隅人居美前往希蒙部落，采取软硬兼施手段说服希蒙部落首领，希蒙部落惧怕波密土王，停止了对达额木部落人的追杀，让达额木部落人返回了故地。为了保证达额木部落人的安全，波密土王还将数以百计的暂时难以返回家乡的达额木人安排到墨脱北部的米日村一带。1905年，波密土王在达额木部落仰桑河流域设立嘎朗央宗，委派有功的居美任第一届宗本，管理该宗的行政事务。由于珞巴人的坚持，自第三届起，嘎朗央宗的宗本由珞巴族人充任。波密土王共任命8任宗本，直至藏波战争爆发，波密土王覆灭为止。

嘎朗央宗宗本除每年向地东宗送缴税物以外，每隔3年要去觐见一次波密土王。见波密土王时，珞巴族宗本得向波密土王献上一张兽皮。返回时，波密土王送给珞巴族宗本一身新衣服和其他用物，以示关怀。波密土王采取怀柔政策统治雅鲁藏布江下游的珞巴族地区。至此，北起更邦拉、高尤拉，南至巴昔卡，沿雅鲁藏布江流域的广大地区都在墨脱宗、嘎朗央宗的管辖范围内。

波密土王的势力伸向门巴族、珞巴族地区，引起了清王朝和西藏地方政府的严重关切。驻藏大臣联豫命令驻藏清军开往波密征讨，同时又请四川总督赵尔丰派军助剿。东西两路军夹击，波密土王逃往墨脱。1911年7月，两路清军分别从金珠拉、多雄拉山口进入墨脱追剿波密土王。同年秋，辛亥革命爆发，清朝灭亡，驻墨脱清军闻讯，内部发生变乱。波密土王家族卷土重来，全面复辟。

西藏地方政府以波密土王为大患，欲除之而后快。为了消灭这个日渐强大的地方势力，他们煞费心机，曾以联姻的方式，向那里伸展势力，即由西藏贵族仔仲南木杰指派姑娘次仁卓马和波密土王顿顿联姻。1924年，次仁卓马以回拉萨省亲为名，不仅携带了大量金银，还窃走了波密土王辖区内的差赋机密，从此一去不归，演出了一出“美人计”和“特洛依木马”相结合的历史剧。波密土王顿顿只好哑巴吃黄连，把苦水往肚子里咽。次仁卓马返回拉萨后，西藏地方政府又密令昌都总管派出谍报人员，搜集波密地区的情报。昌都总管派出亲信贡布索朗以经商为名到处活动，把波密、墨脱等地各村寨的交通、差户、物产等搞得一清二楚，为军事进攻做了准备。

1927年，西藏地方政府派兵攻打波密。波密土王利用熟悉的地形，在波河一带大败政府军。拉萨政府在色拉寺僧兵的协助下前来决战。波密土王终因寡不敌众，被困在一座寺庙里，最后只好化装成百姓，带着娇妻和三个随从，乘夜潜逃墨脱，试图组织门巴人、珞巴人东山再起。但因政府军穷追不舍，便改道察隅，进入扎嘎地区，不久因食物中毒身亡，波密土王势力至此覆灭。对于波密土王逃跑的这一史实，在今天墨脱的地名上，还留下一段趣闻：墨脱北边有个山口叫宿瓦拉（藏语的意思“耽误山”），据说波密土王兵败逃至该山后，属民设宴热情招待，执意挽留，险些被追兵抓住，耽误了从容逃跑的时间。

西藏地方政府在征讨波密土王的战斗中，色拉寺派出的僧兵勇敢善战，屡建奇功。为了表彰他们的战绩，西藏地方政府把墨脱交给色拉寺管理，由该寺派出宗本。大约在1930年，色拉寺派出的宗本撤销了嘎朗央宗的建制，将其改为达岗措，归墨脱宗管辖。墨脱宗共辖五措，即东布措、荷热措、背崩措、莎嘎措和达岗措。这一建制，一直到西藏民主改革时还没改变。

中国社会科学院的文化人类学家依据这段历史考察资料，得出结论：早在1881年，西藏波密土王就行使了雅鲁藏布大峡谷区域上珞渝的统治权，1905年将这种统治延伸到整个珞渝地区，“麦克马洪线”的非法性不攻自破。

解开国土被占之谜

打开中国出版的地图，不难发现，在雅鲁藏布江下游与印度布拉马普特拉河交汇处附近的巴昔卡以北的广大地区，实属我国领土范围。然而，我军实际控制地方只及希让村南边的更邦拉山口，从这里往南至巴昔卡的大片地方，已成为印军控制的地域。这意味着，印军实际的控制线已从中印边界传统习惯线向北推进了100多公里，占领了不少于两万平方公里的墨脱县土地。

1976年4月，中国社会科学院民族研究所首次派出综合考察队来到中印边境考察。文化人类学家李坚尚作为珞巴族社会和文化的重点考察人，得知所里将派他去考察珞巴族、门巴族地区后，便从图书馆里借了一本由印度民族学家V.埃尔温编写、英国牛津大学出版社于1959年出版的《19世纪的印度东北边境》一书。他从书中得知，1825年英国殖民主义者就派测量队到墨脱南端的密蒲一带活动，搜集地理资料，并不断派出武装力量并炫耀武力。

李坚尚还从国外出版的其他读物

中了解到，1911年，英国以萨地亚助理政务官员威廉逊一行之死为借口，占领了中印传统习惯边界线以北的巴昔卡。1944年，英国殖民主义者占领潘其，随后又占领嘎哥，并阻止我国墨脱官员到许木等地行使行政管辖权。1949年，摆脱了英国殖民主义枷锁的印度当局又继承了过去英国的殖民主义政策，派军队侵占了更仁、都登。至此，印度把所谓的“麦克马洪线”以南的墨脱地域全部占领。

墨脱县政协原副主席白嘎年轻时留影（冀文正摄）

1976年秋，李坚尚希望在这次考察中，寻访到英国殖民者和印度非法占领我国领土的目击人。当他把这一愿望告诉墨脱县副县长拉巴次仁时，对方爽快地答应，还说：“我们县里的爱国人士白嘎，当年是墨脱宗的工作人员，曾陪同西藏政府派驻墨脱的宗本到南部辖区收差，充当翻译，目击了印军占领我国领土的情况。”

拉巴次仁副县长的推荐，使李坚尚喜出望外。第二天上午，他如约前往。白嘎住在墨脱县东布村的一幢普通小木楼里，与一般群众的住房没有多大的差别。见客人前来访问，约50多岁白嘎便热情地接待了他。

白嘎说，在旧西藏政府管理墨脱宗的时候，仅由拉萨色拉寺派出一个有一定地位的喇嘛来这里当宗本，三年一任，在这里雇请三四个办事人员，白嘎是其中之一，但却没有一个兵丁。

1948年，当时的宗本阿旺贡布按惯例，带着各措措本、办事人员以及背运东西的百姓，到嘎哥、许木一带收差，先远后近，一般是每户一张黄羊皮，以示管辖的权力。白嘎懂这些地方的语言，充当翻译。

当经过邦勾南边的昔勒帕底河时，发现那里已被印军占领，并被他们堵截，不准继续南下。阿旺贡布为了缓和局面，把随身带来准备送给各地头人的部分礼物，即一小筐奶渣、核桃和鸡蛋，送给印军首领，就责问他们：“这是我们墨脱宗管辖的地方，历年都来收差，你们到这里来，不准我们收差，这是为什么？”

印军头目坚沙雅说：“降曲拉以下都是印度的地方，在达岗措范围内，你们可以收差，但不准越过邦勾！”说完，就派兵把阿旺贡布等人包围起来。阿旺贡布由于没有武装人员，不能与他们对抗，只好作罢。

为了减缓冲突，印军头目也给阿旺贡布20块茶叶、1个望远镜、3个铝锅、6尺土布。作为翻译的白嘎，也收到半条烟、6尺土布和供制造农具的一块1尺多长的铁片。

阿旺贡布收完了达岗措的差税后，回到宗政府，并把印度兵占领邦勾以下大片地方的事向噶厦政府报告，但据说没有收到回音。

第二年，阿旺贡布带领白嘎等再到邦勾收差，但那时印度兵已北进至波列捷马，并拦截阿旺贡布，还是去年那个首领坚沙雅，对阿旺贡布说："现在你们的哥布、更仁、马永、扎西工巴、阿米吉多、都登和邦勾等地的百姓已归顺我们，不服从你们管了，你们不能再在这些地方收差了。"

阿旺贡布觉得印度人不守信，便反驳说："你们去年不准我们到嘎哥收差已经不对，但仍答应我们还可在达岗措收差，为什么今年连这些地方也不能收了？"那个坚沙雅借口群众已归顺他们，群众不答应收。双方就这样僵持了很长时间。

阿旺贡布气愤不过，对那个印度兵头领说："你们的兵不要动，我的随员也不要帮忙，让我们两人拼了，看谁能取胜！"对方的人说："双方打起来，对军队不利，对百姓不利，还是各自向自己的政府报告发生的情况吧！"阿旺贡布没有办法，双方依然互赠了礼物，阿旺贡布就离开了那里。这次达岗措没有收到差税，还目睹了印军全面占领墨脱的达岗措，阿旺贡布1949年任期也满，便回到了色拉寺。

1950年，色拉寺派了个新宗本强巴土登，群众称巴扎（麻子）。他也两次试图到达岗措收差，但一到希让南边的更邦拉山口，就被印军堵截，尽管也同新来的印军头领米加米工交涉，相互赠送礼物，但到达岗措收税的努力也没有成功。他准备去达岗措同印方谈判，对方不同意。从此，达岗措就完全被印度侵占了。

1976年，李坚尚从为人随和的米林县委冀书记处得知，这里的珞巴族原本不在这里，是从南边梅楚卡（今墨脱县境内）的南伊、穷林单嘎等地迁来米林县的。可穷林单嘎是个最前沿的边境村庄，出于安全的考虑，不允许他们住在那里搞社会调查，尤其是从北京来的人更不容易获得批准。

米林县领导越是这样，李坚尚就越想找到当年的见证者，以解开梅楚卡被占之谜。后来，县领导还是给他提供了一条重要信息，米林县的统战对象益西占堆了解这段历史，但告诫他们："这个人在米林农场接受改造，你们在同他交谈时，还得多加注意。"

这一年，益西占堆像其他统战对象一样，在米林农场接受思想改造，不时还难免挨些批判。当李坚尚一行风尘仆仆赶到农场，向他了解当年印军非法占领梅楚卡地区情况时，他像找到了知音似的，将所目击的情况详细地述说了。

梅楚卡地区又称巴加西仁，长期由西藏地方政府管辖。早在19世纪60年代，大贵族拉鲁家出了十二世达赖喇嘛，西藏地方政府便把则拉岗宗的嘎查庄园（今米林县里龙区）封赐给拉鲁家族，并颁发封文。

按照规定，嘎查庄园还负责收取梅楚卡地区的差税。尽管后来嘎查庄园的属主有所更替，但该庄园管理梅楚卡地区的权限一直沿袭下来，直到1951年印军非法占领梅楚卡地区，强行阻止我方人员到那里行使行政权力为止。李坚尚在回忆录《喜马拉雅寻觅》中记述：

1951年4月，嘎查庄园的第巴边巴派我兄弟和另外六个人到巴加西仁（即梅楚卡）去收差，我们在过洛拉时，遇到了仁钦。他对我说："印度人已占领那个地方了，你们还到那里去，一定会被抓起来！"我回答说："这是我们的地方，年年都去收差，他们敢抓？"

我们来到德金塘，在那里遇到印度指派的头人桑巴次仁，另外还有德金塘村的洛桑、哈龙村的嘎鲁、梅楚卡村的洛白。他们问我："你们是从什么地方来的？来干什么？"

我回答说："我从嘎查庄园来的，也就是说从则拉岗宗来的，到这里收差。"

他们问："你们收差有什么公文？"

我哥哥拿出了噶厦政府发的一份公文，内容大意是嘎查庄园及巴加西仁百姓均属噶厦政府管辖，从11月份起按时交差，如若延误，依法惩处。

他们看到这个文件后，十分生气地扔到地上说："这里是印度的地方，出大米。西藏没有地方出大米，这里当然不是西藏的地方。你们看看这里的树木也和西藏的树木不一样。你们怎能来这里收差！"

他们说完之后，又用小恩小惠收买，发给我们8个人各自一个8寸直径的铝锅，里面装有茶叶、盐巴、白糖等，并要我们等几天，待他们请示上级后才能走。

我们不管他们那一套，在德金塘花了六天时间收差，共收了72包实物。这时勾才村的达崩、梅楚卡村的切扎来叫我们，说明天桑巴次仁同我们谈判，讨论收差问题。

我们第二天到了德金邦嘎，对方的人是桑巴次仁、哈龙村的嘎鲁、梅楚卡村的洛白及新巴巴村的达车巴尔，此外还有10多个士兵。桑巴次仁一见面就对我们说："你们是中国特务，不准回去！"随即把我们带的两支枪没收了。

我们没有办法，回到了德金塘，一些印度士兵经常在我们住地巡逻。我在那里有个朋友，名叫桑吉，他给我捎来口信，说南边来的印度人很坏，要把我们弄上飞机，送到印度。

我们听了，便由一个叫切扎的当地藏人带路，悄悄逃跑了。切扎送走我们回去后，听说在归途中碰上桑巴次仁，被他一拳打晕，过了两个月后，切扎就死了。

自此以后，印度人占领了梅楚卡地区，益西占堆等人也不敢再到那里收差。

1980年，李坚尚再次提出要求到边境前沿穷林单嘎村，没想到有关方面竟爽快地答应了，可翻译仅有一个，显然是不够的。他想到了1976年时的翻译亚乃——珞巴族统战干部达金的女儿，毕业于咸阳西藏民族学院，是穷林单嘎村人，若把她借过来，不仅能当翻译，还可疏通与调查者的关系。没想到她一年前，为看护患脑出血住院的弟弟，劳累过度，心脏病突然发作而去世。

这时，李坚尚听说益西占堆从乡下来到县统战部开会，便去拜访了这位老人。尽管已隔4年，益西占堆年岁已近70，但在县统战部办公室里的他，被李坚尚一眼就认出来了。在重叙阔别之情后，再次谈起了被印度侵占"麦克马洪线"以南的边境。

这一年，李坚尚又对印度侵占中国领土的一些新情况作了补充。从这些情况来看，无论是墨脱的马尼岗，还是更南边的许木、嘎哥、邦勾、都登、更仁等，都是在边境空虚、无兵据守的情况下被蚕食的。

谈起这些事，曾先后6次赴藏考察的中国社会科学院民族研究所研究员李坚尚感叹道："就一般人的想象而言，国土是神圣的，边疆是不容侵犯的。但珞瑜地区的这片领土，就是这样在没有枪声，没有炮火，在互赠礼物的氛围中被占去了。这似乎是笑话，但又绝不是笑话，而是确确实实的历史事件。"

吹竹笛的珞巴族男子（李坚尚摄）

珞巴族阿帕塔尼部落妇女（李坚尚提供）

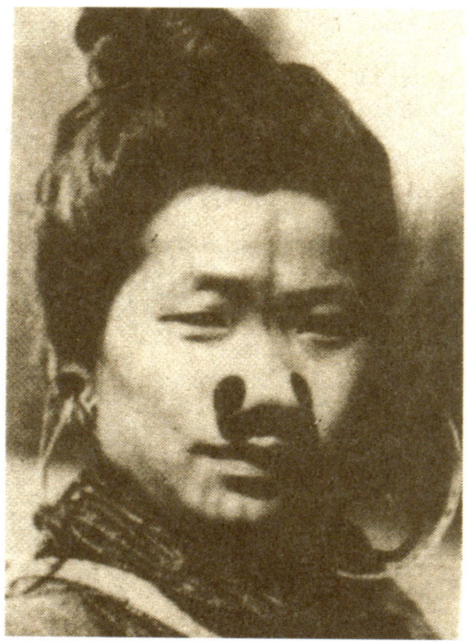

6

抢救人类“童年记忆”

本章介绍1976—1982年，中国文化人类学家针对印度学者S.罗伊抛出的所谓“文化边界线”，文化人类学家李坚尚从珞巴族迁徙等事实，揭示了“文化边界线”的虚伪性；文化人类学家李坚尚同刘芳贤开创了中国珞巴族原始宗教文化和中华系统神话研究的先河、西藏民族学院教授于乃昌和西藏自治区民间文艺家协会常务副主席廖东凡等将珞巴族系统神话及珞渝民间文学推向了一个新的研究阶段……

第六章

抢救人类“童年记忆”

揭示“文化边界线”真相

李坚尚第二次到珞巴族地域考察前，在北京图书馆看到了由印度人类学家沙钦·罗伊写的《巴达姆—民荣诸文化》一书，这是印度1960年英文版，也是第一部介绍珞巴族诸部落社会和文化的专著。

沙钦·罗伊是印度加尔各答大学人类学教授，他声称1948年时到过“麦克马洪线”以北的墨脱宗格林村，其恩师V.埃尔温是印度前总理尼赫鲁的部落事务部主任，也提到沙钦·罗伊同西昂分区助理政务官詹姆斯一起到过（墨脱宗）格林。在他们的书中，还依据自己所提的“文化边界线”，把格林划入印度的版图。

李坚尚对罗伊到达过格林村，是持怀疑态度的。1927年，西藏地方政府派兵打败波密土王后，将波密土王建立的嘎朗央宗改为达岗措，直接归色拉寺委派的墨脱宗宗本管理，直到1951年印军非法占领达岗措。即使1951年，印军在墨脱以南地方也只向北侵占更仁、都登等地。那时的罗伊可能随印军一起以学者的身份到过更仁、都登一带考察，时间最早也只能在1951年。若在1948年，罗伊不可能随军到格林考察，因为印军势力还没到达那里。当然还有一个可能，那只能是秘密潜入。

为此，李坚尚利用背崩村民忙于迎接交换的人回来之机，决心去格林把印度学者是否到过格林一事弄清楚。

李坚尚一行出了背崩村，朝东南方向爬山，持续了3个多小时，树木也从阔叶变为针叶，到了最高的山间小盆地，门巴族翻译张永红指着山涧的地说，1950年墨脱8.5级大地震时，这里的地下发出巨响，地光闪烁，就像大爆炸一样，村里100多户人家，除了半山的11户人外，全部被倾覆于地下，这是格林村有史以来的悲剧。据后来中国科学院的地震专家到这里考察后证实，1950年的大地震震中不是察隅，而是格林村。

过后，再爬上一个小山包，便

到达现在的格林村，村子不大，仅有的7户人家就散落在这个小山包里。张永红对这里很熟，他径直把李坚尚引入古鲁家，并打算住在这里。古鲁83岁，德高望重，乐天健谈。当张永红向他介绍这些客人来自北京，来此调查门巴族的社会、历史情况后，他拉着李坚尚的手，连声说："本波拉（长官），辛苦了。"

古鲁年轻时走南闯北，消息灵通，1950年和1952年，他还单程走了14天，到中印边境传统习惯线的巴昔卡做买卖。他说，在1927年以前，墨脱及以南的仰桑河流域都是嘎朗巴管理，在仰桑河的阿米吉多，还设立了嘎朗央宗，任命当地的珞巴族首领任宗本，一直管理到巴当等地的珞巴族地区。

"格林是否来过外国人？"李坚尚问。

古鲁回忆了一下说道，在我15岁那年，有英国人到过墨脱的降曲拉地方，并在山上插了绿色旗，一行约20多人，由印度人带路，仅此一次。

李坚尚按照古鲁的年龄推算，英国人进入墨脱，是在1911年左右，显然不是沙钦·罗伊所说的1948年。随后他又走访了格林村上了年纪的老人，都不知道1948年时有印度人进入这一回事。

李坚尚从地理位置推断，得尔工村在格林村西南，是从南向北进入格林的必然通道，约步行1个小时距离。得尔工村在1948年时约有人家80多户，400多人。在沙钦·罗伊的行程记录里，为什么只提格林而不提得尔工村呢？

1956年，冀文正来到得尔工村发放农贷和救济，村民们曾对他说："1948年来了一批外国人，还有3个大鼻子（英国人）。"

冀文正说，格林村地处边境最前沿，1962年叛匪胁迫大量村民外逃印占区，真正留下来的格林村民很少。就拿古鲁来说，他也不是格林村人，是从阿仓村搬过来的。墨脱宗政府在这里没驻扎官兵，只是到"麦克马洪线"以南收差时，宗本才带着一批人去，对于外国人的进出，基本上没有加以控制，他们想要到达墨脱宗管辖的地方比较容易。但陪同沙钦·罗伊去的詹姆斯因在一年前阻止昂旺贡布收税，而随同昂旺贡布一道参加收税的人员中，主要是来自地东、希让的村民，这也是他们不选择翻越更邦拉山，而是翻越果尤拉山进入格林等地的原因。当然，他们更不敢去见宗本昂旺贡布了，这有可能被昂旺贡布驱逐。詹姆斯作为大英帝国的助理政务官，他无论如何不会冒这个风险。

冀文正从格林村民那里得知，1948年这批外国人没有按照惯例翻越更邦拉山进入墨脱的希让村，而是翻越得尔工村后的果尤拉山进入格林村的，古鲁当时不知道这件事也很正常。加之当时中印边境管理非常松散，西藏地方政府官员和边民到达英国占领的巴昔卡，也不是一件难事。就拿波密土王来说，当时被藏军打败后，逃到他曾管理过的许木村一带以图东山再起，那里是珞巴族希蒙部落的领地，当地群众支持他打回墨脱宗。即使波密王死后，有的群众还支持他的手下人起来造反，因为波密王象征性地收取一些税收，而色拉寺派去的宗本不这样，收取的差税就很重，当地群众支持波密王，这是不奇怪的。

李坚尚看到沙钦·罗伊所著的《巴达姆—民荣诸文化》一书后，还是喜欢上了这本书。毕竟这是世界上第一部全面描述珞巴族巴达姆、民荣两个非常有代表性的珞巴族部落社会和文化的学术专著，它集合了众多国外研究珞巴族专家、学者的成果。对于“麦克马洪线”以南的珞巴族诸部落的社会和文化，因中国专家学者不能亲自去考察，它无疑具有重要的参考价值。后来，李坚尚同丛晓明一道，还以《珞巴族阿迪人的文化》的书名翻译出版了这本书。

李坚尚在翻译过程中，对沙钦·罗伊提出的“文化边界线”，进行了沉思。为了证实他的“文化边界线”主张，沙钦·罗伊在他的书中竟写道：“到目前为止，人们一直把布拉马普特拉河看做是不言而喻的文化交往障碍，把这里的部落视为南北两大群体，各自沿着不同的方向发展。另一方面，他们又竭尽全力去寻找和建立阿萨姆北边群体与喜马拉雅山那边（西藏）部落之间的联系。毫无疑问，在（印度）东北边境特区的各部落中，普遍流行的传说是他们来自北方，即不是喜马拉雅以北，就是喜马拉雅山中。但是否有传说，并不总是研究民族迁移历史的正确依据。”

李坚尚没有被沙钦·罗伊的言论所左右，同刘芳贤一道搜集珞巴族诸部落的神话传说，从考古的角度去印证“珞巴族由北南迁”的历史。在这些神话中，最为有趣的恐怕要数博嘎尔部落神话《阿巴达尼南迁》。

天和地结婚后，生了个儿子叫金冬，金冬生了个儿子叫冬日，冬日生了两个儿子，一个叫日尼，一个叫日洛。按照珞巴族的习惯，称他们为阿巴达尼和阿巴达洛。阿巴达尼是哥哥，是珞巴族的祖先，阿巴达洛是弟弟，是藏族的祖先。

珞巴族的始祖阿巴达尼原先住在工布，后来经过当嘎地方，迁到米林村的巴登邦嘎，在那里定居了一段时间。阿巴达尼有三个儿子，大儿子叫当邦，当邦有两个儿子即邦姆和邦蒙；二儿子叫当坚，当坚有两个儿子即坚洛和坚博；三儿子叫当日，当日有两个儿子即日左和日杨。阿巴达尼三个儿子分三路向南迁徙，进入珞渝地区。

大儿子当邦带着两个儿子往西，经西龙沟再往南走，越过色丹洛雅到达现今德根地区，他们的后裔就成为后来的德根部落；二儿子当坚带着两个儿子顺着雅鲁藏布江往东，然后再向南进入墨脱县及其以南地区，他们的子孙成为分布在雅鲁藏布江两岸的希蒙、民荣两部落；三儿子当日带着他的两个儿子，住在纳玉山沟，到他们的子孙当波和嘎尔波兄弟时，顺着山沟往南越过纳至东山，到了往楞帮这个地方，他们比射箭。嘎尔波的箭落在马尼岗，便顺着箭的方向走去，定居在那里，其后裔就是博嘎尔部落；而当波的箭落在坚波，他们的子孙就是今天的坚波和迦龙等部落。

珞巴族没有文字，其他民族也没有留下他们族源的文字记载。可刘芳贤、李坚尚在研究这些神话中还是发现了一个惊人的秘密，雅鲁藏布大峡谷区域珞巴族各部落丰富的民间传说，都谈到了他们的民族来源，都有从广大藏区越过喜马拉雅山由北向南逐步迁徙的问题，最后形成了现在的分布情况。地处雅鲁藏布大峡谷腹地墨脱米古人称他们从北部的波密迁到达木等地；大峡谷流域的义都部落称他们的祖先从四川巴塘一带向南迁到察瓦弄等地；巴达姆、民荣、希蒙等部落都有由北向南迁徙的历史传说；迦龙部落也称他们越过喜马拉雅山向南进发到现在的住地。

事实上，沙钦·罗伊在他所著的《巴达姆—民荣诸文化》中讲道：“当研究有关阿迪人（珞巴族）原住地的传说时，人们就会认为，他们是从北边越过喜马拉雅山口进入印度的。……他们一旦定居在喜马拉雅山南部的山区，由于村落的不断扩大，他们不得不派出移民，以寻求新的土地。当这些移民建立起居民点后，再继续寻找新的土地。他们就是这样连锁反应，移民不断扩大。”

除了传说以外，在李坚尚、刘芳贤等一批文化人类学家两次深入雅鲁藏布大峡谷腹地墨脱考察时，意外地搜集到了10多件石斧、石锛、石纺轮、陶片等新石器时代遗物。

李坚尚、刘芳贤发现，生活在墨脱县的珞巴族、门巴族，随着时代的久远，已把这些新石器时代遗物给神化了。珞巴人称石斧为“喔鸦”，认为那是呼风唤雨的“喔崩”精灵使用的神斧。过去，珞巴人拣到这类石器，都视作宝贝珍藏，一般不让人知道。如果谁能拣到7～9块，他们的一生就会吃喝不愁、幸福祥和。

在墨脱县门巴人的传说里，他们称这些古代人遗留下来的生产工具为神物，称为“南木扎”，认为他们原在天上，每当雷电交加，风雨大作，树木被击毁，就是神灵用这类斧子劈开的。如果石斧掉在地上没有被碰坏，它便随着雷的回声返回天上；如果掉下后被碰伤了，它就会留在地上。石斧所掉的地方就会风调雨顺，六畜兴旺。如果谁拣到了这块神斧，谁就有福气受到神灵的保佑。这也是石斧保存完好的原因。

把石斧当做神斧，并不是墨脱门巴人所独有，地处一山之隔的珞巴族，过去也有类似的认识。他们在珞

中国社科院民族研究所刘芳贤（前排右一）同珞巴族部分访问对象合影（李坚尚摄）

巴族博嘎尔部落考察时，一个珞巴族老人就向李坚尚展示了一件石斧，显得异常神秘，说这是他在刀耕火种地上拾到的，凡家中的人患肚子痛时，他就用这件石斧熬水喝，每有奇效，异常灵验。

李坚尚、刘芳贤还由此推断，神斧是珞巴族先民开疆拓土的历史见证，他们曾有过从喜马拉雅山腹地向南迁徙的历史，是珞渝最早的开发者，同藏族先民一道，创造了喜马拉雅山区的远古文明。在相当久远之前，就已经营过刀耕火种的农业，他们用这些石器加工木制工具，砍伐树木，纺织，以及用它来制造木制工具，既促进了珞巴族古代农业的发展，也扩大了耕地面积。石器的加工、木制工具的制造以及随之而来的土地开垦，均是一项十分艰难的体力活，需要强壮的体力来完成，用新石器采集达谢、青冈子，给珞巴族提供了较多的食物来源。但因达谢的砍伐和加工，需要男子的强壮体力，从而使男子在社会上的地位随之提高，也对珞巴族社会从母系制向父系制的转变起到了一定作用。

墨脱考古印证了珞巴族众多部落由北南迁的历史。不少学者认为，人类的制陶工艺由泥条盘筑的手工业制作逐步发展到轮制，妇女是最早的制陶者。这个观点也可以在刘芳贤、李坚尚的考察材料中得到证明："珞巴族的制陶业由妇女承担。原料选用一种黏性大、呈浅绿色的'达甘木'土。该土可塑性大，经木棍捶打制浆，搓成泥条，再用刀削成片，以除沙粒，然后再搓成泥条备用。陶器为手制……"

在有关珞巴族的考察材料中，刘芳贤、李坚尚特地介绍了珞巴族使用的背篓，其上有三条用细藤编成的约有6.5厘米宽的带子。珞巴人在背运东西时使用头背式，两条套在双肩，一条套在前额。若拉运东西时，同样也用前额，即让东西一端着地，另一端系上绳子套在头上。由于长年累月的背运和拉运，前额被带子勒出一道明显凹下的痕迹。新石器时代墓葬出土人头骨的前额上有一凹槽，这个材料有力地解答了这个疑问。

李坚尚在沙钦·罗伊的《巴达姆—民荣诸文化》中还看到："在喜马拉雅山南面几英里的地方，有一条与之平行的文化分界线，这条分界线穿过洛希特、西昂和苏班西里地区的北部，延伸到卡门地区的东半部，并在那里转向南方，大约沿着鲍罗里河延伸。这条分界线的北部和西部地带，可以叫做西藏文化模式区域，这条分界线的南面和东面，可以叫做阿迪文化模式区域，这一模式，还可延伸到布拉马普特拉河那边的山区。……这一地区既没有难以超越的大山，也没有不能渡过的河流，没有不可穿过的沙漠和大海等。这两股同样强大的平稳的独特文化浪潮，从相反的方向涌来，相互碰撞，汇集在这里，并相互制约，阻止了对方进一步前进。直到现在，这两种具有悠久的历史的文化边界线还在那里会聚，不再向前。"

沙钦·罗伊在书中，明确提出了"文化边界线"，他还进一步阐述："这条文化分界线两侧的文化之间的区别这样明显，以致无需用任何事实来说明。在那一边（藏区），人们居住在结实的房屋里，房子是用坚硬的石头和木头建成的。他们穿着精工制作的羊毛衣服，头戴毡帽，脚穿毡鞋。而另一边（珞渝）即住在用木桩搭成的竹楼里。……男子穿的是短上衣和遮羞布，妇女穿裙子，露出整个腿，不穿鞋。北面的人把辫发垂于背部或缠在头上，但南面的人不会这样做。……在北边（藏区），头上戴毡帽和带有饰物的帽子。但南边的妇女戴头巾，男人则戴饰有野猪牙、熊皮、猴子皮或犀鸟头、羽毛的帽子。在分界线以南的地方，那里没有永久性的举行宗教仪式的专门建筑，但在村子的入口处，却有挂着充当祭品的狗或家禽躯体的建筑，或者设有以大额牛作祭品的台架。这些建筑或台架，是举行神圣仪式遗留下来的仅有痕迹。但在北边，最庄严的建筑物是寺庙及画得相当漂亮的神像、佛塔和卡卡宁，在这一片土地上，飘动着的幡旗和转经筒处处可见。在南边没有僧人、俗人之分。巫师奉上带血腥味的祭品，以抚慰恶精灵。这些精灵不住在寺庙里，而是住在大树上、森林里、山地上和泉水里……”

针对沙钦·罗伊罗列的藏族和珞巴族不同的民俗文化现象，以证明他的“文化边界线”主张，以及西藏文化到底对珞巴族诸部落有没有影响，1980—1981年的1年多时间，李坚尚、刘芳贤深入喜马拉雅山腹地进行考察。他们东起察隅、墨脱，西至隆子、错那，行程近万公里，走访了近百个村寨，涉足史称珞渝的义都、博嘎尔、达额木等部落民众的居住地，凡在中国控制区珞巴人居住的地方，都印有他们的足迹。

米林县南伊珞巴族周年祭祀用的牛角、牛头和牛蹄（李坚尚摄）

李坚尚发现，珞渝文化并非铁板一块，每12年的转札日神山活动，莲花生大师开创的白马岗圣山圣湖，都为藏珞文化交往提供了重要场所，改变着珞巴人的生活。如墨脱县的珞巴族米新人，长期同朝佛的藏族群众杂居，其部落文化已不明显，珞巴族米古人也利用丰富的水能资源，修建水能转经筒代替人来念经。

李坚尚、刘芳贤还发现，珞渝远离印度，它却与藏区仅一山之隔，通过10余条重要山口，作为藏珞交往的重要通道。藏族用他们的铁制工具、食盐、布匹等，换回珞巴族所产的茜草、大米、辣椒，无形中改变着珞巴人的生产生活，也对他们的文化产生重要影响。

李坚尚在阅读的大量英印殖民者达尔顿、尼德哈姆、海门道夫的考察随笔中，都看到了藏文化对珞巴族产生的影响。如英国南亚问题专家海门道夫说，“（阿帕塔尼人）所需要的大部分外来物品是来自或通过西藏，而不是来自阿萨姆……青铜法铃在阿帕达尼人看来，是一种神物；藏刀在每次屠宰大额牛时是一件必不可少的物品；藏珠是祭司在进行庄严仪式活动时的饰物”。

李坚尚在看完《巴达姆—民荣诸文化》后，发现沙钦·罗伊醉翁之意不在酒，而是抛出他的又一个重要观点：“阿迪文化尽管和西藏文化近在咫尺，但两者之间差异甚大，然而它与远在南部的布拉马普特拉河那边的文化，却有着明显的亲缘关系。……双方都重视竹、藤制品，都有性质几乎相同的青年组织，相同的房屋式样，喜欢在家中养猪，织机和纺织品的式样如出一辙。”

李坚尚还是看出了沙钦·罗伊在研究珞巴族巴达姆、民荣部落时思维的局限性。在沙钦·罗伊看来，“如果他们是从西藏人那里学会了纺织工艺的话，他们肯定也会学穿西藏式的服装。……由于阿迪人和米什米人的衣服式样、穿着的方法几乎相同，衣服上的图案也相似，阿迪人的服装很可能来自米什米人那里。……阿迪人和义都米什米人都剪发，这也是两者相同的特点，但同样是他们与邻近部落不同的地方。再次表明了他们与布拉马普特拉河那边的部落有一定的亲缘联系。”

李坚尚在深入察隅考察义都人时发现，沙钦·罗伊所说的米什米人，就包含了义都部落，它实际是珞巴族诸部落的一支，他们有着“明显的亲缘关系”，这就不足为怪。事实上，正如沙钦·罗伊所说的那样，“在19世纪以前，阿迪人从来没有感受到强大武力的威胁，从来不知道什么是失败。他们完全是山地的主人，从来没有人对其权力提出异议。相反地，他们任意侵入平原上的村庄，不用害怕别人报复。他们甚至提出对边境的米里人村庄有征税的权利。这个要求被对方接受，并乖乖地向他们交税。另一方面，任何人没有事先得到允许，就不能前往或经过他们的地方。”

李坚尚从这一点看到，靠近中印边界传统习惯线的珞巴族诸部落文化，对靠近他们的阿萨姆平原文化产生了深刻影响。如阿萨姆米里部落，就有从山区向平原迁徙的传说，他们深受珞巴族巴达姆部落文化的影响，有的学者甚至认为，米里部落其实也是珞巴族部落的一支，他们同珞巴族诸部落文化有着明显的亲缘关系，就很能说明这一点。

在20世纪50年代末，沙钦·罗伊抛出“文化边界线”，他出这本书的时代，正值中印关系紧张，新中国不承认英印对中国领土的侵占。沙钦·罗伊作为印度有名的人类学家，心里十分清楚，中国珞渝远离印度本土，中间还隔着原缅甸土邦阿霍姆王朝，印度文化不可能对珞渝文化产生影响。为了给印度侵略中国珞渝领土披上一层合法外衣，只有用“文化边界线”来蒙蔽大家。

李坚尚在调查中还看到，沙钦·罗伊抛出的“文化边界线”极其有害，连前印度尼赫鲁总理也利用这样的理论，在中印边界问题上大做文章；印度军政人员阻止西藏噶厦地方官员收税时，也说出“这里出产大米，你们西藏没有，这是印度的土地”等话来。正是这样的言论，印度政府不顾西藏每隔12年转札日神山的事实，竟在札日神山附近的朗久设立哨所，阻止西藏人朝拜札日神山。1959年8月，在中印边境朗久爆发了第一次武装冲突。

可印度尼赫鲁总理没有认识到自己的错误，在1959年9月26日给周恩来总理的信中，这样写道：“就印度政府而言，目前在传统边界的西藏这边的任何地方都没有印度的任何文职或军警人员。只有一个哨所，就是几个月以前在塔马顿（马及墩）建立的哨所，这个地方经过后来调查证明是处在麦克马洪线稍北一点。遵照我们早先的诺言，我们已经将该哨所撤到该线以南的一个地方。……同样的，你们的军队也应该撤出他们在8月26日用武力占领了的，并且现在还继续占领着的朗久。”（内维尔·马克斯韦尔著《印度对华战争》，世界知识出版社，1981）

李坚尚看到，正是因为尼赫鲁顽固坚持“文化边界线”立场，以接见达赖为由支持西藏的武装叛乱，煽动民众反华情绪，让军队越过“麦克马洪线”制造一起起流血事件。可令沙钦·罗伊和他的恩师尼赫鲁事务部主任埃尔温想不到的是，他们极力鼓吹的“文化边界线”，无形中成了1962年中印战争的助推器，印度会输得很惨。正如《印度对华战争》的作者在序言中所写的那样：“中印边界争端是20世纪中叶国际关系史上富于戏剧性的一段。……（印度）同中国发生冲突，北部边界上形势紧张，就需要支出巨额军费，这样就会使支撑尼赫鲁的各项政策的拱门整个垮下来，尼赫鲁的统治地位也会随之告终。”

打捞原始宗教“活化石”

1976年5月，当刘芳贤、李坚尚的双脚踏上米林县珞巴族博嘎尔部落土地时，便被一种神秘的宗教文化氛围所感染。尽管国家明令禁止封建迷信活动，可纽布（巫师）、米剂（卜师）活动不断，杀猪杀鸡杀牛无数，用来祭祀鬼神，似乎这西南边陲小村，“牛鬼蛇神”依旧很是兴旺。

他们在博嘎尔部落看到，这里特别流行杀鸡看肝的习俗。无论婚丧嫁娶、盖房出行、种地打猎，都要预先杀鸡占卜吉凶。占卜时，取出鸡肝，用小棍插着肝观察肝纹，如有直通的纵横纹或横纹，就认为不吉利。如果第一只鸡的肝纹不吉利，再杀第二只，直到遇到吉利的肝纹为止。他们从当地村民介绍中得知，有的家最多的一天竟杀了90多只鸡，令人瞠目结舌。

宗教是民族传统文化的积淀，作为文化人类学工作者，离不开对宗教文化的研究。他们在调查中发现，米林县的珞巴族不多，总计不足400人，稍微有点名气的巫师共有5个，其中纽布3个、米剂两个。在博嘎尔部落人看来，纽布有较高的法术，能主持复杂的祭祀仪式，而米剂只会做鸡肝卜，依据肝上的纹理和形状、色泽的不同判定吉凶，有些人也会做蛋卜、米卜、猪肝卜和牛肝卜。凡米剂所能进行的宗教活动，纽布都能做。在人们心目中，纽布有时法术无边，其地位远比米剂高。

对于珞巴族诸部落宗教文化的研究，最早可追溯到1911年，大英帝国军官敦巴尔深入珞巴族迦龙及邻近部落的考察，从珞巴族神话传说来解剖

珞巴族长者杀鸡取肝给病人占卜治病（李坚尚摄）

其宗教现象；紧接着是海门道夫、埃尔温、罗伊等，他们详细记录一个个充满神秘的宗教现象，从不同侧面来剖析这种宗教文化，引起了世界学术界对珞巴族宗教文化的广泛关注。

李坚尚、刘芳贤在出发考察前，从中国老一辈专家学者翻译的材料，如海门道夫的《阿帕塔尼人和他们的邻族》、埃尔温的《印度东北边境的神话》、罗伊的《巴达姆—民荣诸文化》中，对珞瑜地区珞巴人的宗教文化有所了解，。他们深知，要想在这一领域有所突破，就必须搜集前人没有的资料，提出新的独到见解。

在南伊村调查时，刘芳贤主要负责调查珞巴族博嘎尔部落的文化，将宗教作为一项重要的调查内容。他来到穷林单嘎村时，一个村民略显神秘地对他说："我们这里有种传说，认为人的左手能治疗疟疾，我还吃过人肉，治疗疟疾效果非常好。"

刘芳贤返回驻地，将听到的情况向大家转告，李坚尚在震惊之余，立即对刘芳贤说："我看过几本国外介绍珞巴族宗教方面的书籍，可没有这样的记载。"

李坚尚当即兴奋不已，拉着刘芳贤就往南伊村奔去。一个个用人的左手熬汤喝治疟疾的故事，让人感到不可思议。李坚尚、刘芳贤在《珞巴族社会历史调查》第一卷中，记录了奴隶被杀害用来治疟疾的情景。

1949年，博嘎尔部落海多氏族的海米将桑结杀死后，取回左手熬汤给大家喝；1951年，萨及氏族疟疾流行，正遇上他们卖给藏区的一个奴隶逃跑，当即捉住杀害，熬汤给大家服用；1955年，西包村传染疟疾，用两头犏牛买一个奴隶杀害后治疗疟疾患者；1956年，西包村再次闹疟疾，就去抓外村达列家的奴隶亚孟，杀后用来治病……

他们还了解到，这个活动是集体性的，凡愿意参加的都可以加入杀人行列。若砍了外族人的手回来，要一路走一路喊，到村后围着村子转圈，再搭一个放手的架子，然后才去熬汤。若杀了外族的人，以后也给东西赔偿。

让刘芳贤、李坚尚震惊的是，他们居然还杀死了跳神的大纽布，这是国外人类学家考察时所没有提到的，也是一件令人无法想象的事情。

初读中国文化史时，人们无不为甲骨文感到陶醉，同时也为留下这些古奥文字的巫师感到骄傲。巫师是民族文化的持有者、传播者，无论是古代还是现代，人们对巫师是敬畏的，不管他们是出于内心的感受，还是慑于外部的压力。可博嘎尔部落纽布被杀，无形中却打破了这个习惯性宗教思维。

这个发现是一次偶然。刘芳贤、李坚尚决定去一个中印边境最前沿的村庄穷林单嘎考察，米林县公安局领导在他们临出发时，一再叮嘱：“1973年，穷林单嘎村来了一位年轻的单身妇女亚嘎，她会讲一些印地语，也认得简单的英文，是从印占区马尼岗逃来的，她声称是位逃婚者。”然后又加重语气，说：“由于她的背景不清，希望你们不要访问她。”

起初，刘芳贤、李坚尚将这个意见看做是好心的劝告，恪守不移。6月16日，等到他们快要离开村子时，觉得这不符合在“选调查点上要做逐户调查”的规定，还是决定补这一课，并由刘芳贤负责访问。令刘芳贤想不到的是，亚嘎竟讲述了她同父异母的哥哥，在当地颇有名的大纽布次仁惨遭杀害的情况。

次仁是博嘎尔部落萨及氏族人，住在马尼岗巴布荣村，是个很有影响的大巫师，人们有病了，都请他跳神治病。由于种种原因，有些人治好了，有些却死掉了。按照博嘎尔部落的习俗，若多次跳神后小孩反而死掉，人们会背地里暗暗议论，某某不是巫师，是鬼人，他利用跳神的机会把小孩的灵魂吃掉了，只有把他杀掉，村里的小孩才安宁。

大约在1953年，印占区巴布荣村的达丁和桑吉的小孩，经次仁跳神后还是死掉了。他们两人就散布次仁是鬼人的流言，并把同村的达冬、达布和邻村的达诺英布暗地组织起来，同他们的奴隶达宁、仁宁一起，准备杀掉次仁。

春天正是播种的季节，有一天，次仁正在家里忙于编竹围栏，防止鸡进入园地扒吃种子。 奴隶仁宁接受主

珞巴族巫师跳神作法（李坚尚摄）

人桑吉的委托，探听次仁是否在家。仁宁来到家门前，见次仁一个人在家里忙于编织，便假意地说，他要买小鸡，不知有没有。次仁不知道他们的图谋，说了声没有，继续低头劳作。

仁宁看到只有次仁一人在家，回去向主人汇报了。桑吉便同达丁、达冬、达布和达诺英布一起行动，潜入次仁房子后面。仁宁手持刀子和绳索来到次仁面前说，他要上山砍柴，想借火抽口烟。次仁不知是计，把手中的活放下，用小棍子从火塘里夹炭给仁宁。仁宁出其不意，把次仁伸过的右手用力抓住，顺势向他的肚子猛捅一刀。这时隐蔽在房后的人蜂拥而上，将次仁打翻在地，捆住手脚。众人七嘴八舌地说："某家某家的人死了，都是被你吃掉的，你是鬼人，不杀掉你，村里的人都要生病死去！"

次仁听了，一面哀求都是同一氏族的人，不要杀他，一面说要用母亲、妻子、兄弟和妹妹赔偿死掉的那些人。主谋达丁根本不听他的哀求，先挥刀砍去次仁的一只手，说："这鬼人吃的我家的小孩，这手是我的！"其他人也争着砍手剁脚，一边砍一边说："这鬼人吃我家的亲戚，这只手是我的。"

他们见次仁手脚被砍后还活着，便用毒箭射。到次仁死时，浑身插满了数十支毒箭。随后他们动手挖他的双眼，并在眼睛里插入一根叫做"达让木"的树刺，接着砍头，再把余下的躯干剁成肉块。珞巴人死后，都埋在公共墓地里，但鬼人例外。他们杀死次仁后，就在他家附近挖了一个数尺深的竖井，将碎尸埋葬。

达丁等一伙人杀掉次仁后，把他的家产分光，房子烧掉，他母亲和妻子变卖为奴隶。亚嘎和一个名叫双杰的哥哥听到长兄次仁被杀后，及时藏匿，然后逃离家乡，保住了性命；另一位表兄弟达牛，原同次仁一家住在一起，在谋杀者强迫他起誓，保证永世不把此事告诉次仁近亲家属的条件下，幸免杀害。

当李坚尚从刘芳贤的记录中，看到这一震撼人们心灵的惨景后，很想多方面加以核实，但考虑到参与杀害的达诺英布与亚嘎同住在穷林单嘎村，为避免挑起历史的恩怨，他们不得不审慎行事。实际上次仁被杀已不是什么秘密，穷林单嘎年纪大的人都知道这一事件。

每当谈起此事，李坚尚感慨地说："在涉及生死攸关的事件时，杀巫师的现象亦时有发生，看来这是原始宗教在没有与政权相互利用时所无法避免的。备受尊崇不是所有巫师生生世世皆有的殊荣，这种现象无疑是对'巫'、'觋'的定义作了重要的补充。"

1976年8月，刘芳贤同李坚尚一道，深入墨脱、隆子等地，调查珞巴族达额木、崩尼等部落的宗教情况。在墨脱考察时，刘芳贤对充当米剂的先决条件，即要求本人发过疯，裸体奔跑各村寨，自己抓破身上的肉，有的甚至还要敢于跳崖投江，感到不可思议。当这种情况出现时，人们就认为神附其身了，让他向老米剂学习跳鬼，成为新的米剂。更令他二人不可想象的，却是珞巴人深受藏文化、门巴文化的影响，有时还请喇嘛念经驱鬼消灾。

1976年12月，刘芳贤、吴从众来到隆子县南边的斗玉村考察。他们发现被印度占领的珞巴族诸部落，地理名称极其混乱，如英国人称生活在这一带的珞巴族崩尼、崩如、苏龙等部落为"达夫拉"，称珞巴人命名的河流吸尼崩为"苏班西里河"，而称他们的门德崩为"卡门河"。

他们从珞巴族尼玛甲波那里得知，其8岁（1929年）时，他看见过一个英国人到珞巴族马及墩一带，在树上砍几刀作为标记，称是印藏划界的地方。这个英国人沿途察看，还在三安曲林住过一段时间，给活佛送过许多礼物，在这里画过一张地图。所谓的"卡门河"、"达夫拉"等，就是在这一时期被英国人篡改的，但他们不认同这样的地名，对有些侮辱性的称呼非常反感。

刘芳贤在考察时看到，这里没有医生，人得病后便请纽布、米剂算卦念咒经。被群众公认的纽布、米剂，虽然没能从农业、狩猎中分离出来，但他们却很少有闲的，到患者家查明鬼在什么地方，是什么鬼，需要杀什么，举行什么样的仪式，然后再按规矩行事。

在崩尼等诸部落考察时，刘芳贤还发现一个有趣的现象。生活在这里的珞巴族，同博嘎尔一样称他们的祖先为阿波达尼，同藏族祖先阿波达洛互为兄弟。博嘎尔人的"阿巴"和他们的"阿波"，都是"祖先"的意思，只是方言上的差别。更令人奇怪的是，在他们祖先阿波达尼的子女中，还流传着同博嘎尔部落互为兄弟的说法。他依据崩尼等部落的民间传说及其民俗认为，这里并非英印殖民者所说的那样，称他们为达夫拉人，不同于生活在其他地方的阿卡人、阿波尔人。事实上，他们同为珞巴族的不同部落，这也印证了藏族有关“珞巴”称呼的正确性。

1976年5月至1977年1月，在西藏米林、墨脱、隆子三县对珞巴族的考察，时间毕竟非常短暂。刘芳贤说：“许多珞巴族部落原始宗教文化资料还来不及搜集，他们的民俗事象还来不及细心考察，难以对他们的宗教文化得出一个准确的定论。”

1980年2月，当刘芳贤、李坚尚第二次来到米林穷林单嘎，考察珞巴族的社会和文化时，由过去主要考察历史、经济转为民俗文化，宗教文化则成为考察的重中之重，特地把博嘎尔部落的纽布、米剂纳入了考察对象。

穷林单嘎有一个纽布叫亚崩，一个米剂叫达让。刘芳贤、李坚尚从介绍中得知，米林县的三个纽布，亚崩的名气排第二，虽比不上依当村的亚热，但她在跳神时唱的歌很好听，内容也很有意思。他们曾想让她跳神，可她想起在“文化大革命”时的遭遇，加上儿子的劝诫，就是不愿意再跳神。尽管如此，她还是愿意接受访问，回答他们的问题。

亚崩向刘芳贤、李坚尚谈了许多有关纽布的事情，其中讲到一些法术大的纽布。在一代人以前，博嘎尔部落萨及氏族有个名叫吉德的大纽布，他能把自己的头砍下来放在地上，身子围着头转一圈，然后再把头接上，完好如初；有些纽布，能把跳神时使用的长刀刺入胸部，让人使劲敲打刀柄，刀从背后拔出，身体完好无损。

听了这些近似魔术的说法，他们便打趣地问她能否做到这些。她倒机敏地说：“我属于小纽布，还没有学到这些法术，依当村的亚热是大纽布，有人见过她用长刀扎穿肚子，从背后露出刀尖。”

5月5日，亚崩向刘芳贤、李坚尚讲述了她在跳神仪式上演唱的故事内容。当访问结束时，亚崩突然说：“去年，我丈夫在猎获狗熊、野猪的陷阱里误伤了一只老虎，那是珞巴族祖先阿巴达尼兄弟的子孙啊。”

按照珞巴族的传说，阿巴达尼和阿巴索苗是兄弟，后来阿巴索苗变成老虎，当他们分手后，阿巴达尼对弟弟说：“你不能吃我的子孙，否则我用箭射你的心！”弟弟也对他说：“你不能吃掉我的子孙，否则我吃掉你！”自此以后，珞巴人不杀虎，与虎相遇时，也不敢直呼其名，而称为“大哥”。

亚崩接着补充说：“近年来，我无论是外出还是在家里，经常听到老虎叫，这是被杀害的那个老虎灵魂在寻找机会伤害我。”她说到这里，露出不安的神色，并且说到已积攒了一些猪、牛，准备举行大的祭虎活动，若你们不走的话，邀请一起参加，以便回北京时，把这活动的情况告诉她在北京的女儿。他们听后说："到时候一定来。"

7月的一天晚饭后，刘芳贤、李坚尚外出散步回来，有人告诉他们："亚崩跳神了。"他们拿起录音机和笔记本，就匆匆前往，可心里直打鼓："一些带有神秘色彩的场合，外人往往被拒之门外，不让进入现场观看。他们认为外人来了，请不到神灵了，祭祀跳神就白做了。我们尽管抱着兴奋的心情前往，但他们会欢迎进去观看吗？"

当刘芳贤、李坚尚踏入举行跳神的人家时，见屋里坐满了人，人们说着笑着，蛮热闹的。也许是他们前几天请亚崩进行米卜的做法，使她"感受到我们的善意吧，她见我们进来点头微笑，以示欢迎，并把最好的位置让给我们坐"。

纽布跳神时有一位助手，珞巴话称为"米巴克"，为她熏烟，传送法具和进行必要的问答等。当刘芳贤、李坚尚坐定后，米巴克开始烧松枝。屋子不大，且只有一个很小的通风窗口，不一会儿，满屋烟雾腾腾，本来就不旺的灶膛明火更显得昏暗，屋子充满着神秘的气氛。

随即纽布亚崩披着一件红色的法衣，站在一个面积约1.5平方米的笸箩内，助手在她的头上抹了三道酥油，她闭上眼睛，拍三下手掌，进入角色。接着是右手拿长刀，左手拿烟斗，一双脚稍有移动，进行长时间的吟唱。此时她已进入一种半昏迷、半癫狂状态。主要讲述珞巴族始祖阿巴达尼向南迁移，形成今天众多部落的故事。在他们看来，珞巴族总是根据自己的身世和传承，借以增强自己的民族自信心。

接着，纽布演唱的内容是讲述当年阿巴达尼曾经同青蛙、苍蝇、牛等动物图腾结婚，也同女鬼基新亚蒙结婚，但人口总是繁殖不起来，后来阿巴达尼同太阳的女儿东尼亚依结婚，她教会达尼的子孙种田行猎，教会了人们当纽布和米剂，杀鸡看肝，学会识别善鬼和恶鬼，使人繁衍了起来。他们从中领略到，这种唱词正迎合了人们求生存、盼平安的愿望，这对艰难环境里缺医少药的珞巴人来说，无疑是很大的慰藉和希望。

当纽布以沉闷的曲调唱完上述内容，并声称邀来众多的鬼神前来接受祭祀后，刘芳贤、李坚尚看到，纽布双脚来回交叉，突然做全身大旋转的急速动作，边吹口哨，边将右手执着的长刀倒转过来，刀尖朝身，撞击笸箩四周边缘，示意让召请前来的鬼神执着长刀，让他们直刺纽布的胸前，并使刀尖从背后露出。昏暗屋里本来固有的神秘气氛，加上感到四周许多鬼神降临，更增添了这种长刀直刺胸前的场面恐怖，许多人害怕起来。可纽布称这是祖先"阿巴达尼传给她们的魔术"，借以增加她的法术无边。

珞巴族女巫师跳神（李坚尚摄）

接着，纽布通过刀刺胸脯、竹竿滴水和松针变珠等，演示了她特有的魔术，使在场的群众产生难以名状的敬佩感。随后纽布先后模拟蚱蜢、蜘蛛、猴子、蝙蝠、螳螂及其他鬼神等的动作，表示纽布的灵魂已找到了这些神鬼，并与之打交道，从而探寻被某种鬼神掠走病人的灵魂，开始同神鬼协商祭祀多少禽畜的事来。

刘芳贤、李坚尚看到，纽布的跳神活动前后历经了3小时18分钟。跳神结束了，可他们却对纽布、米剂有了新的认识。“他们作为历史和民俗文化的传播者，是有着独特的历史作用的。说不定在人类文化宝库的神话故事以及音乐、舞蹈的创作和传播中，巫师亦立下了汗马功劳。”

让刘芳贤、李坚尚最感神秘的纽布，莫过于大纽布亚热。这一次他们访问依当村，可以说是奔着亚热的神秘而去的。亚热约45岁，个子不高，身体健壮，脖子上挂着长约33厘米的蓝色串珠，一双手戴着手镯。她见刘芳贤、李坚尚一行到来，十分热情，不仅把酥油碗洗干净，还放在火塘的火焰上烘烤一下，将水分烘干，然后再倒酥油茶给他们喝。他们事先得知，依当村偏僻，在“文化大革命”中，她没有被当做“牛鬼蛇神”批斗，所以对他们来采访没有什么顾虑。

当问到亚热是怎样当上纽布的时候，她毫不隐讳地说：“按珞巴族的条件，当纽布的人主要是患过神经错乱、狂乱疯癫的病症，然后好转的人。”接着，她回忆了自己当纽布的经历。13岁那年，她看见野外的花变成了人，向她说说笑笑，她也跟着说笑起来。她回到家里，见到火塘变成了人，打她骂她，家里苍蝇、蚊子变成蛇，到处追她咬她，她十分害怕，所以四处奔逃，避开它们的追赶。父母亲见她这样，只好请纽布举行宗教仪式，卜鸡肝卦。纽布杀鸡取肝后，依据肝纹的卦象，判断她的灵魂去了天上一个称“西蒙荣”的地方，依据这种说法，如果她的病治不好，很快就会死掉，如能治好，就会成为纽布。以后，她成为新的纽布，至于纽布所必须具备的看鸡肝卦、米卦，跳鬼时的唱词以及举行的各种仪轨，都是跟老纽布慢慢学来的。

关于纽布成长的过程，必定要有个神经错乱、狂躁不安的病史，这同中国东北和内蒙古、新疆以及蒙古、中亚、西伯利亚等地各民族的巫师有极其相似的地方，藏族、门巴族古老的本教亦有这一共同点。面对这种现象，刘芳贤、李坚尚心生疑惑：“这种相同点是偶然的巧合，还是由于宗教文化的传播所致？如果是偶然的巧合，是什么文化因子所促成？若是文化传播所致，那么这种文化现象的原生地在哪里，传播的方向和路线如何？这些都是饶有趣味的问题，有较高的学术价值。”

刘芳贤、李坚尚的翻译达登对打猎有浓厚的兴趣，去依当村的路上，碰到獐子后，因自己枪法不准而感到惋惜。一次他的表弟却意外地捕到獐子，激发了他的打猎兴致，这时里龙区的武装干事次仁前来依当村办事，还带有猎狗，两人一拍即合，决定下午上山打猎。达登走后，他们俩利用这个空隙整理资料。

第二天上午，刘芳贤提议：“下午达登打猎快回来了，我们何不乘这短暂的休息时间，请亚热作米卦，看达登这次行猎是否有收获？这样一方面可以看看米卜的前后过程和判断依据，还可以趁机与亚热联系，建立友谊，增进相互信任。”李坚尚觉得这是个好主意。

下午2点左右，亚热如约前来。他们一起坐在室外的空地上，依据她的要求，给她一把大米。她从中挑选出20多颗完整的大米，然后要来一碗清水，随后问达登两人出猎的方向。刘芳贤告知后，她面朝猎人的方向，左手托着木碗自然地放在左腿上，随后闭目做祈祷状，口中念念有词，随即用右手向碗中一粒粒地扔米粒，每扔一粒，认真地察看一会儿，接着扔第二粒，当她扔了10多粒米后，很认真地对他们说：“他们去了这么长时间，猎获不多，只有一小点，很快就会回来了。”

刘芳贤、李坚尚过去的印象，大凡江湖术士，都是说一些模棱两可的话，使人难以捉摸。亚热做完米卜后告辞了，大约不到半个钟头，达登和次仁回来了。不出大纽布亚热所料，仅打到两只野鸡，由于猎狗饿了，还吃了小半个。李坚尚事后回忆说：“本来米卜之类的说法不足为信，但这次达登行猎的结果，即使你说她蒙人吧，她也蒙到点子上。这使我们感觉到，巫师自有让人感到其神秘的地方。”

12月10～13日，博嘎尔部落举行了4天盛大的祭虎仪式，刘芳贤、李坚尚再次来到穷林单嘎村。刘芳贤在《图腾崇拜》中披露了祭虎的全过程：

10日上午，祭祀仪式开始。祭台设在祭主亚崩家的东南方，祭台上立一棵30米高的松树，树上悬挂着纸幡旗、蛋壳和用竹子削成的竹丝绒制作的花，树底下以木棍围成约一平方米的圆栅栏，每一木棍上捆扎竹屑制作的花。仪式开始时，由纽布达布主持，杀一只鸡和一头黄奶牛，将血洒于祭台上，以示向祖先神供祭，祝愿祖先生活安乐，祈求祖先的保护，以保佑祭虎活动顺利和平安。

在祭主亚崩家的火塘旁，设置了一个虎灵堂，放置一个用竹篾及草制作的老虎偶像，在偶像旁边悬挂纽布达布的法具，其下设一石板祭台，且用石板压着包裹好的真老虎头骨，时而祭献酒和食物。

夜幕降临，纽布、祭主及米巴克（纽布助手）坐于虎灵堂旁开始祈祷，祷词十分广泛，从请虎灵原谅，到叙述虎与珞巴族的亲缘关系以及珞巴族的历史等，纽布用"庙光"曲调来演唱祷词，纽布唱一句，米巴克跟一句，一直演唱到次日凌晨2点。

……

1980年2月至1981年9月，刘芳贤、李坚尚的足迹遍及米林、墨脱、隆子、察隅等珞巴族生活的村落，搜集到了40余万字的珞巴族原始宗教文化资料，集结成厚厚的一本《珞巴族原始宗教专题调查》，交给民族研究所，作为宗教学家研究原始宗教的第一手材料。

在此基础上，刘芳贤、李坚尚还认识到，珞巴族的原始宗教是建立在万物有灵和灵魂不死的思想意识上，并有着丰富的内容和多种崇拜形式，便出现了从事宗教的巫师和巫术。他们按照图腾崇拜、自然崇拜、鬼魂崇拜、祖先崇拜进行分类阐述，对珞巴族存在的巫师和巫术进行深刻剖析，诞生了极具研究价值的原始宗教学说，开创了中国研究珞巴族原始宗教文化的领域。

开创中华系统神话的先河

在文化人类学家的眼里，雅鲁藏布大峡谷虽然蛮荒偏远，却永远

珞巴族巫师进行祭虎仪式（李坚尚摄）

有着谈论不够的话，永远有着折腾不完的新鲜事。它就像雅鲁藏布大峡谷一样，生生不息，永无尽头；它好比一个谜，深不可测，永不露底。它使一切致力于考察的专家学者，不得不停下脚步，对它进行永无休止的“淘金”。在这批淘金者中，刘芳贤、李坚尚这对珞巴族学术研究领域的黄金搭档，在珞巴族系列神话中掘到了一桶又一桶金，打破了外国人言中华无系列神话的论断。

刘芳贤，1939年9月生，广东仁化县人。1964年7月从湖北大学政治经济学专业毕业后，正遇上刘少奇主持国家工作，需要大量学术研究人员。中国社科院前来学校选拔人才，他有幸被安排到民族研究所，从事民族经济研究。可在那样的年代，他先后被下放到贵州、内蒙古搞“四清”工作，从而对贵州丰富多彩的少数民族民俗文化产生了浓厚兴趣，尔后调到《民族研究》杂志任编辑。这样的经历使刘芳贤在编辑学、民族学和民族经济学研究领域，有了自己独到的见解。

在原始父系氏族社会末期和奴隶制初期，马克思称之为“人类童年时代”，从文艺方面来看，是产生神话和古代史诗的时代。这个时代，人与自然结合密切，人在大自然中生活，人自身是大自然的一部分。大自然未被开发，保持原始的面貌。人在原始森林中狩猎，在未被整治的河川里捕鱼，经常与狼、虫、虎、豹接触，奔走于风、雨、雷、电之下。这个时代，人的思维活跃，像儿童一样富于幻想，对万事好奇并会产生种种疑问。

就拿做梦来说，两个猎人一起打猎很疲劳了，在林中烧起一堆篝火休息。一个猎人打了一个盹，梦见自己打到许多野物，又经历种种奇境，如天塌地陷、火光冲天和亲人离去。可一觉醒来，却仍在篝火边。另一个未睡的猎人说，他从未离开过篝火。睡着的猎人看到自己睡觉前，烤在支架上的野猪肉，怎么才刚刚烤热？可做梦很是自由浪漫，幻想什么就可能梦见什么，如自己像凶猛的野兽一样长有双角，像高翔的飞鸟一样生有双翼，同鸟、兽、虫、鱼等交往也像人一样会说话，死去很久的人也像活人一样嬉笑交谈。这样的事情一再发生，总是让远古时代的人找不到答案，便产生了各种离奇的神话。

1976年5月下旬，刘芳贤同姚兆麟、李坚尚一道来到米林县南伊珞巴族聚居区考察，而他侧重于珞巴族文化的搜集整理。刘芳贤从有关资料得知，20世纪50年代，珞巴族博嘎尔部落尚处于原始社会父系氏族阶段后期，由于生产力水平极其低下，珞巴人不具有“大脑皮质反映”、“潜意识”等现代科学常识，对于许多自然现象也很难作出科学回答。他们是否会像马克思所说的那样，围绕这些自然现象而产生丰富的神话呢？

5月的南伊，依旧绿浪翻滚。道路两旁簇生着青冈、桦树、柏木，草木繁茂，杜鹃花绽放。历史上宇拓研修藏医藏药、多吉帕姆女神在此修炼等由人而仙的神话传说，大都出自这一带，这里已成为一处令人向往的人间仙境。刘芳贤一行从南伊乡出发，穿过小片的畦田，走进南伊沟一户珞巴族家中，博嘎尔部落一则创世神话《天和地》，便引起了刘芳贤无限回味和思考。

很早以前，世上只有天和地，天是空空的，地是秃秃的，除了它们外，其他什么东西也没有。天和地商量："我们一个子孙也没有，那怎么成呢？我们结婚吧！"天不断地向大地求婚，大地终于答应了。于是，天地紧紧贴在一起，生了许多孩子，诸如太阳、月亮、星星及大地上的动物、植物和珞巴族的祖先达尼、藏族的祖先达洛等。孩子渐渐长大了，但天地总是挨在一起，使他们无法生活，于是大家推荐金足地育（俗称金刚）向父母说情，希望他们分开。天父同意了他们的请求，离开了地母。正在这时，地上刮来一股强风，吹得天父带着孩子太阳、月亮、星星、雷电等脱离大地母亲。他们的孩子山原本不高，但见到天父离开后，想追着天父而去，可追了一阵又舍不得地母停下来，形成今天的山峰。天父看到后十分伤心，眼泪扑簌簌地往下掉，形成了雨。

过去谈起中国的创世神话，总是局限于汉族史籍中记载的盘古开天地、后羿射日、女娲补天、精卫填海等。可是珞巴族的这则创世神话却显示出了古代珞巴人丰富的想象力。在珞巴族博嘎尔部落的神话海洋里，刘芳贤发现影响最为巨大，流传最为广泛的莫过于系列神话《阿巴达尼》。"阿巴"在珞巴语中意为"祖先"，"达尼"是珞巴族最早祖先的名字。他发现许多诸如天地日月、鸟兽虫蛇、鬼怪神灵等神话，都围绕着阿巴达尼来展开。

当刘芳贤将这些神话讲给李坚尚听时，同样引起了他的极大兴趣。在珞巴族学术研究领域，李坚尚、刘芳贤这对搭档创造了一个个中国"第一"：第一本全面反映珞巴族社会的上百万字调查报告，第一本全面介绍珞巴族原始宗教的30余万字的调研材料，第一本系统论述珞巴族社会历史和文化的专著，第一本全面反映珞巴族民间故事的专辑。

刘芳贤、李坚尚搜集到近百个有关珞巴族祖先的神话，如《阿巴达尼和达阶》《阿巴达尼和阿崩英纳》《阿巴达尼的三个妻子》《阿巴达尼和猴子斗智》《阿巴达尼猜谜语》《阿巴达尼和宁崩鬼》等。在这些神话中，珞巴族的祖先达尼曾是飞禽、猛兽、虫蛇的同胞，长期居住在山林中，无所不能。他前面有两只眼睛，后面还有两只眼睛，后面的眼睛是专门监视妖魔世界的。他先后和飞禽猛兽虫蛇结过婚，还娶过大风、魔鬼、太阳等的女儿为妻，他上可达天界，下可通地府，行踪莫测，还是制陶、架桥的发明家。

而且，在珞巴族的神话里，往往人、鬼怪和自然界之间都具有一定的血缘姻亲关系。

刘芳贤、李坚尚通过反复研究发现，珞巴族社会长期保留着浓厚的氏族残余，血亲和姻亲在社会中起着重要作用。在他们的社会里，人们聚族而居，血缘纽带的远近，往往是衡量彼此关系的标准。婚姻的缔结既是各氏族加强联系、壮大自己的一种力量，也是抵御外来侵犯的重要手段。所以，他们的神话将天地宇宙、日月星辰、山川河流、虫蛇鸟兽等，都赋予一定的血缘关系。在强大的自然力量面前，珞巴族祖先不仅显得软弱无力，还极其渺小，随时都有被摧残的危险，借助血亲姻亲，希望能获得生存和发展。在阿巴达尼的系列神话里，如博嘎尔、迦龙两个部落《阿巴达尼试妻》中，其立意为阿巴达尼曾同飞禽、走兽、鬼怪之类联姻。

珞巴族米古猎人（陈立明提供）

1976年8月10日，刘芳贤、李坚尚来到雅鲁藏布大峡谷腹地墨脱县珞巴族米古巴，前后考察历时12天，却没能搜集到有关珞巴族祖先的神话。1980年9月，当他俩在完成雅鲁藏布大峡谷腹地墨脱地东村的补充调查后，再次进入达木米古巴部落。李坚尚在《喜马拉雅寻觅》中写道：

9月21日，我们一一告别了县里的老朋友、新朋友后，准备步行两天，先赶到达木做实地考察。这次进墨脱，主要任务是考察门巴族。当我们访问白嘎后，目的已经达到，余下的10天时间，只要对墨脱东北面的两个珞巴族聚居区作一次走马观花式的走访，任务就全面完成了。

我们在达木调查了两天后，刘芳贤在吃晚饭时兴奋地告诉我，他当日到附近的卡布村调查，发现了两个很会讲民间故事的老人，一个叫安布，一个叫嘎穷。据他们说，起码能讲七八天。当地群众在农闲的日子，经常听他们讲故事，好听极了。随后刘芳贤把他在当天搜集到的一个关于母猪、种子和人类祖先的故事，向我们讲述了一遍。这是一个关于解释人类起源的神话，很有价值。

作为民族学家，没有一个人不

对神话、传说和故事感兴趣。马克思称，神话具有永恒的魅力。刘芳贤的发现，真令我们兴奋，也使我们自责，1976年曾到这里调查，为什么那次没有搜集到？幸好我们在墨脱考察行将结束的时候有所发现，没有使这个传统文化领域里的“大鱼”漏网。可以这么说，没有这次达木村的补充调查，我们那本34万字的《珞巴族门巴族民间故事选》就无从出版。

珞巴族米古巴部落有关祖先的神话丰富多彩。冀文正曾在这里工作16年，利用人熟、地熟、语言通的优势，搜集到了不少。诸如《鸡族倒霉的缘由》《杀鸡占卜的由来》等，都与祖先达尼有关。刘芳贤在调查中发现，米古巴人在祖先称呼上有方言的差别，称祖先为“阿布”而非“阿巴”，最早祖先的名字为“尼波”而非“达尼”。神话《阿布尼波和阿布洛波》讲道，珞巴族的祖先尼波采用计策灭掉了众猴，多少有点像迦龙部落的《阿巴达尼的灭猴计》；神话《阿布尼波和阿布洛波分家》则讲道，珞巴族的祖先尼波见弟弟洛波招来了火灾、水灾，将成片的森林烧毁，便悄悄离开了弟弟，到妻子太阳的女儿那里去，这和博嘎尔部落祖先达尼娶太阳的女儿为妻非常相似。

1981年4月，刘芳贤、李坚尚还深入靠近雅鲁藏布大峡谷区域的隆子等地，调查珞巴族的社会历史和文化，同样感受到了珞巴族神话的丰富多彩。在珞巴族的迦龙、崩尼、崩如、苏龙等部落，不仅有阿巴达尼的神话，还有神话中的一个中心人物，就像汉族的民间传说中的黄帝一样，得到了珞巴族众多部落的崇拜。

由于一条非法的“麦克马洪线”，使我国99%以上珞巴族尚生活在印占区。在外国学者搜集的神话中，是否也有阿巴达尼的神话呢？李坚尚以其扎实的英文功底，翻译了外国学者所著的《喜马拉雅山南麓的宗教和文化》、世界上第一部全面描述珞巴族诸多部落文化的专著《巴达姆—民荣诸文化》，有幸阅读一批介绍珞巴族社会历史和文化的外国论著，诸如《迦龙》《印度东北边境特区神话》等，从而印证了达尼是珞巴族始祖的说法。

印度著名民族学家V.埃尔温在珞巴族博日部落考察时，搜集到了神话《达尼和尼都》，珞巴族祖先达尼同猴子比箭法，结果输给了猴子，便心生一计，企图将所有猴子灭掉，结果还是有一只小母猴逃走了，最后繁衍了众猴。由于达尼设计烧死了猴子的祖先，今天的猴子见到人就吓得逃走，这和迦龙部落的神话《阿巴达尼的灭猴计》相似。

英国学者B.K.舒克拉也在阿帕塔尼部落的创世神话《肯库》中讲道，混沌初开，就有个叫肯库的怪物，这时天生下一个像泥球的鬼怪，这个鬼怪竟对肯库说：“我叫禅图。”肯库对她说：

"你是我生下来的，你会生谁？"禅图却说："我会生阿巴达尼。"阿巴达尼生下后，禅图对他说："我很快就要死了，你一定要生出人来啊！"禅图死后变成了天和地，阿巴达尼按照禅图的临终遗嘱繁衍了人类。

1982年，当刘芳贤、李坚尚首次将所搜集到的珞巴族神话《阿巴达尼和兔子》《阿巴达尼和基波斗智》《阿巴达尼和普巴结》《阿巴达尼兄弟和宁崩乌佑》等，一个个呈给民族研究所后，让中国社科院民族研究所一些颇有影响的民族学家异常兴奋，感慨地说："珞巴族的神话故事，又一次打破了外国学者声言中国没有系统神话的谬论。"

无独有偶，1979年2月，西藏民族学院的于乃昌教授也来到米林县南伊珞巴族聚居区考察，同样搜集了不少有关珞巴族博嘎尔部落的神话。1985年，于乃昌带着自己的考察成果来到北京，民间文艺家毛星这位严肃学者敏锐地指出："有人说，只有古希腊和希伯来人有体系神话。不，在中国，珞巴族神话也是体系神话。"毛星当时兴奋得甚至不顾年迈体弱，想立即亲赴西藏考察珞巴族，可后来因病魔缠身而未能成行。

随后，于乃昌不仅将珞巴族博嘎尔部落神话进行整理分类，发现它包含开天辟地、万物起源、人类诞生等多个方面，而且还对这个完整的神话系统给予了论证。对此，中国民间文艺家协会书记处常务书记廖东凡，对此评价相当高："1979年夏天，他（于乃昌）在米林县记录了多篇珞巴创世神话、生殖神话、图腾神话，陆续在报刊上登载，同样在学术界引起强烈反响，专家们认为这些具有世界意义的发现是'原始神话的活化石'。"

于乃昌1936年12月生于辽宁省复县一个滨海小镇，1960年从东北师范大学毕业时，还是个稚气十足的小伙子。伴着渤海湾的浪花，踏进了西藏文化的沃土，被分在西藏民族学院任教。毕业后的第一年，他就在《文汇报》上发表了第一篇美学论文。

在西藏民族学院的讲台上，于乃昌开始了美学的研究与教学。不久，"文化大革命"开始，美学定为"封资修"被禁止。1978年春天，于乃昌又手持教鞭，走上了美学的讲坛。之后，他又与别人合著了《美学概论》，并成为许多高等学府的教科书。

1979年2月，中国社科院文学研究所主持召开了第三次少数民族文学史编写工作座谈会，决定组织编写我国第一部包括55个少数民族文学概况在内的《中国少数民族文学》丛书，毛星担任这套丛书的主编。文学所将珞巴族、门巴族文学概况交由西藏民族学院完成，由于乃昌带领一个小组深入喜马拉雅山区，考察珞巴族、门巴族文化。

于乃昌接受了这项任务，赴喜马

拉雅东部山区对珞巴、门巴两族进行了综合考察。在珞渝文化的广阔天地里，他不仅迷上了珞巴、门巴两族文学的探索，更迷上珞巴族博嘎尔部落神话的研究。在研究中发现，珞巴族神话构成了珞巴族文学主体，相当丰富和完善，包括了神、人、鬼，乃至日月星辰、鸟兽虫鱼等各个方面，它们形象而曲折地再现了处在原始时代珞巴人的现实生活和精神世界，并形成了具有鲜明民族特征的神话体系，包含了开天辟地、万物起源、人类诞生、祖先崇拜、英雄崇拜五个方面。

在开天辟地神话里，于乃昌就明显感到珞巴族神话具有鲜明的地域特征。如他们在《九个太阳》中，认为最初天地不分，混沌一团。后来，天从中间鼓了起来，逐渐离开了地，但周围还是和地连在一起。天和地结了婚，不久地生了九个太阳。他们以视觉直观为依据，很好地说明了天体观念中古老"盖天说"的来源。在另一则神话《天神三兄弟》中，认为从前天上住着都姑、隆姑和贡姑三兄弟，从上界察看大地是一片汪洋大海，心里十分难过，决定下界看个究竟。后来三兄弟抓了很多土，撒得很均匀，形成了平原，可到珞巴人生活的地方时，手中剩下的土不多了，只得一小撮一小撮地放，所以就形成了珞渝的山。

珞巴族万物起源的神话，无外乎是天地造万物说，或者是尸体化生说。于乃昌认为珞巴族的天地造万物，实际上是原始的对天地自然崇拜的反映，是对天与地的人格同化。如在《阿巴达尼》里，珞巴人认为最初天地间什么也没有。天和地经商量后，决定造出人类来，他们便结了婚，大地母亲生了太阳、月亮、树木、花草等，还有珞巴族的始祖阿巴达尼，天地间从此热闹了起来。

在万物起源的神话中，富有情趣的尸体化生神话，更让于乃昌感到新奇。珞巴族在《三个神牛》中，解释了山脉、河流、森林以及动物、昆虫的来源：大地母亲生了三头神牛，老大是火神牛，老二是铁神牛，老三是土神牛。有一次，火神牛同铁神牛斗了起来，火神牛将铁神牛吞到肚子里，死了之后就变成了树木和百草，骨头变成了石头和山脉，血液变成了河流，内脏化成了有血有肉的动物和昆虫。于乃昌认为，这些尸体化生神话的产生，是以灵魂不死和转体的原始观念为基础，反映原始祖先对"生命的连续"的朴素认识，把自然万物也看成一种生命现象，具有很高的研究价值。

在珞巴族人类诞生神话里，他们对自身的关注，永远胜过对其他一切问题的兴趣。于乃昌研究时发现，珞巴族祖先关于人类诞生也有过许多想象和幻想，而这些正和珞巴族的原始家庭形态有着密切的联系，而且和珞巴族原始的天地崇拜、图腾崇拜和生殖崇拜结合在一起。在《达萌和麦包》神话中，大地母亲生了一儿一女，姐姐叫达萌，弟弟叫麦包。一天从天上掉下一个鸡蛋，姐弟俩赶忙拾了起来，放到火上去烧，烧裂的鸡蛋迸到姐弟下处，他们从此相爱结为夫妻。这则神话还说，他们学会了用火制造各种工具，繁衍子孙后代，他们就是人类的祖先。而这则姐弟互婚的神话，正说明人类原始氏族社会早期存在过血缘家庭，他们对性爱的神秘和恐惧，正反映原始宗教的生死崇拜心理。

最让于乃昌感兴趣的是《猴子变人》的神话，珞巴族借助想象，把猴子变人和火联系了起来，反映了珞巴人在原始氏族社会实践中，体会到火对人类生存的重要作用，以及火在他们观念中的地位。而另一则《人的诞生》神话中藤子上的果实、兄妹成婚，都是天神的安排。对于“神”的输入，于乃昌认为，这是藏传佛教对珞巴族文化影响后对过去神话的一种再创造。

在珞巴族祖先神话中，影响最大、流传最广的，要数由若干神话传说组成的长篇神话《阿巴达尼》。于乃昌同刘芳贤、李坚尚一样，发现珞巴族把世间的主要能力都赋予阿巴达尼，有的反映原始的宗教崇拜、氏族盟誓等活动时的情景以及原始的复仇观念和血族复仇之风，有的表现了原始社会父系氏族时期生产力发展水平、婚姻家庭形态和社会关系等，向人们呈现出了一幅幅古代珞巴族社会绚丽多彩而又奇幻的历史画卷。

珞巴族英雄常常同祖先神话结合在一起。于乃昌看到，珞巴族神话中法力无边的英雄，都被看成是祖先阿巴达尼的子孙后代，他们是智慧无比、感天动地的生产能手和发明家。如阿巴达尼的孙子阿宾肯日是一位狩猎能手，发明了弓箭，可因在回家的路上，挂野猪的绳子断了，猪头上的两颗大虎牙打在阿宾肯日的腿上，腿被打断而死，最后以悲剧结束。而铁器的发明家普苏达东和罗马达当俩兄弟，有一次在河边炼铁，干得又累又渴，在河里喝水时，不慎将很多铁箭镞喝进肚子里而死。这些悲剧，反映了他们同大自然斗争时的艰苦历程。

于乃昌对珞巴族众多神话，按照开天辟地、万物起源、人类诞生、祖先崇拜和英雄崇拜等进行分类比较，发现珞巴族神话产生的最直接原因，

狩猎是过去珞巴族男子不可缺的一种技能（陈立明提供）

无外乎原始的形象思维和宗教信仰。原始的形象思维是原始神话产生的心理基础，而原始的宗教信仰则直接诱发了原始神话的创作。他还发现，珞巴族民间神话没有纯“神”的形象，于是得出这样的结论：珞巴族神话很少受到阶级社会里阶级意识的影响，它鲜明地保持着神话最初出现的某些特征，这正是人类原始社会时期出现的神话，珞巴族神话无疑成为研究原始神话的“活化石”。

20世纪90年代初，于乃昌按照生殖、创世、图腾、巫术、祖先（英雄）和文化等，对珞巴族神话进行了重新分类、整理和研究，将珞巴族系统神话研究推到了一个新的阶段。他还将珞巴族神话同原始宗教、思维心理和审美结合起来，提出了许多独到的见解：“珞巴族以她自己的文学实绩，肯定无疑地动摇了某些过于自信的学者们的权威。继中国的西南、西北各地的民族文学研究一系列重大发现后，我从珞巴族中又发现了几乎囊括原始社会的全部文学形态，并且是一个具有独特性的民族文学体系。”

这一时期，于乃昌在珞巴族、门巴族民间文化搜集、整理和研究上硕果累累，出版了一部又一部珞巴族、门巴族文化方面的作品。1981年，上海文艺出版社在《中国少数民族文学作品选》中，收录了他搜集的珞巴族、门巴族文学作品。1982年，湖南人民出版社在《中国少数民族文学》中，收录了他撰写的珞巴族和门巴族文学概况。1985年，中国民间文艺出版社在《中国少数民间故事选》中，收录了他搜集的珞巴族、门巴族民间故事；四川民族出版社在《中国少数民族情歌选》中，收录了他搜集的门巴族情歌；北京大学出版社在《民间诗律》中，收录了他的珞巴族民歌格律。1987年，中央民族学院出版社在《中国民族民间文学》中，收录了他的珞巴族、门巴族民间文学；红旗出版社出版了他的《民族风情与审美》；中国文联出版公司在《中国新文艺大系》中，收录了他的珞巴族、门巴族民间文学；中国民间文艺出版社在《中国少数民族神话》中，收录了他搜集的珞巴族、门巴族神话……

北大学子的民间文学梦

1981年，西藏自治区举办了首届民间文学讲习班，其后分成7个组下到年楚河、雅鲁藏布江、雅隆河、拉萨河、羊卓雍湖采风。

这一年，西藏自治区民间文艺家协会常务副主席廖东凡同次仁多吉、次仁卓嘎一道，搜集整理了西藏民间文艺史上具有划时代意义的《西藏民间故事》。中国著名作家马丽华后来评价说：“1982年，《西藏民间故事》的出版，立即震动了西藏文坛。”

廖东凡1938年1月生于湖南宁乡，1956年9月考入北京大学中文系。1959年，西藏实行民主改革，给民间文学的采录创造了很好条件，北京一批民间文艺工作者进藏采风，将采录的部分民间故事收入上海文艺出版社出版的《藏族民间故事选》。在这批采风学者中，有我国著名的民间文艺家佟锦华、耿予方、王尧等。

在这批民间文艺家中，段宝林是北京大学中文系的民间文学老师，从西藏采风回来，他的热情不仅感染了所有同学，而且在廖东凡的心里从此埋下了进藏的种子。

从这个时候起，他就开始认真研读佟锦华、王尧等记译的西藏民间故事，李刚夫、王沂暖记译的西藏民歌，逐渐对那片几乎伸展到天上云间的雪山圣境，产生了一种难以言表的向往和迷恋。

1961年7月，廖东凡5年的大学生活即将结束，西藏正在进行轰轰烈烈的民主改革，需要一名北大中文系毕业生。廖东凡在填报毕业分配志愿时，第一志愿就是西藏。可当时要求进藏的学生很多，组织上派他们年级的党支部书记龚希光找他谈心，为他的坚定信心所感染，成为北大中文系毕业生中报名进藏的第一名学生。

进藏后，廖东凡分配在拉萨市文艺工作队创编节目。工作队演员来自拉萨各个城区，大都不会讲汉语，而他既不懂藏语，也不习惯当地生活。但他深知，要走进藏族，就必须融入他们的生活。经过8年的同吃、同住、同劳动，他不仅会讲一口流利的藏话，还学会了喝酥油茶，吃手抓牛羊肉，熟悉了西藏的民间习俗、艺术，结识了许多藏族朋友。在农田阡陌的拉萨河谷，工作之余的廖东凡开始搜集出自农民和牧民之口的有趣故事。

可好景不长，“文化大革命”开始了，地处世界屋脊的西藏也未能幸免。《西藏日报》有位记者发表过一篇《西藏的青蛙为什么不叫？》的寓言故事，被一些人上纲上线点名批判，于是民间文学这片沃土很少有人再敢涉足。“文化大革命”期间，廖东凡也未能幸免，被下放到堆隆德庆县农村接受思想改造。

70年代后期，西藏民间文学迎来了黄金时期。1973年8月，中央民族学院、中国历史博物馆派出专家学者深入西藏，有的还首次来到错那县门巴人居住的勒布区、米林县珞巴人居住的南伊乡，对喜马拉雅山地部落民族进行调查。1976年初，中国社科院民族研究所派出专家深入西藏，全面搜集了珞巴、门巴两个山地民族部落的民俗风情、社会历史和民间文学资料，其足迹遍及雅鲁藏布大峡谷腹地墨脱。

1975年，廖东凡回到拉萨，担任了西藏自治区群众艺术馆副馆长。在1978年的中共十一届三中全会以后，西藏的作家、艺术家和民间文艺家纷纷深入农牧区、雪山边寨，抢救西藏的传统文化。廖东凡当时和西藏话剧团的次仁多吉、刚从上海复旦大学毕业的次仁卓嘎组成一个小组，开始了在拉萨和西藏各地的采风旅程。

益西丹增是廖东凡的第一个采录

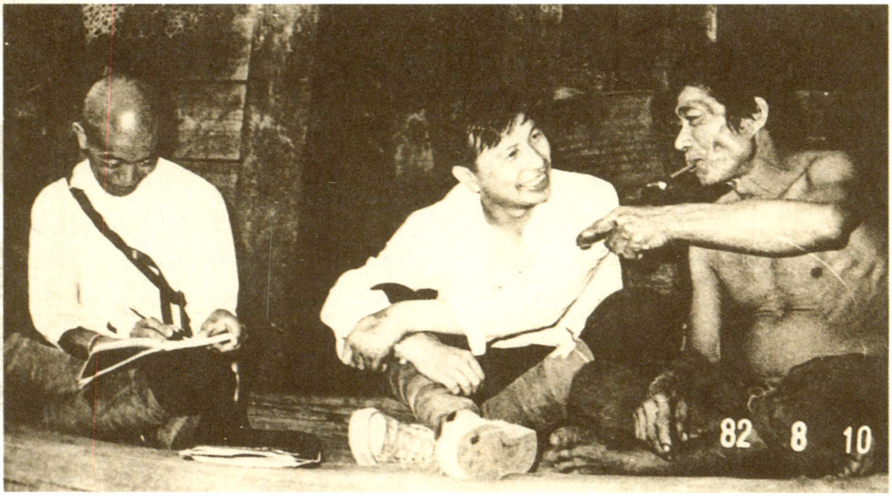

廖东凡（中）访问珞巴族著名猎人钦多吉（右一）、门巴族猎人益西平措（廖东凡提供）

对象，他原是拉萨功德林寺的喇嘛，有较深的藏族文学修养，中年以后离开寺庙在社会上给人念经祈福。益西丹增天资聪颖，到处听人讲故事，又到处给人讲故事。他不仅会讲历史故事、人物故事、动物故事，还会讲神奇虚幻的尸语故事，故事里有情节、人物、景物描写，也有人物的语言，通过他加工润色后，故事更有了浓郁的诗情画意。

益西丹增讲《黑面王子》故事时，整整用了一个星期，让廖东凡听得入了迷。益西丹增住在布达拉宫山腰的一处护法神庙里，廖东凡每天早出晚归进行采录，上坡下坡经常都是小跑，生怕浪费路途时间，邻居打趣地说："益西丹增家里有金子拣吗？"

廖东凡经过细心整理，一篇篇民间故事先后发表在国内外有影响的报刊上，也引起了中国民间文艺家协会的广泛关注。1980年，他在西藏民间文学方面表现出来的才华和成绩，受到了西藏文艺界的广泛好评，后来被选为西藏自治区民间文艺家协会常务副主席。

1982年，廖东凡将多年搜集的西藏民间故事，准备积集为《西藏民间故事》出版时，心里有些不踏实，毕竟珞巴族、门巴族的民间故事很少。从某种意义上来说，不是一本完整的故事集。若要补上这一课，就必须到珞巴族、门巴族聚居区墨脱县去采风，而那里却是一处令人生畏的"人间绝域"。

廖东凡时年44岁，在西藏饱经高寒缺氧20多年的折磨，身体大不如前，墨脱对他来说，无疑是道难迈的坎。然而，在一次讲习班上，已是西藏堆龙德庆县农牧局局长的冀文正，谈起墨脱县的珞巴族、门巴族风俗民情，如数家珍。他还说："我过几年就离休，要亲自到墨脱去采风。”

以后，冀文正同廖东凡有过几次交谈，冀文正还将自己撰写的几篇有关珞巴族、门巴族风情方面的回忆文章交给了他。廖东凡为冀文正对珞巴族、门巴族民间文化的痴迷所感染，以及中国社科院民族研究所的李坚尚、刘芳贤、张江华、吴从众等发表的珞巴族、门巴族的民间文学所激励，他感到“他们如同西伯利亚矿工般的不屈不挠地开掘着民族学、人类学的稀有矿藏，并适时刊布，在学术界引起一阵阵惊喜和轰动”。

1982年7月，时年44岁的廖东凡，已到了身体发福的年龄，终于下定决心，与同事次旦多吉进行了一次远征，沿着冀文正、李坚尚的足迹，走进了被称为“人间绝域”的墨脱县采风。

当廖东凡站在海拔4221米的多雄拉山口时，突然想起了他的昔日北大同窗。他们中大多数都成了文艺界的中坚，有的当了学者，有的当了作家，可他还要去原始森林，寻访“很久很久以前”的故事。有人说，往往一篇小说就能使人一举成名，而从事民间文学的有可能终身默默无闻。“也许是这样，可是，如果在这里找到了属于自己的世界，不也苦在其中，乐在其中？所以将近半百，我还是乐意奔波。”

墨脱地处亚热带原始丛林，又是西藏唯一不通公路的县。人到中年的廖东凡，心脏也发生病变，冒险登山，再累也不敢停下，怕这一停就“定格”了。进入森林中的蚂蟥区，大片茂密的青草上，几乎每片叶子都贴有一条蚂蟥。

在墨脱的两个月，他常常去山民猎户家访问，每当采录门巴族、珞巴族神话传说和风土习俗时，必须穿越原始丛林，登悬崖，过藤网桥。对于采风的艰辛，他体会很深，“巨大的成绩，需要付出巨大的代价，比想象的还要苦”。

那一晚，他住在米日村珞巴族猎人琼多吉家。不远处水声轰响，不知名的鸟儿凄厉地叫着，鸡在阁楼上窸窸窣窣，老鼠不时从头上身上溜过，没有蚊帐，蚊子多得劈头盖脸。尤其

廖东凡（右）和次旦多吉经过老虎嘴时的情景（廖东凡提供）

糟糕的是，白天被叫做“蒙古兵”的毒蜂蜇了右手，搞不好要送命。好心的主人烧起玉米芯赶蚊子，蚊子倒是跑了，可是人也热得受不了，整整一夜没睡着。

第二天去卡布村的路依旧艰险。左边是密密的“猴子哭”树林，右边是深不见底的峡谷，雅鲁藏布江发出令人心悸的咆哮。廖东凡的右手肿得像个大面包，拐棍抓不住，一脚踩空，摔在悬崖边，幸亏被一盘大树根绊住……在悬崖边的古树下，廖东凡跌坐于地。此时的他脸肿得像个大面包，昨晚被一群蚊子围攻彻夜不眠，晨起上路精神恍惚，一失足差点摔下悬崖。他久久地没有爬起身来，想到这几天，甚至很多年来的遭遇，此时也一起涌上心头，不禁悲从中来，忍不住泪流满面。

8月7日，廖东凡来到珞巴族寨子卡布村，支部书记江布多率领男女老幼在山路上迎接，并簇拥着他们走进村寨。房东阿爸嘎钦的家立刻变得像过年一样热闹。人们背来桃子、香蕉、甜瓜、蔬菜，还排起队来依次献上一瓢蔓加酒。

珞巴老人安布打了大半辈子猎，射杀过上千头扭角巨羚及几百只野猪、黑熊和凶狠的雪豹。在他木楼里，廖东凡看见挂满了羚牛头、野牛角以及野猪的下颌，这些都是珞巴人狩猎的勋章和标志。他狩猎时使用的猎具是地弩和毒箭，从不用钢枪，也买不起钢枪。他对使钢枪打猎的人存有一种偏见，认为这种人不是胆小鬼，就是缺少珞巴汉子的勇气，因为对野兽来说太不公平了。

廖东凡见到的安布已70高龄，仍然身不离弓箭、心不离猎场。他亲眼看到他猎回一头100公斤的黑熊，还美美地吃了几顿熊肉，油脂厚极了。他坐在安布的木楼里，窗外耸立着雄伟的南迦巴瓦峰，雅鲁藏布江的涛声也从卡布山下传来。当老人用一种特殊声调讲述自己的“俄当”（猎活）时，屋里更增加了一种神秘幽深的气

珞巴族吊脚木楼门口，悬挂着羚牛头、野牛角以及野猪的下颌等狩猎战利品（税小洁摄）

氛，如同听一部神奇而又精彩的冒险故事。

廖东凡第一次拜访安布的时候，觉得老头儿神情古怪，语言木讷，两只小眼睛骨碌地盯着他转，似乎自己就是一头野兽，这使他大为失望和恼火。后来相互熟悉了，他发现老人不仅是最佳的猎手，也是第一流的故事家、歌手和民间诗人，在故事里，他称野兽为“坏种”、“恶棍”、“摆架子的老爷”、“爱风流的小娘儿”……

廖东凡发现，安布在回忆自己猎杀或从手中逃掉的野兽时，都带着浓浓的感情色彩。有一天晚上，安布在讲述自己猎杀三头野猪，那三个家伙性格不同，模样迥异，甚至连看人的眼神也完全不同时，给廖东凡留下了极为深刻的印象。似乎它们并不是肉可以充饥、皮毛可以卖钱的动物，而是有思想、有性格、有感情的对手。

安布认为，必须信仰和崇拜猎人的保护神，珞巴猎人若离开了这些，不但猎取不到任何飞禽走兽，而且连自己的生命也得不到保障。保护神“吐拉”，平时生活在家里，住在灶石边。上山时就和猎人形影不离，帮助猎人驱赶和兜猎野兽，它时时刻刻保护着猎人的安全。

卡布村猎人每次进山之前，都要在领猎者的火塘边举行隆重的请灶神仪式，安布常常是这种仪式的主持人。开始时，他们要在火塘里煨烧果玛树和兼巴树的叶子，让烟雾缓缓升起，这时火塘神不管到了什么地方，闻到烟味儿就会赶回来。估摸火塘神回到家之后，领猎者就要在煨烧的树叶上抛一些酥油、糌粑，请火塘神享用。同时唱起非常古老而质朴的歌谣， 祈请火塘神保佑。当天夜里，猎人在火塘边睡下。第二天一早，他们就要围着火塘，细细观看香树叶燃烧后灰烬上的种种痕迹。有经验的猎人，可以从上面闻到某些野兽的味道，看到某些野兽的脚印，还可以领悟火塘神指点狩猎山的形状和方向。

安布讲到这里，给廖东凡表演了请火塘神的全过程，告诉他观察灰烬的方法，教给他请火塘神的祷词。如今，墨脱县已全面禁猎，这样的祷词成了绝唱，其中一段是这样的：

火塘神回来，火塘神回来呀！
比你勇敢的世界上再也没有了，
比你有力的世界上再也没有了，
比闪电还快速地往上跑呀！
比思想还敏捷地往下追呀！
嘴巴里冒着火焰追过去呀！
鼻子里喷着轻烟追过去呀！
眼睛里闪着电火追过去呀！
冲上去，挡住它！
把岩峰上野兽的眼睛啄出来，
把森林里野兽的心肝掏出来，
就是跑到没有边的大海也要逮住它，
就是跑到没有顶的山尖也要逮住它，
勾唧！勾唧！勾唧！

安布告诉廖东凡，这“勾唧！勾唧！”是珞巴人呼唤猎狗的声音。火塘神就是猎人的保护神，它是猎狗的化身。安布又给他讲述了下面一段珞巴族古老的民间传说：

古时候，一位珞巴猎人有一条非常了不起的猎狗。猎人和猎狗，既像亲密兄弟，又像知心朋友。他们俩谁也离不开谁，好比一个是另一个的影。这个猎人有位脾气古怪的老婆，她对丈夫和猎狗的友谊十分嫉妒，常常给猎人出些无法解决的难题。而这猎人又有点怕老婆，因此不得不去做。有一回，老婆对他说：“喂！我吃地上有骨头的野兽肉都吃厌了，你给我打只天上没有骨头的野兽来尝尝吧！”猎人毫无办法，只好找猎狗帮忙。猎狗说：“天上没有骨头的野兽，只有吃太阳的凶曜热乌拉。我倒是可以把它从天上赶下来，就看你敢不敢射？”猎人说：“只要你撵下来，我就敢射。”猎狗听后，长长地叫了一声，一眨眼就蹿上了高高的天空。很快，云层里传来“勾乌、勾乌”的狗叫，一头像山一样大的怪物被猎狗从云隙里撵了下来。只见它全身都是眼睛，每一只眼里都喷着强烈的火焰。猎人还没有睁开眼睛，那家伙又蹿回天上去了，他全身只觉得被烈火炙烤一样疼痛。猎人回到家里，将这个倒霉的消息告诉了老婆。妇人说：“吃不到天上没有骨头的野兽肉，我就饿死算了。”果然，她3天3夜不吃不喝。猎人害怕极了，又去找猎狗帮忙。猎狗思忖了好久，才难过地对主人说：“主人呀，这回你要射不死凶曜热乌拉，我俩就要永远分离了。”猎人心里也十分不安，但还是让猎狗去撵天兽。一眨眼，猎狗又蹿上了很高很高的天空。不久，云层里又传来“勾乌、勾乌”的狗叫。紧接着，那头满身是眼睛，每只眼睛都喷着烈焰的凶曜热乌拉，又被猎狗紧紧地从云隙里逼了下来。猎人射了一箭，没中，又射第二箭，也没中。当他射第三箭的时候，那个怪物狂躁起来，摇头摆尾，一声巨吼，顿时天崩地裂，星星乱落，日月无光。猎狗被抛上云头，又落进它那血盆大口之中。猎人心中一痛，一头栽在地。等他苏醒过来的时候，已是晴空烈日，白云悠悠。地上只留下猎狗的几滴鲜血，还有它的毛皮等残留物。

从此，猎人再也打不到野兽，甚至找不到野兽的脚印。他既难过，又痛心。于是捧着猎狗的毛毛爪爪，翻过一座又一座高山，淌过一条又一条大河，寻找这位谁也代替不了的挚友。他一边走，一边呼喊，猎狗的影子始终没有寻到。最后他只有灰心丧气地回到自己的木楼，并日夜思念着这位四只脚的兄弟。有一天夜里，他在火塘边发呆，忽然听到附近有“勾乌、勾乌”的狗叫声。猎人从兽皮垫子上一蹦而起，在楼里楼外到处寻找心爱的猎狗。非常奇怪，他找遍了所有的角落，还是什么也没有。这时，他的耳畔传来了猎狗的声音：“主人，你再也看不到我了，我的身子已经被凶曜热乌拉吃掉了，只剩下灵魂回到了你的身边。但是你不要难过，我还会像过去一样，找最安全的路让你走，赶最肥壮的野兽让你打。我还是住在过去的地方，睡在你的灶石边上。如果我出门去了，你煨烧一点果玛树和兼巴树的叶子，让轻烟飘上高高的天空，我闻到树叶的气味，就会来到你身边的。”就这样，猎狗成了珞巴人的火塘神、家神和保护神。珞巴人祭祀火塘神的规矩，就是从这位猎人开始的。

廖东凡感到，这个有趣的神话“不但表现了古代猎人与猎狗之间生死与共、互相依存的关系，而且也解释了至今珞巴人如此偏爱狗的原因”。在安布家，他还看到安布对猎狗有一种近似慈父般的溺爱，猎狗顽皮地叼走心爱的帽子，他却笑嘻嘻地看着。有好几次，安布坐在地板上，手里端着饭碗，自己吃一口，给狗喂一口，就跟亲生儿女一般。

好几个星月交辉的夜晚，安布端坐在芭蕉树下，给廖东凡讲述世界的形成、人类的出现、珞巴人的祖先，讲猎人、猎狗、猎神、猎物和它们间的恩恩怨怨，以及发生在村落、密林、幽谷、雪山，还有蓝湖深处的种种神秘事物。这些故事把“我们引向悠远、引向迷茫、引向魔幻，引向我们过去见所未见、闻所未闻的奇妙世界，这也是安布老人意念中的生存环境”。

临离开卡布的头一天，廖东凡再次来到安布家，这时的他对卡布墙壁上的兽骨有了新的感觉：“它像一个博物馆，陈列了木楼主人全部光荣的狩猎史，记述了他们全家和猛兽之间所有充满冒险精神的经历。假如来访者对它们发生兴趣，猎人就会指点着每一块头骨，绘声绘色地讲述猎获它的过程，让你听得如醉如痴。……安布老人总是把自己猎杀的某些野兽，尽量人格化、性格化和神化，使我听着听着，忽然觉得那些墙壁上的头骨，渐渐有了生命，有了性格，有血、有肉、有棱角，重新活动开来。”

在珞巴族、门巴族地区考察，廖东凡会讲藏语，但不会门巴语和珞巴语。他和次旦多吉进入墨脱采风时，幸亏有当地门巴族上层人士益西平措担任翻译，“益西平措不但精通墨脱县各民族的语言，对当地历史、宗教、民俗也非常熟悉，在将门巴语、珞巴语口译成藏语方面，简直是一个天才，对安布老人等讲的故事，他能绘声绘色一字不漏地复述过来。”

廖东凡不仅到墨脱采风，还深入米林县珞巴族博嘎尔部落、错那门巴族聚居区，寻访、开采和淘掘一颗颗民间文学的黄金，写出了《猎手向森林诸神呼唤》《珞巴人的猎神崇拜》《猎杀雄健的扭角羚牛》《野兽头骨装饰珞巴木楼》《密林中的毒箭》《美酒和毒酒》等一篇篇极富人情味且风情十足的文章，成为研究珞巴族、门巴族文化人类学不可多得的美文。

珞巴族、门巴族民间神灵，一般人看似乱麻一团，廖东凡却非常熟悉，知道他们有什么嗜好和毛病，甚至一个寻常百姓的内心活动，他都了如指掌。他写珞巴族、门巴族的历史，是通过民间口承的传说、故事及神话中的美丑善恶和机智幽默，帮助人们辨别是非真假、学会信仰与生活、学会与大自然和谐共处，从而知道自己真实的需要。

在审视珞巴族、门巴族民俗现象时，廖东凡以当地普通人的角度倾听他们的故事，就像老朋友聊天那样，照实记录。从学术意义上讲，他的著作或许缺乏理论性，正是这种“随意”，使廖东凡的风情文章，就像与一个当地人坐下喝茶谈天那样轻松。另外，廖东凡首次以文学家的眼光来审视珞巴族、门巴族的民情风俗，以文学笔调来整理他们的民间文学，给珞渝民间文学注入了一股扑面新风。

1983年9月，第一届全国民间文学评奖在北京举行，周扬担任评奖委员会主任。少数民族文字的文学作品参加全国评奖，这在我国文化史上是第一次。通过预选和终审，评选出86部获奖作品，其中一等奖7部。而由廖东凡与次仁多吉、次仁卓嘎搜集、整理的近百万字《西藏民间故事》，获得了第一届民间文学一等奖。

1983年12月15日，中国文联主席、中国民间文艺研究会主席周扬亲自给廖东凡等颁发了证书。正如大会主持者评价的那样：“廖东凡等的《西藏民间故事》，作为第一部由以汉文公开出版的西藏民间故事集，无论在西藏文化史上，还是中国文化史上，都有着重要的意义和地位。”

1985年10月，廖东凡回到北京，调任中国民间文艺家协会书记处常务书记，主持协会的日常工作。此后任《中国西藏》杂志主编。在他担任主编兼杂志社社长期间，《中国西藏》由一种文版增加到汉、藏、英三种，并由季刊增加为双月刊，发行到100多个国家和地区，受到国内外广大读者特别是海外藏胞读者的欢迎。

这些年来，廖东凡的专著和合著有10多部，其中《西藏民间故事》《西藏谚语》《雪域西藏风情录》《百年西藏》等，成为藏学研究的重要书目。2001年2月，廖东凡作为中国藏学家代表团成员，出访了美国、加拿大、墨西哥等国家，并在墨西哥伊比利亚大学作了精彩的西藏民俗演讲。2008年6月，中国藏学出版社又推出了200万字的“廖东凡西藏民间文化丛书”、《拉萨掌故》《节庆四季》《神灵降临》《雪域众神》《灵山圣境》《藏地风俗》和他的自传《我的西藏故事》等，全方位展现了西藏的民俗文化。

7

开采民间文化宝藏

本章介绍1986—2008年，西藏民族学院教授于乃昌前后三次带着助手陈立明、摄像师赵胜启等深入珞渝地区采风，不仅完成了国家下达的重点社科项目编写任务，还开创了珞渝审美文化之路；中国珞渝文化第一人冀文正三次深入墨脱县，搜集珞巴族、门巴族民间故事、歌谣、谚语、谜语等，被誉为“墨脱文化图书馆”……

第七章

开采民间文化宝藏

珞渝审美文化的拓荒者

于乃昌一行5人面前所展现的，宛如吊在半山腰细细飘曳的一条路，它半弧形地向外张开着，好像一张大嘴要吞噬一切生灵，这就是墨脱路上著名的“老虎嘴”。于乃昌扶扶眼镜，向山谷望去，只觉得一股阴森森的寒气扑面而来。100多米深的悬崖下，河水泛着白光，令人毛骨悚然。

1983年，中国社会科学院少数民族文学研究所（以下简称“文学所”）报请中宣部批准，将少数民族文学史的编写工作交由少数民族文学研究所负责。1984年11月，文学所主持召开第四届少数民族文学史编写工作座谈会，确定组织全国各省区学术力量编撰出版“中国少数民族文学史文学概况丛书”。1985年6月，中宣部、国家民委、文化部和中国社科院联合签发文件，要求认真落实第四届少数民族文学史座谈会纪要精神，做好少数民族文学史、文学概况的编撰工作，并具体落实了分工编写任务。

1986年7月，于乃昌带着助手陈立明、张力凤，摄影师赵胜启，门巴族翻译仁增措姆，完成国家“七五”社科重点项目《珞巴族文学史》《门巴族文学史》和文学概况的写作任务，并由他担任珞巴族、门巴族文化考察组的领队，走向了喜马拉雅山腹地，跋涉在米林县派乡至墨脱县的小道上。

7月30日下午，考察组中被誉为“钢肠铁胃”的陈立明突然患痢疾，一个晚上竟拉了8次，可是第二天的出发日期又不能更改，于乃昌只有派人将陈立明送某部卫生所，自己带着其他人员出发了。

于乃昌时年50岁，个头不高，身躯笔直，戴一副眼镜，俨然学者风度。当他站在“老虎嘴”时，云雾已经缠绕在树丛中。“老虎嘴”是万丈悬崖峭壁上开凿的一条简易栈道，800多米长，形同虎嘴而得名。在栈道的上方，怪石悬空，呈粉碎状，随时可能坠落。栈道崎岖，里高外低，很难站立。有的地方，路突然中断，仅靠

西藏民族学院于乃昌教授在珞巴族聚居地采风（西藏民族学院提供）

悬在空中的木架连接。

“于老师，过吗？”当这一声询问再次在“老虎嘴”前响起，于乃昌望望大家，什么也没说，只是默默地走向“老虎嘴”。他向前匍匐着，水滴滴答答落在他身上，路更滑了，尖利的石头不时伸出来划着衣服。而前面的关口最危险，仅容一人贴身才能通过。

于乃昌屏住呼吸，当爬过“老虎嘴”时，已完全是一个湿淋淋的水人了。一看表，短短300多米，整整爬了3个多小时。事后，一种强烈的自豪感使他兴奋不已，“无数的高山慢慢地矮下去，我觉得自己非常伟岸，仿佛就是追日的夸父”。

8月17日，离队15天的陈立明来到了墨脱县政府，当他大声打听珞巴族、门巴族文化考察组时，从右侧木楼上传来了仁增措姆的呼喊声。紧接着，于乃昌、赵胜启、张力凤也走出了木楼，热情欢迎他的归来。

墨脱县城所在的墨脱区有东布村、墨脱村和亚东村三个村庄。于乃昌按县委的安排，首先住在东布村，这里主要居住有门巴族，还有少量的藏族。

东布村，当地门巴人习惯称为“丹布村”。门巴话的“丹布”是“约会”的意思。据门巴老人白玛仁青讲，门巴族东迁首先到达的就是这里，即朱隅门堆村的6户门巴人东达、江措、多吉、桑珠、赤列、扎西朗杰，分成两伙，历尽艰险来到了墨脱。居住在墨脱的珞巴人，拒绝门巴人在此居住。后来扎西朗杰给珞巴头人内珠送了一头黄牛，向珞巴人借路，6户门巴人会聚到了东布，建立了第一个门巴村寨。

当地群众说，在进墨脱的汉人中，于乃昌是年龄最大的一位。可他不服老，带着大家挨村挨户地采集民歌、民谣和民间故事。

在通向马迪村的路上，于乃昌忽然感到走进了云中，飘飘欲仙，然后眼冒金花，一头栽倒在地。考察组里的小伙子，把他背上了马迪村。这时老乡们来了，于乃昌醒过来后，感觉到一种热情、纯真，还有许多他都说不上来。

他们走过一村又一村，受到的款待都是最隆重的。老乡们主动找上门来讲啊，跳啊，唱啊。透过近视眼镜，于乃昌感到心迷神醉。篝火，把夜空烧得暗红。

“于老师，老乡们来敬酒了！”一大队身背竹筒的老乡排在前面，竹筒内的米酒飘出迷人的醇香。“不喝不行，喝醉了主人才高兴。”于乃昌喝了一碗又一碗，感到有些醉意。门巴老乡围着篝火，跳起了最原始的舞蹈，唱起：“高高的雪山圆圆的环，白狮欢聚圆环中。高高的草山圆圆的环，小鹿欢聚圆环中。高高的湖泊圆圆的环，小鱼欢聚圆环中……”

一曲《欢聚歌》刚唱完，他们接着又唱起了《迎宾歌》：“翻越高山而来，绕过高山而来，珍贵的檀香树啊，一定劳累辛苦了！……”在门巴族村寨，于乃昌处处感受到门巴族的酒文化：没有酒的涌动，就没有歌舞；没有歌舞，就翻不开民族历史，就找不到民间文学。

门巴族老人穷多吉讲述了流传甚广的《隅南热巴》民间故事，其故事的基本情节颇与《孙悟空三打白骨精》相似。在很久以前，门巴族地区有一个小王国，国王勒格浪荡成性，贪恋女色。女魔投其所好，卖弄风骚，勒格鬼迷心窍，决定与“女神”成亲。大臣孜乌南珍忧心如焚，把实情告诉了臣民。臣民们惊慌失措，纷纷退避。女魔要吃勒格的儿女，大家把姐弟俩藏了起来。不觉10年过去，勒格儿子隅南热巴已长成了身强体壮的青年，学会了起死回生、除害驱魔之术，将女魔射杀，女魔变成一具骷髅躺在地上。隅南热巴为民除害，被拥为新国王，登上莲花宝座。这个小小的王国从此兴盛起来。

正是这感人的场景，给了于乃昌把门巴族风情与审美结合的灵感。他在《门巴族风情与审美》一书中，给人以丰富的想象，感受门巴族不一样的风情美。

8月19日，于乃昌一行告别了还在沉睡中的马迪村，踏上了去达木珞巴民族乡的路。

达木村是一个仅有25户人家的小村落，坐落在苍翠碧绿的群山之间。村里矗立着一座座人字形木楼，竹木结构的房屋分三层，下层放柴火圈牲畜，中层住人，上层堆放辣椒、工具等杂物。一般用竹席铺屋顶，或以草、稻秸、棕叶覆盖。墙壁地板用竹席或小竹、竹片、木板编排。用竹子破开做成的引水槽，架在空中，输送泉水入家家户户。展现在于乃昌眼前的是孩童在沟槽下嬉闹，妇女花枝招展，裙裾摇曳，在水槽下的水池里打水；池塘边，房屋旁，山坡上，处处挂满了红润的蜜桃，惹人喜爱。

当于乃昌登上珞巴族老人嘎穷的木梯时，门口一个用桤木刻的男性生殖器格外醒目，1米多长，碗口粗，龟头涂有红色。进屋后，他又见到一个类似的木雕。珞巴人崇拜男性生殖器，因为它不仅可以避邪，还象征人丁兴旺。嘎穷让考察组一行入座后，自己便坐在楼门正对面的右边，这是男主人席。嘎穷口噙竹烟斗，牙齿微黄，脸上多皱，眉毛浓黑，上穿白布衬衣，下穿花短裤，赤脚，脚板厚实。楼门正对面的左边是女主人席，坐着女主人，左侧是陪客席，坐着村干部旺杰。

嘎穷用烤老鼠来招待大家。只见他将一截竹子从老鼠屁股里穿进去，放在文火上烤，一会儿用嘴吹两口，再烤，烤得黑黢黢的，当长尾巴一圈圈卷起，他就用刀子刮掉毛灰，洗净，将老鼠肚内的东西掏出来扔到楼下，再把老鼠剁成小块，放上辣椒和盐，然后说："你们尝尝吧。"

于乃昌一行用手撕着老鼠肉，慢慢品味后，感觉还不错。嘎穷高兴地说："老鼠肉还有两种吃法。一是在火上烧烤，毛烧光后连内脏一起切碎，加上盐巴、辣椒煮熟吃；另外是连毛一起切成段，放进竹筒，在火上烤，到时来了贵客，打开竹筒就食用，但要把带毛的皮撕去。"

当嘎穷拿出酒来招待大家时，于乃昌想起了上次在门巴族老乡家的竹筒酒。嘎穷如数家珍地介绍起了珞巴族的酒来：我们有黄酒、白酒两种。黄酒由玉米、鸡爪谷、达谢等做原料，煮好拌酒曲，装在大葫芦内封酿，酿成后放在漏斗形的竹筐或竹筒内，加水滤出即可饮用。酿好的黄酒经过蒸馏就制成了白酒。珞巴人喜欢以自酿的鸡爪谷酒待客。这时女主人跪在地上向于乃昌敬黄酒。她先倒一点在手心，自己先喝，以示酒没下毒，他们喝一口，她添一次，这样酒碗始终是满满的。

晚上，于乃昌一行围着火塘，嘎穷又给他们讲起了有关珞巴族的习俗。嘎穷说："我们信仰万物有灵，山有灵，树有灵，水有灵，植物有灵，动物也有灵。"一名村干部说："万物有灵体现在珞巴人的衣食住行、婚丧嫁娶中，而且种类繁多，如牲灵、神灵、鬼魂、妖魔等统称'吾勇'，吾勇无所不在。高山峻岭、岩洞溪涧、古树怪石、泥石山川，都是吾勇隐居之地；山上植物，林间动物，都由吾勇管辖。人们崇拜风、雨、雷、电、冰雹等自然现象，进山狩猎要进行祭祀，凡砍伐、翻土、播种、除草、收割、开仓以及外出都要择吉日杀牲祭祀。在砍树或开荒后出现生病、死亡，须请巫师杀牲消解。"

珞巴人相信包罗万象的宇宙皆受鬼神支配，在他们的生活中，动辄请巫师卜卦，或米剂杀鸡取肝，或纽布祭神跳鬼。纽布除具有米剂的职能外，还以祭神跳鬼的祷词、咒经、模拟动作、占卜等，为人祛危求安。如巫师将一根羊毛和三粒串珠施以巫术后戴在病人脖子上，可以把灵魂稳住，免遭鬼怪引诱和勾走。凡家人被杀或杀害了他人，以及无意猎杀了图腾动物虎、豹、蛇、野牛、水獭等，都要举行送魂仪式，通过驱赶或模拟巫术，家人方能平安。

8月27日，于乃昌一行结束达木村的考察后，前往珞巴族历史更为古老的卡布村，这里不仅有10余户珞巴族，还有几户门藏、珞藏结合的家，珞巴族文化虽然仍占主体，但已呈现出民族大融合的趋势。

于乃昌在考察时发现，珞巴族在长期的狩猎、采集和农业生产中，养成了对自然现象敏锐的观察力。他们依据实践中认识的自然现象来理解年、季、月、日；依据月相盈亏、寒暑冷暖、草木荣枯来断年、分季、数月、记日，创造了具有鲜明地域特色的“物候历”。而且珞巴族对形象感受大大超过了抽象思维，对具体事物的兴趣显然超过了对抽象概念的理解，在可感的手指和脚趾帮助下，虽然计算不能超过“二十”，然而，一位连自己年龄都不知道的珞巴老人，却能背诵数十代祖先谱系名称。他们也许说不出某一种鸟兽的名字，即使他们语言中没有“故事”等这类概念，却能给你讲述生动迷人的神话、传说、民间故事。

9月4日中午，于乃昌一行从德兴村出发前往文郎村，当来到一条“鬼河”的小溪时，走在前面的益西平措老人说：“这条鬼河的鬼很厉害，如果有人对它不恭敬，过河后腿脚处会出现青斑，这是被鬼抓的，弄不好会生病。”

益西平措的话不幸被“言中”。当大家正准备进村时，于乃昌觉得不舒服，先是耳鸣心慌，全身乏力，接着双眼发黑，什么都看不见了，脸色铁青，两手冰凉。幸好喝了村里赤脚医生的四小瓶葡萄糖，才有所好转。这时，益西平措老人悄悄对陈立明说：“今天过河时遇到水鬼了，这是鬼灵作祟的结果，担心还要出事。”

这话又被“言中”。于乃昌病情刚有好转，摄影师赵胜启在没有任何征兆的情况下，突然体温达39℃以上，且持续高烧不退，全身发抖。病情来势凶猛，吃了消炎退烧药仍下不来，只得按照当地的土方，用麝香粉和白开水吞服。没想到效果特好，体温很快就降了下来。

益西平措老人再次悄悄地告诉于乃昌助手陈立明：“鬼河的鬼真厉害，他们肯定是碰上鬼了。”陈立明想用科学道理来说服他，可这个门巴老人依然坚持自己的看法。事实上，益西平措老人有着不平凡的经历，他的祖先来自不丹，曾主持修建了墨脱著名的格林寺。他昔日是僧人，通晓本民族历史和文化，在墨脱县还担任政协副主席，是一位知识广博、阅历丰富的长者。

益西平措多才多艺，不仅歌唱得好，舞跳得好，还会讲许多民间故事，特别擅长讲动物故事。有时他很投入，竟讲起了非常“黄”的故事，弄得女翻译仁增措姆拒绝翻译。但在于乃昌看来，这些看似“黄”的故事却有一定的研究价值。他在讲述《国王择婿》时说，长有两个男性生殖器的乞儿同长有两个女性生殖器的公主结了婚，看似荒诞无稽，却反映了门巴族炽热的生殖崇拜文化。

于乃昌一行，东起墨脱，西止错那，沿着蜿蜒的雅鲁藏布江和神秘的喜马拉雅沟谷，行程3000余公里，走访了八县一市近百个村寨。在我国控制区以内，凡有珞巴族和门巴族居住的地方，都印上了他们的足迹，直接给他们演唱的对象和提供资料的就上百人。其中百岁以上的珞巴、门巴老人就有3位，70岁以上的老人有60余位。

1987年，中国大百科全书出版社在《中国大百科全书·中国文学卷》中收录了于乃昌的《珞巴族文学》《门巴族文学》，填补了我国珞巴族、门巴族文学的空白；1989年，西藏人民出版社出版了他搜集整理的中国第一本含有珞巴族、门巴族的《西藏民间故事（五）》。

于乃昌在整理研究这些资料时，提出了有些陌生的新名词“审美文化”，让人感到特别新奇。为了阐述他的审美文化， 于乃昌在绪论中引用了1872年泰勒的名著《原始文化》对“文化”的解释，列举了汉族、藏族对文化的不同理解，以及马克思对美的解释。

于乃昌认为，人们在对待一种文化现象时，可以有不同的评价视角。就拿珞巴族过河的藤网桥来说，可以从科学方面进行评价，指出创造和制作的方法；也可以从应用上进行评价，指出它的用途；还可以从审美方面进行评价，指出它对人的感观的愉悦性，产生一种审美享受。从这个意义上说，审美文化就是对文化进行审美价值的判断，而西藏审美文化就是对西藏藏族、珞巴族、门巴族创造的文化进行审美价值的判断，从而获得一种美的享受。

在西藏这块高地，藏族、珞巴族、门巴族是西藏高原的伟大开拓者，共同创造了包括审美文化在内的西藏文化。由于地域相接，彼此交流，相互影响，形成了西藏审美文化上的统一性。于乃昌对他们的“猴子变人”神话进行研究比较，发现他们彼此都有一种文化认同心理。

正是有了这样的认识，于乃昌将藏族、珞巴族、门巴族的宗教、风情、艺术、文学与审美结合起来，完成了他人生中非常有影响的又一部专著《西藏审美文化》，而他对珞渝审美文化的理解，给人们提供了研究珞渝文化新的视角，引起了国内外专家学者的高度关注。

1989年，西藏人民出版社隆重推出了他的《西藏审美文化》。也许是“审美”与“文化”结合的效应，在不到3个月里，该书未出拉萨城就销售一空。1998年，于乃昌再次对《西藏审美文化》进行了修订，交由西藏人民出版社出版。

墨脱文化“图书馆”

于乃昌一行考察组离开墨脱县后的第三年，即1988年7月，中国珞渝文化的开拓者冀文正同西藏“三套集成”成员张学仁一道，打上绑腿，头戴草帽，腰系绳索，肩背藤筐，第23次踏上漫漫的墨脱山道，走上了艰辛的文化之旅，系统地搜集珞巴族、门巴族的民间文化资料。

也许，人在冥冥之中有种说不清的东西，当冀文正离开曾前后工作生活14年的墨脱县后，似乎那里的山山水水时常在召唤着他。冀文正常常觉得自己又回到了那个陆地“孤岛”，站在那吊脚竹楼和树林之间，仿佛众多的珞巴族、门巴族部落男女就站在他面前。他时常站在拉萨的后山上，对着那个日思夜想的墨脱县说：“我还会回来的！”

时年55岁的冀文正，参加革命40余年，在藏38个春秋，于这片土地上吃了14年的苦。他曾沿雅鲁藏布大峡谷逆流而上，救灾到过大拐弯；曾顺江而下，进入西兴拉山一带追击叛匪；曾越过“麦克马洪线”，到达印占区的哥布村，饱尝了常人难以经历的各种艰难困苦。对于他来说，去墨脱探险的那种动机已不复存在，更说不上是去转山朝圣，寻觅通往极乐世界的圣门。

冀文正将去墨脱的消息不胫而走，好心的朋友都来劝他，女儿们也盼他留在成都照料生病住院的老伴。可这些并未改变他去墨脱的决心，他卖掉家中电视机、收录机，凑够了去墨脱的一路开销。

不久，国家组织的、西藏文联承担的西藏民间故事、民歌、谚语“三套集成”文化工程启动，冀文正再次有幸成为其中一员。1984年，中国民间文艺出版社出版了他搜集的第一本珞渝民间文艺作品《珞渝情歌》。可当国内许多报纸杂志约他撰写介绍珞巴族、门巴族民俗的文稿时，年过半百的他拿起笔来，才意识到“理性把握不足”，从民俗学的角度回顾往日的经历，才感到“资料欠缺”，急需重回墨脱搜集更多的资料。

民俗学是一门研究不同国家、民族和地区在不同传统文化基础上形成的千差万别的风俗习惯，并进行综合和比较研究的人文科学，其差异是在比较中显示出来的。珞巴族、门巴族长期生活在同样的环境里，他们没有与其他地区、民族生活的比较，认为处理生产生活、婚丧嫁娶、交往娱乐等方式都是祖辈传下来的，没有什么新奇的。可冀文正却带着自己民族的传统习惯去观察、审视，珞巴族、门巴族的民情风俗对他而言，一切都新奇和不可理解，从而激发起探索和研究的兴趣。

20世纪50年代，自冀文正发表介绍珞巴族、门巴族的简短文字后，产生了意想不到的社会影响。同时使他有机会结识国内许多著名的人类学家、民俗专家、民族学家，也更感到自己民间文学、民俗文化理论知识的欠缺。于是，他细心研读诸如美国人类学家摩尔根的《古代社会》、中国民俗专家张紫晨的《中国民俗学》等48部专著，再回头去品味在墨脱县珞巴族、门巴族的生活时，才使他强烈地感到，对这两个部落民族民间文化未知的领域越来越多。他多么盼望能重新踏上这块土地，去会会老朋友，结识新朋友，把那些还没完全弄懂的

冀文正翻越多雄拉山经过塌方段到墨脱搜集资料（冀文正提供）

珞巴族、门巴族民间文化，重新咀嚼领会。

这正如西藏著名评论家李佳俊所说的那样：“冀文正20世纪50年代进入墨脱林海，给我们发布了边疆居民离奇生活的信息。但当时他还没有也不可能进入民俗学研究领域。他扎根喜马拉雅山崇山峻岭多年记录的大量文字资料，大都服务于当时的政治任务，是为了因势利导团结少数民族群众发展生产。而80年代末要从民俗文化的角度来处理这些资料，就不免感到有些支离破碎，纵向缺乏历史的深度，横向少了些相互的必然联系。”

1988年5月，组织上批准冀文正离休。西藏自治区文联副主席、“三套集成”筹划办公室主任大单增主动找到他，将珞巴族和门巴族卷的撰写任务交给他，然后说：“你精通珞巴族、门巴族的语言，熟悉两个民族的风俗民情，热爱他们的民间文学，我相信你能胜任‘三套集成’珞巴族、门巴族方面的撰稿任务。”

事实上，我国文化人类学家、民族学家、民俗学家李坚尚、刘芳贤、张江华、吴从众、姚兆麟、廖东凡、于乃昌等也曾先后到过墨脱县，对两个民族的民间文学进行了考察，但因墨脱山高路险，他们大都只能是匆匆过客，搜集的资料远达不到“三套集成”的要求。

“三套集成”选择了冀文正，也是历史赋予他的重任。临行前他给老伴和女儿的信中写道：“我这个‘老墨脱’，若不在有生之年整理研究珞渝文化，填补祖国文化的空白，后人也会骂我的。”为此，他做好了应付一切艰难困苦的准备。

墨脱采风点大都远离县城，每天冒着38℃的高温，过溜索、攀悬崖、越沟壑，在岩洞过夜是常有的事，对冀文正一行来说，经常是与死神相伴。暂且不说泥石流、飞石、塌方、雪崩时刻威胁着他的安全，每天竹木楼顶上老鼠奔跑，弄得灰尘满面；楼下猪牛吵闹不休，使人不得安睡；蚂蟥吮血成性，被咬处流血不止，也是难以忍受的。

在墨脱县采风的过程中，一个大胆的文化概念在冀文正心中孕育。墨脱县珞巴族、门巴族文化相互影响之深是前所未见的。如有的民间故事、民歌、民谣，珞巴族、门巴族都争说是自己民族的。在生产生活习俗方面，珞巴族的刀耕火种、门巴族的生殖崇拜等习俗，都在无形中影响着对方，很难说清谁是这种文化的原创者。

事实上，在珞巴、门巴两个民族生活的地带，他们的文化也是你中有我、我中有你。于是他在中国学术界率先提出了一个颇有争议的概念："珞渝文化"。珞渝文化同中国的巴蜀文化、吴越文化、荆楚文化等一样，是一个不可忽视的地域文化，它不仅是珞渝土著珞巴族创造的文化，而且同样凝聚着外来民族门巴族的功劳。在国外学术界，将其纳入喜马拉雅山地文化的范畴，他却提出"珞渝文化"概念，虽然得到了一些专家、学者的认同，但反对的声音也不小，值得人们去探讨。

冀文正深知墨脱县两个民族文化的重要性。由于墨脱地处喜马拉雅山的腹地，崇山峻岭，一年仅有3个多月才能与外界交往。正是这种封闭性，才使得珞巴族、门巴族的社会形态呈现出原始社会与奴隶社会交替时期的许多特征。改革开放的徐徐春风吹拂着墨脱山寨，融化了千年不化的座座雪山，市场经济的滚滚洪流撞开了阻隔"孤岛"的重重大山，善于向外界学习的珞巴族、门巴族村寨，发生了翻天覆地的变化。当他走出墨脱县的那一瞬间，他的心里顿生悲凉："若按现在的发展速度，颇有特色的珞巴族、门巴族服饰可能在30年内消失，传统的过河工具藤网桥、跨江溜索可能在20年内消失，而作为文化载体的民族语言难道也会消失？"

冀文正来到墨脱县达木珞巴族自治乡采风，已感受不到它是一个独特文化的民族乡，很难见到一个穿民族服装的珞巴人，家内摆设也较过去有了很大变化。令人痛心的是，莫休普和雅胜房屋（未婚男女集体宿舍）——珞巴族文化的整合体，集山地农祭中心、原始信仰中心、民族文化传承中心于一体，人类学家称为"珞巴族的文化瑰宝"，20世纪70年代初就在达木消失了。

与莫休普和雅胜一起消失的，还有珞巴族、门巴族民族文化传承者的断裂。这两个都是有语言而没文字的民族，其文化传承的载体，主要靠珞巴族、门巴族当地的纽布、米剂神职人员来传承。由于社会结构的改变，在珞巴族、门巴族山寨，纽布、米剂也越来越少了。

过去，珞巴、门巴是两个有着丰富情感的民族，千百年传唱着一首首情歌，反映他们追求崇高和自由生活的故事。如今能唱的年轻人几乎没有了。冀文正在墨脱采风期间，所能听到的情歌，大都来自那些他多年前就熟悉的民间歌手。

一个物种的消失，会让世界失去一道美丽的风景；一种文化的消失，则会让世界失去一种智慧与可能的方向。中国民族语言学会副会长戴庆夏教授说，现在世界上有一半的语言面临灭绝，抢救濒危语言如同抢救大熊猫一样重要。面对一大堆宝贵的资料、日记、磁带，冀文正没有星期天和节假日，每天都在翻译、分类、整理。西藏高原天寒地冻，昼夜温差大。在西藏写书，冀文正面临许多难以想象的困难。拿的是内地工资，没有高原缺氧补助费和副食补贴，分的两间住房是50年代建造的土坯房，夏天还可以凑合，可一到冬天，屋外结上厚厚的一层冰，坐在屋内冻得发抖，只好用火炉取暖。冀文正就这样怀揣热水袋、身披毛毯坚持着，写出了《藤溜索》《神奇的雅鲁藏布大峡谷》《“冰山之父”南迦巴瓦》等展示“西藏西双版纳”风采的文章。后来陆续完成了《珞巴族风情录》《门巴族风情录》《珞巴族民间故事》《门巴族民间故事》《珞巴族歌谣》《门巴族歌谣》《珞巴族谚语谜语》《门巴族谚语谜语》等上百万字的著述，填补了中国珞渝文化的空白。

冀文正伏案写作（冀文正提供）

离休后，冀文正给自己制订了一个个“五年计划”，第一个“五年计划”打算去墨脱，撰写《珞巴族风情录》《门巴族风情录》等七部书稿；第二个“五年计划”打算完成30余万字回忆录，写出《珞巴族民俗文化》《门巴族民俗文化》等论文著述；第三个“五年计划”，就有写墨脱方面电影、电视剧脚本的愿望了。他心目中还有第四个、第五个更高目标……

冀文正接触384名上了年纪的干部、村民、喇嘛……足迹遍布墨脱县的山山村村，坚持搜集珞巴族、门巴族民间故事、民歌、谚语达350万字，写日记210万字，录音232个磁带。目前，已发表珞渝文化方面的资料180万字，著书达24部。

我在《一套难得的墨脱文化丛书》的文章中，写道：“在采访冀老的过程中，我既看到了他在珞渝文化研究上的成就，也明显感到了他的烦恼。他在高原‘冷宫’里搜集撰写了10多本书稿，既有民俗风情的，又有民间故事的，还有民间歌谣、谚语等，几乎涵盖了墨脱的方方面面……

“在以市场经济为主的环境中，他也试图找过有识之士来帮助出版这套书稿，以期给后人留下一笔宝贵财富……冀老不仅面临出书的困难，而且也承受巨大的社会压力。他以民政厅的两间‘冷宫’作为采风、录音和写作的基地，接待从墨脱来的珞巴族、门巴族同胞，包吃包住包来回车费，记录他们讲的民间故事。本来他的工资就不高，其艰辛不言而喻。

“1991年7月，他离休后第二次到墨脱去采风，当时拿不出给最小儿子下个月上学的生活费，他只得托原单位财务人员从工资上代为支付，可等到他三个月搜集资料回来时，看见儿子流落在拉萨街头，靠乞讨过日子，已瘦得皮包骨头。原来他托付的财务人员以他欠账为由，没有给儿子钱，上学的小儿子便逃学……

“冀老对我说：‘我一生中流过三次泪，毛主席去世时，想起自己是一个佃农的儿子，当上了国家干部，是毛主席给了我幸福，我当时掉了泪；母亲去世时，是她含辛茹苦带大我，可因工作走不开，不能亲自回去料理丧事，我当时掉了泪；当我看见小儿子流落拉萨街头，连学也不想去上了，全是因我对珞渝文化的痴迷，我当时掉了泪。’

“冀老千辛万苦搜集大堆资料，没日没夜地翻译整理。他深感自己文化知识有限，将这些资料无偿地交给国内有影响的民俗民族学家和文化人类学家，可人家在报纸杂志发表和出书时，连‘冀文正提供资料’的文字也没有。在他的一生中，曾有五人大篇幅使用冀老提供的资料而不注明出处。冀老也曾试图找对方打官司……现在提起这事，冀老总是笑着说：‘当时想起来有些生气，但事后也不后悔，他们也是在宣传墨脱，何况人家搞学术研究不容易！’”

1996年9月，一支首次由中国科学家和电视新闻工作者组成的考察拍摄队进入墨脱县，对这里的人文生态进行综合考察，并拍摄大型电视纪录片《最后的处女地》。冀文正担任电视纪录片《最后的处女地》总顾问，跟随考察队一道再次进入这片神秘王国。

12月9日，墨脱县委、县人民政府为感谢冀文正对墨脱县所作出的重大贡献，联名写信向中央电视台《综艺大观》栏目主持人赵忠祥、倪萍推荐，将他作为“东方之子”的人选。信中写道：“我们工作在祖国西南边疆的边疆墨脱县。怀着对《综艺大观》节目的热爱，也怀着对你们的崇敬，今天以县委、县人民政府的名义向你们推荐一位成长在墨脱的典型，他就是原十八军军人，现为西藏自治区民政厅的离休干部冀文正。……我们热切希望能通过你们、通过你们最受电视观众欢迎的节目，宣传这位十八军军人的事迹。”

1997年5月，年已65岁的冀文正，不顾考察拍摄队队员们的极力劝阻，仍要求与大家一道，从墨脱县城出发，沿雅鲁藏布大峡谷逆流而上，翻越海拔4000余米的果布拉山，到达雅鲁藏布大峡谷的顶端扎曲，然后再沿帕隆藏布江逆流而上，进入川藏公路线上的排龙门巴族自治乡，打破了花甲老人不能徒步穿越雅鲁藏布大峡谷核心段的神话。

冀文正凭着丰富的探险经验，对大峡谷赤子般的情感，从南、北、东

冀文正是唯一多次从喜马拉雅山的多雄拉、金珠拉、嘎隆拉、西兴拉、果布拉五条死亡险道进出大峡谷的人（冀文正提供）

三个方向，8次深入雅鲁藏布大峡谷的核心部位，成为新中国走进大峡谷，唯一多次从喜马拉雅山的多雄拉、金珠拉、嘎隆拉、西兴拉、果布拉五条死亡险道进出大峡谷的人，也是用双脚丈量大峡谷距离最多的人。

1998年，对于雅鲁藏布大峡谷来说，是个不平凡的一年。全世界的人都把目光聚集到这里。'98中国天年雅鲁藏布大峡谷科学探险考察队（简称“雅考”）和'98中国雅鲁藏布江科学漂流探险考察队（简称“雅漂”）两支队伍，一个走陆路，一个蹚水路，将向雅鲁藏布大峡谷发起冲击，挑战人类征服自然的极限。冀文正应“雅漂”队邀请担任总顾问。

大凡到雅鲁藏布大峡谷及其内侧墨脱县考察的内地人，都首先去访问冀文正，请他当向导，或当翻译，或当总顾问。从50年代中期至今，几乎国家对墨脱县的所有重大军事、经济、文化、科考行动，冀文正都担当了翻译、向导、总顾问，犹如一张雅鲁藏布大峡谷的“活地图”。

冀文正在抢救、整理和研究珞渝文化方面作出的重要贡献，《人民日报》《南方周末》等国内上百家新闻媒体先后报道过他的事迹。如今的冀文正除有“大峡谷权威”、“墨脱图书馆”和“墨脱通”等多种称谓外，又被誉为中国“珞渝文化第一人”。

现在，他的研究成果已引起国内外有关专家、学者的极大关注。中国著名民俗学家仲富兰说：“先生所做的是开拓性的工作，人民会记住你，历史会留下这笔宝贵的财富。”

研究珞渝的“荷马史诗”

1989年底，当于乃昌静下心来撰写《珞巴族文学史》时，还深感不安。他的两次考察还仅仅限于非法的“麦克马洪线”北部珞渝地区的珞巴族，而大量的珞巴族同胞居住区域还在印度占领区，尽管他想了很多办法去了解那里的情况，尽可能查阅可以见到的国外材料，但仍不如亲耳所闻、亲眼所见那样来得真切踏实。

这时，西藏文联副主席大丹增和民间文艺家协会副主席次旦多吉，把正在编撰的“三套集成”珞巴族部分资料提供给他。冀文正也把他1年前搜集、整理的尚有争议的，珞巴族达额木部落米古氏族、阿兴部落雅西氏族数万字的部分民间故事和歌谣提供给他，这无疑给了他极大的信心。

早在1986年10月，中国哲学社会科学规划会议确定将“中国少数民族文学史文学概况丛书”列入国家“七五”社会科学研究重点课题。于乃昌道出了心里话：“说实在的，当时我心里很不踏实。这是一项开拓性的工作，没有可资借鉴的前人研究成果，一切都要从零开始。”

于乃昌将自己深埋在书斋里，用心去写珞巴、门巴两个民族的文学史。他在撰写《门巴族文学史》时，发现反映门巴族喜庆欢乐的《萨玛酒歌》、长篇叙事诗《太波嘎列》、戏剧《阿拉卡教父子》等，受藏文化影响较深。门巴族不仅信仰藏族本土固有宗教的本教，连他们的神话也逐渐被打上了宗教烙印。门隅出生的六世达赖仓央嘉措，是西藏有名的情歌王子，国内外研究他的作品不少，于乃昌撰写这部书相对容易些。

而在撰写《珞巴族文学史》时，他显然就没有那么轻松了。珞巴文化受藏族影响较弱，许多的神话、传说和故事仍然都是原生态，若按照“旧石器时代—新石器时代”或“血缘家族公社时期—母系氏族社会时期—父系氏族社会时期”来分期断代，或别的什么“编年”来划分，似乎更像文学史，但对珞巴族文学来说，其作品年代考证难于进行。

珞巴族文学是原始的口承文学，最近30多年考古的发现，虽然提供了一些珞巴族远古历史的实物资料，但只是零星的，还构不成连续的历史链条。于乃昌在考察珞巴族时发现，珞巴族文学是长期处于原始社会发展阶段的珞巴族创造的精神产品，有着与汉族完全不同的文学观念。汉族称之为文学的，在珞巴族那里，却是完全为实用功利而创造的精神武器、法力和工具，是对物资匮乏的精神补偿，是对现实恐惧的心灵慰藉，是对真的追求和善的渴望。

就拿珞巴族神话、祭祀歌和古史歌来说，它是信仰崇拜的对象。对他们来说，切实的功利、痴迷的信仰、真诚的幻想就是美，这也是美的享受。正因为如此，就必须力避用汉族的文学观念去框套珞巴族文学现象。

于乃昌没有拘泥于传统的文学史写作方法，也没有囿于形式上的“编年”，而是按照揭示出一个民族的文学历史发展规律，揭示出该民族的文学本质、特性形成的历史根据来写。他说：“珞巴族文学全是口承文学，进行编年是困难的，也是不可能的，但仍有它自身的历史规律和本质、特性形成的历史根据。揭示出文学的历史规律和历史根据，是文学史研究的根本任务。”

于乃昌围绕发展的观点去认识、理解和阐明珞巴族文学现象、文学规律和文学特性，分析和评价珞巴族文学作品，按照神话、诗歌、史诗、故事等珞巴族文学构成，把珞巴族文学放到社会大系统中进行研究，始终把珞巴族文学发生、发展和变革同珞巴族社会的经济关系、政治关系等结合起来。

正是按照这样的思路，于乃昌列出了《珞巴族文学史》的写作提纲。让他的助手陈立明、张力凤参与了神话、故事方面资料整理和部分草稿的写作。

让于乃昌不安的是，他不能亲自去印占区考察。幸好他的两位珞巴族朋友阿岗、林卫华，向他介绍了印度非法占领区内的崩尼、崩如、义都等部落文化，这在一定程度上弥补了他无法涉足印占区的遗憾。1990年，于乃昌完成了40余万字的《珞巴族文学史》书稿。

1991年，“中国少数民族文学史丛书”评审委员会，即由北京、西藏在内的专家评审团，对他的书稿进行了评审并获得通过。可这本凝聚了于乃昌在珞巴族方面12年心血的书稿，却因市场经济大潮的影响，一直躺在他的抽屉里，直到2001年，江苏人民出版社支援西藏人民出版社，这部厚重的《珞巴族文学史》才同读者见面。

于乃昌在《珞巴族文学史》中，以90页的篇幅对创世史诗《斯金金巴巴娜达萌》、祖先史诗《阿巴达尼》、英雄史诗《金岗岗曰》进行了其基本内容和所反映的社会现实以及审美价值的详细论述。珞巴族先民是从神话和祭祀歌的创造中，揭开了文学历史的大幕。

1986年10月，于乃昌第二次考察珞巴族博嘎尔部落，再次被珞巴族独特的文化氛围所感染。当时他们采访的是几位六七十岁的珞巴老人。他们中既有在国家多种画报上出现过的东良，也有1962年跟随对印自卫反击战部队后撤，并毕业于北京政法学院的帕加，还有几位阿爸阿妈，是纳玉山沟地地道道的村民，他们是杀鸡占卜、狩猎捕鱼、建房造屋的好手。让于乃昌惊讶的是，这些在深山老林中滚打一辈子、斗字不识的大老粗，在他们痴迷的演唱中，让人感受到不一样的东西。若从西藏《格萨尔王传》史诗的经验推断，这不正是他苦苦寻觅的一部珞巴族史诗吗？

老人们讲述的史诗作品，历史久

远，表达困难，很难翻译。几天后，米林县委派出曾在卧龙乡的兴东，才算解了燃眉之急。兴东是当地珞巴族干部，西藏自治区政协委员，已60多岁，头戴礼帽，上穿藏式氆氇长袍，下着蓝色长裤，脚穿军用布鞋。他不仅精通汉语，而且熟悉珞巴文化。在兴东的大力协助下，于乃昌一行终于见到了沉寂数千年的珞巴族史诗。

原始氏族部落之间在刀光剑影中，相互征战，演绎出一部部野蛮悲壮、苍凉奇特的历史活剧。由此而生的神话、历史和传奇，以及结构恢弘、风格庄严的叙事长歌，代代相传，这便是史诗。于乃昌不仅在博嘎尔，还在隆子县以南的崩尼等部落，也发现了内容相似的史诗。他将每部史诗按照“序歌”和“×章”来叙述，而“序歌”置于全篇之首，讲述叙事的对象和目的。

在创世史诗《斯金金巴巴娜达萌》中，于乃昌向人们展示了珞巴族母系氏族社会的历史画卷，即歌唱世界的形成、万物的起源、人类的诞生，正如这部史诗反复唱诵的：“过去故事从头讲，达萌、麦包是开章。”

达萌全称“斯金金巴巴娜达萌”，珞巴语为“大地母亲诞生的女儿达萌”，麦包全称“斯金金尼麦包”，意为“大地母亲的儿子麦包”。达萌、麦包是同胞姐弟，又是夫妻，是贯穿这部史诗的两个中心人物，“过去故事”就是围绕他们而展开的。“序歌”这样唱道：“住在天上的乌佑啊，住在地下的乌佑啊，住在山上的乌佑啊，住在林中的乌佑啊，我把鲜红（动物血）来奉献，保佑我心中的愿望实现……”

于乃昌亲眼目睹了这一幕，歌者进入迷狂，聆听者沉入痴醉，似乎在这如泣如诉、祈求中带着示威的演唱中，打通了天地、人鬼、世间和灵界的交往，愿望和目的在虔诚的信仰中同时实现。歌者对天地出现以前的太古洪荒进行了描绘：“天地混沌轮回转，终有一日出奇观，天从中间躬起身，周边仍与地相连。”

在“人类诞生”时，唱诵天父地母生育人类，“天上地下真热闹，唯独缺少人伦乐”。于是天父地母经过一番商量，“地母孕育三千岁，生下姐弟是一对”。“达萌、麦包降人间，从此世间始有人”。人类就是这样从神奇幻想的迷雾中飘然而至。

在描述“姐弟情恋”时，唱诵达萌、麦包姐弟二人初临世间，“生活艰难不堪言”，他们与鸟兽虫鱼为伴，生冷果腹，天父地母便赐予他们火种和智慧，后来在天父地母的安排下，“姐弟恩爱如胶漆，相亲相恋不分离”。形象地再现了母系氏族社会中充满人性温情的现实图景。

在“姐弟成婚”时，唱诵天父地母为儿女达萌、麦包备婚礼，麦包赠信物，以及举行祈祷祝福的活动。隆重的婚礼、丰厚的信物和大规模的祭祀，在母系氏族社会是难以办到的，只有在史诗形成的年代才有这样的物质基础。

在进行到“姐弟交欢”场景的时候，演唱者唱诵达萌、麦包夫妻对性生活的体验。神秘、恐惧、渴望与崇拜的混沌，情的绸缪，爱的波澜，充溢于字里行间，令人感到扑面的原始性崇拜之风。

于乃昌通过考察而推断出，这是以“天地婚配”为开篇，继而讲述“创造万物”和“人类诞生”，并用大量篇幅歌唱姐弟婚配的交欢的故事，也是一部以生殖崇拜和人性精神谱写伟大的爱之歌，它应该形成于父系氏族社会，但可追溯到母系氏族社会早期的生产方式、婚姻形式、女性权威以及原始信仰和崇拜。

在祖先史诗《阿巴达尼》中，达尼是这部史诗颂扬的珞巴族祖先的名字。于乃昌主要围绕歌唱阿巴达尼的诞生、婚配以及他的英雄业绩来分类，按照“序歌”和“祖先诞生”、“达尼娶妻”、“达尼遇难”、“两子遇难”、“盟誓立约”、“父子围鸟”、“划定地盘”七章来分别叙述，以展现珞巴族父系社会时期人们极度崇拜祖先达尼的生活场景。

演唱者从天地开辟、万物起源唱起，然后追溯天地婚配的历史，地母斯金生下了太阳金冬，金冬生下了冬日（老虎），冬日生下了珞巴族祖先达尼和藏族祖先达洛。“冬日长子名达尼，达尼聪颖智慧全。冬日次子名达洛，达洛憨厚性格坚。……达尼留居山林间，群兽百鸟日夜伴。达洛远走大山北，身居雪地和草原。”这既表现了珞巴族对祖先的敬仰，也饱含了对藏、珞巴俩民族间的兄弟情谊，以及相互间对文化的认同心理。

在唱诵达尼氏族婚配和强盛历史时，与达萌、麦包不同，达尼已走出氏族，“上天入地求婚配，群兽鬼魔愿相许”。达尼先后与鬼、大风、石头等的女儿成亲，最后与太阳的女儿冬尼结为夫妻，演绎氏族外婚的情景。在于乃昌眼里，达尼总是在告别旧妻之后再另寻新妻，实际上已将族外婚发展成了对偶婚。

在唱诵达尼遭恶鬼格波伦布暗算，得到施善鬼女多凌奈救助时，史诗这样唱道：“达尼生来有四眼，额前脑后各两目。前观光明人世间，后察黑暗鬼魔渊。”因而遭到了恶鬼格波伦布的嫉妒，“上天入地寻机遇，阴谋暗算生毒焰”。因达尼失去警惕，被恶鬼吞食了两只后眼，所幸的是遇到了施善鬼女相救，保住了性命，便有了巫术、杀鸡占卜及祭祀活动。这实际上是父系氏族社会时期复仇之风盛行，因财富增加而引发的频繁氏族战争历史背景的体现。

在唱诵达尼两个儿子遭遇危险的情景时，史诗叙述达尼欲赴日宫与妻子冬尼亚依相会，留下两个儿子尼古、尼东在家等候。半夜恶鬼联合百诺鸟，闯入室内欲加害两个儿子，幸而遇上母猪、虫子、黑熊、黑鹰和白鹰相救，并送两个儿子到达日宫，与其父母相会，最后杀死了恶鬼。这部史诗随处可见刀光剑影，随时可闻血雨腥风，反映了人类进入父系氏族社会，氏族战争频繁，人的血肉已成为氏族盛宴的佳肴。

史诗讲述达尼欲与群兽鸟之主萌金血战，即达尼经众人的劝说，遂与萌金盟誓和好，“达尼成为人间主，萌金则为山林王”。于乃昌看到，这一章大量讲到他们的狩猎、生产和禁忌习俗。

史诗唱诵种子起源和发明农业神话，即达尼父子捕获到从天上飞临人间的鹧鸪神鸟，从神鸟腹中取出稻谷、荞麦、青稞、玉米，从此人间有了种子，开始了大规模的农业生产。史诗讲到这里，不再重复妇女采集农业的功绩，而是开始歌唱男子开创农业历史的新纪元，生动地再现了刀耕火种农业的新景象。

史诗唱诵阿巴达尼让儿子自谋出路，即达尼决定用射箭比赛方式，以箭落之地作为划归给他们的地盘。大儿子当邦、二儿子当坚、三儿子当日的箭，分别落在达根、白马岗、德楞邦的地方，分别形成了他们的部落。由此拉开了珞巴族由北南迁的历史序幕，演绎了一曲悲壮的大迁徙之歌。这正说明男子已在社会生活中取代女子地位。

在英雄史诗《金岗岗日》中，金岗岗日是他们民族的狩猎始祖。珞巴族狩猎都要举行隆重的“崩布—岗布”祭祀仪式，唯在此时才唱诵《金岗岗日》，而且常常要演唱3天3夜。

于乃昌按照“序歌”和“英雄诞生”、“奔向太阳”、“发明弓箭”、“洞中制毒”、“炼铁造镞”、“英雄射雕”、“英雄追猎”、“英雄之死”八章，分别叙述狩猎英雄金岗岗日的发明创造、狩猎与祭祀活动。

“序歌”是献给兽神东英和畜神东钦的祭词，用近乎战栗的语调祈求：“请你驱走恶鬼吧，让厄运永不再来，让好运永驻箭囊。”但人们一想到自己的狩猎英雄，又获得了勇气，把祈求变成了示威：“他左手挽硬弓，他右手举青山，请你聆听他的伟业！”

史诗歌唱金岗岗日的出时，表现了对英雄的神圣感。在于乃昌看来，赋予金岗岗日神奇功力以神秘色彩，可谓引人入胜：“岗日昂首向天望，从此出现蓝天在头上。岗日向天吁长气，从此出现白云在头上。”“岗日分开日和月，日月不再同出又同藏。”

史诗在歌唱岗日率领青牛、家猪奔向太阳，路遇的怪树鬼阻拦之际，赞扬了水鬼、火鬼、山鬼、兽主和善鸟善兽的即时帮助，使岗日终于战胜了怪树鬼。从此，凡不肯帮助岗日除恶者，都成了岗日狩猎的对象。

史诗在歌唱岗日首创狩猎工具的英雄业绩的同时，鞭挞了时时不忘杀身之仇，驱使恶鸟恶兽处处寻机报复，攻击岗日的怪树鬼丑恶。为除掉恶鸟恶兽，岗日在地母斯金的帮助下，发明了竹弓和竹箭。在歌唱毒液的发明和使用时，他们将一点汁液和粉末涂在箭头上，足以使先前战无不胜的猛禽巨兽喷血倒毙。史诗在这时讲述，管理毒药的是毒灵阿宾金娜，岗日征服了阿宾金娜，获得了制毒的方法，又得到了山鬼的允许，在山洞中秘密祈祷，磨制毒药3天3夜，终于发明了毒药，显示了无比威力："岗日举着毒药出山洞，但见山上树叶纷纷落，山泉飞瀑尽倒流，恶鸟恶兽忙闪躲。"

史诗歌唱了火鬼布秀和水鬼布鲁帮助岗日发明铁箭镞。布秀住在太阳里，它不仅是火鬼，似乎还是日灵。布鲁住在云天上的西列湖中，它是水鬼，又似乎是土地灵。铁对珞巴族来说，是一种外来品，布秀和布鲁所生活的地方，是"靠近太阳的地方"，其地"四周围着白石墙的炼铁房"，很像是在描绘藏区的景色，暗指藏族居住的高原地区。

史诗歌唱英雄金岗岗日为捍卫属地、保护鸟兽，而与恶禽大雕金嘎玛地和金嘎玛奈展开的一场殊死搏战，玛地和玛奈十分强大而又霸道："一只翅膀遮住天，天昏日晕乌云生；一只翅膀遮住地，身摇翼动地震颤。"后来，岗日勇敢地与玛亚、玛奈拼杀，终于战胜了它们。在于乃昌看来，玛地、玛奈可能是与珞渝毗邻的两大部落，这是人世间第一次为了财产而进行的浴血奋战。

史诗歌唱岗日行走林中，忽遇一头怪兽，"岗日用毒箭忙射杀，毒箭凌空飞不动。岗日让爱犬去追踪，爱犬四腿伸出不能行。"岗日只好为自己的箭和爱犬祈祷，得到崩布和岗布佑助，岗日带着箭和爱犬，继续翻山越岭追逐怪兽。最后在大山北面走出一位姑娘斯金金巴玛娜，热情接待岗日并相互交换了礼物。于乃昌认为，从这里可以看出，大山北面指的是西藏，反映了珞巴族与藏族以物易物时的情景，同时也表现了两个民族的文化融合。

当英雄岗日发明了弓箭，炼制了毒药，使用了铁箭镞，叱咤森林，呼风唤雨时，却最后死在猎物手中："岗日一日林中行，忽遇野猪金拉拉龙。拉龙身黑披乌云，两只长牙如刀锋。……岗日得意杀拉龙，百鸟齐舞群兽欢。忽地一阵黑风旋地起，岗日倒在血泊中。"

在史诗的结尾时唱道："爱犬给崩倒下了，淹没英雄血泊中。森林顿时一团黑，黎明林上挂彩虹。"于乃昌依此认为，结尾是悲壮的，真实地再现了那个时代人与自然的矛盾，但他们更寄予希望，英雄岗日的鲜血化作彩虹，岗日的精神永存。

于乃昌根据他搜集、整理和研究的珞巴族三部史诗，证明了世界各民族文学的历史都经历过史诗阶段的这一结论。他说："他们的确创造出这样伟大的作品，正像他们创造出伟大的神话，却是我们自诩'现代人'无法企及的一样。我们不是去怀疑，而是应该去认识理解他们为什么能够创造出这样伟大的作品。”

珞渝文化大观

1992年4月10日，一架波音737大型客机滑过西安咸阳国际机场宽阔的跑道，箭一般地冲向深密云层，飞向成都双流国际机场。在众多的旅客中，坐着陕西咸阳西藏民族学院的于乃昌教授、陈立明副教授和赵胜启摄影师。

为完成国家下达的《中国民族文化大观》珞巴族、门巴族的编撰任务，于乃昌第三次同他的助手陈立明、摄影师赵胜启，以及西藏自治区民宗委门巴族副主任措姆一起，考察珞渝、门隅、察隅的珞巴族与门巴族文化。

此时，赵胜启小女儿还未满月，于乃昌教授找到他：“我们这次除到米林、隆子、错那考察外，还将第一次去察隅考察珞巴族义都部落的文化，那里是西藏的江南，你可不能失去这样的机会呀！”

赵胜启曾看过反映察隅自然风光的《西藏的江南》和风土民情的《僜人》两部影片，那绝美的山川、独特的民俗令他记忆犹新，“一股遏制不住的冲动瞬间盈满全身”，他满含热泪吻别妻女，跟着于乃昌教授奔向了遥远的察隅。

5月23日，于乃昌一行在拉萨完成了有关考察任务后，便走向了察隅县。跟他们一起的还有担任《中国民族文化大观 · 珞巴族卷》《中国民族文化大观 · 门巴族卷》的顾问、西藏自治区民宗委措姆副主任。

措姆时年50岁，参加过1959年的平叛改革，历任山南地区行署副专员、西藏自治区妇联副主任等职，她既是西藏在位的3个门巴族地专级干部之一，也是当时官衔最高的门巴族女干部，曾受到毛主席的亲切接见。为了完成国家“八五”规划重点社科项目的编撰任务，这位身兼数职的领导抽出时间全程陪同，给于乃昌一行的文化考察工作以很大方便。

来到察隅后，听说离县城不远处有一处古迹，在石头上刻有汉字，于乃昌一听就来了精神。他同陈立明、赵胜启一道，在当地村民的带领下，沿着陡峭的山间小道，经过两个小时的艰难攀登，在陡峭的石壁上，果然看见一面巨大的石刻：“水火二气，阴阳之义，天炉地冶，融成妙谛。”落款为“宣统庚戌仲夏　山左程凤翔书”。这竟是当年进驻察隅的清军管带程凤翔所作的一首四言绝句。于乃昌不胜感慨：此为标准的楷书，其苍劲有力，气势磅礴，实乃大手笔、大气魄，是不可多得的艺术珍品。

到察隅的第三天，于乃昌一行在当地干部的引领下，跨过一座小桥，来到了地处贡日嘎布曲东岸的西巴村。于乃昌细细地观察，一座座风格别致的木楼，稀稀疏疏地散布在一片开阔的山坡上，这便是察隅唯一的珞巴族聚居区，8户人家均来自印占区的义都部落。

一座座的木楼之间是一片园子，园中生长着小麦、水稻、玉米、土豆、豌豆、向日葵等农作物，四周用木棍、木条的篱笆围着。园子外面曲曲弯弯，高高低低的小路，连接座座木楼。在沿着村落蜿蜒的小道上，他们看到山坡的一片庄稼地里，女人们用原始的工具除草。

田地里一名中年男人正吆喝着马拉木犁耕地。珞巴族长期生活在交通闭塞、远离现代文明的崇山峻岭中，原始的刀耕火种农业限制了他们，过去风靡藏区的二牛抬杠也很难见到，如今却用上马拉犁，不能不说是农业生产上的一大进步。

于乃昌一行考察珞巴族义都部落发现，这里的生产方式有了进步，但与之形成的社会意识形态却没有多大变化，这里同珞巴族博嘎尔等其他部落一样有严格的等级制度，有白骨头、黑骨头之分。对于黑骨头，他们可以随意买卖，价格也因人而异。义都部落只有主人与奴隶之分，不像博嘎尔部落那样还有其他两个等级。

义都人也有氏族复仇的习俗。倘若本氏族的人受到其他氏族伤害，调解无效，复仇就难免了。出征前，得举行隆重仪式，巫师在氏族首领的长屋内，主持杀鸡取血，看鸡血的纹路来判断吉凶。如为吉象，再由巫师取一个活公鸡，朝每人头上绕一圈，并口念颂词，随之迅速把鸡头砍下扔出门外，若无头鸡能飞出门外，认为是大吉。

于乃昌一行准备离开的头天晚上，西巴村民给他们举行了别致的油松篝火晚会。山坡上，木楼间，男女老少，围一圆圈席地而坐，一根根油松炽烈地燃烧，义都部落人跳起了珞巴族的无言之舞，而年轻人则跳的是现代舞。

这8户人家均是近亲，相互之间的子女不能通婚，所以男的找不到媳妇，女的嫁不出去。摄影师赵胜启感慨地说："这些歌舞的年轻男女，大都没有婚配，他们只有在动听的歌声、翩翩的舞姿和醉人的旋律中，才能忘却现实的感情伤痛。看着这些浪漫淳朴的孩子，顿生同情和怜悯。"

西巴村义都部落人告诉于乃昌一行人：你们回察隅的路上有一个山洞，非常地深，可以通到很远的地方，人死后的灵魂全部聚集到这个洞里。一旦轮到哪一个灵魂转世，灵魂就会离开山洞，去寻找分娩的孕妇，进入女人的子宫，伏在产儿身上。随着那第一声动人的啼哭，灵魂便有了最终的归宿，结束飘荡不定的生活。

于乃昌一行乘坐的汽车缓慢地行走。在上察隅乡党委原书记徐果的引导下，终于发现这个灵魂洞：山洞上面疯狂地长着杂树乱草，洞口大约能钻进一个人，也许是先听到装灵魂一事的缘故，大家觉得洞里阴森森的。陈立明不信这个邪，大着胆子走在最前面，但还是不敢继续往里钻，最后

南伊河上的钢丝桥（陈立明提供）

无不遗憾地离开了。

6月9日，结束了察隅的考察后，于乃昌决定到自己曾两次考察过的米林，那里有他太多的发现，以及珞巴族系统神话、三部史诗，都是在那里形成的。

于乃昌第三次住进米林县招待所。晚饭后，他们拜访了一位珞巴族成长起来的干部，米林县政协副主席帕加。1986年考察时曾在他家搭伙吃饭，并了解到很多珞巴族文化，这次老朋友相见，分外地亲切。在帕加的帮助下，他们首先来到边境前沿穷林村。前些年，政府花了20多万元，修建了现在的穷林新村。

穷林村地处深山沟，一条山道南北向横过村庄，消失在山谷之中。当时正值雨季，房前屋后横七竖八地开放着蓝色、黄色、白色和粉色的野花。缠绵的山雨汇成千万道溪水，源源不断地从村前咆哮而过，拍打石头发出震耳的巨响，涌进南伊河。河岸上旺盛地长着麦子、青稞、油菜。

刚走进穷林村，犬吠声不绝于耳。这里石楼遍布，不过正房旁边还留有木质旧式耳房，古木与新石，交相辉映。当他们试图进入亚崩家时，那条黄狗没命地狂叫，使人望而生畏。好在跑出一个小伙子，大声喝退了狗，大家才小心翼翼地走进门。

6年前，他们就专门拜访过她。亚崩见于乃昌一行的到来，又是让座、敬酒，又是拿吃的，忙得团团转。在达嘎乡长的协助下，亚崩讲起了她当纽布的来历。亚崩对大家说：“跳神主要是请布东古和雅姆贡佑两个鬼帮忙，到西蒙荣（鬼域）取神水，只要神水取到，治病就好办了。”

村边地里的鸡爪谷（潘慧敏摄）

于乃昌多次考察珞巴文化，却第一次听说神水。对于纽布来说，药品很难找到，而找装有神药的“药水”却不难。他们发现纽布通过祭神驱鬼，家里的一碗清水，经过纽布的手就具有了神意神气，即所谓的神水。

但是，纽布施展的天地越来越窄，有的纽布得病后，也到医院去诊治。当地遇患疾病时，珞巴人既请医生，也请巫师，医学与鬼学并用，科学与愚昧并存，这也许是现实生活中，珞巴族群众难以逾越的历史阶段。

于乃昌接着又到才召村、嘎当村考察。嘎当村地处雅鲁藏布江北岸，背山而建。村里主要居住着珞巴族，但这里的房舍既不像珞巴族的，也不像藏族的，房的墙全用泥土垒成，房顶呈人字形，其建筑看得出应是多民族文化交融的结果。

村里，村民们正忙着收割，一捆捆庄稼装上拖拉机，正运往村里。这些忙于农活的年轻男女，上身着中山装，下身是珞巴族的裙子，头上戴着旧式军帽，脚上穿着旧式军鞋。其服装大多是汉式的，其余是藏式和珞巴式的。

从机械的广泛使用到服饰，从人们的精气神到房舍布置等，这些都无不显露出这个民族的巨大变化，刀耕火种的画面似乎成了昨天的记忆。

在座谈会上，珞巴族多个部落都讲述了他们祖先从北向南迁徙的过程。在崩如部落的传说中，他们的始祖母是天的女儿列德罗登，后来她带着马、牛、羊到大地上居住，同珞巴族始祖阿巴达尼结婚，生下了崩如、巴依、玛雅、达足、达能和苏龙6个儿子，后来就发展成6个不同的部落。

在珞巴族巴依、纳等部落的传说中，讲到了马、牛、羊三种动物。在当时的条件下，马、牛、羊不适宜在珞渝这样的地方饲养，从天上带下来的这些动物，只有一种可能，就是从喜马拉雅山南麓的草原（此地刚好接近米林县的里龙沟，极有可能是博嘎尔部落传说中从纳玉沟进入德根地区的一支），后来迁到隆子县以南繁衍而来的。

在隆子县以南珞巴族聚居区考察时，听到有一个更为有趣的传说：珞巴族始祖阿巴达尼生了3个儿子，大儿子叫达能，生活在西巴霞曲下游一带；二儿子叫博嘎尔，是马尼岗、梅楚卡一带的珞巴族；三儿子自称班儒，生活在隆子县以南的拉贡和卡门河流域东部。

在西巴霞曲、卡门河流域的珞巴族群众中，流传着“姑鲁姑鲁，阿巴达尼，阿崩波绒”一句话，汉语的意思就是，很久以前，世界上只有两个人，阿巴达尼是珞巴族的祖先，而阿崩波绒是藏族的祖先。这一传说同博嘎尔部落的传说《阿巴达尼和阿巴达洛》是一致的，只是方言上的差别。珞巴族群众说：“印度人的肤色和长相与我们的差别很大，只有藏族才是我们的骨肉兄弟。”

西藏民族学院于乃昌（中）教授，同学生们交流珞渝考察心得体会（西藏民族学院提供）

隆子县以南的珞巴族，同样流传着发掘不完的民间故事，采集不完的民歌，搜集不完的民谣，让于乃昌一行兴奋不已。拿赵胜启的话来说："那时而高亢有力，时而婉转悠扬，时而激动振奋，时而低缓悲凉的曲调，不仅让我们感受到他们对祖先的崇拜和追忆，更为那有板有眼、极富情趣的真情所折服。"

于乃昌一行离开三安曲林，又来到珞巴族聚居区斗玉乡。斗玉乡地处中印边境前沿，在三安曲林东南方大约30公里的一个雪山下，西巴霞曲支流三安曲岭河纵贯斗玉境内。在这里，他们不仅听到了类似博嘎尔部落的史诗《创世歌》，还看到了独特的岩洞葬和石冢葬。石冢葬，即在村边挖一个圆形的墓坑，将装有尸体的竹筐连同死者生前用品一并置于坑内，上面堆石块，垒成馒头形石冢。这里的珞巴族普遍实行树洞葬，即将装有尸体的竹筐连同死者生前用品一并置于山林的空心树洞中，死者面朝东方，洞口用石块封住，上方留有一处供灵魂出入的圆孔，以给死者的灵魂带来安宁，给后人带来吉祥。

于乃昌一行的这次文化考察，东起察隅，西至门隅，历时5个月。1993年，于乃昌仍感搜集的资料太少，又带着助手陈立明第四次从陕西咸阳深入藏东南地区，进行了补充调查和材料核实。

1994年夏，于乃昌、陈立明完成了《中国民族文化大观·珞巴族卷》《中国民族文化大观·门巴族卷》的编撰任务。9月，中央民族大学和中国社科院民族研究所的王辅仁、孙宏开、耿予方、陈克进、糜若如等专家教授审定并通过了书稿。1995年，中国大百科全书出版社出版了由于乃昌和陈立明撰写的珞巴族卷和门巴族卷的《中国民族文化大观》。当年，于乃昌获得了英国剑桥世界名人研究中心颁发的"世界名人证书"。

于乃昌积极探索珞渝文化，并上升到审美的高度去看待、认识、发掘珞渝文化的精髓，发表美学、文艺学论文百余篇，整理民族民间文艺作品500余篇（部），著述达400余万字。如今，他早已是西藏民族学院教授，还担任了西藏民间文艺家协会名誉主席、西藏民俗文化研究会名誉会长、中华美学学会理事、中国民间文艺家协会名誉主席、加拿大世界民族艺术研究委员会委员等，享受政府特殊津贴。

探索珞渝"徽记"文化

在于乃昌、陈立明完成了65万字的珞巴族卷、门巴族卷的《中国民族文化大观》后，陈立明并没有停下探索珞渝文化的脚步，又同民族学工作者曹晓燕一道，将珞巴族、门巴族连同藏族、僜人、夏尔巴人的民俗文化结合起来进行研究。1996年，国家教委原人文科学青年基金同意了他们的《西藏民俗文化》研究课题。

陈立明1957年10月出生，重庆市江津人。30年前曾在西藏昌都农村插队。数年的知青生活使他对西藏文化有了真切感受，对藏族普通人家的生产和生活有了一定程度的了解。

1977年末，陈立明考上陕西咸阳的西藏民族学院，读藏语言文学专业；1982年毕业后留校任教，从事藏族语言文学和西藏文化教学与研究。

说到西藏的采风，无论区内还是区外的民族学家、文化人类学家、民间文学家，都把视线投向聚居在喜马拉雅山东段、雅鲁藏布江下游原始森林中的门巴族、珞巴族、僜人以及藏族山民聚居地区。陈立明也是一样，一次次深入这个保存完好的原始文化富矿区，考察生活在这里的珞巴族、门巴族的生产和生活习俗，体会这两个民族独特的珞渝文化，逐渐形成了自己的珞渝民俗文化观。

陈立明认为，民俗是一个民族的徽记，由此而形成的民俗文化，最能体现民族心理、民族性格、民族精神和民族审美情趣。珞渝民俗文化表现了珞渝地区珞巴族、门巴族坚忍不拔的奋进精神、刚毅强悍的民族性格和诚信无私的道德原则，折射和展示出珞渝人民的精神风貌。

1986年8月，陈立明一行深入墨脱县采风，这里是珞巴族、门巴族的主要聚居区，也是珞渝文化最具代表

墨脱达木珞巴民族村（冀文正摄）

性的地方。8月19日下午，他们来到了珞巴族文化氛围浓厚的达木村，在达木珞巴村寨，陈立明不仅听到了珞巴族尚有争议的米古氏族两兄弟央色和嘎嘎从北向藏南迁的历史传说，还有米日氏族野猪变人的神话。

珞巴族以狩猎闻名，有别具一格的原始狩猎文化。此前冀文正对珞巴族秘而不宣的毒药制作过程进行了披露；李坚尚、刘芳贤也爱听他们讲与狩猎有关的神话传说；廖东凡则对珞巴族的狩猎文化进行深入剖析。这无疑激起了陈立明要亲自去聆听珞巴族老猎人讲述的愿望。

让陈立明感到惊异的是珞巴族猎人对毒药有一种莫名的神秘。制毒时，必须在山洞或人迹罕至的僻静处秘密进行，不能让任何人知晓，更不能让人看见。如果被人发现，即便是无意中撞见，该毒药将不能再使用，撞见者必须赔偿损失。猎人们相信，若被他人发现，行猎会遇到灾难。

从珞巴族的习俗到他们的服饰、房屋、居室以至一日三餐，都成了陈立明观察的对象。有一次，他正在整理资料，摄影师赵胜启跑进来，声称发现了“情况”。于是同赵胜启一道，经过一个缓坡，走过一片树林，在村庄的西北面，看见一株大树的枝杈上放着一只长约一米的木箱。经询问向导方知，这是珞巴人的树葬，这箱子里安葬了一个去年夭折的孩子。

陈立明虽然见过隆子县斗玉乡珞巴族的石冢葬、岩洞葬，可这种树葬还是第一次见到。从向导介绍中得知，珞巴人树葬时，要选择一棵枝繁叶茂的大树，在树上挖一个能放下尸体的槽。有的是死者生前就已选好，遵照死者遗嘱在指定的树上安葬。如今能挖尸槽的大树很少，一般是找一棵分杈的树放置藤筐或木箱。若树杈放不下，则在树上搭一个托架，将木箱或藤筐放平。安放完毕，在树上搭一个简易棚子，以遮阳挡雨。

8月29日，陈立明随考察组来到珞巴族聚居的卡布村，这里比达木村更为原始。在卡布村，他们看见村口有几块巨石，经一名珞巴族老阿妈介绍，这是卡布珞巴人极为崇拜的神石。在卡布村的西北角，他们还发现一棵已枯死的大树，原来这棵树是珞巴族的神树，不料竟遭雷击烧成了“鬼树”。

在卡布村珞巴族人家的独木梯上，往往放置有木质男性生殖器，这在门巴族生活的地方也随处可见，他们称为“卡让欣”。令人奇怪的是，珞巴人也这样称呼它。这种文化崇拜在下珞渝是没有记载的。这自然使陈立明想到，东迁的门巴人将生殖崇拜文化传到了墨脱，影响了人数上明显处于劣势的达木珞巴人。

从这些民俗现象发现：珞巴、门巴文化早已从最初的激烈冲突和互不相容，发展到相互影响和彼此渗透，形成了你中有我、我中有你的融合局面。陈立明后来还从经济、意识形态去观察研究，写出了具有较高

墨脱德兴残损的藤网桥，考察组就是从这里过桥到对岸采风的（陈立明提供）

价值的学术论文《珞门文化交流》，从珞巴、门巴文化冲突渗透、宗教信仰和民间文学交流方面来阐述，并收入《中国民族文化大观·珞巴族卷》中。

9月1日，阴雨霏霏。中午，陈立明一行站在墨脱县德兴村雅鲁藏布江边，目睹了冀文正笔下多次提到的藤索桥，即他称的“藤网桥”。他们到达这里时，因连续下雨致藤网桥“严重湿沉下坠”，许多藤条朽折，桥面布满大大小小的窟窿，有的地方连蹬脚的地方也没有。藤网桥下是雅鲁藏布江，浊浪翻滚，河中的滚石声和江水的咆哮震耳欲聋。

站在雅鲁藏布江边，他们神色严峻，内心十分矛盾。德兴区是一个门巴族文化保存最为完整和典型的区，不从藤网桥上过江，就意味着放弃江对岸门巴族村寨的考察。听说他们要准备过江，许多人都来相劝，毕竟每年都有人从藤网桥上掉入江里。考察组最后决定，宁愿担风险，也不放弃这次机遇。

为了保险起见，他们设计了可进可退的行动方案。陈立明看于乃昌、张力凤、赵胜启在桥上试了试都没问题，而等到翻译仁增措姆时，她试着迈了几步，突然转过身，哇的一声大哭起来，死活不敢过，无形中增加了大家的心理压力。此时洛桑老人不仅告诉了过桥的诀窍，并且还迈着轻松的步伐走过了桥，这给予考察组极大的信心。

于乃昌果断决定仁增措姆留下，其余人员过江。于乃昌打头阵，后面跟着张力凤、赵胜启，陈立明断后。仁增措姆见大家都过江，又主动加入过江的行列。陈立明事后回忆起来，心有余悸地说："许多藤篾朽折，万一没有踩在主干藤索上，后果可想而知。我前后五次在西藏进行文化考察，过藤网桥是最惊心动魄的经历，给我留下的记忆刻骨铭心，以致多年以后提起赴藏考察，都会情不自禁地想起这次过桥。"

在德兴村的10多天，陈立明感受了门巴人的热情好客。无论走到哪家，都受到主人的盛情接待，而表达心意的最好方式就是敬酒，门巴人浓厚的酒文化，让他这个从小生长在酒文化之乡的江津人也感到自愧不如。有酒就有歌，有歌就有舞，每次喝酒耳畔都会响起歌声："酿的美酒甜了，心爱的朋友来了。我们欢聚一堂，好似一家亲人。"往往一首歌刚完，另一首又响起："汉水藏水工布水，源头是在冈底斯。虽然各自奔东西，相聚碧蓝大海里。"

在德兴村，陈立明收获的不仅仅有歌舞，还有这里独特的招魂祭灵、达龙神石、生殖崇拜、投毒夺福等习俗，以及令人神往的门巴戏剧。门巴戏有说白唱词，舞蹈语言丰富，尤其是模仿各种动物行为的舞蹈语汇极具特色。面对这一较高形态的综合艺术形式，他感到"墨脱县门巴戏的发现，对于研究门巴族的传统文化，重新审视和评价墨脱县门巴文化，无疑具有重要的价值"。

陈立明（左二）在米林县南伊珞巴民族乡琼林村调查（陈立明提供）

9月30日，陈立明一行离开墨脱县，走向米林县珞巴族聚居地。当来到珞巴族博嘎尔部落，他就想，博嘎尔部落是否存在抢婚？在国内外各民族中都有过抢婚历史，其产生原因与当时流行的部落婚姻制度有关，毕竟女人严重不足，靠抢来维持氏族的兴旺。有些年轻男子按照业已成形的婚配规则，时常缺少相配的女子，唯一的选择就是从别处抢劫女子成婚。随着考察的深入，他发现这里也有抢婚，其原因却很多，如因男女双方彼此同意，而男方家庭因交不起昂贵的聘礼，女方父母又不肯作出让步，只得以抢婚来进行；还有的女子婚后同男方缺乏感情，与其他男子结识以后，新认识的男子就带人抢婚；但最冒险却是以势抢婚，这样会导致氏族与氏族之间不间断的冲突。随着新社会婚姻法的颁布，博嘎尔部落存在的抢婚现象得到抑制，如今人们见到的抢婚已剔除了许多暴力因素，成为一种特有的民俗活动。

在中印边境前沿穷林村，陈立明不仅目睹了珞巴族的居室习俗，还亲眼看到了这里的神判断案、巫师驱鬼、杀鸡占卜。他从隆子、墨脱到米林，观察到了生活在珞渝的珞巴族、门巴族的诸多民俗，记下了厚厚的几大本日记。

陈立明心里非常明白，一味猎艳逐奇，把离奇古怪作为民俗考察的终极目标，是非常有害的。因为新奇只是尚不认识事物的表面印象，一旦深入下去，就会发现调查者所谓的离奇古怪，在珞巴族、门巴族心目中其实是一种合情合理的存在，它既是千百年传统文化的继承和延伸，又是与所生活的自然环境及其宗教信仰和经济发展相一致。

民俗文化属于平民文化，真正深入民间、下到基层，就能如鱼得水，开辟出民俗研究广阔的新天地。陈立明对珞巴族、门巴族民俗文化考察研究的过程，同样经历了一个从新奇走向平淡，从自发走向自觉的认知过程。当陈立明再次进入珞渝地区考察时，视野骤然开阔，对珞巴族、门巴族所谓离奇古怪的习俗有了理性把握，当初的原始记录终于发出了金子般的光芒。

当陈立明的田野考察进入更深的层次，把貌合神离的民俗现象与所在民族的历史、信仰、地域、生产等因素联系起来，放到古今、上下、左右的宏观时空中予以综合审视，一切古怪的事物就变得理所当然。

在珞巴族民俗文化考察中，陈立明发现，珞巴族在居室的屋檐和墙壁上往往吊挂一排排兽角兽头，其服饰也带有浓郁的狩猎文化特色，博嘎尔男子上身内穿自制的野牛皮、山羊皮或藏式氆氇长袍，外罩山羊皮编织的黑色套头大坎肩，头戴熊皮盔帽，身挎弓箭，腰插砍刀；男女均用虎、豹、熊、鹰等猛兽猛禽的爪、牙、骨和羽作装饰。陈立明认为，珞巴族生产力水平低下，大自然中的人显得渺小而无助，唯有崇尚夸耀力量、勇敢，显示自身的坚毅、自强，才能维系生命的延续和民族的发展，这也成为人们普遍的审美倾向。

1998年，陈立明、曹晓燕按照饮食文化、服饰文化、居住文化、婚俗文化、生育文化、葬俗文化、节日文化、游艺习俗八章开始撰写书稿。然而，进展非常缓慢，因为对大量民俗还得有个消化、理解的过程，需要大量理论知识的牵引。2000年9月，陈立明考入四川大学历史文化学院专门史专业，攻读博士学位。他在学习的同时，不忘同曹晓燕一道撰写书稿。2003年7月，陈立明获得了四川大学历史文化学院颁发的博士学位证书，中国藏学出版社出版了他和曹晓燕撰写的《西藏民俗文化》。

中国学术界对《西藏民俗文化》一致看好，认为陈立明、曹晓燕在介绍西藏习俗时，不是抱着猎奇心理，以窥探隐私、爆炒猛料，大肆渲染甚至指责野蛮、不仁道。就拿天葬来说，陈立明从初终礼仪、殡尸习俗、出殡、天葬台及鹰鹫、天葬师及其尸体处理、葬后习俗六个方面，深入浅出地引导读者探讨学术问题，追根溯源古代文献，依据藏族历史事实，客观科学地分析其变化的根由及其成因，指出藏族丧葬习俗由最初的土葬改为天葬，是与9世纪社会变革和宗教信仰的改变、佛教的传入和藏传佛教的形成密切相关，即藏人受佛教观念的影响，笃信灵魂不灭和转世再生之说，因而死后就托鹫升入天国，天葬由此盛行。

众所周知，国内藏学研究起步较晚，真正意义上的藏学研究，始于20世纪70年代末。目前有关藏族文化研究的论著不是很多，有些著述因为出版年代久远，受当时的政治影响，观点相对陈旧，内容比较简单，有的仅是针对某个地区、某个寺院而言，或仅仅涉及藏文化的著述，但是对藏族以外的西藏其他民族的著述则很少提及，更谈不上深入研究了。

陈立明、曹晓燕在撰写《西藏民俗文化》的时候，对于参阅前人及以往的研究成果，不是以简单的资料堆积与组合，而是以厚实的人类学、民俗学、历史学理论功底，结合西藏自然地理、人文背景、宗教信仰习俗、经济社会条件等实际，坚持严谨务实的学风，不仅阐释了西藏民族文化的多样性，而且还指出了藏族同西藏其他民族在物质文化方面的统一性和差异性。

《西藏民俗文化》一书的出版，立即引起了中国学术界的关注，不少专家学者从不同视角给予评论。有的说："《西藏民俗文化》是一部客观、生动、准确记述西藏民俗文化的优秀专著，凝聚了作者数十年不懈执著的追求和努力。作者开创性的第一次系统地阐述了门巴族、珞巴族及僜人和夏尔巴人物质文化的各个方面，整体深入地研究了西藏各个民族民俗文化的表象与结构，填补了藏学研究乃至中国民俗研究领域的一项空白。”

四川师范大学历史系教授、博士后王川，评价《西藏民俗文化》一书时写道：“本书作者均是长期进行民族研究工作的民族学者，参与了《中国民族文化大观》门巴族卷、珞巴族卷等专著的编撰，发表有《西藏民俗文化论》等专业论文，在总结多年以来已发表的相关成果基础上，作者出版该书可谓水到渠成，因而该书对西藏民俗文化的分析十分全面，论述深刻，可谓细化、深化的有机结合……

“作者多次深入西藏各地尤其是喜马拉雅地区，以民族学、人类学、民俗学的方法扎实地深入基层，掌握了大量第一手的材料，这不仅为作者的科研创新奠定了基础，增强了分析的力度，而且具有很强的说服力……

“该书作者使用了多种研究方式，从一般的到特殊的，从个案分析到特征归纳，从实证搜集到理论概括，从藏文典籍的征引到汉文研究成果的抉择，从地区差异到整体特征，从自己第一手材料的设释到他人相关成果的吸收等，均根据研究的需要分别予以了有机地采用。由于跳出了传统研究的窠臼，在局部范围内重新诠释了西藏民俗文化，不可不谓创新之举，因而值得学界借鉴。”

陈立明长期从事藏学的教学和研究，并将研究重点定位为西藏文化和各民族文化交流。近年来，在《中国藏学》《民族文学研究》《民族学研究》《西藏研究》等刊物上，发表论文《略论门巴族藏族宗教文化交流》《西藏民俗文化论》等40余篇，撰有考察札记《走入喜马拉雅丛林》，有多项成果获西藏民族学院优秀科研成果奖。1997年当选为西藏自治区跨世纪学术带头人，1998年被评为西藏自治区优秀教师。

陈立明看到中国对藏南地区珞渝的统治“证据薄弱”的网上文章后，认为有误导读者的负面影响。陈立明结合自己的实地考察，在参阅国内外大量资料的基础上，撰写了《珞巴族藏族文化交流初探》，从交流的历史与传说、交流的方式与范围、西藏地方政权对珞渝的治理等方面着手，并用英国南亚问题专家海门道夫的考察作为依据，得出了“西藏地方政权对珞渝地区进行了长期的治理，极大地推进了珞巴族同藏族在政治、经济和文化上的交往和联系，藏族文化对珞巴族文化产生了广泛而深刻的影响”的结论。

为此，他还撰写论文《原西藏地方政权对墨脱及其以南地区的统辖与治理》，从墨脱的历史传说与门巴族的迁徙、波密噶朗王政权与墨脱宗的建立、西藏地方政府对墨脱及其以南地区的管理来分别进行论述，得出结论：“面对英印侵略者的步步进逼，墨脱宗政府仍根据西藏地方政府的指示，每年都前往达岗措征税，同入侵者进行面对面的斗争，显示了他们对珞渝拥有不可争辩的主权。”

尾　章

一部尚未完结的考察史

过去的20世纪，西方文化寻根成为一种反叛现代性的全球化趋势，由此而发展成为波及范围最广泛的思想运动和民间文化复兴，在理论上也催生了一大批重要的思想成果，而以文化人类学领域最为卓著。

然而，我国学术界因为忙于追随西方的现代化，对西方文化寻根方面的成果，并没有足够的注意和整体的了解，而形成了知识上和思想上的盲区。

文化寻根是人类学作为西方殖民化历史进程的学术伴生物，其研究对象一开始就定位在发现新大陆以来世界各地的原始人社会上。1871年，“人类学之父”英国人类学家泰勒出版了代表作《原始文化》，为这门新兴学科奠基。

20世纪中期以后，借助于全球范围的广泛田野作业成果的积累，以及考古学方面的新发现，反思人类学派逐渐形成了具有共识性的观点，即所谓“发明原始社会”命名的一种假说：人类祖先最初的生活和智力水平并不一定意味着比现代人落后和原始。

随着这门学科的迅猛发展，参加的专家学者越来越多，西方知识分子对原始人的认识发生了急剧转变。在此后的一个世纪，欧美各国以人类学为职业的学者迅速增多，仅20世纪后期美国人类学会的注册会员就多达5000人。

人们从对原始文化的单纯认识和了解，到重新评价原始人的生存价值及其对现代文明社会的启示和反思。在这一转变过程中，西方思想传统的原始主义发生了根本性转折，“高贵的野蛮人”首先变成了“作为哲学家的原始人”，随后又发展成“堕落的文明人”，借以反观自身的人格榜样。

美国人类学家拉丁是对这一转变具有直接贡献的主要功臣。1927年，他出版了《作为哲学家的原始人》一书，重新定位原始人的精神和智力品行。

争论似乎由拉丁本人挑起，他

在书的自序中，首先质疑了进化论派的人类学观点，批评泰勒的《原始文化》，还质疑人类学与一般社会科学中更加危险的一种简单化的分类：把所有被认为是原始人的族群不加区别看成同类。

从今天的知识全球化的宏观背景上看，文化人类学发展出的“反思人类学”一派，要求打破西方传统的欧洲中心主义价值观，摆脱达尔文主义的单一进化社会模式，提出重新认识所谓“原始人”和“原始文化”的时代课题，希望从中发现足以纠正西方文化偏向和克服现代性危机的精神取向和文化价值，在资本主义生产生活方式之外寻找更加符合人的自然天性的生活理想。相信对于乐观拥抱“全球化”、盲从西方现代性之路的中国知识界，具有充分的警示效应。

20世纪30年代以来，因原始文化特征非常浓厚的珞渝地区，较完整地保留了远古先民的遗风，不可避免地被卷入了西方文化寻根之旅中。1938年，英属印度学者敦巴尔在考察珞巴族迦龙部落文化后，出版了他的《原始人研究》，拉开了文化寻根的序幕。紧接着，海门道夫出版了他的《阿帕塔尼人和他们的邻族》，古哈发表了他的《阿波尔人训练青年中心莫休普》，埃尔温出版了他搜集的《东北边境特区的神话》。1960年，罗伊出版的《巴达姆—民荣诸文化》，将珞渝文化研究推向了一个新的高潮。

中国对于珞渝文化的探索相对较晚，为20世纪50年代中期，冀文正在墨脱搜集的部分民间文化资料，撰写了一些反映两个部落民族民俗方面的见闻。真正的珞渝文化考察，却始于20世纪70年代末，它得益于中国社科院民族研究所派出李坚尚、刘芳贤、张江华等一批专家学者的实地考察，紧随其后是西藏民族学院的于乃昌、陈立明，西藏民间文艺家协会的廖东凡以及民间文艺爱好者冀文正，由此而诞生了一大批文化成果，如《珞巴族的社会和文化》《西藏审美文化》《珞渝风情录》《中国（珞渝）文化大观》《西藏民俗文化》。

就在人们称赞这一次次突破前人、填补中国文化空白的考察成果时，中国社会科学出版社在2002年6月出版了自由撰稿人古子文著的《雪域漫记》，竟一石激起千重浪，使人们产生了对中国珞巴族经典著作的质疑。毕竟在中印边界有一条难以逾越的“麦克马洪线”，中国的专家学者不能亲临印占区考察珞巴族诸部落社会和文化，有的结论难免出现这样那样的错误。

古子文，1939年生于四川省荣县瓦滓乡。16岁考上大学，1958年被划为“右派分子”，在21年的劳教和地方管制中受尽磨难。1979年平反后，到荣县双古中学教书，1984年随四川教师援藏队入藏，在日喀则地区中学教书。1985年在西藏娶藏族女子为妻。其间徒步12万公里考察西藏风土民情，写下了大量纪实文章，是西藏文化写实派（漂泊者派）的代表人物和狂热的理想主义者。

在古子文的经历中，最为大胆、最为冒险、最为刺激的文化考察，莫过于1987年从希让村一侧出发，越过军事控制线，到“麦克马洪线”以南访问印占区的珞巴族。在那里他见到了“米古部落”当代女王雅西、老酋长嘎布，以及如今在墨脱县已没有了的公房，拿他的话来说：“我是带着原始文化的认识进入米古部落的，但是我错了……”

古子文的这次探险考察经历，印证了李坚尚、张江华等专家学者在墨脱县搜集资料的正确性，如“后来，波密王继续南下占领仰桑河，又建立了珞巴人的宗，就是嘎朗央宗。……嘎布的父亲桑嘎曾跟随宗本伊杨翻越金珠拉山朝觐过波密王，波密王还赠送了伊杨一件氆氇袍”。古子文也补充了他们以前没有考察到的资料，如“拉萨嘎厦的军队打败了波密王，波密王退到仰桑河，嘎布的父亲奉达额木大酋长命令护送波密王索朗旺杰南逃，再没有回到米古”。“……伯父买六婶雅西时，大约60岁了。六婶是达额木最漂亮的少女，是雅西部落的人，到了米古，人们就以她部落的美丽的名字称呼她，也叫雅西。”

若按古子文的叙述，米古人属珞巴族达额木部落，他所称的米古部落，不过是达额木部落的米古氏族而已，所谓的酋长、女王，也不过是氏族首领。我们不能以文化人类学家来要求他。这倒使人联想，雅西氏族不属于达额木部落，极有可能是印度学者罗伊笔下阿兴部落的一个氏族。

1992年出版的《珞巴族的社会和文化》中，在对珞巴族部落和氏族进行划分时，虽然李坚尚、刘芳贤将米新、米古称为部落，但他们在描述珞巴族人口分布，讲到墨脱县境内的珞巴族“分米新巴和米古巴两部分”时，却又没有把这两部分人同其他珞巴群体一样并称为部落，可见他在对米古、米新是否为部落上存在疑问。

西藏人民出版社1987年出版的《珞巴族社会历史调查》中写道：“关于米日珞巴，根据我们调查，其祖先可能是居住在雅鲁藏布江下游古更一带的达额木珞巴。他们被洞工（希蒙部落）珞巴打败后，由波密王安置在墨脱一带。”这自然使人想到，墨脱县曾是珞巴族达额木部落的地盘，后因门、珞之争才被迫迁居“麦克马洪线”以南，后又有一部分因同希蒙部落发生械斗，才在波密土王的安排下迁回原来的墨脱县城一带。

米日、米古、米新前面都有一个米字，这是否代表他们同为达额木部落的三个氏族？这的确是一个值得专家学者去探讨的话题。至于米古的嘎窝、波觉两兄弟从藏区工布迁徙到墨脱，他们是否为藏族融入珞巴族达额木部落后而形成的米古氏族？这同样是值得探讨的。

事实上，李坚尚有关隆子县以南珞巴族部落的划分，也是依据当地珞巴族部落的民间传说而来，可他们在讲述本氏族时，是否有意夸大了自己在整个珞巴族中的作用，让人感到他们曾是一个强大的部落？这在印占区就发现不少这方面的人，其实他们只不过是某部落的一个氏族而已。

古子文在考察中还谈道，老酋长嘎布的父亲1928年“奉达额木大酋长的命令护送波密王索朗旺杰南逃，再没有回到米古”。这对于过去认为珞巴族社会氏族结构成熟，而部落结构松散、部落领袖缺少权威，甚至没有部落领袖的说法是个不小的颠覆。也许珞巴各部部落组织的发育形态并不见得都处于同一个水平，雅鲁藏布江下游、西巴霞曲下游某些部落，诸如巴达姆、希蒙、阿帕塔尼等，其部落组织的发育程度很可能高于北部的博嘎尔。

20世纪初，达额木同希蒙发生部落冲突，波密土王派察隅人居美赴希蒙调停，希蒙人随即奉命后撤。希蒙部落当时人口数万，分为若干个氏族，居美不可能逐个到氏族去游说。如果有些珞巴族部落并非过去想象的那样松散，那么势必为论证西藏地方政府波密土王对雅鲁藏布江下游的管辖，实际上已延伸到整个中印边界传统习惯线的珞巴族诸部落提供了有力支持。

中国同西方学者在界定民族、部落的标准上不尽相同，但假如多掌握些原始材料，一样可以进行转换。李坚尚并没刻意掩饰自己在划分珞巴族部落时的无奈，他提到由于无法进行实地调查，对印度人所说的部落名称与亲自调查过的部落是什么关系还难以下结论。假如他有机会亲自到印占区考察，一定会得出完整科学的结论。他具备这个素养，关于罗伊所谓的雅莫部落实则是博嘎尔部落达芒氏族的精彩论证，就是他实力的印证。

一个令中国珞渝文化专家学者无法面对的事实就是，99%以上的珞巴族居住在印占区。《齐鲁周刊》策划“走进56个民族家庭”系列报道，派记者采访米林县珞巴族。29岁的格桑是西藏大学历史系本科生，也是珞巴族第一个拥有学士学位的大学毕业生。格桑说，他们家1962年以前一直生活在珞渝地区，对印自卫反击战后，他的父亲达国给解放军扛子弹箱。战争结束后，达国带着妻子、妹妹跟着解放军撤到“麦克马洪线”以北，在米林县南伊乡附近的山上安了家。米林、墨脱、隆子等县的许多珞巴族都是那一年从珞渝地区跑过来的。还有一部分是之前为了逃避血亲复仇，逃避氏族婚姻等原因来的。

有一种说法称，珞巴族是中国56个民族中人数最少的民族，1990年珞巴族仅有2312人。格桑不同意这种说法，据有关资料，1965年珞巴族估算为30多万人。只不过绝大多数珞巴人生活在印占区，无法进行人口普查。格桑说，他家的大部分亲人留在了“麦克马洪线”以南。但40年来没有任何办法取得联系。“珞巴族的根在珞渝地区。但现在，这条根已经断了很多年了。”格桑的这句话值得深思。

在文化人类学家、民族学家、民间文艺家眼里，珞渝文化有着谈论不够的话题。冀文正往返奔走于墨脱县，李坚尚、于乃昌、陈立明等文化人类学家、民族学家一次次进入珞渝考察。2003年，即23年前曾考察过墨脱县门巴族社会和文化的张江华、陈景源同中国社科院的揣振宇一道，带着课题再次进入了墨脱县，并出版了《雅鲁藏布大峡谷生态环境与民族文化考察记》一书，详细披露了生态恶化同民族文化消失的关系，引发了人们的深思。

当然，珞渝文化连着久远的过去，维系着一系列错综复杂的历史事件，要将珞渝收回来，或许还有很长的时间。而对于珞渝文化考察史的寻访和写作，也不过仅仅是一个开始。

后 记

22年前，我随同所在工兵某部到中印边境前沿，参加军事演习，走进了错那县勒布沟。在修建勒站到肖站的骡马道上，清晰地望见了印军哨所的炊烟。

当时我从媒体上看到，一年前的1986年12月8日和9日，印度议会两院通过一项法案，将阿鲁纳恰尔中央直辖区升格为阿鲁纳恰尔邦，成为印度的第24个邦。

1987年2月20日，在中国领土伊达纳加上举行，由印度总理拉吉夫·甘地亲自主持，将阿鲁纳恰尔中央直辖区升格为阿鲁纳恰尔邦的仪式。我国外交部和中国台湾当局都对阿鲁纳恰尔升格建邦提出严正抗议。

印度不顾中国政府的严正交涉，将事态进一步升级。3月中旬，印度军队在中印边境东段举行了代号为“棋盘”的持续两个月的军事演习。正是在这样的情况下，我所在部队担负了中印边境前沿演习部队的保通任务。

我第一次知道了印度侵占中国的门隅、察隅、珞渝领土，也了解到了“麦克马洪线”的出笼。尽管我入伍时间不长，但“珞渝”两字在头脑里保留了下来，而且“侵占”两字长久萦绕在心。

1994年9月，我从某团调到拉萨军分区，其职是负责单位的新闻报道。在西藏电台的“高原子弟兵”栏目组，无意之中，我见到一位老人给编辑送来一摞稿件，觉得这个老人非同寻常。

我后来得知，这位老人叫冀文正，是一名十八军老战士，曾在墨脱县工作生活了16年，曾越过非法的“麦克马洪线”惩罚过印度侵略者。1988年离休后，他怀着应该给后人留下点什么的愿望，两次重返墨脱采风，撰写了介绍珞巴、门巴文化上百万字的文章，还准备出版介绍珞渝文化的一套书籍。

冀老作为原十八军《建军报》的一名模范报道员，早在55年前的1954年，就徒步来到墨脱做珞巴、门巴两个部落民族的启蒙工作，并在宣传报道墨脱上创造了第一个在报纸上发表墨脱图片，第一个发表墨脱民间歌谣，第一个发表墨脱风情随笔，第一个发表墨脱民间故事的多个“第一”。

冀老给我描绘了自己离休后的一个个“五年计划”，其中第三个五年计划是准备带人到墨脱拍摄电视专题片。后来我发现他的宏伟计划并非空中楼阁，都在一步步实现之中。回来后，我便将记下的厚厚15页采访笔记，写成了4000多字的《探索珞渝文化第一人》初稿。没想到这篇报道发往新华社国内部时，竟以《珞渝文化第一人》篇名刊发，全国数十家新闻媒体先后转发了这篇文章。

这样的机遇，勾起了我对珞渝的向往，对珞渝文化的探索。我利用冀老提供的上百万字珞渝方面的考察资料，并在查阅大量珞渝有关材料的基础上，从风景旅游、历史写真、风土民情、世界奇谜等方面，用8个月时间撰写了20万字的《亲近墨脱》书稿，被西藏人民出版社列为重点选题，因不符合部队的相关规定，这本书未能出版。

我没有气馁，对珞渝文化的兴趣反而有增无减，开始探讨起生活在珞渝的珞巴和门巴两个民族来。开始大量搜集相关珞渝方面的资料，不管是国内的，还是国外的信息，我都统统拿来分析比较，逐渐形成了自己对这个地方的认识，甚至着魔似的爱上了珞渝。

珞渝文章写得越多，对这块土地就爱得越深，总想亲自去墨脱感受。2000年6月10日20时，被特大山体崩塌滑坡堆积体堵塞62天的易贡湖水，冲毁了人工导流明渠，以2940立方米/秒的流量向下游墨脱县奔去，凶猛的洪水如风卷残云，经过墨脱县军民38年建成的基础设施，被卷入滔滔的雅鲁藏布江中，密如蛛网的河流将墨脱分割成座座“孤岛”。

领导指示我抓紧采访新建的墨脱解放大桥。我到达林芝某军用停机坪，向救灾指挥部一名负责人说明了来意，他安排我乘坐一架救灾直升机到了墨脱县背崩乡，这是同墨脱县的第一次亲密接触。这样的经历，使我对墨脱道路的艰险有了更深的理解，对中外专家学者不畏艰辛的探险精神有了新的诠释。

2001年9月，我到解放军文艺出版社帮助工作。在北京的半年时间，我利用工作的闲暇，采访了曾到墨脱县考察的中国科学院、中国社会科学院的专家学者，以及中央新闻纪录电影制片厂，中央电视台的记者、摄影师，如雅鲁藏布大峡谷的发现者杨逸畴、高登义、李渤生，还有关志华、张江齐、陈传友、李坚尚、张江华、刘芳贤、王喜茂、张继民等，不仅从他们那里得到了大量相关资料，还获得英国、美国、日本等外国人考察雅鲁藏布大峡谷的材料。

最初，我打算将他们纳入长篇纪实文学《雅鲁藏布谜峡》，写一部中外科学家在雅鲁藏布大峡谷180年的科学探险史，旨在写这些自然科学家、人文科学家，考察雅鲁藏布大峡谷的酸甜苦辣，写他们的发现，写他们的牺牲精神，给人们带来一些启迪。

后来我发现，我国自然科学方面的专家学者大都出版了自己的学术专著，媒体对他们的报道较多，采访起来也很容易找到触发点。我国的人文科学的专家，虽然国内出版有他们的学术专著，但报道较少，采访不那么容易，必须要熟悉相关专业的知识，还得花大量时间领会他们的著述，这样交流起来才不至于受阻。

如果说采写国内人文工作者难，而记述外国人文科学的专家学者达尔顿、敦巴尔、海门道夫、埃尔温、罗伊等时，就难上加难。除了《珞巴族阿迪人的文化》《阿帕塔尼人和他们的邻族》书籍外，其余的只在一些零星材料上，搜到他们发表的文章。

我一次次给中国社会科学院民族研究所研究珞巴族、门巴族的专家李坚尚打电话，从他那里寻找更多的帮助。按照他提供的线索，我到图书馆查阅相关资料，从报纸杂志上搜寻介绍中印边界真相的文章，从中找到了一些有用的资料。

另外，我在网上搜索的有关信息中发现，研究中印边界问题的专家学者很多，当提起门隅、察隅时，有的认为我国中央政府对其管辖的证据充分，如清朝末年曾派军队到察隅卫国戍边，派驻藏清朝官员处理门隅同英属印度的边界纠纷；而有的谈起中央政府对珞渝的管理，就显得“底气不足”。随着搜集资料的增多，中外一个个跋涉在珞渝的专家学者好像活了起来，他们的研究成果岂不是一部气势恢弘的珞渝史！正是这样的思路指引，我更注意他们生活的历史背景，他们带着什么样的目的考察，在考察中发现了什么——事实上，在外国学者达尔顿、麦肯齐、海门道夫等的文章里，就能找到问题的答案。

在近百年的历史上，中国一直受西方列强的欺凌，外国侵略者一手拿枪、一手持笔，任意踏入中国珞渝土地，进行军事、地理、人文资料的搜集。他们不是在探索自然、接近自然中来认识自然，而是炮制所谓的“文化边界线”，进行所谓的“阿波尔征讨”，以致影响着独立后的印度，给中印边界争端埋下了祸根。

的确，过去我们没有能力抵御外国的侵略，也没有能力搜集、整理和研究珞渝文化，只能眼睁睁地看着这些文化掠夺者任意进入我国珞渝。

正如1914年10月，英国地理测量人员摩斯赫德考察完珞渝后，画了一条所谓的“麦克马洪线”，并狂妄地说：“现在，可以带着平板仪和经纬仪，甚至无须到拉萨办理护照手续，而得以从头至尾公开地详细考察这个国家的事实，希望不仅仅是我们的发现。”他的同行者贝利1953年却在自己的回忆录《无护照西藏之行》中，记录了他的这段话。

贝利还在《无护照西藏之行》

中感叹地说："42年后的今天，一个西方人若吹此大话，就会是莽撞的。中国皇帝的士兵和孙逸仙博士均未做到的，中国共产党成功地办到了。他们在拉萨确立了自己的地位，任何怀有像我和摩斯赫德的那种冒险企图的人，一越过边界的第一个村庄就会遭殃。"

今天的中国，已不是昨天的中国。尽管岁月的风尘已使许多痛苦的往事渐渐远去，但那段历史却烙在中国人心灵的记忆深处。

因此，我认为今天写珞渝文化180年的探险考察史，就像当年外国专家学者考察珞渝文化一样重要。正如一位西拉姆的西方学者所言："了解过去五千年，是为了掌握未来一百年。"而了解珞渝文化历史，则是为了掌握我们的今天、明天乃至后天。

为了写好珞渝文化考察史书稿，我从2001年就跟踪采访，并不断写些纪实性文章。随着采访的步步深入，我越发感到专业知识的缺乏。于是我硬着头皮学习民俗学、宗教学、民间文艺理论等方面知识，阅读大量有关这方面的论著，向被采访的专家学者请教。

我已竭尽全力并为此而疲惫不堪，直到现在仍未达到心中预想的目标，但我多少还是感到一丝欣慰，因为我为宣传珞渝文化尽了一份力，为奔腾的珞渝历史长河增添了一朵思索的浪花。

当然，珞渝文化考察维系着一系列错综复杂的历史事件，我国文化人类学家、民族学家、民俗学家、民间文艺家，要到"麦克马洪线"以南考察，将许多需要搞懂的东西弄个明白，或许还要很长时间。但是，无论这个历史跨度有多么长，我坚信，中国和世界热爱珞渝文化的人们，对探究珞渝文化的热情和信心会与日俱增，展示珞渝文化全貌的综合考察，将在人文专家学者手里大放光彩。

由于篇幅有限，有些人物仅在书中一笔带过，有的甚至连名字也没有。如林芝军分区原副参谋长杨辉麟就曾数次到墨脱考察，写有《西藏东南角》《神秘的处女地》和《极地天河》等。所以这本书是挂一漏万的产物。

屈指算来，曾到雅鲁藏布大峡谷区域考察珞巴族、门巴族社会和文化的人数以万计，在写作过程中，我不免要参阅大量资料。我是一名军事记者、人文作家，过去没有受过专业培训，加之这套书写作时间跨度长达16年，难免出现参阅他人资料而未注明出处的情况。在此，我向他们致以崇高的敬意，并向诸多无名英雄表示真诚的歉意！

这是一部文化人类学性质的报告文学，写作中又参阅了许多专家学者出版的专著和考察札记、随笔，有些引文难免有误，敬请见谅。

罗洪忠

2009年10月20日于成都

主要参考文献

一、国内文献

1.珞巴族简史编写组．珞巴族简史．拉萨：西藏人民出版社，1987．

2.门巴族简史编写组．门巴族简史．拉萨：西藏人民出版社，1987．

3.西藏社会历史调查资料丛刊编辑组．珞巴族社会历史调查（一）（二）．拉萨：西藏人民出版社，1987，1989．

4.西藏社会历史调查资料丛刊编辑组．门巴族社会历史调查（一）（二）．西藏人民出版社，1987，1989．

5.李坚尚，刘芳贤．珞巴族的社会和文化．成都：四川民族出版社，1992．

6.陈立明．走入喜马拉雅丛林．北京：中国藏学出版社，2002．

7.冀文正．莲花遗韵．成都：四川民族出版社，2011．

8.杨公素．沧桑九十年——一个外交特使的回忆．海口：海南出版社，1999．

9.张敏秋．中印关系研究：1947–2003．北京：北京大学出版社，2004．

10.王宏纬．喜马拉雅山情结——中印关系研究．北京：中国藏学出版社，1998．

11.冀文正．珞巴族风情录．成都：成都时代出版社，2002．

12.冀文正．门巴族风情录．成都：成都时代出版社，2002．

13.廖东凡．雪域西藏风情录．拉萨：西藏人民出版社，1998．

14.李坚尚．喜马拉雅寻觅．济南：山东画报出版社，1999．

15.陈立明．西藏民俗文化．北京：中国藏学出版社，2003．

16.于乃昌．珞巴族文学史．拉萨：西藏人民出版社，2001．

17.于乃昌．西藏审美文化．拉萨：西藏人民出版社，1989．

18.姚兆麟．西藏民族志．北京：中国藏学出版社，2006．

19.刘务林．西藏自然保护区．拉萨：西藏人民出版社，1993．

20.廖东凡．我的西藏故事．北京：中国藏学出版社，2008．

21.赵胜启．古朴的珞乡．昆明：云南大学出版社，2004．

22.赵胜启．灵异的墨脱．昆明：云南大学出版社，2004．

23.杨辉麟．西藏东南角．拉萨：西藏人民出版社，1993．

24.陈渠珍．艽野尘梦．拉萨：西藏人民出版社，1999．

25.金辉．墨脱的诱惑．北京：东方出版社，1995．

26.绿色星河丛书．拥抱朝阳．北京：解放军文艺出版社，1997．

27.雷英夫．在最高统帅部当参谋——雷英夫将军回忆录．南昌：百花洲文艺出版社，1997.

28.中印边境自卫反击作战编写组．中印边境自卫反击作战．北京：军事科学出版社，1994.

二、国外文献

1.[英] F.M.贝利．无护照西藏之行．拉萨：西藏社科院资料情报研究所编印，1983.

2.[印] 沙钦 · 罗伊．珞巴族阿迪人的文化．拉萨：西藏人民出版社，1991.

3.[美] 约翰 · 麦格雷格．西藏探险．拉萨：西藏人民出版社，1997.

4.[英] F.沃德．神秘的滇藏河流．北京：中国社会科学出版社，2002.

5.[英] 克里斯托夫 · 冯 · 菲尤勒 · 海门道夫．在印度部落中的生活．香港：国际炎黄文化出版社，2009.

6.[英] 内维尔 · 马克斯韦尔．印度对华战争．北京：世界知识出版社，1981.

人文雅鲁藏布大峡谷

国家出版基金项目
NATIONAL PUBLICATION FOUNDATION

峡谷风云

世界第一大峡谷人文历史解读

罗洪忠 著

电子科技大学出版社

图书在版编目（CIP）数据

峡谷风云：世界第一大峡谷人文历史解读 / 罗洪忠著. —成都：电子科技大学出版社，2012.5（2016.7重印）
（人文雅鲁藏布大峡谷）
ISBN 978-7-5647-1154-2

Ⅰ. ①峡… Ⅱ. ①罗… Ⅲ. ①墨脱县—地方史 Ⅳ. ①K297.54

中国版本图书馆CIP数据核字(2012)第090555号

2012年度国家出版基金项目

峡谷风云

世界第一大峡谷人文历史解读

罗洪忠 著

出　　版：电子科技大学出版社（成都市一环路东一段159号电子信息产业大厦 邮编：610051）
出 版 人：郭蜀燕
特约编辑：张问渔
责任编辑：罗　雅
装帧设计：宁成春
封面题字：凌玉海（新西兰）
责任校对：晓　红
主　　页：www.uestcp.com.cn
电子邮箱：uestcp@uestcp.com.cn
发　　行：新华书店经销
印　　刷：北京海纳百川印刷有限公司
成品尺寸：170mm×234mm　**印张** 15.5　**字数** 315 千字
版　　次：2012年5月第一版
印　　次：2016年7月第三次印刷
书　　号：ISBN 978-7-5647-1154-2
定　　价：126.00元(共三册)

◆ 本社发行部电话：028—83202463；本社邮购电话：028—83208003。
◆ 本书如有缺页、破损、装订错误，请寄回印刷厂调换。